"쉽고 빠르게 소방설비기사 합격"
"이론정리와 5개년 핵심 기출 문제"

쉽고 빠르게 합격하는
소방설비(산업)기사

소방기계분야 필기

유체역학+소방기계구조

이종오 편저

PREFACE

"쉽고 빠르게 합격하는 소방설비(산업)기사" 시리즈의 저자 이종오 입니다.

2010년 이후 건물이 고층화되고 안전관리분야가 강화되면서, 매년 소방설비기사 기계분야 및 전기분야 응시생들이 증가하고 있는 추세입니다. 안전관리 분야의 강화에 맞춰 새로운 취업의 기회를 제공할 것이며, 관련 인력 또한 많이 필요해질 겁니다.

"쉽고 빠르게 합격하는 소방설비(산업)기사" 시리즈는 시험 합격을 최우선으로 두고, 관련 이론의 이해와 기출 중심의 문제풀이를 중심으로 단권화했습니다. 단권화를 통해 꼭 강의를 듣지 않더라고 자연스럽게 이해할 수 있게 체계적으로 구성, 빠른 학습이 가능하도록 했습니다. 부족한 부분은 관련 동영상 강의를 참조하시면 좀 더 확실한 이해가 가능하실 겁니다.

시리즈 두 번째 교재로 기계 분야의 전공분야인 소방유체역학 및 열역학과 소방기계구조를 한권으로 통합해 필기시험에 만전을 기하도록 구성했으며 시험 일정에 맞추어 기계 실기 교재가 출간될 예정입니다. 교재를 보시는 소방설비기사 및 산업기사 응시생 여러분의 합격을 빌겠습니다. 감사합니다.

유체역학 및 기계구조 학습방법

1. 유체역학 및 열역학

단원별 공부방법	최근 5년간 기출 비중
유체의 정의와 성질	10%
유체의 정역학	10%
유체의 동역학	20%
소방 배관 및 소방 호스에서의 손실	10%
운동량 방정식 및 무차원수	8%
유체계측기기	2%
펌프	20%
열역학의 기초	20%

2. 소방기계구조

단원별 공부방법		최근 5년간 기출 비중
소화기구	소방시설의 종류	10%
	소화기구 및 자동소화장치	
수계소화설비	옥내소화전설비	40% (스프링클러, 물, 포 중요)
	옥외소화전설비	
	스프링클러설비	
	간이스프링클러설비	
	화재조기진압용스프링클러설비	
	물분무소화설비	
	미분무소화설비	
	포소화설비	
가스계소화설비	이산화탄소 소화설비	25% (이산화탄소, 분말 중요)
	할론소화설비	
	할로겐화합물 및 불활성기체 소화약제 소화설비	
	분말 소화설비	
피난기구	피난기구	10%
소화활동설비	제연설비	10% (제연 중요)
	특별피난계단의 계단실 및 부속실제연설비	
	연결송수관설비	
	연결살수설비	
소화용수설비	소화용수설비	5%
지하구	지하구	

CONTENTS

I 소방유체역학 및 열역학

PART 01 소방유체역학 및 열역학

CHAPTER 01 유체의 정의와 성질 ········ 20
CHAPTER 02 유체의 정역학 ············ 40
CHAPTER 03 유체의 동역학 ············ 64
CHAPTER 04 소방 배관 및 소방 호스에서의 손실 ································ 89
CHAPTER 05 운동량 방정식 및 무차원수 ·· 109
CHAPTER 06 유체계측기기 ············ 118
CHAPTER 07 펌프 ···················· 123
CHAPTER 08 열역학의 기초 ············ 144

II 소방기계시설의 구조 및 원리

PART 01 소방시설 및 소화기구

CHAPTER 01 소방시설의 종류 ·········· 170
CHAPTER 02 소화기구 및 자동소화장치의 화재안전기술기준 [NFTC 101] ···· 173

PART 02 수계소화설비

CHAPTER 01 옥내소화전설비의 화재안전기술기준 [NFTC 102] ············ 190
CHAPTER 02 옥외소화전설비의 화재안전기술기준 [NFTC 109] ············ 207
CHAPTER 03 스프링클러설비의 화재안전기술기준 [NFTC 103] ············ 210
CHAPTER 04 간이스프링클러설비의 화재안전기술기준 [NFTC 103A] ······ 237
CHAPTER 05 화재조기진압용 스프링클러설비의 화재안전기술기준 [NFTC 103B] ···· 240
CHAPTER 06 물분무소화설비의 화재안전기술기준 [NFTC 104] ············ 244
CHAPTER 07 미분무소화설비의 화재안전기술기준 [NFTC 104A] ··········· 255
CHAPTER 08 포소화설비의 화재안전기술기준 [NFTC 105] ················ 261

PART 03 가스계소화설비

CHAPTER 01 이산화탄소소화설비의 화재안전기술기준 [NFTC 106] ········ 282
CHAPTER 02 할론소화설비의 화재안전기술기준 [NFTC 107] ·············· 297
CHAPTER 03 할로겐화합물 및 불활성기체 소화약제 소화설비 [NFSC 107A] ···· 306
CHAPTER 04 분말소화설비의 화재안전기술기준 [NFTC 108] ·············· 316

PART 04 피난기구

CHAPTER 01 피난기구의 화재안전기술기준 [NFTC 301] ·················· 334

PART 05 소화활동설비

CHAPTER 01 제연설비의 화재안전기술기준 [NFTC 501] ·················· 356
CHAPTER 02 특별피난계단의 계단실 및 부속실 제연설비의 화재안전기술기준 [NFTC 501A] ···· 368
CHAPTER 03 연결송수관설비의 화재안전기술기준 [NFTC 502] ············ 376
CHAPTER 04 연결살수설비의 화재안전기술기준 [NFTC 503] ············ 382

PART 06 상수도소화용수 및 소화수조 및 저수조

CHAPTER 01 상수도소화용수설비의 화재안전기술기준 [NFTC 401] ········ 390
CHAPTER 02 소화수조 및 저수조의 화재안전기술기준 [NFTC 402] ········ 393

PART 07 지하구 및 기타 기술기준

CHAPTER 01 지하구의 화재안전기술기준 [NFTC 605] ·················· 400
CHAPTER 02 고체에어로졸 소화설비의 화재안전기술기준 [NFTC 110] ······ 405
CHAPTER 03 고층건축물의 화재안전기술기준 [NFTC 604] ················ 408
CHAPTER 04 건설현장의 화재안전기술기준 [NFTC 606] ················ 412
CHAPTER 05 공동주택의 화재안전성능기준 [NFPC 608] ················ 414

PART 08 부록 소방시설 도시기호 ···· 420

쉽고 빠르게 합격하는 소방설비(산업)기사 필기 기계분야 [유체역학+기계구조]

2024년 자격 시험 일정

● 2024년 자격 시험일정(소방설비기사·산업기사 기계 및 전기분야) [필기는 CBT시행]

회별	필기시험			응시자격 서류제출	응시자격 기준일	실기시험		
	원서접수 (휴일제외)	시험시행	합격(예정자) 발표			원서접수 (휴일제외)	시험시행	합격자 발표일
제1회	01.23(화) ~ 01.26(금)	02.15(목) ~ 03.07(목)	03.13(수)	02.15 ~ 03.25	03.07(목)	03.26(화) ~ 03.29(금)	04.27(토) ~ 05.12(일)	1차 : 05.29(수) 2차 : 06.18(화)
제2회	04.16(화) ~ 04.19(금)	05.09(목) ~ 05.28(화)	06.05(수)	05.09 ~ 06.17	05.28(화)	06.25(화) ~ 06.28(금)	07.28(일) ~ 08.14(수)	1차 : 08.28(수) 2차 : 09.10(화)
제3회	06.18(화) ~ 06.21(금)	07.05(금) ~ 07.27(토)	08.07(수)	07.05 ~ 08.19	07.27(토)	09.10(화) ~ 09.13(금)	10.19(토) ~ 11.08(금)	1차 : 11.20(수) 2차 : 12.11(화)

시 험 정 보

① 시 행 처 : 한국산업인력공단
② 시험과목
  - 기계필기 : 1. 소방원론 2. 소방유체역학 3. 소방관계법규 4. 소방기계시설의 구조 및 원리
  - 전기필기 : 1. 소방원론 2. 소방전기일반 3. 소방관계법규 4. 소방전기시설의 구조 및 원리
  - 기계실기 : 소방기계시설 설계 및 시공실무
  - 전기실기 : 소방전기시설 설계 및 시공실무
③ 검정방법
  - 필기 : 객관식 4지 택일형 과목당 20문항(과목당 30분)
  - 실기 : 필답형(3시간, 100점)
④ 합격기준
  - 필기 : 100점을 만점으로 하여 과목당 40점 이상, 전과목 평균 60점 이상
  - 실기 : 100점을 만점으로 하여 60점 이상

소방설비기사(기계분야) 출제기준 (2023.1.1 ~ 2025.12.31)

출제기준-(필기)

직무 분야	안전관리	중직무 분야	안전관리	자격 종목	소방설비기사(기계분야)	적용 기간	2023.1.1. ~ 2025.12.31.
○ 직무내용 : 소방시설(기계)의 설계, 공사, 감리 및 점검업체 등에서 설계 도서류를 작성하거나, 소방설비 도서류를 바탕으로 공사 관련 업무를 수행하고, 완공된 소방설비의 점검 및 유지관리업무와 소방계획수립을 통해 소화, 화재통보 및 피난 등의 훈련을 실시하는 소방안전관리자로서의 주요사항을 수행하는 직무이다.							
필기검정방법		객관식		문제수	80	시험시간	2시간

필기과목명	문제수	주요항목	세부항목	세세항목
소방원론	20	1. 연소이론	1. 연소 및 연소현상	1. 연소의 원리와 성상 2. 연소생성물과 특성 3. 열 및 연기의 유동의 특성 4. 열에너지원과 특성 5. 연소물질의 성상 6. LPG, LNG의 성상과 특성
		2. 화재현상	1. 화재 및 화재현상	1. 화재의 정의, 화재의 원인과 영향 2. 화재의 종류, 유형 및 특성 3. 화재 진행의 제요소와 과정
			2. 건축물의 화재현상	1. 건축물의 종류 및 화재현상 2. 건축물의 내화성상 3. 건축구조와 건축내장재의 연소 특성 4. 방화구획 5. 피난공간 및 동선계획 6. 연기확산과 대책
		3. 위험물	1. 위험물 안전관리	1. 위험물의 종류 및 성상 2. 위험물의 연소특성 3. 위험물의 방호계획
		4. 소방안전	1. 소방안전관리	1. 가연물·위험물의 안전관리 2. 화재시 소방 및 피난계획 3. 소방시설물의 관리유지 4. 소방안전관리계획 5. 소방시설물 관리
			2. 소화론	1. 소화원리 및 방식 2. 소화부산물의 특성과 영향 3. 소화설비의 작동원리 및 점검
			3. 소화약제	1. 소화약제이론 2. 소화약제 종류와 특성 및 적응성 3. 약제유지관리

필기과목명	문제수	주요항목	세부항목	세세항목
소방유체역학	20	1. 소방유체역학	1. 유체의 기본적 성질	1. 유체의 정의 및 성질 2. 차원 및 단위 3. 밀도, 비중, 비중량, 음속, 압축률 4. 체적탄성계수, 표면장력, 모세관현상 등 5. 유체의 점성 및 점성측정
			2. 유체정역학	1. 정지 및 강체유동(등가속도)유체의 압력 변화, 부력 2. 마노미터(액주계), 압력측정 3. 평면 및 곡면에 작용하는 유체력
			3. 유체유동의 해석	1. 유체운동학의 기초, 연속방정식과 응용 2. 베르누이 방정식의 기초 및 기본응용 3. 에너지 방정식과 응용 4. 수력기울기선, 에너지선 5. 유량측정(속도계수, 유량계수, 수축계수), 피토관, 속도 및 압력측정 6. 운동량 이론과 응용
			4. 관내의 유동	1. 유체의 유동형태(층류, 난류), 완전발달유동 2. 무차원수, 레이놀즈수, 관내 유량측정 3. 관내 유동에서의 마찰손실 4. 부차적 손실, 등가길이, 비원형관손실
			5. 펌프 및 송풍기의 성능 특성	1. 기본개념, 상사법칙, 비속도, 펌프의 동작(직렬, 병렬) 및 특성곡선, 펌프 및 송풍기 종류 2. 펌프 및 송풍기의 동력 계산 3. 수격, 서징, 캐비테이션, NPSH, 방수압과 방수량
		2. 소방 관련 열역학	1. 열역학 기초 및 열역학 법칙	1. 기본개념(비열, 일, 열, 온도, 에너지, 엔트로피 등) 2. 물질의 상태량(수증기 포함) 3. 열역학 1법칙(밀폐계, 교축과정 및 노즐) 4. 열역학 2법칙
			2. 상태변화	1. 상태변화(폴리트로픽 과정 등)에 따른 일, 열, 에너지 등 상태량의 변화량
			3. 이상기체 및 카르노사이클	1. 이상기체의 상태방정식 2. 카르노사이클 3. 가역 사이클 효율 4. 혼합가스의 성분
			4. 열전달 기초	1. 전도, 대류, 복사의 기초

출제기준

필기과목명	문제수	주요항목	세부항목	세세항목
소방관계 법규	20	1. 소방기본법	1. 소방기본법, 시행령, 시행규칙	1. 소방기본법 2. 소방기본법 시행령 3. 소방기본법 시행규칙
		2. 화재의 예방 및 안전관리에 관한 법	1. 화재의 예방 및 안전관리에 관한 법, 시행령, 시행규칙	1. 화재의 예방 및 안전관리에 관한 법률 2. 화재의 예방 및 안전관리에 관한 시행령 3. 화재의 예방 및 안전관리에 관한 시행규칙
		3. 소방시설 설치 및 관리에 관한 법	1. 소방시설 설치 및 관리에 관한법 시행령, 시행규칙	1. 소방시설 설치 및 관리에 관한 법률 2. 소방시설 설치 및 관리에 관한 시행령 3. 소방시설 설치 및 관리에 관한 시행규칙
		4. 소방시설공사업법	1. 소방시설공사업법, 시행령, 시행규칙	1. 소방시설공사업법 2. 소방시설공사업법 시행령 3. 소방시설공사업법 시행규칙
		5. 위험물안전관리법	1. 위험물안전관리법, 시행령, 시행규칙	1. 위험물안전관리법 2. 위험물안전관리법 시행령 3. 위험물안전관리법 시행규칙

필기과목명	문제수	주요항목	세부항목	세세항목
소방기계 시설의 구조 및 원리	20	1. 소방기계 시설 및 화재안전성능기준·화재안전기술기준	1. 소화기구	1. 소화기구의 화재안전성능기준·화재안전기술기준 2. 설치대상과 기준, 종류, 특징, 동작원리 및 기타 관련사항
			2. 옥내외 소화전설비	1. 옥내소화전설비의 화재안전성능기준·화재안전기술기준 및 기타 관련사항 2. 옥외소화전설비의 화재안전성능기준·화재안전기술기준 및 기타 관련사항 3. 설치대상과 기준, 종류, 특징, 동작원리 및 기타 관련사항
			3. 스프링클러 설비	1. 스프링클러설비의 화재안전성능기준·화재안전기술기준 및 기타 관련사항 2. 간이스프링클러소화설비의 화재안전성능기준·화재안전기술기준 및 기타 관련사항 3. 화재조기진압용 스프링클러설비의 화재안전성능기준·화재안전기술기준 기타 관련사항 4. 설치대상과 기준, 종류, 특징, 동작원리 및 기타 관련사항
			4. 포 소화설비	1. 포 소화설비의 화재안전성능기준·화재안전기술기준 2. 설치대상과 기준, 종류, 특징, 동작원리 및 기타 관련사항
			5. 이산화탄소, 할론 할로겐화합물 및 불활성기체 소화설비	1. 이산화탄소 소화설비의 화재안전성능기준·화재안전기술기준 및 기타 관련사항 2. 할론 소화설비의 화재안전성능기준·화재안전기술기준 기타 관련사항 3. 할로겐화합물 및 불활성기체소화설비 화재안전성능기준·화재안전기술기준 기타 관련사항 4. 불활성기체 소화설비 화재안전성능기준·화재안전기술기준 기타 관련사항 5. 설치대상과 기준, 종류, 특징, 동작원리 및 기타 관련사항
			6. 분말 소화설비	1. 분말소화설비의 화재안전성능기준·화재안전기술기준 2. 설치대상과 기준, 종류, 특징, 동작원리 및 기타 관련사항
			7. 물분무 및 미분무 소화설비	1. 물분무 및 미분무 소화설비의 화재안전성능기준·화재안전기술기준 2. 설치대상과 기준, 종류, 특징, 동작원리 및 기타 관련사항
			8. 피난구조설비	1. 피난기구의 화재안전성능기준·화재안전기술기준 2. 인명구조기구의 화재안전성능기준·화재안전기술기준 및 기타 관련사항
			9. 소화 용수 설비	1. 상수도소화용수설비 2. 소화수조 및 저수조화재안전성능기준·화재안전기술기준 및 기타관련사항
			10. 소화 활동 설비	1. 제연설비의 화재안전성능기준·화재안전기술기준 및 기타 관련사항 2. 특별피난계단 및 비상용승강기 승강장제연설비 3. 연결송수관설비의 화재안전성능기준·화재안전기술기준 4. 연결살수설비의 화재안전성능기준·화재안전기술기준 및 기타 관련사항 5. 연소방지시설의 화재안전성능기준·화재안전기술기준
			11. 기타 소방기계설비	1. 기타 소방기계설비의 화재안전성능기준·화재안전기술기준

출제기준-(실기)

직무분야	안전관리	중직무분야	안전관리	자격종목	소방설비기사(기계분야)	적용기간	2023.1.1. ~ 2025.12.31.

○ **직무내용**: 소방시설(기계)의 설계, 공사, 감리 및 점검업체 등에서 설계 도서류를 작성하거나, 소방설비 도서류를 바탕으로 공사 관련 업무를 수행하고, 완공된 소방설비의 점검 및 유지관리업무와 소방계획수립을 통해 소화, 화재통보 및 피난 등의 훈련을 실시하는 소방안전관리자로서의 주요사항을 수행하는 직무이다.

○ **수행준거**:
1. 소방기계시설의 구성요소에 대한 조작과 특성을 설명할 수 있다.
2. 소방시설의 시스템을 설계 할 수 있다.
3. 소방시설의 배치계획 및 설계서류 작성 및 적산을 수행할 수 있다.
4. 소방시설의 작동 및 유지관리 업무를 수행할 수 있다.
5. 소방시설 시공 실무를 수행할 수 있다.

실기검정방법	필답형	시험시간	3시간

실기과목명	주요항목	세부항목	세세항목
소방기계시설 설계 및 시공 실무	1. 소방기계시설 설계	1. 작업분석하기	1. 현장 여건, 요구사항 분석을 할 수 있다. 2. 기본계획 수립, 기본설계서 실시설계서를 작성할 수 있다. 3. 공사시방서, 공사내역서, 운영관리지침서를 작성할 수 있다.
		2. 소방기계시설 구성하기	1. 재료의 상호 연관성에 대해 설명할 수 있다. 2. 소방기계시설의 기기 및 부품을 조작할 수 있다. 3. 소방기계시설의 기능 및 특성을 설명할 수 있다.
		3. 소방시설의 시스템 설계하기	1. 소방기계시설을 구성하는 재료의 규격 및 크기를 산정할 수 있다. 2. 소방기계시설의 물량을 결정하기 위한 계산을 수행할 수 있다. 3. 소방기계시설 자료의 활용을 할 수 있다. 4. 도면작성 및 판독을 할 수 있다. 5. 시방서의 작성 등을 할 수 있다.
		4. 소방시설의 배치계획 및 설계서류 작성하기	1. 계통도를 작성할 수 있다. 2. 평면도를 작성할 수 있다. 3. 상세도를 작성할 수 있다. 4. 소방기계시설의 설계 및 시공 관련 업무를 수행할 수 있다. 5. 소방기계설비의 적산 등을 할 수 있다.
	2. 소방기계시설 시공	1. 설계도서 검토하기	1. 설계도서상의 누락, 오류, 문제점을 검토하여 설계도서 검토서를 작성할 수 있다. 2. 설계도면 시공 상세도, 계산서를 검토하여 시공상의 문제점을 파악하고 조치할 수 있다.
		2. 소방기계시설 시공하기	1. 소화기구를 설치할 수 있다. 2. 옥내외소화전설비를 설치할 수 있다. 3. 스프링클러(간이스프링클러)설비를 설치할 수 있다. 4. 물분무소화설비를 설치할 수 있다. 5. 포소화설비를 설치할 수 있다. 6. 이산화탄소소화설비를 설치할 수 있다.

실기과목명	주요항목	세부항목	세세항목
			7. 할로겐화합물소화설비를 설치할 수 있다.
			8. 분말소화설비를 설치할 수 있다.
			9. 청정소화약제소화설비를 설치할 수 있다.
			10. 피난기구 및 인명구조기구를 설치할 수 있다.
			11. 소화용수설비를 설치할 수 있다.
			12. 거실제연 및 특별피난계단 및 비상용 승강기 승강장의 제연설비를 설치할 수 있다.
			13. 연결송수관설비, 연결살수설비, 연소방지설비를 설치할 수 있다.
			14. 기타 소방기계시설 관련 설비를 설치할 수 있다
		3. 공사 서류 작성하기	1. 시공된 시설을 검사하여 설계도서와 일치여부를 판단할 수 있다.
			2. 시공된 시설을 검사하여 관련 서류를 작성할 수 있다.
			3. 공정관리 일정을 계획하여 공사일지를 작성 할 수 있다.
	3. 소방기계시설 유지관리	1. 소방시설의 작동 및 유지관리 하기	1. 소방시설의 기술공무 관리 및 실무 작업을 할 수 있다.
			2. 기계시설의 점검 및 조작을 할 수 있다.
			3. 계측 및 사고요인을 파악할 수 있다.
			4. 재해방지 및 안전관리 업무를 수행할 수 있다.
			5. 자재관리 업무를 수행할 수 있다.
		2. 소방기계 시설의 유지보수 및 시험점검하기	1. 유지보수 관리 및 계획을 수립할 수 있다.
			2. 시험 및 검사를 할 수 있다.
			3. 기계기구 점검 및 보수작업을 할 수 있다.
			4. 설치된 소방시설을 정상 가동하고, 작동기능 점검 사항을 기록할 수 있다.
			5. 종합정밀 점검 사항을 기록할 수 있다.
			6. 소방시설 운영에 관한 업무 일지를 작성할 수 있다.
			7. 기록 사항을 분석하여 보수정비를 할 수 있다.
			8. 보수에 필요한 부품 및 장비를 확보하고, 점검 기록부를 작성 보존할 수 있다.

출제기준

소방설비산업기사(기계분야) 출제기준 (2023.1.1 _ 2025.12.31)
출제기준-(필기)

직무분야	안전관리	중직무분야	안전관리	자격종목	소방설비산업기사(기계분야)	적용기간	2023.1.1. ~ 2025.12.31.

○ 직무내용 : 소방시설(기계)의 설계, 공사, 감리 및 점검업체 등에서 소방설비 도서류를 바탕으로 공사업무를 수행하고 완공된 소방설비의 점검 및 유지관리업무와 소방계획수립을 통해 소화, 화재통보 및 피난 등의 훈련을 실시하는 소방안전관리자로서의 소방안전관련 일반사항을 수행하는 직무이다.

필기검정방법	객관식	문제수	80	시험시간	2시간

필기과목명	문제수	주요항목	세부항목	세세항목
소방원론	20	1. 연소이론	1. 연소 및 연소현상	1. 연소의 원리와 성상 2. 연소생성물과 특성 3. 열 및 연기의 유동의 특성 4. 열에너지원과 특성 5. 연소물질의 성상
		2. 화재현상	1. 화재 및 화재현상	1. 화재의 정의, 화재의 원인과 영향 2. 화재의 종류, 유형 및 특성 3. 화재 진행의 제요소와 과정
			2. 건축물의 화재현상	1. 건축물의 종류 및 화재현상 2. 건축물의 내화성상 3. 건축구조와 건축내장재의 연소 특성 4. 방화구획 5. 피난공간 및 동선계획 6. 연기확산과 대책
		3. 위험물	1. 위험물 안전관리	1. 위험물의 종류 및 성상 2. 위험물의 연소특성 3. 위험물의 방호계획
		4. 소방안전	1. 소방안전관리	1. 가연물·위험물의 안전관리 2. 화재시 소방 및 피난계획 3. 소방시설물의 관리유지 4. 소방안전관리계획 5. 소방시설물 관리
			2. 소화론	1. 소화원리 및 방식 2. 소화부산물의 특성과 영향 3. 소화설비의 작동원리 및 점검
			3. 소화약제	1. 소화약제이론 2. 소화약제 종류와 특성 및 적응성 3. 약제유지관리

필기과목명	문제수	주요항목	세부항목	세세항목
소방유체역학	20	1. 소방유체역학	1. 유체의 기본적 성질	1. 유체의 정의 및 성질 2. 차원 및 단위 3. 밀도, 비중, 비중량, 음속, 압축률 4. 체적탄성계수, 표면장력, 모세관현상 등 5. 유체의 점성 및 점성측정
			2. 유체정역학	1. 정지 및 강체유동(등가속도)유체의 압력 변화, 부력 2. 마노미터(액주계), 압력측정 3. 평면 및 곡면에 작용하는 유체력
			3. 유체유동의 해석	1. 유체운동학의 기초, 연속방정식과 응용 2. 베르누이 방정식의 기초 및 기본응용 3. 에너지 방정식과 응용 4. 수력기울기선, 에너지선 5. 유량측정(속도계수, 유량계수, 수축계수), 피토관, 속도 및 압력측정 6. 운동량 이론과 응용
			4. 관내의 유동	1. 유체의 유동형태(층류, 난류), 완전발달유동 2. 무차원수, 레이놀즈수, 관내 유량측정 3. 관내 유동에서의 마찰손실 4. 부차적 손실, 등가길이, 비원형관손실
			5. 펌프 및 송풍기의 성능 특성	1. 기본개념, 상사법칙, 비속도, 펌프의 동작(직렬, 병렬) 및 특성곡선, 펌프 및 송풍기 종류 2. 펌프 및 송풍기의 동력 계산 3. 수격, 서징, 캐비테이션, NPSH, 방수압과 방수량
		2. 소방 관련 열역학	1. 열역학 기초 및 열역학 법칙	1. 기본개념(비열, 일, 열, 온도, 에너지, 엔트로피 등) 2. 물질의 상태량(수증기 포함) 3. 열역학 1법칙(밀폐계, 교축과정 및 노즐) 4. 열역학 2법칙
			2. 상태변화	1. 상태변화(폴리트로픽 과정 등)에 따른 일, 열, 에너지 등 상태량의 변화량
			3. 이상기체 및 카르노사이클	1. 이상기체의 상태방정식 2. 카르노사이클 3. 가역 사이클 효율 4. 혼합가스의 성분
			4. 열전달 기초	1. 전도, 대류, 복사의 기초

출제기준

필기과목명	문제수	주요항목	세부항목	세세항목
소방관계 법규	20	1. 소방기본법	1. 소방기본법, 시행령, 시행규칙	1. 소방기본법 2. 소방기본법 시행령 3. 소방기본법 시행규칙
		2. 화재의 예방 및 안전관리에 관한 법	1. 화재의 예방 및 안전관리에 관한 법, 시행령, 시행규칙	1. 화재의 예방 및 안전관리에 관한 법률 2. 화재의 예방 및 안전관리에 관한 시행령 3. 화재의 예방 및 안전관리에 관한 시행규칙
		3. 소방시설 설치 및 관리에 관한 법	1. 소방시설 설치 및 관리에 관한법, 시행령, 시행규칙	1. 소방시설 설치 및 관리에 관한 법률 2. 소방시설 설치 및 관리에 관한 시행령 3 소방시설 설치 및 관리에 관한 시행규칙
		4. 소방시설공사업법	1. 소방시설공사업법, 시행령, 시행규칙	1. 소방시설공사업법 2. 소방시설공사업법 시행령 3. 소방시설공사업법 시행규칙
		5. 위험물안전관리법	1. 위험물안전관리법, 시행령, 시행규칙	1. 위험물안전관리법 2. 위험물안전관리법 시행령 3. 위험물안전관리법 시행규칙

필기과목명	문제수	주요항목	세부항목	세세항목
소방기계 시설의구조 및 원리	20	1. 소방기계 시설 및 화재안전성능기준·화재안전기술기준	1. 소화기구	1. 소화기구의 화재안전성능기준·화재안전기술기준 2. 설치대상과 기준, 종류, 특징, 동작원리 및 기타 관련사항
			2. 옥내외 소화전설비	1. 옥내소화전설비의 화재안전성능기준·화재안전기술기준 및 기타 관련사항 2. 옥외소화전설비의 화재안전성능기준·화재안전기술기준 및 기타 관련사항 3. 설치대상과 기준, 종류, 특징, 동작원리 및 기타 관련사항
			3. 스프링클러 설비	1. 스프링클러설비의 화재안전성능기준·화재안전기술기준 및 기타 관련사항 2. 간이스프링클러소화설비의 화재안전성능기준·화재안전기술기준 및 기타 관련사항 3. 화재조기진압용 스프링클러설비의 화재안전성능기준·화재안전기술기준 기타 관련사항 4. 설치대상과 기준, 종류, 특징, 동작원리 및 기타 관련사항
			4. 포 소화설비	1. 포 소화설비의 화재안전성능기준·화재안전기술기준 2. 설치대상과 기준, 종류, 특징, 동작원리 및 기타 관련사항
			5. 이산화탄소, 할론, 할로겐화합물 및 불활성기체 소화설비	1. 이산화탄소 소화설비의 화재안전성능기준·화재안전기술기준 및 기타 관련사항 2. 할론 소화설비의 화재안전성능기준·화재안전기술기준 기타 관련사항 3. 할로겐화합물 및 불활성기체소화설비 화재안전성능기준·화재안전기술기준 기타 관련사항 4. 불활성기체 소화설비 화재안전성능기준·화재안전기술기준 기타 관련사항 5. 설치대상과 기준, 종류, 특징, 동작원리 및 기타 관련사항
			6. 분말 소화설비	1. 분말소화설비의 화재안전성능기준·화재안전기술기준 2. 설치대상과 기준, 종류, 특징, 동작원리 및 기타 관련사항
			7. 물분무 및 미분무 소화설비	1. 물분무 및 미분무 소화설비의 화재안전성능기준·화재안전기술기준 2. 설치대상과 기준, 종류, 특징, 동작원리 및 기타 관련사항
			8. 피난구조설비	1. 피난기구의 화재안전성능기준·화재안전기술기준 2. 인명구조기구의 화재안전성능기준·화재안전기술기준 및 기타 관련사항
			9. 소화 용수 설비	1. 상수도소화용수설비 2. 소화수조 및 저수조화재안전성능기준·화재안전기술기준 및 기타관련사항
			10. 소화 활동 설비	1. 제연설비의 화재안전성능기준·화재안전기술기준 및 기타 관련사항 2. 특별피난계단 및 비상용승강기 승강장제연설비 3. 연결송수관설비의 화재안전성능기준·화재안전기술기준 4. 연결살수설비의 화재안전성능기준·화재안전기술기준 및 기타 관련사항 5. 연소방지시설의 화재안전성능기준·화재안전기술기준
			11. 기타 소방기계설비	1. 기타 소방기계설비의 화재안전성능기준·화재안전기술기준

출제기준-(실기)

직무분야	안전관리	중직무분야	안전관리	자격종목	소방설비산업기사(기계분야)	적용기간	2023.1.1. ~ 2025.12.31.

○ **직무내용** : 소방시설(기계)의 설계, 공사, 감리 및 점검업체 등에서 소방설비 도서류를 바탕으로 공사업무를 수행하고 완공된 소방설비의 점검 및 유지관리업무와 소방계획수립을 통해 소화, 화재통보 및 피난 등의 훈련을 실시하는 소방안전관리자로서의 소방안전관련 일반사항을 수행하는 직무이다.

○ **수행준거** :
  1. 소방기계시설의 구성요소에 대한 조작과 특성을 설명 할 수 있다.
  2. 소방시설의 시스템을 설계 할 수 있다.
  3. 소방시설의 배치계획 및 설계서류 작성 및 적산을 수행할 수 있다.
  4. 소방시설의 작동 및 유지관리 업무를 수행할 수 있다.
  5. 소방시설 시공 실무를 수행할 수 있다.

실기검정방법	필답형	시험시간	2시간 30분

실기과목명	주요항목	세부항목	세세항목
소방기계시설 설계 및 시공 실무	1. 소방기계시설 설계	1. 작업분석하기	1. 현장 여건 요구사항 분석을 할 수 있다. 2. 기본계획 수립, 기본설계서, 실시설계서를 작성할 수 있다. 3. 공사시방서, 공사내역서, 운영관리지침서를 작성할 수 있다.
		2. 소방기계시설 구성하기	1. 재료의 상호 연관성에 대해 설명할 수 있다. 2. 소방기계시설의 기기 및 부품을 조작할 수 있다. 3. 소방기계시설의 기능 및 특성을 설명할 수 있다.
		3. 소방시설의 시스템 설계하기	1. 소방기계시설을 구성하는 재료의 규격 및 크기를 산정할 수 있다. 2. 소방기계시설의 물량을 결정하기 위한 계산을 수행할 수 있다. 3. 소방기계시설 자료의 활용을 할 수 있다. 4. 도면작성 및 판독을 할 수 있다. 5. 시방서의 작성 등을 할 수 있다.
		4. 소방시설의 배치계획 및 설계서류 작성하기	1. 계통도를 작성할 수 있다. 2. 평면도를 작성할 수 있다. 3. 상세도를 작성할 수 있다. 4. 소방기계시설의 시공 및 감리의 계획수립 및 실무 작업을 수행할 수 있다. 5. 소방기계설비의 적산 등을 할 수 있다.
	2. 소방기계시설시공	1. 소방기계시설 시공하기	1. 소화기구를 설치할 수 있다. 2. 옥내외소화전설비를 설치할 수 있다. 3. 스프링클러(간이스프링클러)설비를 설치할 수 있다. 4. 물분무소화설비를 설치할 수 있다. 5. 포소화설비를 설치할 수 있다. 6. 이산화탄소소화설비를 설치할 수 있다. 7. 할로겐화합물소화설비를 설치할 수 있다. 8. 분말소화설비를 설치할 수 있다. 9. 청정소화약제소화설비를 설치할 수 있다. 10. 피난기구 및 인명구조기구를 설치할 수 있다. 11. 소화용수설비를 설치할 수 있다. 12. 거실제연 및 특별피난계단 및 비상용 승강기 승강장의 제연설비를 설치할 수 있다. 13. 연결송수관설비, 연결살수설비, 연소방지설비를 설치할 수 있다. 14. 기타 소방기계시설 관련 설비를 설치할 수 있다.

실기과목명	주요항목	세부항목	세세항목
		2. 공사 서류 작성하기	1. 시공된 시설을 검사하여 설계도서와 일치여부를 판단할 수 있다. 2. 시공된 시설을 검사하여 관련 서류를 작성할 수 있다. 3. 공정관리 일정을 계획하여 공사일지를 작성 할 수 있다.
	3. 소방기계시설 유지관리	1. 소방시설의 작동 및 유지관리 하기	1. 소방시설의 기술공무 관리 및 실무 작업을 할 수 있다. 2. 기계시설의 점검 및 조작을 할 수 있다. 3. 계측 및 사고요인을 파악할 수 있다. 4. 재해방지 및 안전관리 업무를 수행할 수 있다. 5. 자재관리 업무를 수행할 수 있다.
		2. 소방기계 시설의 유지보수 및 시험점검 하기	1. 유지보수 관리 및 계획을 수립할 수 있다. 2. 시험 및 검사를 할 수 있다. 3. 기계기구 점검 및 보수작업을 할 수 있다. 4. 설치된 소방시설을 정상 가동하고, 작동기능 점검 사항을 기록할 수 있다. 5. 종합정밀 점검 사항을 기록할 수 있다. 6. 소방시설 운영에 관한 업무 일지를 작성할 수 있다. 7. 기록 사항을 분석하여 보수정비를 할 수 있다. 8. 보수에 필요한 부품 및 장비를 확보하고, 점검 기록부를 작성 보존할 수 있다.

I 소방유체역학 및 열역학

쉽고 빠르게 합격하는 소방설비(산업)기사 필기시험 대비

PART 01
소방유체역학 및 열역학

CHAPTER 01 유체의 정의와 성질
CHAPTER 02 유체의 정역학
CHAPTER 03 유체의 동역학
CHAPTER 04 소방 배관 및 소방 호스에서의 손실
CHAPTER 05 운동량 방정식 및 무차원수
CHAPTER 06 유체계측기기
CHAPTER 07 펌프
CHAPTER 08 열역학의 기초

CHAPTER 01 유체의 정의와 성질

01 유체의 정의

일반적으로 물질(substance)의 상태는 고체(solid), 액체(liquid) 및 기체(gas)의 세가지로 분류된다. 이 가운데 액체와 기체는 그 내부에 어떤 작은 전단력(shear force)이라도 작용하기만 하면 연속적으로 변형하여 그 결과 유동하기 쉽게 된다는 점에서 유체(fluid)라 일컫는다.

02 유체의 분류

(1) 압력변화에 따른 분류

① 압축성 유체(compressible fluid)

압력변화에 대하여 밀도 또는 체적의 변화가 있는 유체(예 공기, 수소, 산소 등)

② 비압축성 유체(incompressible fluid)

압력변화에 대하여 밀도 또는 체적의 변화가 없는 유체(예 물, 기름 등)

(2) 점성의 유무에 따른 분류

① 실제유체(real fluid)[=점성유체] : 점성을 고려한 모든 유체

② 이상 유체(ideal fluid)[=비점성유체] : 점성이 없는 유체

> **참고 점성(viscosity)**
>
> 운동하고 있는 유체에 있어서 서로 인접하고 있는 층 사이에 미끄럼이 생기면, 많거나 적거나 마찰이 발생한다. 이것을 유체 마찰이라 하며, 이러한 유체의 성질을 점성이라 한다. 액체와 기체의 점성은 온도에 따라 다르다. 액체는 온도가 올라가면 점성은 약해지지만 기체는 온도가 올라가면 점성은 높아진다.
> - 기체 : 온도가 상승하면 분자 운동속도의 증가로 점성증가
> - 액체 : 온도가 상승하면 분자 응집력의 감소로 점성감소

03 단위와 차원

(1) 단위 : 모든 물리량의 크기는 일정한 기본적인 크기를 정해놓고 이것의 비로서 나타내는데 이 기본적인 양을 단위(unit)라고 한다. 단위의 종류에는 크게 절대단위와 공학(중력 단위) 단위가 있다.

① 절대단위

절대 단위계에서는 길이, 질량, 시간의 단위로 각각 m, kg, s를 기본단위로 사용한다. 절대 단위계를 MKS(CGS)단위계 라고 부르며 힘의 단위로는 N(Newton)을 사용한다.

- 1[N]의 정의는 다음과 같다.

    $1[N](Newton) = 1[kg_m(질량)] \times 1[m/s^2(가속도)]$

    $1[dyne] = 1[g_m] \times 1[cm/s^2]$

② 공학단위(중력단위)

중력단위계에서는 길이, 시간의 단위로 m,s를 사용하고, 힘의 단위로는 질량 1kg의 물체에 중력가속도 $9.8[m/s^2]$ 가 가해진 $1kg_중$(무게 Weight. kg_f)을 단위로 사용한다.

- $1[kg_중](kg_f)$의 정의는 다음과 같다.

    $1[kg_중](kg_f) = 1[kg_m] \times 9.8 \ [m/s^2] = 9.8 [kg_m \cdot m/s^2]$

③ SI단위(=국제단위계)

국제도량협회에서 채택한 단위로 국제단위계(The International System of Unit. SI)로 7개의 기본단위, 2개의 보조단위(라디안, 스텔라디안) 및 이들로 유도되는 조합단위를 요소로 하는 단위의 집단이다.

[SI 기본단위 및 보조단위]

단위 구분	물리량	명칭	단위
기본단위	길이	미터	m
	질량	킬로그램	kg
	시간	초	s
	전류	암페어	A
	열역학 온도	캘빈	K
	물질의 양	몰	mol
	광도	칸델라	cd
보조단위 (유도단위)	평면각	라디안	rad
	입체각	스텔 라디안	sr

[일반유도단위]

물리량	명칭	SI 기본단위 및 보조단위에 의한 표시법
면적	스퀘어 미터	m^2
체적	큐빅 미터	m^3
속도	-	m/s
가속도	-	m/s^2
힘	뉴톤	1N = 1kg·m/s = 10^5dyne
압력·응력	파스칼	1Pa = 1N/m
에너지·일·열량	주울	1J = 1N·m
공률	와트	1W = 1J/s

[접두어]

배 수	10^9	10^6	10^3	10^2	10	10^{-1}	10^{-2}	10^{-3}	10^{-6}	10^{-9}
접두어	giga 기가	mega 메가	kilo 킬로	hecto 헥토	deca 데카	deci 데시	centi 센티	milli 밀리	micro 마이크로	nano 나노
약자	G	M	k	h	da	d	c	m	μ	n

> **참고 소방 유체역학 물리량**
> - **힘**
>   ① 정의 : 물체의 모양이나 운동 방향 또는 구조를 변화시키는 말이다.
>   ② 단위 : [N(뉴튼)], $[kg_f]$
>   ③ $F = ma$(가속도의 법칙, 뉴튼의 제2법칙) [질량×가속도(중력가속도 $9.8[m/s^2]$)
> - **일**
>   ① 정의 : 물체에 작용한 힘과 물체가 힘의 방향으로 이동한 거리의 곱을 말한다.
>   ② 단위 : [J(주울)], [N·m]
>   ③ 공식 : W = F×d[힘×이동한 거리]
> - **동력, 일률**
>   ① 정의 : 단위시간에 하는 일의 양을 말한다.
>   ② 단위 : [W(와트)], [N·m/s]

(2) 차원

물리량을 나타내기 위하여 쓰는 단위(unit)는 길이, 시간, 질량, 중량의 기본량으로 표시된다. 각기의 기본량을 길이[L], 시간[T], 질량[M], 중량[F] 등의 기호로 나타낸 것이 차원(dimension)이다. 차원 표시 방법에는 MLT계와 FLT계가 있다.

① MLT계(질량단위계) : mass, length, time

   예 힘[F] = 질량 × 가속도 = [M] × [LT⁻²] = [MLT⁻²]

② FLT계(공학단위계) : force, length, time

   예 압력 = $\dfrac{힘}{면적}$ = $\dfrac{[F]}{[L^2]}$ = [FT⁻²]

③ 유도차원

물리량	공학, 국제단위계	FLT 계	절대단위계	MLT 계
힘(중량)	kg_f, N	[F]	kg·m/s²	[MLT⁻²]
압력	kg_f/m^2, Pa	[FL⁻²]	kg/m·s²	[ML⁻¹T⁻²]
일(에너지)	kg_f·m, N·m	[FL]	kg·m²/s²	[ML²T⁻²]
동력(일률)	kg_f·m/s, N·m/s	[FLT⁻¹]	kg·m²/s³	[ML²T⁻³]
질량	$kg_f·s^2/m$	[FT²L⁻¹]	kg	[M]
비중량	kg_f/m^3, N/m^3	[FL⁻³]	kg/m²·s²	[ML⁻²T⁻²]
밀도	$kg_f·s^2/m^4$, $N·s^2/m^4$	[FT²L⁻⁴]	kg/m³	[ML⁻³]
점도	$kg_f·s/m^2$, $N·s/m^2$	[FTL⁻²]	kg/m·s	[ML⁻¹T⁻¹]
표면장력	kg_f/m, N/m	[FL⁻¹]	kg/s²	[MT⁻²]
속도	m/s, cm/s	[LT⁻¹]	m/s, cm/s	[LT⁻¹]
가속도	m/s², cm/s²	[LT⁻²]	m/s², cm/s²	[LT⁻²]

04 밀도(ρ), 비중량(γ), 비중(s), 비체적(v_s)

(1) **밀도(density)** : ρ(로우)

① 정의 : 밀도란 단위 체적(m^3)이 가지는 유체의 질량(mass)값을 말한다.

② 공식 및 단위 : $\rho = \dfrac{m}{V} = \dfrac{질량}{단위체적당}$ [$kg_m/m^3, N \cdot sec^2/m^4$]

③ 1atm 4℃ 순수한 물에서의 밀도[ρ_w]

$\rho_w = 1000[kg_m/m^3]$(절대단위) $= 1000[N \cdot sec^2/m^4]$(SI단위)

(2) **비체적** : v_s (열역학, 기체에서 많이 사용)

① 정의 : 비체적(v_s)은 단위 질량이 차지하는 체적을 말한다. 즉, 밀도의 역수이다.

② 공식 및 단위 : $v_s = \dfrac{1}{\rho}$ [m^3/kg_m]

(3) **비중량** : γ(감마)

① 정의 : 비중량이란 단위 체적(m^3)이 가지는 유체의 중량(force)값을 말한다.

② 공식 및 단위 : $\gamma = \dfrac{F(W)}{V} = \dfrac{무게}{단위체적당}$ [$kgf/m^3, N/m^3$]

③ 1atm 4℃ 순수한 물에서의 비중량[γ_w]

$\gamma_w = 1000\ [kg_f/m^3] = 9800\ [N/m^3]$

(4) **비중량과 밀도 사이의 관계**($\gamma = \rho \times g$)

① $F(W) = m \cdot g$(중력가속도)의 양변을 단위 체적(V)으로 나눠서 둘 사이의 관계를 구한다.

② 공식 및 단위 : $\dfrac{W(F)}{V} = \dfrac{m}{V} \cdot g$ ∴ $\gamma = \rho \times g\ [N/m^3]$

(5) **비중** : s

① 정의 : 한 물질의 밀도와 같은 상태(온도, 압력)에서의 물의 밀도와의 비이며 단위는 무차원 수 이다.

② 공식 및 단위 : $s = \dfrac{\rho}{\rho_w} = \dfrac{\gamma}{\gamma_w} = \dfrac{어떤물질의밀도(비중량)}{물의밀도(비중량)}$ (무차원수)

05 Newton의 점성법칙 (점성계수, 동점성계수)

(1) **점성의 정의**

운동하고 있는 유체에 있어서 서로 인접하고 있는 층 사이에 미끄럼이 생기면, 많거나 적거나 마찰이 발생한다. 이것을 유체 마찰이라 하며, 이러한 유체의 성질을 점성 이라고 한다.

(2) Newton의 점성 법칙

① 정의 : 평행 평판 사이에 점성유체가 있을 때 윗 평판을 일정한 속도 u로 운동시키는데 필요한 힘 F는 평판 넓이 A와 속도 u에 비례하고, 두평판 사이의 수직거리에 반비례한다는 것을 알 수 있다.

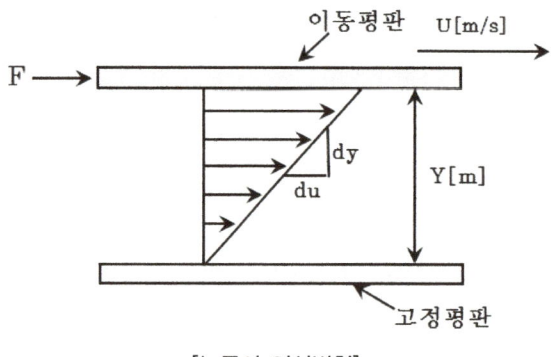

[뉴튼의 점성법칙]

② 공식 및 단위

$$\tau(타우) = \mu \frac{du}{dy} = \frac{F}{A} [N/m^2]$$

- $\tau[N/m^2]$: 전단 응력
- $\mu[N \cdot s/m^2]$: 점성 계수
- $\frac{du}{dy}$: 속도 구배, 각변형률
- $F[N]$: 수평으로 작용하는 힘
- $A[m^2]$: 이동평판 면적

(3) 점성 계수 [μ(뮤)]

① 정의 : 유체가 갖는 고유의 특성값 으로써 유체의 점성에 관계되는 비례 상수이다.

② 공식 : $\mu = \tau \frac{dy}{du} [N \cdot s/m^2]$

③ 단위

- poise 단위 : 1[poise] = 1[dyne·s/cm²]
- SI단위 : $\mu = N/m^2 \cdot \frac{m}{m/\sec} = [N \cdot sec/m^2] = [kg_m/m \cdot sec]$
- $1[N \cdot sec/m^2] = 10[poise]$

④ 차원 해석

- FLT계 : $[\mu] = [FTL^{-2}]$
- MLT계 : $[\mu] = [FTL^{-2}] = [(MLT^{-2})(TL^{-2})] = [ML^{-1}T^{-1}]$

(4) 동점성 계수 [ν(뉴)]

① 정의 : 유체의 점성계수 μ를 그 유체의 밀도 ρ로 나눈 값을 동점성계수라고 한다.

② 공식 : $\nu = \dfrac{\mu}{\rho}$ [m²/s]

③ 단위
- stokes 단위 : 1[stokes]=1[cm²/s]
- SI단위 : $\nu = \dfrac{N\cdot\sec/m^2}{N\cdot\sec^2/m^4} = [m^2/\sec]$
- $1[m^2/s] = 10^4 [cm^2/\sec] = 10[stokes]$

④ 차원해석

$$\nu = \dfrac{\mu}{\rho} = \dfrac{[ML^{-1}T^{-1}]}{[ML^{-3}]} = [L^2 T^{-1}]$$

06 압축률, 체적 탄성 계수

(1) 압축률

① 정의 : 주어진 압력 변화량에 대한 체적(밀도)의 변화율

② 공식 및 단위 : $\beta = -\dfrac{\dfrac{\Delta V}{V}}{\Delta P} = \dfrac{\dfrac{\Delta \rho}{\rho}}{\Delta P} [m^2/N]$

(여기서 [−] 부호는 압력 증가에 따라 체적의 감소를 의미한다.)

- β : 압축률 $[m^2/N][m^2/\mathrm{kg}_f]$
- ΔP : 압력 변화량$(P_2 - P_1)[N/m^2][\mathrm{kg}_f/m^2]$
- ΔV : 체적 변화량$(V_2 - V_1)[m^3]$
- $\dfrac{\Delta V}{V}$: 체적 변화율 $\dfrac{(V_2 - V_1)}{V_1}$ (무차원수)

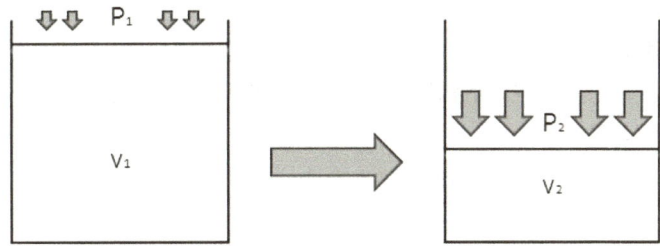

[압축률 및 체적탄성계수]

(2) 체적탄성계수

① 정의 : 체적(밀도)에 변화율에 대한 압력 변화량

② 공식 및 단위 : $K = -\dfrac{\Delta P}{\dfrac{\Delta V}{V}} = \dfrac{\Delta P}{\dfrac{\Delta \rho}{\rho}} [N/m^2]$, $\Delta P = K\dfrac{\Delta V}{V} = \dfrac{1}{\beta}\dfrac{\Delta V}{V}$

- K : 체적탄성계수 $[N/m^2][kg_f/m^2]$
- ΔP : 압력 변화량$(P_2 - P_1)[N/m^2][kg_f/m^2]$
- ΔV : 체적 변화량$(V_2 - V_1)[m^3]$
- $\dfrac{\Delta V}{V}$: 체적 변화율 $\dfrac{(V_2 - V_1)}{V_1}$ (무차원수)

(3) 압축률과 체적탄성계수의 관계

$$\beta = \frac{1}{K}$$

※ 압축률이 높으면 유체의 분류중 압축성 유체에 가깝고 반대로 체적탄성계수가 높게 되면 비압축성 유체에 가깝다.

07 표면 장력과 모세관 현상

(1) 응집력

물질은 화학적 결합력에 의해 결합되어 있는 원자와, 그 원자들로 이루어지는 분자들이 모여 형태를 이루게 되는데, 이러한 원자나 분자, 또는 이온 상태의 입자들 간에 서로 작용하여 물질의 형태를 만들게 하는 힘을 응집력이라 일컫는다. 기체 상태에서는 응집력의 개념을 사용하지 않는다.

(2) 부착력

부착력 이란 서로 다른 종류의 물질을 이루는 분자 사이에 발생하는 힘으로서, 인력과 비슷하게 서로 당기는 형태의 힘이다. 다른 종류의 물질 사이에 발생한다는 점에서 응집력과 반대되는 개념으로, 부착력과 응집력 모두 인력의 일종이지만 응집력의 경우 같은 물질의 분자 간 발생하는 힘을 말한다.

(3) 표면 장력

① 정의 : 액체의 자유표면은 외부에서의 인력을 받지 않기 때문에 분자력에 의하여 액면을 축소하려는 장력이 작용한다. 이것을 표면장력이라 한다.

② 공식 및 단위

- $\sigma \pi D = \Delta P \cdot \dfrac{\pi D^2}{4}$

- $\sigma(\text{표면장력}) = \dfrac{\Delta P \cdot D}{4} (N/m)(kg_f/m)$

- $\sigma(\text{비눗방울 표면장력}) = \dfrac{\Delta P \cdot D}{8} (N/m)(kg_f/m)$

- ΔP : 물방울의 안과 밖의 압력차$[N/m^2]$
- D : 물방울의 직경[m]

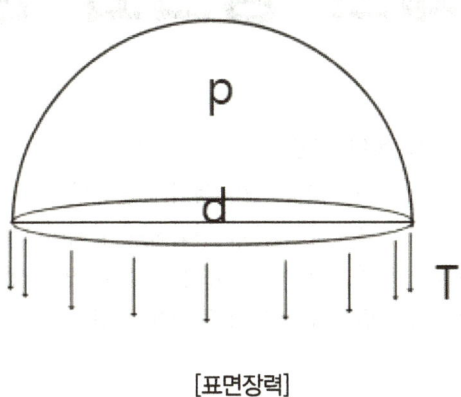

[표면장력]

(4) 모세관 현상

① 정의 : 액체의 응집력과 관과 액체 사이의 부착력의 차이에 의해 일어난다. 수은과 물에 유리관을 넣었을 때, 수은은 관과의 부착력보다 응집력이 더 강하기 때문에 액면이 볼록해진다. 반면, 물은 응집력보다 부착력이 더 강하기 때문에 액면이 오목해진다. 표면이 볼록하면 관 안의 액면이 바깥의 액면보다 낮아지고, 오목하면 관 안의 액면이 더 높아진다.

- 응집력 < 부착력일 때는 액면이 상승한다. (예) 물)
- 응집력 > 부착력일 때는 액면이 하강한다. (예) 수은)

② 공식 및 단위

$\sigma \pi d \cos\theta = \gamma h \dfrac{\pi \cdot d^2}{4}$. 따라서, 상승 높이 h는 $h = \dfrac{\Delta P}{\gamma} = \dfrac{4\sigma \cos\theta}{\gamma d}(m)$

- θ : 접촉각
- γ : 액체의 비중량[N/m³]
- D : 모세관 직경[m]

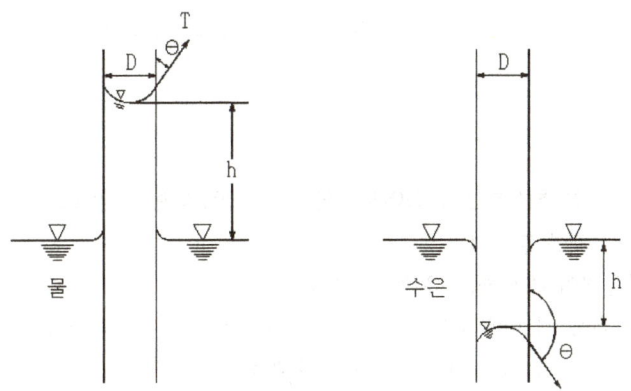

[모세관 현상]

CHAPTER 01 유체의 정의와 성질

01 유체에 관한 설명 중 옳은 것은?   `22-2 기사`
① 실제유체는 유동할 때 마찰손실이 생기지 않는다.
② 이상유체는 높은 압력에서 밀도가 변화하는 유체이다.
③ 유체에 압력을 가하면 체적이 줄어드는 유체는 압축성 유체이다.
④ 압력을 가해도 밀도변화가 없으며 점성에 의한 마찰손실만 있는 유체가 이상유체이다.

정답 ③
해설 (보기①) 실제유체는 유동할 때 마찰손실이 생기지 않는다.→실제유체는 마찰이 생긴다.
(보기②) 이상유체는 높은 압력에서 밀도가 변화하는 유체이다.
→ 이상유체는 높은 압력에도 밀도가 변하지 않는다.
(보기④) 압력을 가해도 밀도변화가 없으며 점성에 의한 마찰손실만 있는 유체가 이상유체이다.
→ 이상유체는 점성에의해 마찰손실이 존재하지 않는다.

02 유체에 관한 설명으로 틀린 것은?   `20-4 기사`
① 실제유체는 유동할 때 마찰로 인한 손실이 생긴다.
② 이상유체는 높은 압력에서 밀도가 변화하는 유체이다.
③ 유체에 압력을 가하면 체적이 줄어드는 유체는 압축성 유체이다.
④ 전단력을 받았을 때 저항하지 못하고 연속적으로 변형하는 물질을 유체라 한다.

정답 ②
해설 이상유체는 높은 압력에서 밀도가 변화지 않는 유체로 비압축성 유체에 가깝다.

03 유체의 거동을 해석하는데 있어서 비점성 유체에 대한 설명으로 옳은 것은?   `20-2 기사`
① 실제 유체를 말한다.
② 전단응력이 존재하는 유체를 말한다.
③ 유체 유동 시 마찰저항이 속도 기울기에 비례하는 유체이다.
④ 유체 유동 시 마찰저항을 무시한 유체를 말한다.

정답 ④
해설 • 점성의 유무에 따른 분류
① 실제유체(real fluid)[=점성유체] : 점성을 고려한 모든 유체
② 이상 유체(ideal fluid)[=비점성유체] : 점성이 없는 유체

04 유체의 점성에 대한 설명으로 **틀린** 것은? `21-4 기사`
① 질소 기체의 동점성계수는 온도 증가에 따라 감소한다.
② 물(액체)의 점성계수는 온도 증가에 따라 감소한다.
③ 점성은 유동에 대한 유체의 저항을 나타낸다.
④ 뉴턴유체에 작용하는 전단응력은 속도기울기에 비례한다.

> **정답** ①
> **해설** 질소 기체의 동점성계수(점성계수)는 온도 증가에 따라 증가한다.

05 비압축성 유체를 설명한 것으로 가장 옳은 것은? `18-2 기사`
① 체적탄성계수가 큰 유체를 말한다.
② 관로 내에 흐르는 유체를 말한다.
③ 점성을 갖고 있는 유체를 말한다.
④ 난류 유동을 하는 유체를 말한다.

> **정답** ①
> **해설** 비압축성 유체는 체적탄성계수가 무한대로 큰 유체를 이야기 한다.

06 다음 기체, 유체, 액체에 대한 설명 중 옳은 것만을 모두 고른 것은? `18-4 기사`

> ⓐ 기체 : 매우 작은 응집력을 가지고 있으며, 자유표면을 가지지 않고 주어진 공간을 가득 채우는 물질
> ⓑ 유체 : 전단응력을 받을 때 연속적으로 변형하는 물질
> ⓒ 액체 : 전단응력이 전단변형률과 선형적인 관계를 가지는 물질

① ⓐ, ⓑ ② ⓐ, ⓒ
③ ⓑ, ⓒ ④ ⓐ, ⓑ, ⓒ

> **정답** ①
> **해설** ⓒ 액체 : 전단응력이 전단변형률과 선형적인 관계를 가지는 물질
> → 설명은 뉴튼유체에 대한 설명이다.

07 비중량 및 비중에 대한 설명으로 옳은 것은?　　　22-1 기사
① 비중량은 단위부피당 유체의 질량이다.
② 비중은 유체의 질량 대 표준상태 유체의 질량비이다.
③ 기체인 수소의 비중은 액체인 수은의 비중보다 크다.
④ 압력의 변화에 대한 액체의 비중량 변화는 기체 비중량 변화보다 작다.

정답 ④
해설 (보기①) 비중량은 단위부피당 유체의 질량이다.
　　　　→ 비중량은 단위부피당 유체의 중량이다.
　　　(보기②) 비중은 유체의 질량 대 표준상태 유체의 질량비이다.
　　　　→ 비중은 밀도나 비중량의 비이다.
　　　(보기③) 기체인 수소의 비중은 액체인 수은의 비중보다 크다.
　　　　→ 수은의 비중이 13.6으로 크다.

08 비중병의 무게가 비었을 때는 2[N]이고, 액체로 충만되어 있을 때는 8[N]이다. 액체의 체적이 0.5[L]이면 이 액체의 비중량은 약 몇 [N/m³]인가?　　　19-2 기사
① 11,000　　　② 11,500
③ 12,000　　　④ 12,500

정답 ③
해설 ① 비중량 : $\gamma = \dfrac{F(W)}{V} = \dfrac{무게}{단위체적당}[N/m^3, N/m^3]$
　　　② $\gamma = \dfrac{W}{V} = \dfrac{6}{0.5 \times 10^{-3}} = 12000[N/m^3]$

09 비중이 0.8인 액체가 한 변이 10[cm]인 정육면체 모양 그릇의 반을 채울 때 액체의 질량[kg]은?　　　20-1 기사
① 0.4　　　② 0.8
③ 400　　　④ 800

정답 ①
해설 ① $F(중량) = \gamma V = s \times \gamma_w \times V = 0.8 \times 9800 \times (0.1 \times 0.1 \times 0.05) = 3.92[N]$
　　　[절반만 잠긴 체적은 0.1×0.1×0.05 이다.]
　　　② $F = ma$, $m = \dfrac{F}{a} = \dfrac{3.92}{9.8} = 0.4[kg_m]$

10 체적이 10[㎥]인 기름의 무게가 30000[N]이라면 이 기름의 비중은 얼마인가? (단, 물의 밀도는 1000[kg/㎥]이다.) `18-1 기사`

① 0.153　　　　　　　　② 0.306
③ 0.459　　　　　　　　④ 0.612

정답 ②

해설 [공식] • 비중량 : $\gamma = \dfrac{F(W)}{V} = \dfrac{무게}{단위체적당}[N/m^3, N/m^3]$

• 비중 : $s = \dfrac{\rho}{\rho_w} = \dfrac{\gamma}{\gamma_w} = \dfrac{어떤물질의밀도(비중량)}{물의밀도(비중량)}$ (무차원수)

• 비중량 : $\gamma = \dfrac{30000}{10} = 3000[N/m^3]$

• 비중 : $s = \dfrac{3000}{9800} = 0.3061$

---

11 다음 중 동일한 액체의 물성치를 나타낸 것이 <u>아닌</u> 것은? `17-4 기사`

① 비중이 0.8　　　　　　② 밀도가 800[kg/㎥]
③ 비중량이 7840[N/㎥]　　④ 비체적이 1.25[㎥/kg]

정답 ④

해설 (보기①) 비중 0.8
(보기②) $\rho = S\rho_w$ 이므로 $0.8 \times 1,000[kg/m^3] = 800[kg/m^3]$
(보기③) $\gamma = \rho g$ 이므로 $\gamma = 800 \times 9.8 = 7840[N/m^3]$
(보기④) v_s(비체적)은 밀도의 역수 $\dfrac{1}{800} = 1.25 \times 10^{-3}[m^3/kg]$

---

12 중력가속도가 2[m/s²]인 곳에서 무게가 8[kN]이고 부피가 5[㎥]인 물체의 비중은 약 얼마인가? `17-2 기사`

① 0.2　　　　　　　　② 0.8
③ 1.0　　　　　　　　④ 1.6

정답 ②

해설 [공식] • 비중 : $s = \dfrac{\rho}{\rho_w} = \dfrac{\gamma}{\gamma_w} = \dfrac{어떤물질의밀도(비중량)}{물의밀도(비중량)}$ (무차원수)

• $\gamma = \rho g$ 이므로 $\gamma = \rho g, \rho = \dfrac{\gamma}{g} = \dfrac{\dfrac{8 \times 10^3}{5}}{2} = 800[N \cdot s^2/m^4]$

• $s = \dfrac{\rho}{\rho_w} = \dfrac{800}{1000} = 0.8$ 이다.

13 수은의 비중이 13.6 일 때 수은의 비체적은 몇 [m³/kg] 인가?   19-1 기사

① $\dfrac{1}{13.6}$
② $\dfrac{1}{13.6} \times 10^{-3}$
③ 13.6
④ 13.6×10^{-3}

정답 ②

해설 [공식] • 비중 : $s = \dfrac{\rho}{\rho_w} = \dfrac{\gamma}{\gamma_w} = \dfrac{어떤물질의밀도(비중량)}{물의밀도(비중량)}$ (무차원수)

• $S = \dfrac{\rho}{\rho_w}, \rho = S \times \rho_w = 13.6 \times 10^3 \, [kg/m^3]$ 이다.

비체적은 "밀도의역수"이므로 $\dfrac{1}{13.6} \times 10^{-3} \, [m^3/kg]$ 이다.

14 호주에서 무게가 20[N]인 어떤 물체를 한국에서 재어보니 19.8[N]이었다면 한국에서의 중력가속도[m/s²]는 얼마인가? (단, 호주에서의 중력가속도는 9.82[m/s²]이다.)   21-1 기사 18-2 기사

① 9.46
② 9.61
③ 9.72
④ 9.82

정답 ③

해설 [공식] • 뉴튼의 제 2법칙
• $F = ma$(가속도의 법칙, 뉴튼의 제2법칙) [질량×가속도(중력가속도 $9.8[m/s^2]$)]
• 비례식으로 풀면 $20 : 9.82 = 19.8 : x$

$x = \dfrac{9.82 \times 19.8}{20} = 9.72 [m/s]$

15 일률(시간당 에너지)의 차원을 기본 차원인 M(질량), L(길이), T(시간)로 올바르게 표시한 것은?   19-2 기사

① L^2T^{-2}
② $MT^{-2}L^{-1}$
③ ML^2T^{-2}
④ ML^2T^{-3}

정답 ④

해설 • 일률 $J/s = N \cdot m/s = FLT^{-1} = (MLT^{-2})LT^{-1} = ML^2T^{-3}$

16 다음 중 차원이 서로 같은 것을 모두 고르면? (단, P : 압력, ρ : 밀도, V : 속도, h : 높이, F : 힘, m : 질량, g : 중력가속도)   `21-4 기사`

| ㉠ ρV^2 | ㉡ $\rho g h$ | ㉢ P | ㉣ F/m |

① ㄱ, ㄴ
② ㄱ, ㄷ
③ ㄱ, ㄴ, ㄷ
④ ㄱ, ㄴ, ㄷ, ㄹ

정답 ③
해설 ㉠, ㉡, ㉢은 차원이 같다.
- ㉠ ρV^2 [단위 : $\frac{kg}{m^3} \times (\frac{m}{s})^2 = kg/m \cdot s^2$] • 차원 $ML^{-1}T^{-2}$
- ㉡ $\rho g h$ [단위 : $\frac{kg}{m^3} \times \frac{m}{s^2} \times m = kg/m \cdot s^2$] • 차원 $ML^{-1}T^{-2}$
- ㉢ P [단위 : N/m^2] • 차원 $FL^{-2} = MLT^{-2}L^{-2} = ML^{-1}T^{-2}$
- ㉣ F/m [단위 : N/kg_m] • 차원 $FM^{-1} = MLT^{-2}M^{-1} = LT^{-2}$

17 동력(power)의 차원을 MLT(질량 : M, 길이 : L, 시간 : T)계로 바르게 나타낸 것은?   `21-2 기사` `17-2 기사`

① MLT^{-1} ② M^2LT^{-2}
③ ML^2T^{-3} ④ MLT^{-2}

정답 ③
해설

동력(일률)	$kg_f \cdot m/s$, $N \cdot m/s$
[단위 : J/s]	차원 : $[FLT^{-1}]$ $[ML^2T^{-3}]$

18 점성에 관한 설명으로 틀린 것은?   `20-1 기사`
① 액체의 점성은 분자 간 결합력에 관계된다.
② 기체의 점성은 분자 간 운동량 교환에 관계된다.
③ 온도가 증가하면 기체의 점성은 감소된다.
④ 온도가 증가하면 액체의 점성은 감소된다.

정답 ③
해설 • 기체 : 온도가 상승하면 분자 운동속도의 증가로 점성증가
• 액체 : 온도가 상승하면 분자 응집력의 감소로 점성감소

19 Newton의 점성법칙에 대한 옳은 설명으로 모두 짝지은 것은?　　21-1 기사

> ㉮ 전단응력은 점성계수와 속도기울기의 곱이다.
> ㉯ 전단응력은 점성계수에 비례한다.
> ㉰ 전단응력은 속도기울기에 반비례한다.

① ㉮, ㉰　　　　　　　　② ㉯, ㉰
③ ㉮, ㉯　　　　　　　　④ ㉮, ㉯, ㉰

정답 ①
해설 (보기㉰) 전단응력은 속도기울기에 비례한다.

- 뉴턴의 점성법칙 : $\tau(\text{타우}) = \mu \dfrac{du}{dy} = \dfrac{F}{A}[N/m^2]$
  - $\tau[N/m^2]$: 전단 응력
  - $\mu[N \cdot s/m^2]$: 점성 계수
  - $\dfrac{du}{dy}$: 속도 구배, 각변형률
  - $F[N]$: 수평으로 작용하는 힘
  - $A[m^2]$: 이동평판 면적

20 다음 중 점성계수 μ의 차원은 어느 것인가? (단, M : 질량, L : 길이, T : 시간의 차원이다.)　　22-2 기사

① $ML^{-1}T^{-1}$　　　② $ML^{-1}T^{-2}$
③ $ML^{-2}T^{-1}$　　　④ $M^{-1}L^{-1}T$

정답 ①
해설 점성계수의 단위는 $[N \cdot s/m^2]$이며, 차원은 $[FTL^{-2} = MLT^{-2}TL^{-2} = ML^{-1}T^{-1}]$이다.

21 점성계수와 동점성계수에 관한 설명으로 올바른 것은?　　19-2 기사

① 동점성계수 = 점성계수 × 밀도
② 점성계수 = 동점성계수 × 중력가속도
③ 동점성계수 = 점성계수 / 밀도
④ 점성계수 = 동점성계수 / 중력가속도

정답 ③
해설
- **동점성계수**
  ① 정의 : 유체의 점성계수 μ를 그 유체의 질량 밀도 ρ로 나눈 값을 동점성계수라고 한다.
  ② 공식 : $\nu = \dfrac{\mu}{\rho}[m^2/s]$

22 점성계수의 단위로 사용되는 푸아즈(Poise)의 환산 단위로 옳은 것은?   17-1 기사
① cm²/s
② N·s²/m²
③ dyne/cm·s
④ dyne·s/cm²

> **정답** ④
> **해설** ● 점성 계수 단위
> ① poise 단위 : 1[poise] = 1[dyne·s/cm²]
> ② SI단위 : $\mu = N/m^2 \cdot \dfrac{m}{m/\sec} = [N \cdot sec/m^2] = [kg_m/m \cdot sec]$
> • $1[N \cdot sec/m^2] = 10[poise]$

23 표면장력에 관련된 설명 중 옳은 것은?   21-4 기사
① 표면장력의 차원은 힘/면적이다.
② 액체와 공기의 경계면에서 액체분자의 응집력보다 공기분자와 액체분자 사이의 부착력이 클 때 발생된다.
③ 대기 중의 물방울은 크기가 작을수록 내부압력이 크다.
④ 모세관현상에 의한 수면 상승 높이는 모세관의 직경에 비례한다.

> **정답** ③
> **해설** (보기①) 표면장력의 차원은 힘/길이 이다.
> (보기②) 액체와 공기의 경계면에서 액체분자의 응집력보다 공기분자와 액체분자 사이의 부착력이 작을 때 발생된다.
> (보기④) 모세관현상에 의한 수면 상승 높이는 모세관의 직경에 반비례한다.

24 유체의 압축률에 관한 설명으로 올바른 것은?   21-2 기사
① 압축률 = 밀도×체적탄성계수
② 압축률 = 1/체적탄성계수
③ 압축률 = 밀도/체적탄성계수
④ 압축률 = 체적탄성계수/밀도

> **정답** ②
> **해설** 압축률은 체적탄성계수의 역수이다.

25 물의 체적을 5% 감소시키려면 얼마의 압력[kPa]을 가하여야 하는가? (단, 물의 압축률은 5×10^{-10}[m²/N] 이다.)

① 1
② 10^2
③ 10^4
④ 10^5

> 20-4 기사

정답 ④

해설 [공식] • 압축률 : $\beta = -\dfrac{\dfrac{\Delta V}{V}}{\Delta P} = \dfrac{\dfrac{\Delta \rho}{\rho}}{\Delta P}[m^2/N]$

• β : 압축률 $[m^2/N][m^2/kg_f]$
• ΔP : 압력 변화량$(P_2 - P_1)[N/m^2][kg_f/m^2]$
• ΔV : 체적 변화량$(V_2 - V_1)[m^3]$
• $\dfrac{\Delta V}{V}$: 체적 변화율 $\dfrac{(V_2 - V_1)}{V_1}$ (무차원수)

• $5\times 10^{-10} = \dfrac{\dfrac{5}{100}}{\Delta P}$, $\Delta P = 100000[Pa] = 10^5[KPa]$

26 물의 체적탄성계수가 2.5 [GPa] 일 때 물의 체적을 1% 감소시키기 위해서 얼마의 압력[MPa]을 가하여야 하는가?

① 20
② 25
③ 30
④ 35

> 20-2 기사

정답 ②

해설 $K = \dfrac{\Delta P}{\dfrac{\Delta V}{V}}$, $2.5 \times 10^9 = \dfrac{\Delta P}{\dfrac{1}{100}}$, $\Delta P = 25000000 Pa = 25[MPa]$

27 압축률에 대한 설명으로 틀린 것은?

① 압축률은 체적탄성계수의 역수이다.
② 압축률의 단위는 압력의 단위인 [Pa]이다.
③ 밀도와 압축률의 곱은 압력에 대한 밀도의 변화율과 같다.
④ 압축률이 크다는 것은 같은 압력변화를 가할 때 압축하기 쉽다는 것을 의미한다.

> 22-2 기사

정답 ②

해설 (보기②) 압축률의 단위는 압력의 단위의 역수 [1/Pa] 이다.

28 체적탄성계수가 2×10^9[Pa]인 물의 체적을 3% 감소시키려면 몇 [MPa]의 압력을 가하여야 하는가?

19-4 기사

① 25 ② 30
③ 45 ④ 60

정답 ④

해설 $K = \dfrac{\Delta P}{\dfrac{\Delta V}{V}}$, $2\times10^9 = \dfrac{\Delta P}{\dfrac{3}{100}}$, $\Delta P = 60000000[Pa] = 60[MPa]$

29 0.02[m³]의 체적을 갖는 액체가 강체의 실린더 속에서 730[kPa]의 압력을 받고 있다. 압력이 1,030[kPa]로 증가되었을 때 액체의 체적이 0.019[m³]으로 축소되었다. 이 때 이 액체의 체적탄성계수는 약 몇 [kPa]인가?

19-2 기사

① 3,000 ② 4,000
③ 5,000 ④ 6,000

정답 ④

해설 $K = \dfrac{\Delta P}{\dfrac{\Delta V}{V}}$, $K = \dfrac{1030-730}{\dfrac{0.02-0.019}{0.02}} = 6000[kPa]$

30 액체 분자들 사이의 응집력과 고체면에 대한 부착력의 차이에 의하여 관내 액체표면과 자유표면 사이에 높이 차이가 나타나는 것과 가장 관계가 깊은 것은?

21-1 기사

① 관성력 ② 점성
③ 뉴턴의 마찰법칙 ④ 모세관현상

정답 ④

해설 모세관 현상에 대한 설명이다.

31 모세관 현상에 있어서 물이 모세관을 따라 올라가는 높이에 대한 설명으로 옳은 것은?

① 표면장력이 클수록 높이 올라간다.
② 관의 지름이 클수록 높이 올라간다.
③ 밀도가 클수록 높이 올라간다.
④ 중력의 크기와는 무관하다.

정답 ①

해설 [공식] • 모세관 상승 높이 : $h = \dfrac{\Delta P}{\gamma} = \dfrac{4\sigma \cos\theta}{\gamma d}(m)$

• θ : 접촉각　• γ : 액체의 비중량[N/㎥]　• D : 모세관 직경[m])
• 보기해설
• 관의 지름은 작을수록 높이가 올라간다.　• 밀도가 클수록 높이가 낮아진다.
• 중력의 크기와도 관련이 있다.

32 그림과 같이 매끄러운 유리관에 물이 채워져 있을 때 모세관 상승높이 h는 약 몇 m인가?

[조건]
(1) 액체의 표면장력 $\sigma = 0.073[N/m]$
(2) R=1[mm]
(3) 매끄러운 유리관의 접촉각 θ≒0°

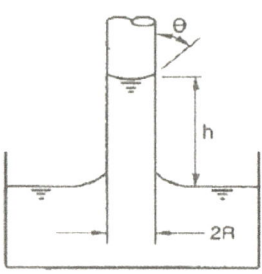

① 0.007　　② 0.015
③ 0.07　　④ 0.15

정답 ②

해설 [공식] • 모세관 현상 : $h = \dfrac{\Delta P}{\gamma} = \dfrac{4\sigma \cos\theta}{\gamma d}(m)$

• θ : 접촉각　• γ : 액체의 비중량[N/㎥]　• D : 모세관 직경[m])

• $h = \dfrac{4 \times 0.073 \times \cos 0}{9{,}800 \times 0.002} = 0.01489 = 0.015[m]$

33 다음 단위 중 3가지는 동일한 단위이고 나머지 하나는 다른 단위이다. 이 중 동일한 단위가 <u>아닌</u> 것은?

19-4 기사

① J
② N·s
③ Pa·m³
④ kg·m²/s²

정답 ②
해설 (보기①) J
(보기②) N·s
(보기③) Pa·m³ = $N/m^2 \times m^3$ = $N \cdot m$ (차원해석 $FL = MLT^{-2}L = ML^2T^{-2}$)
(보기④) kg·m²/s²

CHAPTER 02 유체의 정역학

01 힘(Force) [N : 뉴튼]

힘이란 물체의 운동상태(속도)를 변화시키는 원인이다. 힘은 벡터의 양이기 때문에 평행사변형의 법칙에 의해 합성 내지는 분해되며, 작용이 일어나는 원인이나 나타나는 방식에 따라 몇 개의 물체 사이에서 물체 상호간에 일어나는 힘을 내력(內力), 물체 외에서 일어나는 힘의 작용을 외력(外力) 이라 한다.

02 압력(pressure) [Pa : 파스칼]

(1) 정의 : 압력은 단위 면적당 가해지는 힘이다.

(2) 공식 및 단위 : $P(압력) = \dfrac{힘(전압력)}{단위면적} = \dfrac{F}{A}[N/m^2][kg_f/m^2][Pa]$, $[kg_f/cm^2]$, $[dyne/cm^2]$, $[bar]$

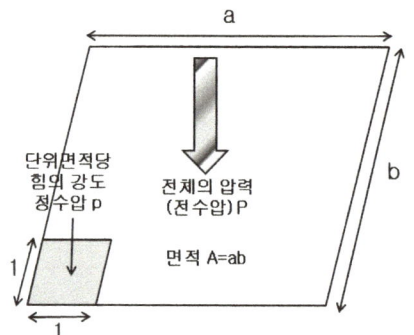

[압력의 표현]

(3) 수두 : 높은 곳에 있는 물이 가지는 기계적 에너지, 압력, 속도 따위를 물의 높이로 나타낸 값을 말한다. $h = \dfrac{P}{\gamma}[m]$로 표시되며 이것을 수두(압력수두)라 한다.

① 액체의 깊이 또는 높이를 표시한다.
② 압력의 세기를 깊이로 표시한다.
③ 액체가 갖는 에너지를 표시한다.

※ $1[MPa] = 10^6[Pa] = 10^6[N/m^2] = \dfrac{10^6}{9.8}[kg_f/m^2]$

$= \dfrac{10^6}{9.8 \times 10^4}[kg_f/cm^2] = 10.2[kg_f/cm^2] ≒ 10[kg_f/cm^2]$

03 정지 유체 내에서 압력 성질

(1) 유체의 정압은 작용면에 수직으로 작용한다.

(2) 유체의 어느 한 점에 작용하는 압력은 모든 같은 방향에 같은 크기로 작용한다.

(3) 밀폐된 용기에 작용된 압력은 모든 같은 방향에 같은 크기의 압력이 작용한다.

(4) 열려진 용기에 작용하는 유체의 압력은 유체의 깊이에 비례하며 비중량과 밀도에 비례 한다.
  $P = \rho g h = \gamma h$ … 수압은 수심(h)에 비례한다.

(5) 정지유체에서의 동일 수평면상의 압력은 동일하다.

(6) 파스칼의 원리(정지 유체 내에서 압력성질 (3)번) : 수압기의 원리, 유압기의 원리

   ① 정의 : 밀폐된 용기에 담긴 유체에 가해진 압력은 유체의 모든 부분과 유체를 담은 용기의 모든 지점에 동일한 압력이 전달된다.

   ② 파스칼의 원리 이용 : 자동차 정비용 유압식 리프트, 포크레인, 유압식 사다리차, 유압식 브레이크, 유압식 기중기 등

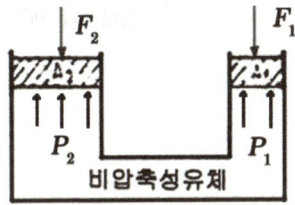

[파스칼의 원리]

* 파스칼의 원리 : $P_1 = \dfrac{F_1}{A_1}, P_2 = \dfrac{F_2}{A_2}$ ∴ $\dfrac{F_1}{A_1} = \dfrac{F_2}{A_2}$ 이다.

  (• P : 압력[Pa], • F : 무게(힘)[N], • A : 면적[m²])

04 대기압

(1) **표준 대기압(atm)** : P_0 해수면에서의 국소 대기압의 평균값을 말한다.

   1[atm] = 760[mmHg](수은주 15℃)

   = 10332[kg$_f$/m²] = 101325 [N/m²] = 101.325 [kPa]

   = 1.0332[kg$_f$/cm²](중력 단위 0℃)

   = 10.332 [mAq](물의 수두 4℃) = 10332[mmAq](※1[mmAq] = 1 [kg$_f$/m²])

   = 1.013 [bar] = 14.7[psi(lb/in²)]

(2) **게이지 압력(=계기압력) (gage pressure)** : P_g

   국소 대기압을 기준으로 측정된 압력

(3) 절대 압력(absolute pressure) : P_{abs} (완전 진공을 기준으로 측정된 압력)

$$\boxed{\text{절대 압력}(P_{abs}) = P_0 \pm P_g}$$

- 계기 압력(P_g)은 국소 대기압보다 높은 압력을 말한다.
- 진공 압력(P_g)은 국소 대기압보다 낮은 압력을 말한다.

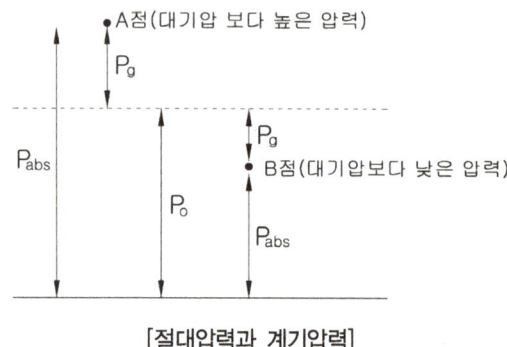

[절대압력과 계기압력]

05 액주계

액체의 기둥 높이를 바탕으로 압력을 측정하는 방법을 액주계라고 한다.

(1) 피에조 미터 : 한쪽끝이 개방되어있는 수직관이 압력을 측정하고자하는 용기 A에 부착되어 있는 액주계를 피에조 미터관 이라고 한다.

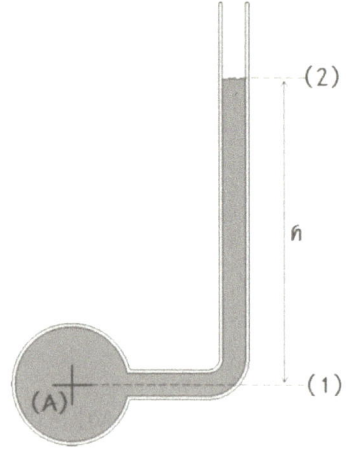

[피에조 미터]

* A점 압력은 $P_A = \gamma h = S \times \gamma_w \times h \, (Pa)(\text{kg}_f/\text{m}^2)$ gage 압력을 이야기 한다.

(피에조 미터는 대기압보다 약간 높은 압력을 측정하는데 사용)

(2) U자관 액주계 : 피에조 미터의 단점을 보완하기 위해 용기 A안에 있는 유체와 다른 유체를 액주계에 채워 사용한다.

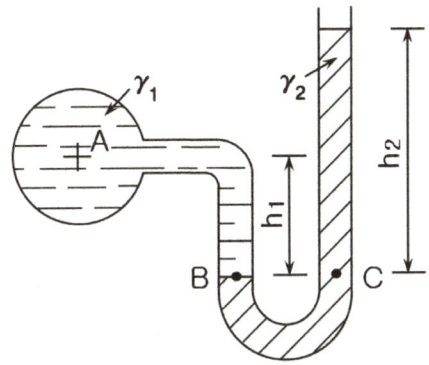

[U자관 액주계]

* "동일수평선상의 압력은 동일하므로 $P_B = P_C$"를 적용한다.
  - $P_B = P_C$
  - $P_A + \gamma_1 h_1 = \gamma_2 h_2$
  - $P_A = \gamma_2 h_2 - \gamma_1 h_1 [N/m^2]$

(3) U자관 차압 액주계

두 개의 탱크나 관내에서의 압력차를 측정하는데 사용되는 액주계 이다.

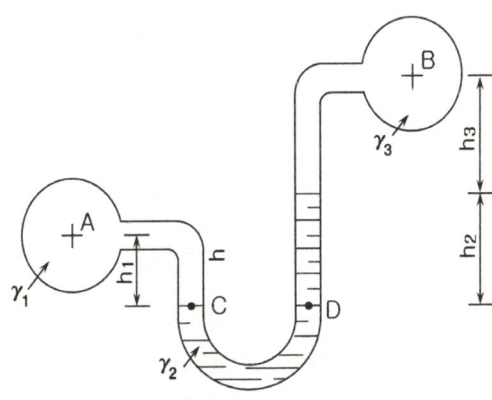

[U자관 차압 액주계]

* "동일수평선상의 압력은 동일하므로 $P_C = P_D$"를 적용한다.
  - $P_C = P_D$
  - $p_c = p_A + \gamma_1 h_1$, $p_D = p_B + \gamma_2 h_2 + \gamma_3 h_3$
  - $\therefore p_A - p_B = \gamma_3 h_3 + \gamma_2 h_2 - \gamma_1 h_1 [N/m^2]$

(4) 역 U자관 차압 액주계

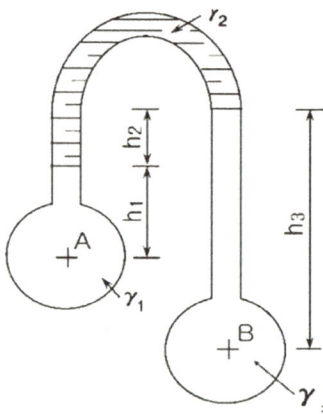

[역 U자관 차압 액주계]

* "동일수평선상의 압력 $P_C = P_D$"를 적용한다.

- $P_C = P_D$
- $P_A - (\gamma_1 h_1 + \gamma_2 h_2) = P_B - \gamma_3 h_3$
- $P_A - P_B = \gamma_1 h_1 + \gamma_2 h_2 - \gamma_3 h_3 = (S_1 \gamma_w h_1) + (S_2 \gamma_w h_2) - (S_3 \gamma_w h_3)[N/m^2]$

(5) 벤추리관 액주계

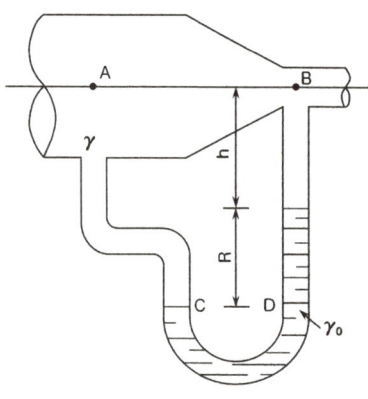

[벤추리관 액주계]

* "동일수평선상의 압력은 동일하므로 $P_C = P_D$"를 적용한다.

- $P_C = P_D$
- $P_A + \gamma(h + R) = P_B + \gamma h + \gamma_0 R$
- $P_A - P_B = \gamma h + \gamma_0 R - \gamma h - \gamma R = \gamma_0 R - \gamma R = (\gamma_0 - \gamma)R$

∴ $P_A - P_B = (\gamma_o - \gamma)R = (S_o - S)\gamma_w R [N/m^2]$

(• S_0 : 액주계 유체, • S : 배관유체, • R : 높이차[m])

06 부력

(1) 정의 : 정지 유체 속에 잠겨 있거나 혹은 떠 있는 물체는 유체에 의하여 수직 상방으로 힘을 받는다. 이것을 부력이라 한다. 즉, 부력의 크기는 물체에 의해 배제된 유체의 무게와 같으며 방향은 수직 상방이다.

(2) 공식 및 단위

$$F_B = \gamma V [N]$$

- γ : 비중량 $[N/m^3]$,   • V : 체적 $[m^3]$

① 물체가 대기에 접한 경우(유체에 떠있는 경우)

- 물체가 떠있으려면 W(물체 무게) $= F_B$(부력)를 만족해야 한다.

$$W(대기중 무게) = F_B(배제된 유체 무게)$$
$$\gamma_{물체} \times V_{전체체적} = \gamma_{액체} \times V_{잠긴체적}$$
$$S_{물체} \times \gamma_w \times V_{전체체적} = S_{액체} \times \gamma_w \times V_{잠긴체적}$$

② 물체가 유체속에 완전히 잠긴 경우

물체의 무게(W) = 액체 속에서 무게(F) + 부력 F_B

07 유체속의 압력

비중량이 γ인 액체의 자유 표면에서 깊이 h(m)에 있는 점이 받는 압력$(P_①)$은

$P_① = P_0 + \gamma h [N/m^2]$, 여기서 P_0는 자유 표면에 작용하는 압력

단, $P_0 = 0$일 때에는

$P = \gamma h [N/m^2]$ … 물일 때

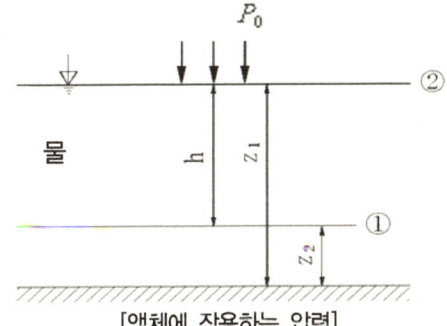

[액체에 작용하는 압력]

08 전압력

(1) 수평면에 작용하는 전압력 (F[N])

비중량이 γ이고, 깊이가 h인 지점의 압력 P는 P=γh[N/m²] 이므로, 면적 A인 평면에 작용하는 힘 F는 $F = \gamma h A$ [N] 으로 표현한다.

(2) 경사면에 작용하는 전압력 (F[N])

$F = \gamma \bar{y} \sin\theta A$ [N]이고,

힘의 작용점인 압력중심(center of pressure) y_p는

$y_p = \dfrac{I_c}{\bar{y}A} + \bar{y}$ 여기서 $\bar{y}$는 면적의 도심이고, I_c는 도심에 관한 단면 2차관성모멘트이다.

사각형 일 경우 $I_c = \dfrac{bh^3}{12}$ (• b : 폭, • h : 높이)

※ 도형의 관성모멘트[G : 면적중심]

	도형의 모양	I_c
사각형	(그림: 가로 b, 세로 h인 사각형, 중심 G, h/2 표시)	$\dfrac{bh^3}{12}$

(3) 곡면에 작용하는 전압력 (F[N])

① 액체 속에 잠겨 있는 곡면의 수평분력 곡면의 수평투영면적에 작용하는 전압력과 같고, 작용선은 투영면적의 압력중심과 일치한다.

② 액체 속에 잠겨 있는 곡면의 수직분력 곡면에 있는 액체의 무게와 같고, 작용선은 액체의 무게 중심을 지난다.

- 수평분력 $F_H(N) = \gamma \bar{h} A$
- 수직분력 $F_V(N) = \gamma V$

연습문제

01 그림과 같은 수문 AB가 받는 수평성분 F_H와 수직성분 F_V는 각각 약 몇 [N] 인가?

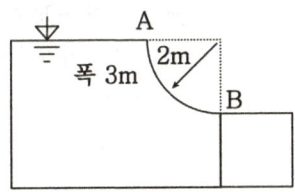

① $F_H = 24400$, $F_V = 46181$
② $F_H = 58800$, $F_V = 46181$
③ $F_H = 58800$, $F_V = 92363$
④ $F_H = 24400$, $F_V = 92363$

정답 ③

해설

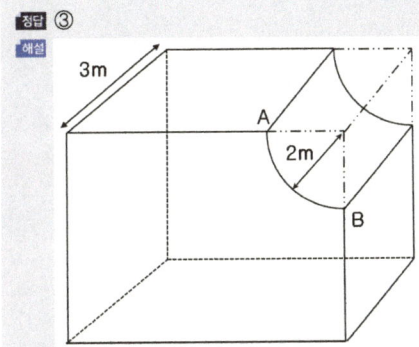

곡면 AB에 작용하는 수평성분 F_H는 곡면 AB의 수평투영면적에 작용하는 힘과 같다.
$F_H = \gamma \bar{h} A = 9800 \times 1 \times (3 \times 2) = 58800 [N]$

곡면 AB에 수직상방으로 작용하는 힘 F_V는 AB위에 있는 가상의 물무게에 해당한다.
$F_V = \gamma V = 9800 \times (\dfrac{\pi \times 2^2}{4} \times 3) = 92362.82 = 92363 [N]$

CHAPTER 02 유체의 정역학

01 수압기에서 피스톤의 반지름이 각각 20[cm]와 10[cm]이다. 작은 피스톤에 19.6[N]의 힘을 가하는 경우 평형을 이루기 위해 큰 피스톤에는 몇 [N]의 하중을 가하여야 하는가? `21-2 기사`

① 4.9
② 9.8
③ 68.4
④ 78.4

정답 ④

해설 [공식] • 파스칼의 원리
- $\dfrac{F_1}{A_1} = \dfrac{F_2}{A_2}$ (F_1 : 작은힘[N], A_1 : 작은면적[m^2], F_2 : 큰힘[N], A_2 : 큰면적[m^2])
- $\dfrac{F_1}{A_1} = \dfrac{F_2}{A_2}$, $\dfrac{19.6}{(\dfrac{\pi}{4} \times 0.2^2)} = \dfrac{F_2}{(\dfrac{\pi}{4} \times 0.1^2)}$

$F_2 = 78.4[N]$

02 피스톤의 지름이 각각 10[mm], 50[mm]인 두 개의 유압장치가 있다. 두 피스톤에 안에 작용하는 압력은 동일하고, 큰 피스톤이 1000[N]의 힘을 발생시킨다고 할 때 작은 피스톤에서 발생시키는 힘은 약 몇 [N]인가? `18-4 기사`

① 40
② 400
③ 25000
④ 245000

정답 ①

해설 [공식] • 파스칼의 원리 : $P_1 = \dfrac{F_1}{A_1}$, $P_2 = \dfrac{F_2}{A_2}$ ∴ $\dfrac{F_1}{A_1} = \dfrac{F_2}{A_2}$ 이다.
- P : 압력[Pa]   • F : 무게(힘)[N]   • A : 면적[㎡]

- $\dfrac{F_1}{A_1} = \dfrac{F_2}{A_2}$ 이므로 $F_1 = (\dfrac{A_1}{A_2}) \times F_2 = (\dfrac{\dfrac{\pi}{4} \times 10^2}{\dfrac{\pi}{4} \times 50^2}) \times 1000[N] = 40[N]$

03 그림에서 두 피스톤이 지름이 각각 30[cm]와 5[cm]이다. 큰 피스톤이 1[cm] 아래로 움직이면 작은 피스톤은 위로 몇 [cm] 움직이는가?　21-1 기사 | 19-1 기사 | 17-2 기사

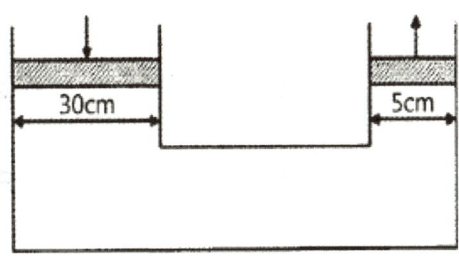

① 1　　　　　　　　　　　② 5
③ 30　　　　　　　　　　　④ 36

정답 ④
해설 ● 힘의 공식 : $F = PA = \gamma h A [N]$
- $\gamma_1 h_1 A_1 = \gamma_2 h_2 A_2$
- $h_1 A_1 = h_2 A_2$ (큰쪽=작은쪽)
- $1 \times 30^2 = h_2 \times 5^2$
- $h_2 = \dfrac{30^2 \times 1}{5^2} = 36 \, [cm]$

04 지름이 다른 두 개의 피스톤이 그림과 같이 연결되어 있다. "1" 부분의 피스톤의 지름이 "2"부분의 2배일 때, 각 피스톤에 작용하는 힘 F_1과 F_2의 크기의 관계는?　19-1 기사

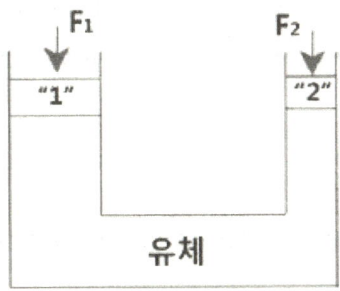

① $F_1 = F_2$　　　　　　　② $F_1 = 2F_2$
③ $F_1 = 4F_2$　　　　　　　④ $4F_1 = F_2$

정답 ③
해설 ● 파스칼의 원리 : $P_1 = \dfrac{F_1}{A_1}, \, P_2 = \dfrac{F_2}{A_2}$
- $\dfrac{F_1}{A_1} = \dfrac{F_2}{A_2} \rightarrow F_1 = \left(\dfrac{A_1}{A_2}\right) \times F_2 = \left(\dfrac{(2D)^2}{D^2}\right) \times F_2 = 4F_2$

05 피스톤 A_2의 반지름이 A_1의 반지름의 2배이며, A_1과 A_2사에 작용하는 압력을 각각 P_1, P_2라 하면, 두 피스톤이 같은 높이에서 평형을 이룰 때 P_1과 P_2 사이의 관계는?

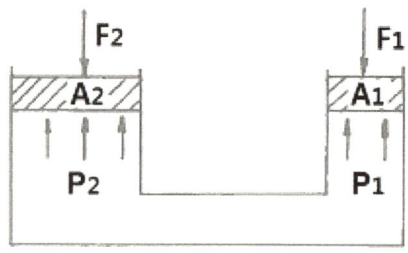

① $P_1 = 2P_2$
② $P_2 = 4P_1$
③ $P_1 = P_2$
④ $P_2 = 2P_1$

정답 ③
해설 • 파스칼의 원리(정지 유체 내에서 압력성질 ③번) : 수압기의 원리, 유압기의 원리
① 정의 : 밀폐된 용기에 담긴 유체에 가해진 압력은 유체의 모든 부분과 유체를 담은 용기의 모든 지점에 동일한 압력이 전달된다. (모든부분 $P_1 = P_2$)

06 대기압이 90[kPa]인 곳에서 진공 76[mmHg]는 절대압력[kPa]으로 약 얼마인가?

① 10.1
② 79.9
③ 99.9
④ 101.1

정답 ②
해설 [공식] • 절대압력 : $P_{abs} = P_0 \pm P_g$ (• P_0 : 대기압 • $+P_g$: 계기압 • $-P_g$: 진공압)
• $P_{abs} = P_0 - P_g = 90 - (\frac{76[mmHg]}{760[mmHg]} \times 101.325[kPa]) = 79.8675[kPa] = 79.9[kPa]$

07 계기압력이 730[mmHg]이고 대기압이 101.3[kPa]일 때 절대압력은 약 몇 [kPa]인가? (단, 수은의 비중은 13.6이다.)

① 198.6
② 100.2
③ 214.4
④ 93.2

정답 ①
해설 [공식] • 절대압력 : $P_{abs} = P_0 \pm P_g$ (P_0 : 대기압, $+P_g$: 계기압, $-P_g$: 진공압)
• $P_g = \frac{730[mmHg]}{760[mmHg]} \times 101.325[kPa] = 97.3[kPa]$
* 절대압력 : $P_{abs} = 101.3 + 97.3 = 198.6[kPa]$

08 240[mmHg]의 절대압력은 계기압력으로 약 몇 [[kPa]]인가? (단, 대기압은 760[mmHg]이고, 수은의 비중은 13.6이다)　　　20-1 기사

① -32.0　　② 32.0
③ -69.3　　④ 69.3

> **정답** ③
> **해설** [공식] ● 절대 압력(P_{abs}) = $P_0 \pm P_g$
> ● 240[mmg] = 760[mmHg] - P_g
> $P = -760 + 240 = -520[mmHg]$
> $-\dfrac{520}{760} \times 101.325[kPa] = -69.3[kPa]$

09 계기압력(gauge pressure)이 50[kPa]인 파이프 속의 압력은 진공압력(vacuum pressure)이 30[kPa]인 용기 속의 압력보다 얼마나 높은가?　　　17-2 기사

① 0[kPa](동일하다.)　　② 20[kPa]
③ 80[kPa]　　④ 130[kPa]

> **정답** ③
> **해설** [공식] ● 절대압력 : $P_{abs} = P_0 \pm P_g$ (P_0 : 대기압, $+P_g$: 계기압, $-P_g$: 진공압)
> ● P_g(계기압력) : 50[kPa], P_g(진공압력) : -30[kPa] ∴ 50 - (-30) = 80[kPa]

10 다음 중 표준대기압인 1기압에 가장 가까운 것은?　　　19-1 기사

① 860 [mmHg]　　② 10.33 [mAq]
③ 101.325 [bar]　　④ 1.0332 [kgf/m²]

> **정답** ②
> **해설** ● 표준 대기압(atm) : P_0
> 1[atm] = 760[mmHg](수은주 15℃)
> = 10332[kg$_f$/m²] = 101325 [N/m²] = 101.325 [kPa]
> = 1.0332[kg$_f$/cm²](중력 단위 0℃)
> = 10.332 [mAq](물의 수두 4℃) = 10332 [mmAq](※1 [mmAq] = 1 [kg$_f$/m²])
> = 1.013 [bar] = 14.7 [psi(lb/in²)]

11 수은이 채워진 U자관에 수은보다 비중이 작은 어떤 액체를 넣었다. 액체기둥의 높이가 10cm, 수은과 액체의 자유 표면의 높이 차이가 6cm일 때 이 액체의 비중은? (단, 수은의 비중은 13.6 이다.)　　　　　　　　　　　　　　　　　　　　　　　　　　　　　　　　　21-2 기사

① 5.44　　　　　　　　② 8.16
③ 9.63　　　　　　　　④ 10.88

정답 ①
해설 [공식] ● $s_1 h_1 (수은) = s_2 h_2 (액체)$

● $s_2 = \dfrac{s_1 h_1}{h_2} = \dfrac{13.6 \times (10-6)[cm]}{10[cm]} = 5.44$

12 그림의 액주계에서 밀도 $\rho_1 = 1000 \,[kg/m^3]$, $\rho_2 = 13600 \,[kg/m^3]$, 높이 $h_1 = 500 \,[mm]$, $h_2 = 800 \,[mm]$ 일 때 중심 A의 계기압력은 몇 [kPa] 인가?　　　　　　　　　　　　　21-4 기사

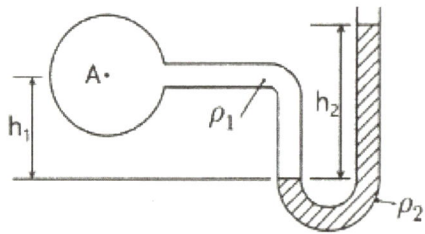

① 101.7　　　　　　　② 109.6
③ 126.4　　　　　　　④ 131.7

정답 ①
해설 [공식] ● "동일수평선상의 압력은 동일하므로 $P_B = P_C$"를 적용한다.
● $P_B = P_C$
　$P_A + \gamma_1 h_1 = \gamma_2 h_2$
　$P_A = \gamma_2 h_2 - \gamma_1 h_1 \,[N/m^2]$
● $P_A + \rho_1 g h_1 = \rho_2 g h_2$
　$P_A = \rho_2 g h_2 - \rho_1 g h_1 = (13600 \times 9.8 \times 0.8) - (1000 \times 9.8 \times 0.5) = 101724 \,[Pa] = 101.7 \,[kPa]$

13 다음 그림에서 A, B점의 압력차[kPa]는 ? (단, A는 비중 1의 물, B는 비중 0.899의 벤젠이다)

20-1 기사

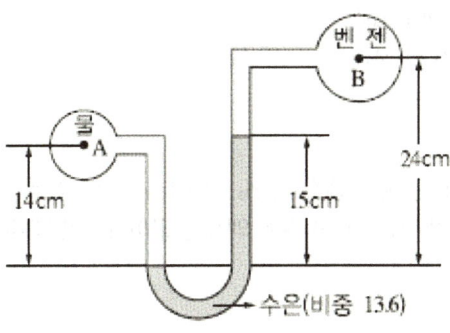

① 278.7　　　　　　　　　② 191.4
③ 23.07　　　　　　　　　④ 19.4

정답 ④
해설 "동일수평선상의 압력은 동일하므로 $P_C = P_D$"를 적용한다.
- $P_C = P_A + \gamma_1 h_1$, $P_D = P_B + \gamma_2 h_2 + \gamma_3 h_3$
  $P_C = P_A + \gamma_1 h_1 = P_A + (9.8 \times 0.14) = P_A + 1.372 [kPa]$
  $P_D = P_B + (9.8 \times 13.6 \times 0.15) + (9.8 \times 0.899 \times (0.24 - 0.15)) = P_B + 20.784 [kPa]$
  $P_A - P_B = 20.784 - 1.372 = 19.4 [kPa]$

14 그림과 같은 U자관 차압액주계에서 $\gamma_1 = 9.0[kN/m^3]$, $\gamma_2 = 133[kN/m^3]$, $\gamma_3 = 9.0[kN/m^3]$, $h_1 = 0.2[m]$, $h_3 = 0.1[m]$이고 압력차 $P_A - P_B = 30[kPa]$다. h_2는 몇 [m]인가?

22-1 기사

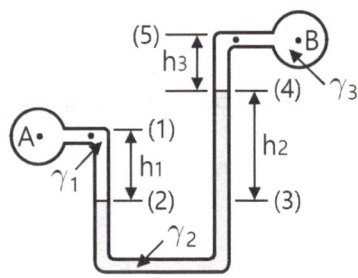

① 0.218　　　　　　　　　② 0.226
③ 0.234　　　　　　　　　④ 0.247

정답 ③
해설 "동일수평선상의 압력은 동일하므로 $P_C = P_D$"를 적용한다.
- $P_C = P_A + \gamma_1 h_1$, $P_D = P_B + \gamma_2 h_2 + \gamma_3 h_3$

$$P_C = P_A + \gamma_1 h_1 = P_A + (9.8 \times 0.2) = P_A + 1.96 [kPa]$$
$$P_D = P_B + (133 \times h_2) + (9 \times 0.1) = P_B + 133h_2 + 0.9$$
$P_C = P_D$ 이므로 $P_A + 1.96 = P_B + 133h_2 + 0.9$
$$133h_2 = 1.96 - 0.9 + 30$$
$$\therefore h_2 = 0.2335 = 0.234[m]$$

15 그림에서 h₁=120[mm], h₂=180[mm], h₃=100[mm]일 때 A에서의 압력과 B에서의 압력의 차이 ($P_A - P_B$)를 구하면? (단, A, B 속의 액체는 물이고, 차압액주계에서의 중간 액체는 수은(비중 13.6)이다.) `18-1 기사`

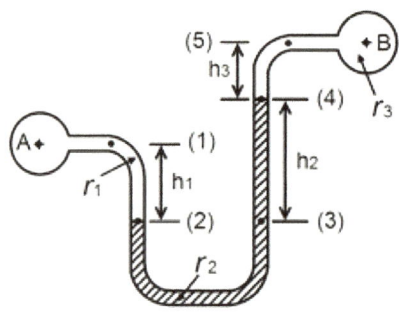

① 20.4kPa ② 23.8kPa
③ 26.4kPa ④ 29.8kPa

정답 ②

해설 동일 수평상의 압력 $P_{(2)} = P_{(3)}$ 이다.
$$P_{(2)} = P_A + \gamma_1 H_1 = P_A + (9.8 \times 0.12)$$
$$P_{(3)} = P_B + (13.6 \times 9.8 \times 0.18) + (9.8 \times 0.1)$$
$$P_A - P_B = 23.79 [kPa]$$

16 그림의 역U자관 마노미터에서 압력 차(Px–Py)는 약 몇 [Pa]인가? `19-4 기사`

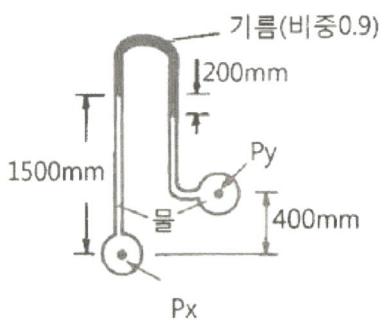

① 3215 ② 4116
③ 5045 ④ 6826

정답 ②

해설 "동일수평선상의 압력 $P_C = P_D$"를 적용한다. $P_C = P_D$

- $P_x - \gamma_1 h_1 = P_y - \gamma_2 h_2 - \gamma_3 h_3$
  $P_x - P_y = \gamma_1 h_1 - \gamma_2 h_2 - \gamma_3 h_3$
  $\qquad = (9800 \times 1.5) - (0.9 \times 9800 \times 0.2) - (9800 \times 0.9)$
  $\qquad = 4116 [Pa]$

17 그림과 같은 거꾸로 된 마노미터에서 물과 기름, 수은이 채워져 있다. a=10[cm], c=25[cm]이고 A의 압력이 B의 압력보다 80[kPa]작을 때 b의 길이는 약 몇 [cm]인가? (단, 수은의 비중량은 133,100[N/m³], 기름의 비중은 0.90이다.)

18-2 기사

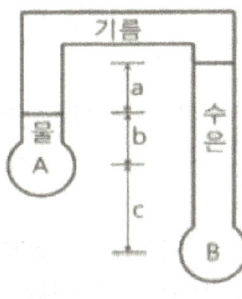

① 17.8 ② 27.8
③ 37.8 ④ 47.8

정답 ②

해설 $P_C = P_A - (9800 \times b길이) - (0.9 \times 9800 \times 0.1)$
$P_D = P_B - [133100 \times (0.1 + 0.25 + b길이)]$
$(P_A = P_B - 80000 [Pa])$
$123300 x = 34297, \ x = 0.2781 [m] = 27.8 [cm]$

18 그림과 같은 U자관 차압 액주계에서 A와 B에 있는 유체는 물이고 그 중간에 유체는 수은(비중 13.6)이다. 또한, 그림에서 h₁=20[cm], h₂=30[cm], h₃=15[cm] 일 때 A의 압력(P_A)와 B의 압력(P_B)의 차이($P_A - P_B$)는 약 몇 [kPa] 인가? <small>19-1 기사</small>

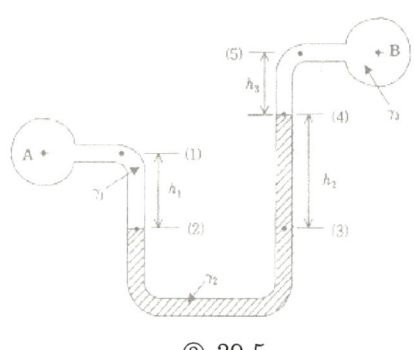

① 35.4 ② 39.5
③ 44.7 ④ 49.8

정답 ②
해설 동일수평선상의 압력은 동일하다.
$P_C = P_D$
$P_A + \gamma_1 h_1 = P_B + \gamma_3 h_3 + \gamma_2 h_2$
$P_A - P_B = \gamma_3 h_3 + S\gamma_w h_2 - \gamma_1 h_1$
$P_A - P_B = (9.8 \times 0.15) + (13.6 \times 9.8 \times 0.3) - (9.8 \times 0.2) = 39.494 [kPa]$

19 그림과 같이 비중이 0.8인 기름이 흐르고 있는 관에 U자관이 설치되어 있다. A점에서의 계기압력이 200kPa일 때 높이 h(m)는 얼마인가? (단, U자관 내의 유체의 비중은 13.6이다.) <small>20-4 기사</small>

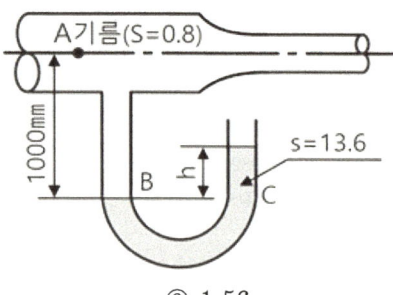

① 1.42 ② 1.56
③ 2.43 ④ 3.20

정답 ②
해설 동일수평면상의 압력 $P_B = P_C$를 만족한다.
- $P_B = P_A + \gamma_1 h_1 = (200) + (0.8 \times 9.8 \times 0.1)$
  $P_C = \gamma_2 h_2 = (13.6 \times 9.8 \times h)$
  $\therefore h = 1.56 [m]$

20 그림과 같이 수은 마노미터를 이용하여 물의 유속을 측정하고자 한다. 마노미터에서 측정한 높이차(h)가 30[mm]일 때 오리피스 전후의 압력[kPa] 차이는? (단, 수은의 비중은 13.6 이다.) `20-2 기사`

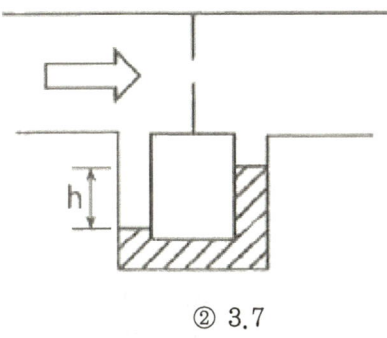

① 3.4
② 3.7
③ 3.9
④ 4.4

정답 ②

해설 [공식] • 오리피스 전후 압력차 : $P_A - P_B = (\gamma_o - \gamma)R = (S_o - S)\gamma_w R [N/m^2]$
• $P_A - P_B = (S_o - S)\gamma_w R = (13.6-1) \times 9.8 \times 0.03 = 3.7[kPa]$

21 그림과 같이 기름이 흐르는 관에 오리피스가 설치되어 있고, 그 사이의 압력을 측정하기 위해 U 자형 차압 액주계가 설치되어 있다. 이때 두 지점 간의 압력차(Px-Py)는 약 몇 [kPa] 인가? `17-4 기사`

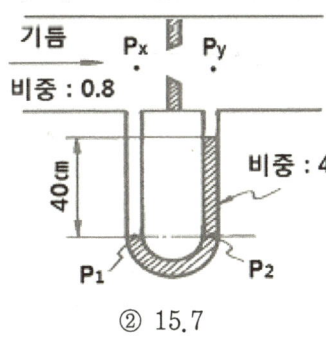

① 28.8
② 15.7
③ 12.5
④ 3.14

정답 ③

해설 [공식] • $P_A - P_B = (\gamma_o - \gamma)R = (S_o - S)\gamma_w R [N/m^2]$
• S_0 : 액주계유체 • S : 배관유체 • R : 높이차[m]
• $P_A - P_B = (S_o - S)\gamma_w R = (4-0.8) \times 9.8 \times 0.4 = 12.55[kPa]$

22 폭이 4[m]이고 반경이 1[m]인 그림과 같은 1/4원형 모양으로 설치된 수문 AB가 있다. 이 수문이 받는 수직방향 분력 Fv의 크기[N]는? 19-4 기사

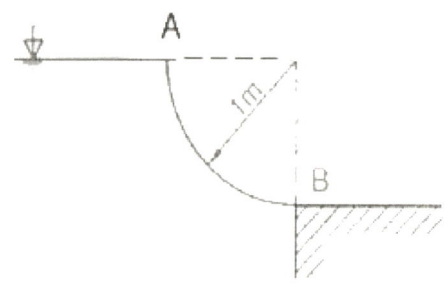

① 7613　　　　　　　　　② 9801
③ 30787　　　　　　　　　④ 123000

정답 ③
해설 [공식] ● 수직분력 : $F_V(N) = \gamma V$

● $F_V(N) = 9800 \times \left(\dfrac{\pi}{4} \times 1^2 \times 4\right) = 30787.6[N]$

23 그림에서 물에 의하여 점 B에서 힌지된 사분원 모양의 수문이 평형을 유지하기 위하여 수면에서 수문을 잡아 당겨야 하는 힘 T는 약 몇 [kN]인가? (단, 수문의 폭 1[m], 반지름 $(r = \overline{OB})$은 2[m], 4분원의 중심은 O점에서 왼쪽으로 4r/3π인 곳에 있다.) 19-2 기사

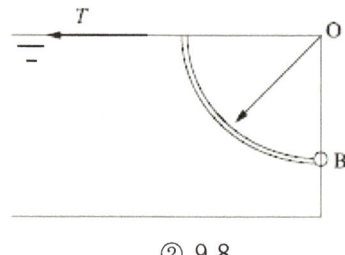

① 1.96　　　　　　　　　② 9.8
③ 19.6　　　　　　　　　④ 29.4

정답 ③
해설 [공식] ● 수평분력 : $F_H(N) = \gamma \bar{h} A$

● $F = \gamma \bar{h} A = 9.8 \times \dfrac{2}{2} \times 1 \times 2 = 19.6[KN]$

24 그림과 같은 1/4원형의 수문(水門) AB가 받는 수평성분 힘(F_H)과 수직성분 힘(F_V)은 각각 약 몇 [kN] 인가? (단, 수문의 반지름은 2[m] 이고, 폭은 3[m] 이다.) 19-1 기사

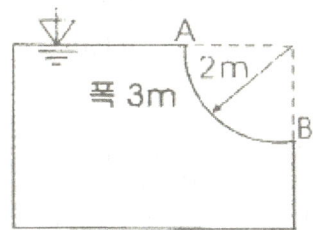

① $F_H = 24.4$, $F_V = 46.2$ ② $F_H = 24.4$, $F_V = 92.4$
③ $F_H = 58.8$, $F_V = 46.2$ ④ $F_H = 58.8$, $F_V = 92.4$

정답 ④

해설 ① 수평성분의 힘 : $F_H = \gamma \bar{h} A = 9.8 \times \frac{2}{2} \times 2 \times 3 = 58.8 [KN]$

② 수직성분의 힘 : $F_V = \gamma V = 9.8 \times \left(0 + \frac{\pi}{4} \times 2^2 \times 3\right) = 92.36 [KN]$

25 아래 그림과 같은 반지름이 1[m]이고, 폭이 3[m]인 곡면의 수문 AB가 받는 수평분력은 약 몇 N인가? 18-2 기사

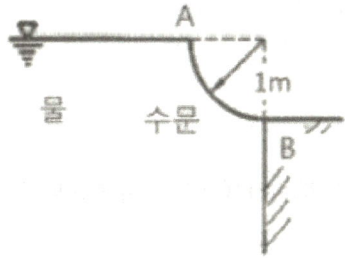

① 7350   ② 14700
③ 23900   ④ 29400

정답 ②

해설 [공식] • 수평분력 : $F_H(N) = \gamma \bar{h} A$

• $F = \gamma \bar{h} A = 9800 \times \frac{1}{2} \times (1 \times 3) = 14700 [N]$

26 비중이 1.03인 바닷물에 비중 0.9인 빙산이 떠있다. 전체 부피의 몇 %가 해수면 위로 올라와 있는가?
18-2 기사

① 12.6　　　　　　　　　② 10.8
③ 7.2　　　　　　　　　　④ 6.3

정답 ①
해설 [공식] • W(대기중 무게)=F_B(배제된 유체 무게)
- $\gamma_{물체} \times V_{전체체적} = \gamma_{액체} \times V_{잠긴체적}$
- $S_{물체} \times \gamma_w \times V_{전체체적} = S_{액체} \times \gamma_w \times V_{잠긴체적}$
- $S_{물체} \times V_{전체체적} = S_{유체} \times V_{잠긴체적}$
- $0.9 \times 100\% = 1.03 \times V_{잠긴체적}$
- $V_{잠긴} = 87.37\%$, 그러므로 해수면 위로 올라온 체적은 100 − 87.37 = 12.6%

27 비중 0.92인 빙산이 비중 1.025의 바닷물 수면에 떠 있다. 수면 위에 나온 빙산의 체적이 150[m³]이면 빙산의 전체 체적은 약 몇 [m³]인가?
18-1 기사

① 1314　　　　　　　　　② 1464
③ 1725　　　　　　　　　④ 1875

정답 ②
해설 [공식] • W(대기중 무게)=F_B(배제된 유체 무게)
- $\gamma_{물체} \times V_{전체체적} = \gamma_{액체} \times V_{잠긴체적}$
- $S_{물체} \times \gamma_w \times V_{전체체적} = S_{액체} \times \gamma_w \times V_{잠긴체적}$
- $S_{물체} \times V_{전체체적} = S_{유체} \times V_{잠긴체적}$
- $0.92 \times x(전체 체적) = 1.025 \times (x-150)$
- $x = 1464[m^3]$

28 어떤 물체가 공기 중에서 무게는 588[N]이고, 수중에서 무게는 98[N]이었다. 이 물체의 체적(V)과 비중(S)은?
22-2 기사

① V=0.05m³, S=1.2　　　② V=0.05m³, S=1.5
③ V=0.5m³, S=1.2　　　④ V=0.5m³, S=1.5

정답 ①
해설 ① 공기중 무게 = 물속 무게 + 부력 이므로 588N = 98N + 부력
그러므로 부력은 490N 이다.
② 부력 = $\gamma_물 \times V_{잠긴}$ 이므로 $V_{잠긴} = \dfrac{490}{9800} = 0.05[m^3]$
③ 물체 비중(s)
$588[N] = \gamma(물체) \times V(잠긴) = s(물체) \times \gamma_w \times V(잠긴)$
$s = \dfrac{588}{9800 \times 0.05} = 1.2$

29 공기 중에서 무게가 941[N]인 돌이 물속에서 500[N] 이라면 이 돌의 체적(m³)은? (단, 공기의 부력은 무시한다.)　　기사 기출

① 0.012　　　　② 0.028
③ 0.034　　　　④ 0.045

정답 ④
해설 ① 공기중 무게=물속 무게+부력 이므로 941N=500N+부력
그러므로 부력은 441N 이다.
그러므로 부력 = $\gamma_물 \times V_{잠긴}$ 이므로 $V_{잠긴} = \dfrac{441}{9800} = 0.045 [m^3]$

30 정육면체의 그릇에 물을 가득 채울 때, 그릇 밑면이 받는 압력에 의한 수직방향 평균 힘의 크기를 P라고 하면, 한 측면이 받는 압력에 의한 수평방향 평균 힘의 크기는 얼마인가?　　21-1 기사　18-1 기사

① 0.5P　　　　② P
③ 2P　　　　　④ 4P

정답 ①
해설 측면이 받는 압력에 대한 힘의 크기는 $\dfrac{P}{2}$ 로 한다.

31 그림과 같이 수조에 비중이 1.03인 액체가 담겨있다. 이 수조의 바닥면적이 4[m²]일 때의 수조 바닥 전체에 작용하는 힘은 약 몇 [kN]인가? (단, 대기압은 무시한다.)　　17-4 기사

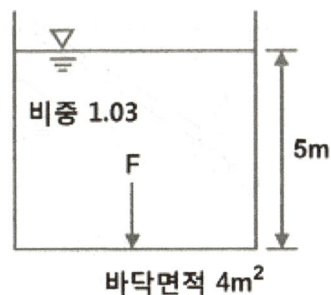

비중 1.03　F　5m
바닥면적 4m²

① 98　　　　② 51
③ 156　　　④ 202

정답 ④
해설 [공식] ● 수평면에 작용하는 전압력(F[N]) : 비중량이 γ이고, 깊이가 h인 지점의 압력 P는
$P = \gamma h [N/m^2]$ 이므로, 면적 A인 평면에 작용하는 힘 F는 $F = \gamma h A[N]$ 으로 표현한다.
● $F = \gamma h A[N] = s \times \gamma_w \times 5 \times 4 = 1.03 \times 9.8 \times 5 \times 4 = 201.88 [kN]$

32 아래 그림과 같은 탱크에 물이 들어있다. 물이 탱크의 밑면에 가하는 힘은 약 몇 [N] 인가?(단 물의 밀도는 1000[kg/m³], 중력가속도는 10[m/s²]로 가정하며 대기압은 무시한다. 또한 탱크의 폭은 전체가 1[m]로 동일하다.) 17-1 기사

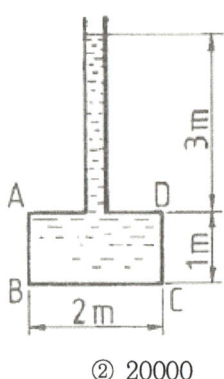

① 40000 ② 20000
③ 80000 ④ 60000

정답 ③

해설 [공식] • 수평면에 작용하는 전압력(F[N]) : 비중량이 γ이고, 깊이가 h인 지점의 압력 P는
P = γh[N/m²] 이므로, 면적 A인 평면에 작용하는 힘 F는 $F = \gamma hA$[N] 으로 표현한다.
• $F = \gamma hA = 10,000 \times 4 \times (2 \times 1) = 80,000[N]$

33 그림과 같이 수평과 30° 경사된 폭 50[cm]인 수문 AB가 A점에서 힌지(hinge)로 되어있다. 이 문을 열기 위한 최소한의 힘 F(수문에 직각 방향)는 약 몇 [kN]인가? (단, 수문의 무게는 무시하고, 유체의 비중은 1이다.) 22-1 기사

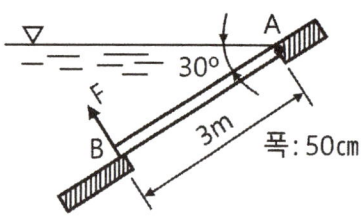

① 11.5 ② 7.35
③ 5.51 ④ 2.71

정답 ②

해설 수문 AB가 받는 힘 F는
$F = \bar{\gamma} y \sin\theta A = 9800 \times 1.5 \times \sin 30 \times (3 \times 0.5) = 11025 [N]$
힘의 작용점인 압력중심 y_p는
$y_p = \dfrac{I_c}{yA} + \bar{y} = \dfrac{\dfrac{0.5 \times 3^3}{12}}{1.5 \times 1.5} + 1.5 = 2[m]$

아래의 자유물체도에서 점 A에 관한 모멘트의 합은 0이므로
$\sum M_A = 0 \quad F_B \times 3 - F \times 2 = 0$
$F_B = \dfrac{2}{3} F = 7350 [N] = 7.35 [kN]$

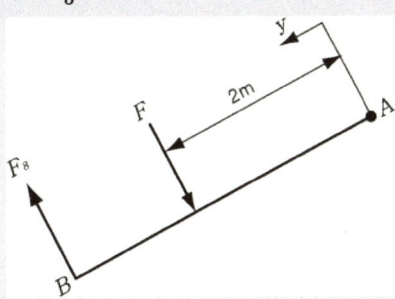

03 유체의 동역학

01 유체 유동의 상태

(1) 정상 흐름, 정상류

유체가 흐름 상태에 있을 때 흐름과 관계되는 변수들(밀도, 압력, 속도 등)이 시간 t가 경과하더라도 변하지 않을 때의 흐름을 말한다.

◆ 관계식 : $\dfrac{\delta \rho}{\delta t} = 0$, $\dfrac{\delta p}{\delta t} = 0$, $\dfrac{\delta V}{\delta t} = 0$, $\dfrac{\delta T}{\delta t} = 0$

- ρ : 밀도
- P : 압력
- V : 속도
- T : 온도
- t : 시간

(2) 비정상 흐름, 비정상류

임의의 점에 있어서 흐름과 관계되는 변수들(밀도, 압력, 속도 등)이 시간 t가 경과하더라도 변할때의 흐름을 말한다.

◆ 관계식 : $\dfrac{\delta \rho}{\delta t} \neq 0$, $\dfrac{\delta p}{\delta t} \neq 0$, $\dfrac{\delta V}{\delta t} \neq 0$, $\dfrac{\delta T}{\delta t} \neq 0$

- ρ : 밀도
- P : 압력
- V : 속도
- T : 온도
- t : 시간

(3) 층류 유동 : 유체 입자들이 층과 층이 미끄러지면서 규칙 정연하게 흐르는 운동을 말한다.

(4) 난류 유동 : 유체 입자들이 불규칙하게 흐르는 운동을 말한다.

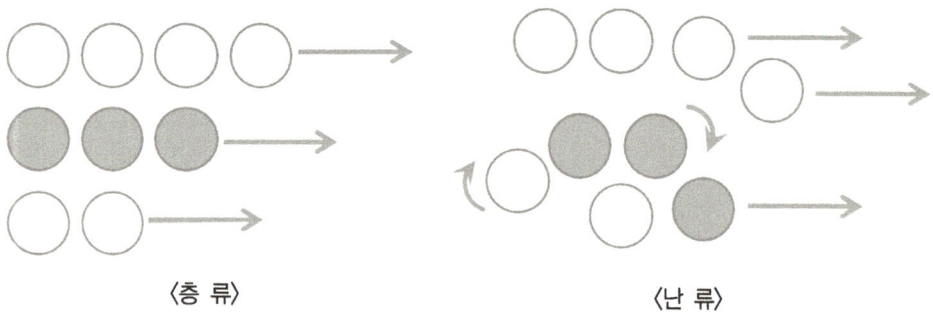

〈층 류〉 〈난 류〉

(5) 유선 · 유적선 · 유맥선

① 유선

유체의 흐름 속에 임의의 한 가상 곡선을 그을 때 그 곡선상의 임의의 한 점에 대한 접선이 같은 점에서의 속도 벡터(유속) 방향과 일치할 때 곡선을 말한다.

② 유적선 〈유적 : 남아 있는 자취〉

㉠ 유체 입자가 일정 시간 내에 지나간 자취(경로)를 말한다.

㉡ 일정한 시간 내에 유체 입자가 흘러간 궤적을 말한다.

③ 유맥선 〈유맥 : 흐르는 듯한 모양〉

공간 내의 한 점을 지나는 모든 유체 입자들의 순간 궤적을 말한다.

02 Re(레이놀즈수)

(1) 정의

① 충류와 난류를 구분해 주는 척도(기준)이다.

② 물리적인 힘은 관성력과 점성력의 비로서 무차원수이다.

(2) 공식 및 단위

$$R_e = \frac{\rho VD}{\mu} = \frac{VD}{v} = \frac{관성력}{점성력}$$

여기서,
- ρ : 유체의 밀도 $[kg_m/m^3][N \cdot s^2/m^4]$
- V : 관속에 흐르는 유체의 평균 유속 [m/sec]
- D : 원관의 지름 [m]
- μ : 유체의 점성 계수 $[N \cdot s/m^2]$
- v : 유체의 동점성 계수 [m²/sec]

- 충류 : $R_e < 2100$
- 난류 : $R_e > 4000$
- 천이구역 : $2100 < R_e < 4000$
- 임계레이놀즈수
  - 하임계 레이놀즈수 : 2100(난류→충류)
  - 상임계 레이놀즈수 : 4000(충류→난류)

03 연속 방정식

(1) 질량 유량 : M

① 정의 : 단위 시간당 흐르는 질량

② 공식 및 단위

$$M = \rho \cdot A \cdot V \;[kg_m/m^3 \times m^2 \times m/sec], \;[kg_m/sec]$$

- ρ : 밀도[kg/m³]
- A : 단면적[m²]
- V : 배관 평균 유속[m/s]

◆ 기체의 밀도

$$Pv = RT, \;P\frac{1}{\rho} = RT$$

$$\rho = \frac{P}{RT}[kg_m/m^3]$$

- P : 절대압력[Pa]
- $\overline{R}$: 특정기체상수[J/kg·K]
- T : 절대온도[K])

◆ 물의 밀도
ρ_w(물의 밀도)
$= 1000\,[kg_f/m^3] = 1000\,[N \cdot s^2/m^4]$

(2) 중량 유량 : G

① 정의 : 단위 시간당 흐르는 중량

② 공식 및 단위

$$G = \gamma \times A \times V \;[N/m^3 \times m^2 \times m/sec], \;[N/sec]$$

- γ : 비중량[N/m³]
- A : 단면적[m²]
- V : 배관 평균 유속[m/s]

◆ 물의 비중량
γ_w(물의 비중량) $= 1000\,[kg_f/m^3] = 9800\,[N/m^3]$

(3) 체적 유량 : Q(비압축성 유체, 물에 적용)

① 정의 : 단위 시간당 흐르는 체적

② 공식 및 단위

$$Q = AV \ [m^3/s], [L/\min]$$

- Q : 체적 유량[㎥/sec]
- V : 배관 평균 유속[m/s]
- D : 배관 직경[m]

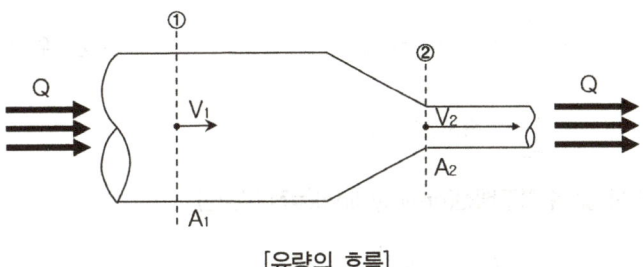

[유량의 흐름]

- $Q = AV \ [㎥/\sec]$
- $V = \dfrac{Q}{A} \ [m/\sec]$
- $V = \dfrac{4Q}{\pi D^2} \ [m/s]$ (유속공식)
  - Q : 체적 유량[㎥/sec]
  - V : 배관 평균 유속[m/s]
  - D : 배관 직경[m]

$$Q = A_1 V_1 = A_2 V_2 [㎥/s] \quad , V_2 = \dfrac{A_1}{A_2} V_1 = (\dfrac{d_1}{d_2})^2 \times V_1 [m/s]$$

04 베르누이 방정식

(1) 정의

물이 갖는 에너지 관계를 나타내는 것으로 에너지 불변의 법칙. 즉, 에너지의 총합은 항상 일정하다고 하는 것이다.(수두의 합은 어디서나 일정하다.)

(2) 가정조건

① 정상 유동

② 비압축성 유동

③ 무마찰 유동

④ 유선을 따른 유동

(3) 공식 및 단위

$$H(전수두) = \dfrac{P}{\gamma} + \dfrac{V^2}{2g} + Z [m]$$

$$\frac{P_1}{\gamma} + \frac{V_1^2}{2g} + Z_1 = \frac{P_2}{\gamma} + \frac{V_2^2}{2g} + Z_2$$

여기서,
- P : 압력[N/m^2]
- Z : 임의의 기준 수면에서의 높이[m]
- g : 중력 가속도 9.8[m/sec^2]
- $\frac{P}{\gamma}$: 압력 수두[m]
- $\frac{V^2}{2g}$: 속도 수두[m]
- V : 유속[m/sec]
- γ : 유체의 비중량[N/m^3]
- H : 전수두[m]
- Z : 위치 수두[m]

(4) 에너지선 및 수력구배선(energy line)(=전수두선)

① 에너지선 : $E \cdot L = \frac{P}{\gamma} + \frac{V^2}{2g} + Z$

② 수력구배선 : $H \cdot G \cdot L = \frac{P}{\gamma} + Z$

∴ 수력구배선(H. G. L)은 항상 에너지선(E. L)보다 속도수두($\frac{V^2}{2g}$)만큼 아래에 위치한다.

(5) 수정 베르누이 방정식

실제 관로에서 유체는 점성을 가졌기 때문에 흐름의 내부에 상대 속도가 생기며 그 때문에 일어나는 마찰력 또는 관벽과의 마찰은 고려해야 하며 관로의 ① 단면과 ② 단면 사이에서의 손실 수두를 H_L이라 하면

$$\frac{P_1}{\gamma} + \frac{V_1^2}{2g} + Z_1 = \frac{P_2}{\gamma} + \frac{V_2^2}{2g} + Z_2 + H_L \text{[m]}$$

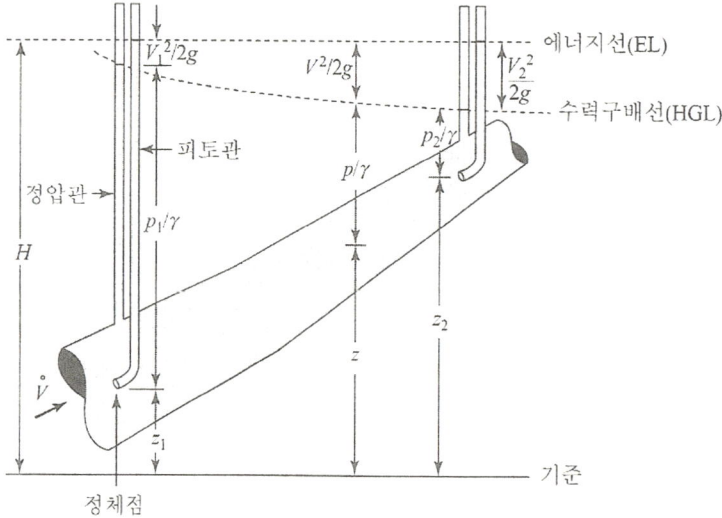

[베르누이 방정식]

05 베르누이의 정리의 응용

(1) 토리첼리의 정리

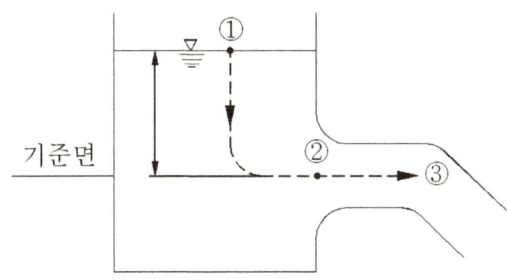

[토리첼리의 정리]

수면에서 깊이 h인 탱크의 측벽에 뚫는 작은 구멍에서 유출하는 액체의 유속 V_2는 다음과 같다.

- 1점(수면) : $Z_1 = h$, $P_1 = $ 대기압, $V_1 = 0$
- 2점(분출시) : $Z_2 = 0$, $P_2 = $ 대기압, $V_2 = ?$

1점과 2점에서의 에너지 총합은 같기 때문에 베르누이 방정식을 적용

$$\frac{P_1}{\gamma} + \frac{V_1^2}{2g} + Z_1 = \frac{P_2}{\gamma} + \frac{V_2^2}{2g} + Z_2 \cdots\cdots ①$$

위 식을 ①식에 적용하면

$$\frac{V_2^2}{2g} = H, \quad V_2^2 = 2gH, \quad V_2(\text{유출속도}) = \sqrt{2gh}\,[m/\sec]$$

(계수값이 있으면 $V_2(\text{유출속도}) = C \times \sqrt{2gh}\,[m/\sec]$)

(2) 사이펀의 원리

대기압을 이용하여 굽은 관을 이용하여 높은 곳에 있는 액체를 낮은 곳으로 옮기는 장치를 사이펀이라고 하며 그 작용을 사이펀 작용이라고 한다.

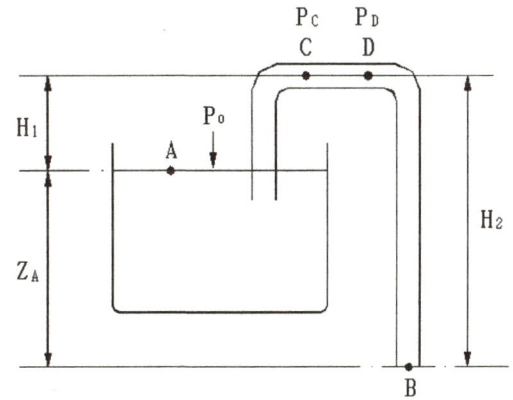

[사이펀의 원리]

* 사이펀관의 유출속도 : $V_B = \sqrt{2 \times g \times Z_A}\,[m/s]$

(3) 동압과 정압

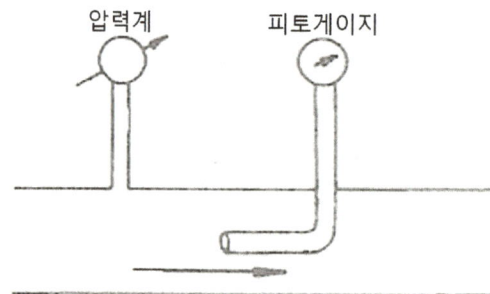

① 피토게이지 : 동압[Pa] + 정압[Pa]
② 압력계 : 정압[Pa]
③ 동압[Pa] = 피토게이지 계측기 압력 − 압력계 계측기 압력

CHAPTER 03 유체의 동역학

01 흐르는 유체에서 정상류의 의미로 옳은 것은? `21-1 기사`
① 흐름의 임의의 점에서 흐름특성이 시간에 따라 일정하게 변하는 흐름
② 흐름의 임의의 점에서 흐름특성이 시간에 관계없이 항상 일정한 상태에 있는 흐름
③ 임의의 시각에 유로 내 모든 점의 속도벡터가 일정한 흐름
④ 임의의 시각에 유로 내 각점의 속도벡터가 다른 흐름

> **정답** ②
> **해설** ① 정상 흐름, 정상류
> 유체가 흐름 상태에 있을 때 흐름과 관계되는 변수들(밀도, 압력, 속도 등)이 시간 t가 경과하더라도 변하지 않을 때의 흐름을 말한다.
> ② 비정상 흐름, 비정상류
> 임의의 점에 있어서 름과 관계되는 변수들(밀도, 압력, 속도 등)이 시간 t가 경과하더라도 변할때의 흐름을 말한다.

02 유체의 흐름 중 난류 흐름에 대한 설명으로 틀린 것은? `22-2 기사`
① 원관 내부 유동에서는 레이놀즈수가 약 4000 이상인 경우에 해당한다.
② 유체의 각 입자가 불규칙한 경로를 따라 움직인다.
③ 유체의 입자가 갖는 관성력이 입자에 작용하는 점성력에 비하여 매우 크다.
④ 원관 내 완전 발달 유동에서는 평균속도가 최대속도의 $\frac{1}{2}$이다.

> **정답** ④
> **해설** 보기④는 층류일때의 설명이다.

03 지름이 5[cm]인 원형 관내에 이상기체가 층류로 흐른다. 다음 중 이 기체의 속도가 될 수 있는 것을 모두 고르면? (단, 이 기체의 절대압력은 200[kPa], 온도는 27℃, 기체상수는 2080 [J/kg·K], 점성계수는 2×10^{-5} [N·s/m²], 하임계 레이놀즈수는 2200으로 한다.) `21-4 기사`

| ㉠ 0.3[m/s] | ㉡ 1.5 [m/s] |
| ㉢ 8.3[m/s] | ㉣ 15.5[m/s] |

① ㄱ
② ㄱ, ㄴ
③ ㄱ, ㄴ, ㄷ
④ ㄱ, ㄴ, ㄷ, ㄹ

정답 ②

해설 ① 기체의 밀도 : $\rho = \dfrac{P}{RT} = \dfrac{200 \times 10^3}{2080 \times (273+27)} = 0.3205 [kg/m^3]$

② $Re = \dfrac{\rho VD}{\mu}$
- ρ : 유체의 밀도 $[kg_m/m^3][N \cdot s^2/m^4]$
- D : 원관의 지름 $[m]$
- υ : 유체의 동점성 계수 $[m^2/sec]$
- V : 관속에 흐르는 유체의 평균 유속 $[m/sec]$
- μ : 유체의 점성 계수 $[N \cdot s/m^2]$

$V = \dfrac{Re \cdot \mu}{\rho \cdot D} = \dfrac{2200 \times 2 \times 10^{-5}}{0.3205 \times 0.05} = 2.75 [m/s]$

∴ 2.75[m/s]보다 작은 속도를 선택한다.

04 지름이 150[mm]인 원관에 비중이 0.85, 동점성계수가 $1.33 \times 10^{-4} [m^2/s]$기름이 $0.01 [m^3/s]$의 유량으로 흐르고 있다. 이때 관 마찰계수는? (단, 임계 레이놀즈수는 2100이다.) `19-4 기사`

① 0.10　　　　　　　　　② 0.14
③ 0.18　　　　　　　　　④ 0.22

정답 ①

해설 [공식]
- $R_e = \dfrac{\rho VD}{\mu} = \dfrac{VD}{\upsilon} = \dfrac{\text{관성력}}{\text{점성력}}$
  - ρ : 유체의 밀도 $[kg_m/m^3][N \cdot s^2/m^4]$
  - μ : 점성 계수 $[N \cdot s/m^2]$
  - V : 유속 $[m/sec]$, D : 지름 $[m]$
  - υ : 동점성 계수 $[m^2/sec]$
- $Re = \dfrac{0.5658 \times 0.15}{1.33 \times 10^{-4}} = 638.12$ (층류) $\left(V = \dfrac{Q}{A} = \dfrac{0.01}{\dfrac{\pi}{4} \times 0.15^2} = 0.5658 [m/s] \right)$

$f = \dfrac{64}{Re} = \dfrac{64}{638.12} = 0.1$

05 동점성계수가 $1.15 \times 10^{-6} [m^2/s]$인 물이 30[mm]의 지름 원관 속을 흐르고 있다. 층류가 기대될 수 있는 최대 유량은 약 몇 $[m^3/s]$인가? (단, 임계 레이놀즈 수는 2100이다.) `18-2 기사`

① 2.85×10^{-5}　　　　　② 5.69×10^{-5}
③ 2.85×10^{-7}　　　　　④ 5.69×10^{-7}

정답 ②

해설 [공식] ● 유량 : $Q = AV \ [m^3/s], [L/min]$
- Q : 체적 유량 $[m^3/sec]$
- V : 배관 평균 유속 $[m/s]$
- D : 배관 직경 $[m]$

[공식] ● $Re = \dfrac{Dv}{\nu}$
- ρ : 밀도 $[kg/m^3]$
- D : 직경 $[m]$
- v : 속도 $[m/s]$
- ν : 동점성계수 $[m^2/s]$

$$\bullet\ Re = \frac{Dv}{\nu},\ 2100 = \frac{30 \times 10^{-3} \times v}{1.15 \times 10^{-6}},\ V = 0.0805 [m/s]$$

$$Q = AV = \frac{\pi}{4} \times 0.03^2 [m^2] \times 0.0805 [m/s] = 5.69 \times 10^{-5} [m^3/s]$$

06 온도가 37.5℃인 원유가 0.3m³/s의 유량으로 원관에 흐르고 있다. 레이놀즈수가 2100일 때, 관의 지름은 약 몇 [m] 인가? (단, 원유의 동점성계수는 6x10⁻⁵m²/s이다.) [17-2 기사]

① 1.25 ② 2.45
③ 3.0   ④ 4.45

정답 ③

해설 [공식]
- $R_e = \frac{\rho VD}{\mu} = \frac{VD}{\upsilon} = \frac{관성력}{점성력}$
  - ρ : 유체의 밀도 $[kg_m/m^3][N \cdot s^2/m^4]$
  - μ : 점성 계수 $[N \cdot s/m^2]$
  - V : 유속[m/sec]
  - D : 지름[m]
  - υ : 동점성 계수[m²/sec]

- $R_e = \frac{VD}{\upsilon},\ 2100 = \frac{D \times \frac{4 \times 0.3}{\pi \times D^2}}{6 \times 10^{-5}}\ (V = \frac{4Q}{\pi D^2})$

  $D = \frac{1.2}{2100 \times 6 \times 10^{-5} \times \pi} = 3.03[m]$

07 지름 40[cm]인 소방용 배관에 물이 80[kg/s]로 흐르고 있다면 물의 유속[m/s]은? [20-4 기사] [17-2 기사]

① 6.4   ② 0.64
③ 12.7 ④ 1.27

정답 ②

해설 [공식]
- $M = \rho \cdot A \cdot V\ [kg_m/m^3 \times m^2 \times m/sec],\ [kg_m/sec]$
  - ρ : 밀도[kg/m³]
  - A : 단면적[m²]
  - V : 배관 평균 유속[m/s]
- $80 = 1000 \times \frac{\pi}{4} \times 0.4^2 \times V,\ V = 0.64[m/s]$

08 지름 20[cm]의 소화용 호스에 물이 질량유량 80[kg/s]로 흐른다. 이때 평균유속은 약 몇 [m/s]인가?

① 0.58　　　　　　② 2.55
③ 5.97　　　　　　④ 25.48

정답 ②

해설 [공식] ● 질량유량 : $M = \rho \cdot A \cdot V$ [$kg_m/m^3 \times m^2 \times m/sec$], [$kg_m/sec$]
　　● ρ : 밀도[kg/m^3]　● A : 단면적[m^2]　● V : 배관 평균 유속[m/s]
　　● $80 = 1000 \times \frac{\pi}{4} \times 0.2^2 \times V$, $V = 2.55$ [m/s]

09 지름이 75[mm]인 관로 속에 평균 속도 4[m/s]로 흐르고 있을 때 유량[kg/s]은?

① 15.52　　　　　　② 16.92
③ 17.67　　　　　　④ 18.52

정답 ③

해설 [공식] ● 질량유량 : $M = \rho \cdot A \cdot V$ [$kg_m/m^3 \times m^2 \times m/sec$], [$kg_m/sec$]
　　● ρ : 밀도[kg/m^3]　● A : 단면적[m^2]　● V : 배관 평균 유속[m/s]
　　● $M = 1000 \times \frac{\pi}{4} \times 0.075^2 \times 4 = 17.67$ (kg/s)

10 안지름 100[mm]인 파이프를 통해 2[m/s]의 속도로 흐르는 물의 질량유량은 약 몇 [kg/min]인가?

① 15.7　　　　　　② 157
③ 94.2　　　　　　④ 942

정답 ④

해설 [공식] ● 질량유량 : $M = \rho \cdot A \cdot V$ [$kg_m/m^3 \times m^2 \times m/sec$], [$kg_m/sec$]
　　● ρ : 밀도[kg/m^3]　● A : 단면적[m^2]　● V : 배관 평균 유속[m/s]
　　● $M = 1000 \times \frac{\pi}{4} \times 0.1^2 \times 2 = 15.7$ [kg/s] $\times 60 = 942$ [kg/min]

11 직경 20[cm]의 소화용 호스에 물이 392 [N/s] 흐른다. 이 때의 평균유속[m/s]은? 21-2 기사

① 2.96
② 4.34
③ 3.68
④ 1.27

정답 ④

해설 ● 중량유량
$G = \gamma \times A \times V \ [N/m^3 \times m^2 \times m/sec], [N/sec]$
- γ : 비중량[N/m³]   · A : 단면적[m²]   · V : 배관 평균 유속[m/s]
● $392 = 9800 \times \dfrac{\pi}{4} \times 0.2^2 \times V, \ V = 1.27 [m/s]$

12 관로에서 20℃의 물이 수조에 5분 동안 유입되었을 때 유입된 물의 중량이 60[kN]이라면 이때 유량은 몇 [m³/s]인가? 18-4 기사

① 0.015
② 0.02
③ 0.025
④ 0.03

정답 ②

해설 [공식] ● $G = \gamma \times A \times V \ [N/m^3 \times m^2 \times m/sec], \ [N/sec]$
- γ : 비중량[N/m³]   · A : 단면적[m²]   · V : 배관 평균 유속[m/s]
● $G = \gamma \times A \times V = \gamma \times Q$
$\dfrac{60}{5 \times 60} = 9.8 \times Q, \ Q = 0.02 [m^3/s]$

13 안지름 40[mm]의 배관 속을 정상류의 물이 매분 150[L]로 흐를 때의 평균 유속[m/s]은? 20-2 기사

① 0.99
② 1.99
③ 2.45
④ 3.01

정답 ②

해설 [공식] ● $Q = AV \ [m^3/s], [L/min]$
- Q : 체적 유량[m³/sec]   · V : 배관 평균 유속[m/s]   · D : 배관 직경[m]
● $V = \dfrac{4Q}{\pi D^2} = \dfrac{4 \times 0.15}{\pi \times 0.04^2 \times 60} = 1.99 [m/s]$

14 밀도가 10[kg/m³]인 유체가 지름 30[cm]인 관내를 1[m³/s]로 흐른다. 이때의 평균유속은 몇 [m/s]인가?

`21-4 기사`

① 4.25
② 14.1
③ 15.7
④ 84.9

정답 ②

해설 [공식] • $Q = AV \ [m^3/s], [L/min]$ (체적유량)
• Q : 체적 유량[m³/sec]   • V : 배관 평균 유속[m/s]   • D : 배관 직경[m]
• $V = \dfrac{4Q}{\pi D^2} = \dfrac{4 \times 1}{\pi \times 0.3^2} = 14.14[m/s]$

15 그림과 같이 단면 A에서 정압이 500[kPa]이고 10[m/s]로 난류의 물이 흐르고 있을 때 단면 B에서의 유속[m/s]은?

`20-1 기사`

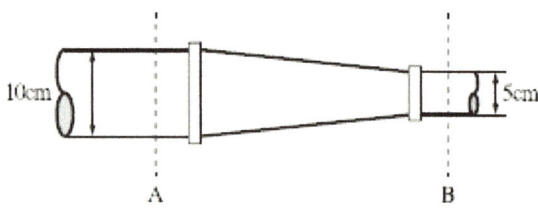

① 20
② 40
③ 60
④ 80

정답 ②

해설 [공식] • 연속 방정식 : $Q = AV \ [m^3/s], [L/min]$
• Q : 체적 유량[m³/sec]   • V : 배관 평균 유속[m/s]   • D : 배관 직경[m]
• $Q_A = Q_B$ 이므로 $A_A V_A = A_B V_B$ 이다.
• $V_B = \dfrac{A_A}{A_B} \times V_A = \dfrac{10^2}{5^2} \times 10 = 40[m/s]$

16 그림과 같은 관에 비압축성 유체가 흐를 때 A 단면의 평균속도가 V_1이라면 B단면에서의 평균속도 V_2는? (단, A 단면의 지름은 d_1이고 B단면의 지름은 d_2이다.)

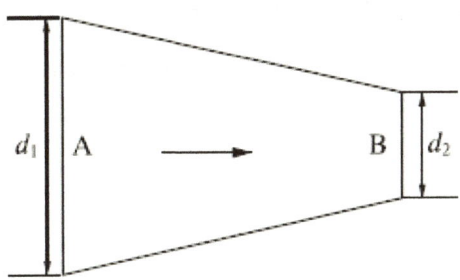

① $V_2 = \left(\dfrac{d_1}{d_2}\right) \times V_1$ ② $V_2 = \left(\dfrac{d_1}{d_2}\right)^2 \times V_1$

③ $V_2 = \left(\dfrac{d_2}{d_1}\right) \times V_1$ ④ $V_2 = \left(\dfrac{d_2}{d_1}\right)^2 \times V_1$

정답 ②
해설 [공식] • $Q = AV \ [m^3/s], [L/min]$ → 질량보존의 법칙
• $Q = A_1 V_1 = A_2 V_2$, $V_2 = \left(\dfrac{d_1}{d_2}\right)^2 \times V_1$

---

17 평균유속 2[m/s]로 50[L/s] 유량의 물을 흐르게 하는데 필요한 관의 안지름은 약 몇 [mm] 인가?

① 158 ② 168
③ 178 ④ 188

정답 ③
해설 [공식] • $Q = AV \ [m^3/s], [L/min]$
• $D = \sqrt{\dfrac{4Q}{\pi V}} = \sqrt{\dfrac{4 \times 0.05}{\pi \times 2}} = 0.17841[m] = 178.41[mm]$

---

18 베르누이 방정식을 적용할 수 있는 기본 전제조건으로 옳은 것은?
① 비압축성 흐름, 점성 흐름, 정상 유동
② 압축성 흐름, 비점성 흐름, 정상 유동
③ 비압축성 흐름, 비점성 흐름, 비정상 유동
④ 비압축성 흐름, 비점성 흐름, 정상 유동

정답 ④

해설 ① 베르누이 방정식
물이 갖는 에너지 관계를 나타내는 것으로 에너지 불변의 법칙. 즉, 에너지의 총합은 항상 일정하다고 하는 것이다. (수두의 합은 어디서나 일정하다.)
② 가정조건
㉠ 정상 유동 ㉡ 비압축성 유동
㉢ 무마찰유동=비점성 유동 ㉣ 유선을 따른 유동

19 베르누이의 정리($\frac{P}{\rho} + \frac{V^2}{2} + gZ$ =constant)가 적용되는 조건이 <u>아닌</u> 것은? [22-1 기사]
① 압축성의 흐름이다.
② 정상 상태의 흐름이다.
③ 마찰이 없는 흐름이다.
④ 베르누이 정리가 적용되는 임의의 두 점은 같은 유선 상에 있다.

정답 ①
해설 베르누이 방정식의 조건에는 비압축성 흐름이 있다.

20 유체의 흐름에 적용되는 다음과 같은 베르누이 방정식에 관한 설명으로 옳은 것은? [22-2 기사]

$$\frac{P}{\gamma} + \frac{V^2}{2g} + Z = C(일정)$$

① 비정상상태의 흐름에 대해 적용된다.
② 동일한 유선상이 아니더라도 흐름 유체의 임의점에 대해 항상 적용된다.
③ 흐름 유체의 마찰효과가 충분히 고려된다.
④ 압력수두, 속도수두, 위치수두의 합이 일정함을 표시한다.

정답 ④
해설 베르누이 방정식은 압력수두, 속도수두, 위치수두의 합이 일정함을 표시한다.

21 경사진 관로의 유체흐름에서 수력기울기선의 위치로 옳은 것은?   20-2 기사
① 언제나 에너지선보다 위에 있다.
② 에너지선보다 속도수두만큼 아래에 있다.
③ 항상 수평이 된다.
④ 개수로의 수면보다 속도수두 만큼 위에 있다.

정답 ②

해설 ① 에너지선 : $E \cdot L = \dfrac{P}{\gamma} + \dfrac{V^2}{2g} + Z$

② 수력구배선 : $H \cdot G \cdot L = \dfrac{P}{\gamma} + Z$

∴ 수력구배선(H.G.L)은 항상 에너지선(E.L)보다 속도수두$\left(\dfrac{V^2}{2g}\right)$만큼 아래에 위치한다.

22 두 개의 가벼운 공을 그림과 같이 실로 매달아 놓았다. 두 개의 공 사이로 공기를 불어 넣으면 공은 어떻게 되겠는가?   20-2 기사 19-4 기사

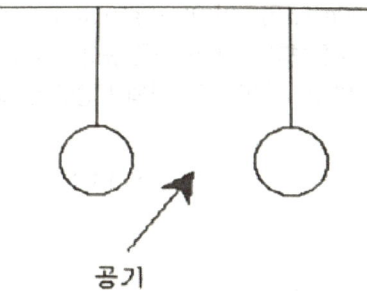

공기

① 파스칼의 법칙에 따라 벌어진다.
② 파스칼의 법칙에 따라 가까워진다.
③ 베르누이의 법칙에 따라 벌어진다.
④ 베르누이의 법칙에 따라 가까워진다.

정답 ④

해설 베르누이 방정식에 따라 유속이 빨라지면 압력 저압이 형성되어 거리가 가까워진다.

23 펌프의 일과 손실을 고려할 때 베르누이 수정 방정식을 바르게 나타낸 것은? (단, HP와 HL은 펌프의 수두와 손실 수두를 나타내며, 하첨자 1, 2는 각각 펌프의 전후 위치를 나타낸다)

20-1 기사

① $\dfrac{v_1^2}{2g}+\dfrac{P_1}{\gamma}+z_1 = \dfrac{v_2^2}{2g}+\dfrac{P_2}{\gamma}+H_L$

② $\dfrac{v_1^2}{2g}+\dfrac{P_1}{\gamma}+z_1+H_P = \dfrac{v_2^2}{2g}+\dfrac{P_2}{\gamma}+H_L$

③ $\dfrac{v_1^2}{2g}+\dfrac{P_1}{\gamma}+H_P = \dfrac{v_2^2}{2g}+\dfrac{P_2}{\gamma}+z_2+H_L$

④ $\dfrac{v_1^2}{2g}+\dfrac{P_1}{\gamma}+z_1+H_P = \dfrac{v_2^2}{2g}+\dfrac{P_2}{\gamma}+z_2+H_L$

정답 ④

해설 • 펌프에서의 수정베르누이 방정식 : $\dfrac{v_1^2}{2g}+\dfrac{P_1}{\gamma}+z_1+H_P = \dfrac{v_2^2}{2g}+\dfrac{P_2}{\gamma}+z_2+H_L$

24 비중이 0.877인 기름이 단면적이 변하는 원관을 흐르고 있으며 체적유량은 0.146 m³/s 이다. A점에서는 안지름이 150mm, 압력이 91 kPa 이고, B점에서는 안지름이 450mm, 압력이 60.3 kPa 이다. 또한 B점은 A점보다 3.66m 높은 곳에 위치한다. 기름이 A점에서 B점까지 흐르는 동안의 손실수두는 약 몇 m 인가? (단, 물의 비중량은 9810 N/m³ 이다.)

19-1 기사

① 3.3 ② 7.2
③ 10.7 ④ 14.1

정답 ①

해설
$\dfrac{V_A^2}{2g}+\dfrac{P_A}{\gamma}+Z_A = \dfrac{V_B^2}{2g}+\dfrac{P_B}{\gamma}+Z_B+Hl$

$\rightarrow Hl = \left(\dfrac{V_A^2}{2g}-\dfrac{V_B^2}{2g}\right)+\left(\dfrac{P_A}{\gamma}-\dfrac{P_B}{\gamma}\right)+(Z_A-Z_B)$

$\rightarrow Hl = \left(\dfrac{V_A^2-V_B^2}{2g}\right)+\left(\dfrac{P_A-P_B}{\gamma}\right)+(Z_A-Z_B)$

$= \left(\dfrac{V_A^2-V_B^2}{2g}\right)+\left(\dfrac{P_A-P_B}{S\cdot\gamma_w}\right)+(Z_A-Z_B)$

$V_A = \dfrac{Q}{A} = \dfrac{0.146}{\dfrac{\pi}{4}\times 0.15^2} = 8.26[m/s]$, $V_B = \dfrac{Q}{A} = \dfrac{0.146}{\dfrac{\pi}{4}\times 0.45^2} = 0.92[m/s]$

$Hl = \left(\dfrac{8.26^2-0.92^2}{19.6}\right)+\left(\dfrac{91-60.3}{0.877\times 9.81}\right)-3.66$

$= 3.34[m]$

25 수평 배관 설비에서 상류 지점인 A지점의 배관을 조사해 보니 지름 100mm, 압력 0.45MPa, 평균 유속 1m/s이었다. 또, 하류의 B 지점을 조사해 보니 지름 50mm, 압력 0.4MPa이었다면 두 지점 사이의 손실 수두는 약 몇 m인가? (단, 배관 내 유체의 비중은 1이다.) 기사 기출

① 4.34
② 4.95
③ 5.87
④ 8.67

정답 ①
해설 • 수정 베르누이방정식

$$\frac{0.45 \times 10^6}{9800} + \frac{1}{2 \times 9.8} = \frac{0.4 \times 10^6}{9800} + \frac{4^2}{2 \times 9.8} + h_L$$

$$h_L = 4.3367 = 4.34[m]$$

$$(A_1 V_1 = A_2 V_2, \ V_2 = (\frac{100}{50})^2 \times 1 = 4[m/s])$$

26 지면으로부터 4[m]의 높이에 설치된 수평관 내로 물이 4[m/s]로 흐르고 있다. 물의 압력이 78.4[kPa]인 관 내의 한 점에서 전수두는 지면을 기준으로 약 몇 [m] 인가? 19-1 기사

① 4.76
② 6.24
③ 8.82
④ 12.81

정답 ④
해설 [공식] • 베르누이 방정식

$$H = \frac{P}{\gamma} + \frac{V^2}{2g} + Z[m]$$

• P : 압력 $[N/m^2]$
• V : 유속 $[m/sec]$
• Z : 높이 $[m]$
• γ : 유체의 비중량 $[N/m^3]$
• g : 중력 가속도
• H : 전수두 $[m]$

• 속도수두 : $H = \frac{V^2}{2g} = \frac{4^2}{2 \times 9.8} = 0.81[m]$

전수두 : $H = \frac{78.4}{9.8} + \frac{4^2}{2 \times 9.8} + 4 = 12.81[m]$

27 관내에서 물이 평균속도 9.8 [m/s] 로 흐를 때의 속도 수두는 약 몇 [m]인가? 18-4 기사

① 4.9
② 9.8
③ 48
④ 128

정답 ①
해설 • 속도수두 : $H = \frac{v^2}{2g} = \frac{9.8^2}{2 \times 9.8} = 4.9[m/s]$

28 관 내 물의 속도가 12[m/s], 압력이 103[kPa]이다. 속도수두(Hv)와 압력수두(Hp)는 각각 약 몇 [m]인가?

① Hv = 7.35, Hp = 9.8
② Hv = 7.35, Hp = 10.5
③ Hv = 6.52, Hp = 9.8
④ Hv = 6.52, Hp = 10.5

정답 ②

해설 [공식] • 베르누이 방정식

$$H = \frac{P}{\gamma} + \frac{V^2}{2g} + Z[m]$$

• P : 압력[N/m²]　　　• V : 유속[m/sec]　　　• Z : 높이[m]
• γ : 유체의 비중량[N/m³]　• g : 중력 가속도　　• H : 전수두[m]

• 속도수두 : $H = \frac{V^2}{2g} = \frac{12^2}{2 \times 9.8} = 7.35[m]$

압력수두 : $H = \frac{P}{\gamma} = \frac{103}{9.8} = 10.5[m]$

29 그림과 같이 수조의 밑부분에 구멍을 뚫고 물을 유량 Q로 방출시키고 있다. 손실을 무시할 때 수위가 처음 높이의 1/2로 되었을 때 방출되는 유량은 어떻게 되는가?

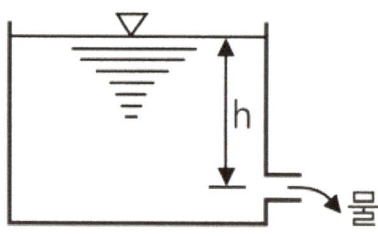

① $\frac{1}{\sqrt{2}} Q$　　　② $\frac{1}{2} Q$

③ $\frac{1}{\sqrt{3}} Q$　　　④ $\frac{1}{3} Q$

정답 ①

해설 ① $Q = A \times v = A \times \sqrt{2gH}$

$Q \propto \sqrt{H} \propto H^{\frac{1}{2}} = \sqrt{\frac{1}{2}} = \frac{1}{\sqrt{2}}$

∴ $\frac{1}{\sqrt{2}} Q$

30 물이 들어 있는 탱크에 수면으로부터 20[m] 깊이에 지름 50[mm]의 오리피스가 있다. 이 오리피스에서 흘러나오는 유량[m³/min]은? (단, 탱크의 수면 높이는 일정하고 모든 손실은 무시한다.)

21-2 기사

① 1.3
② 2.3
③ 3.3
④ 4.3

정답 ②
해설 [공식] • 토리첼리 정리 : V(유출속도) $= \sqrt{2gh}$ [m/sec], Q(유출유량) $= A \times \sqrt{2gh}$ [m³/sec]
• $Q = \dfrac{\pi}{4} \times 0.05^2 \times \sqrt{2 \times 9.8 \times 20} = 0.0388$ [m³/sec] $\times 60$ [sec/min] $= 2.32$ [kg/min]

31 유속 6m/s로 정상류의 물이 화살표 방향으로 흐르는 배관에 압력계와 피토계가 설치되어있다. 이때 압력계의 계기압력이 300[kPa]이었다면 피토계의 계기압력은 약 몇 [kPa]인가?

21-2 기사 18-1 기사

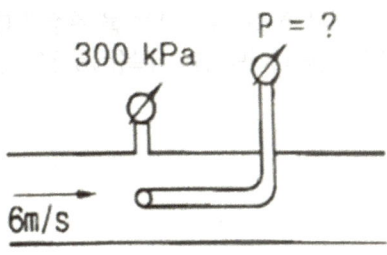

① 180
② 280
③ 318
④ 336

정답 ③
해설 [공식] • $V = \sqrt{2gh}$
• $h = \dfrac{V^2}{2g} = \dfrac{6^2}{19.6} = 1.8367$ [m]
• $P = \gamma H = 9.8 \times 1.8367 = 18$ [Pa] $= 18$ [kPa]
높이차에 의한 압력이 18[kPa] 이므로 $300 + 18 = 318$ [kPa]

32 비중이 0.95인 액체가 흐르는 곳에 그림과 같이 피토 튜브를 직각으로 설치하였을 때 h가 150[mm], H가 30[mm]로 나타났다면 점 1위치에서의 유속[m/s]은? `20-4 기사`

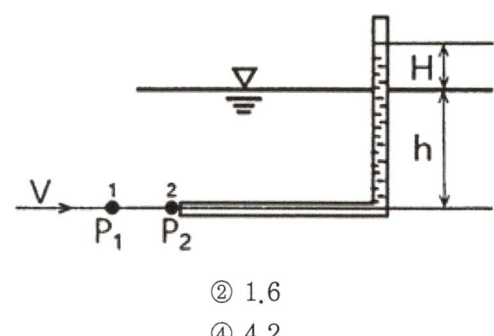

① 0.8
③ 3.2
② 1.6
④ 4.2

정답 ①
해설 $V = \sqrt{2gh} = \sqrt{2 \times 9.8 \times 0.03} = 0.8[m/s]$

33 피토관으로 파이프 중심선에서 흐르는 물의 유속을 측정할 때 피토관의 액주높이가 5.2[m], 정압튜브의 액주높이가 4.2[m]를 나타낸다면 유속[m/s]은? (단, 속도계수(Cv)는 0.97이다.) `19-4 기사`

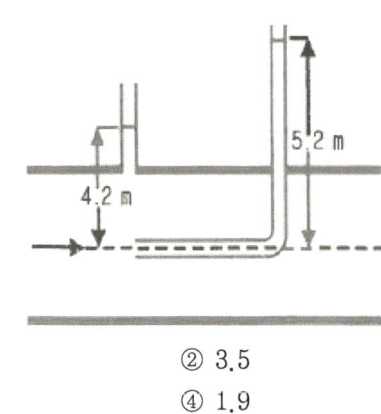

① 4.3
③ 2.8
② 3.5
④ 1.9

정답 ①
해설 [공식] • 토리첼리의 정리 : V_2(유출속도) $= C \times \sqrt{2gh}$ [m/sec]
• $V = 0.97\sqrt{2 \times 9.8 \times 1} = 4.29[m/s]$

34 관내에 물이 흐르고 있을 때, 그림과 같이 액주계를 설치하였다. 관내에서 물의 유속은 약 몇 [m/s] 인가?

18-4 기사

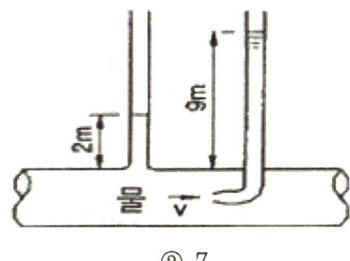

① 2.6 ② 7
③ 11.7 ④ 137.2

정답 ③

해설 [공식] • $V(속도) = \sqrt{2gh}\,[m/\sec]$
• $V(속도) = \sqrt{2 \times 9.8 \times (9-2)} = 11.71\,[m/\sec]$

35 대기 중으로 방사되는 물제트에 피토관의 흡입구를 갖다 대었을 때, 피토관의 수직부에 나타나는 수주의 높이가 0.6[m] 라고 하면, 물제트의 유속은 약 몇 [m/s]인가? (단, 모든 손실은 무시한다.)

17-4 기사

① 0.25 ② 1.55
③ 2.75 ④ 3.43

정답 ④

해설 [공식] • 토리첼리의 정리 : $V(속도) = C \times \sqrt{2gh}\,[m/\sec]$
• $V(속도) = \sqrt{2gh} = \sqrt{2 \times 9.8 \times 0.6} = 3.4292\,[m/s] = 3.43\,[m/s]$

36 3m/s의 속도로 물이 흐르고 있는 관로 내에 피토관을 삽입하고, 비중 1.8의 액체를 넣은 시차액주계에서 나타나게 되는 액주차는 약 몇 m 인가?

17-1 기사

① 0.191 ② 0.573
③ 1.41 ④ 2.15

정답 ②

해설 [공식] • $V = \sqrt{2gH\left(\dfrac{S_2}{S_1} - 1\right)}\,[m/s]$

• V : 피토관 유속[m/s]   • H : 액주 높이차 [m]
• s_1 : 배관 유체 비중   • s_2 : 피토관 유체 비중

• $3 = \sqrt{2 \times 9.8 \times H \times \left(\dfrac{1.8}{1} - 1\right)}$, $H = 0.573\,[m]$

37 물탱크에 담긴 물의 수면의 높이가 10[m]인데, 물탱크 바닥에 원형 구멍이 생겨서 10[L/s] 만큼 물이 유출되고 있다. 원형 구멍의 지름은 약 몇 [cm]인가? (단, 구멍의 유량보정계수는 0.60이다.)

① 2.7
② 3.1
③ 3.5
④ 3.9

정답 ④
해설 [공식] • 토리첼리 정리 : V_2(유출속도) $= C \times \sqrt{2gh}\,[m/sec]$
• $V = 0.6 \times \sqrt{2 \times 9.8 \times 10} = 8.4\,[m/s]$
• $Q = AV$에 의해 $D = \sqrt{\dfrac{4Q}{\pi V}} = \sqrt{\dfrac{4 \times 0.01}{\pi \times 8.4}} = 0.039\,[m] = 3.9\,[cm]$

38 깊이 1[m]까지 물을 넣은 물탱크의 밑에 오리피스가 있다. 수면에 대기압이 작용할 때의 초기 오리피스에서의 유속 대비 2배 유속으로 물을 유출시키려면 수면에는 몇 [kPa]의 압력을 더 가하면 되는가? (단, 손실은 무시한다.)

① 9.8
② 19.6
③ 29.4
④ 39.2

정답 ③
해설 V_2(유출속도) $= \sqrt{2gh}\,[m/sec]$
① 깊이가 1m일 때 유체의 속도 : $V = \sqrt{2 \times 9.8\,[m/s^2] \times 1\,[m]} = 4.42\,[m/s]$
② 2배 유속일 때 필요한 높이(속도수두) : $h = \dfrac{(4.42 \times 2)^2}{2 \times 9.8} = 3.98\,[m] \fallingdotseq 4\,[m]$
∴ 2배 유속이 나오려면 기존 1[m]에서 3[m]의 물이 더필요하다.
$P = \gamma H = 9.8 \times 4 = 29.4\,[kPa]$

39 물이 소방노즐을 통해 대기로 방출될 때 유속이 24[m/s]가 되도록 하기 위해서는 노즐입구의 압력은 몇 [kPa]가 되어야 하는가? (단, 압력은 계기 압력으로 표시되며 마찰손실 및 노즐입구에서의 속도는 무시한다.)

① 153
② 203
③ 288
④ 312

정답 ③
해설 [공식] • 토리첼리 정리 : V_2(유출속도) $= \sqrt{2gh}\,[m/sec]$
• $24 = \sqrt{2g\dfrac{P}{\gamma}}$, $2 \times 9.8\,[m/s^2] \times \dfrac{P}{9.8\,[kN/m^3]} = (24\,[m/s])^2$
∴ $P = 288\,[kPa]$

40 그림과 같이 물이 수조에 연결된 원형 파이프를 통해 분출하고 있다. 수면과 파이프의 출구 사이에 총 손실수두가 200mm이라고 할 때 파이프에서의 방출유량은 약 몇 ㎥/s인가? (단, 수면 높이의 변화 속도는 무시한다.) `22-2 기사`

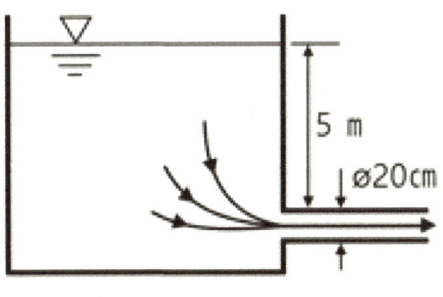

① 0.285　　　　　　　　② 0.295
③ 0.305　　　　　　　　④ 0.315

정답 ③
해설 ● 토출유량 : $Q = AV = A \times \sqrt{2gh} = (\frac{\pi}{4} \times 0.2^2) \times \sqrt{2 \times 9.8 \times (5-0.2)} = 0.3047 [m^3/s]$

41 원형 물탱크의 안지름이 1m이고, 아래쪽 옆면에 안지름 100mm인 송출관을 통해 물을 수송할 때의 순간 유속이 3m/s이었다. 이때 탱크 내 수면이 내려오는 속도는 몇 m/s인가? `22-2 기사`

① 0.015　　　　　　　　② 0.02
③ 0.025　　　　　　　　④ 0.03

정답 ④
해설 $Q_1 = Q_2$
$A_1 V_1 = A_2 V_2$, $\frac{\pi}{4} \times 1^2 \times 하강속도 = \frac{\pi}{4} \times 0.1^2 \times 3$, 하강속도 $= 0.03[m/s]$

42 그림과 같은 사이펀에서 마찰손실을 무시할 때, 사이펀 끝단에서의 속도(V)가 4m/s이기 위해서는 h가 약 몇 [m]이어야 하는가? `18-1 기사`

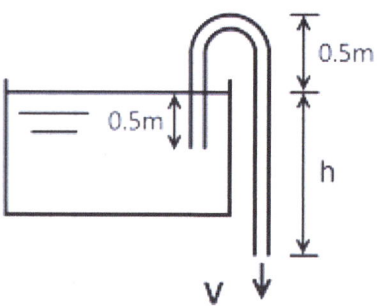

① 0.82m ② 0.77m
③ 0.72m ④ 0.87m

정답 ①

해설 [공식] • 사이펀관 유출속도 : $V=\sqrt{2gh}$
• V : 유출속도[m/s] • h : 유면에서 사이펀관끝까지 높이[m]
• $V=\sqrt{2gh}$, $h=\dfrac{V^2}{2g}=\dfrac{4^2}{2\times 9.8}=0.82[m]$

43 안지름이 25[mm]인 노즐 선단에서의 방수 압력은 계기 압력으로 5.8×10^5[Pa]이다. 이 때 방수량은 약 [m³/s]인가? `19-2 기사`

① 0.017 ② 0.17
③ 0.034 ④ 0.34

정답 ①

해설 [공식] • $Q=AV$ $[m^3/s], [L/min]$, $V=\sqrt{2g\dfrac{P}{\gamma}}$ $[m/s]$

• $Q=\dfrac{\pi}{4}\times D^2\times\sqrt{2g\dfrac{P}{\gamma}}=\dfrac{\pi}{4}\times 0.025^2\times\sqrt{2\times 9.8\times\dfrac{5.8\times 10^5}{9800}}=0.017[m^3/s]$

CHAPTER 04 소방 배관 및 소방 호스에서의 손실

01 손실

(1) 손실의 종류
① 주손실 : 원형 배관에서의 손실을 말한다.
② 부차적 손실 : 관내에서 곡관(bend), 엘보(elbow), 밸브(valve), 단면 변화부, 유입구, 기타 관 접속 부속품 등 직관 손실을 제외한 모든 관로 손실을 '부차적 손실'이라 한다.

- 부속류 및 밸브류 손실 : $h_L = K\dfrac{V^2}{2g}$ [m]

여기서, · K : 손실 계수, · $\dfrac{V^2}{2g}$: 속도 수두

(2) 부차적손실

① 돌연(급)확대관에서의 손실

- $h_L = \dfrac{(V_1 - V_2)^2}{2g}$ [m]

여기서, · V_1 : 축소부 유속 [m/s], · V_2 : 수축부 유속 [m/s]

- $h_L = K\dfrac{V_1^2}{2g} = \left[1 - \left(\dfrac{A_1}{A_2}\right)\right]^2 \dfrac{V_1^2}{2g} = \left[1 - \left(\dfrac{d_1}{d_2}\right)^2\right]^2 \dfrac{V_1^2}{2g}$ [m]

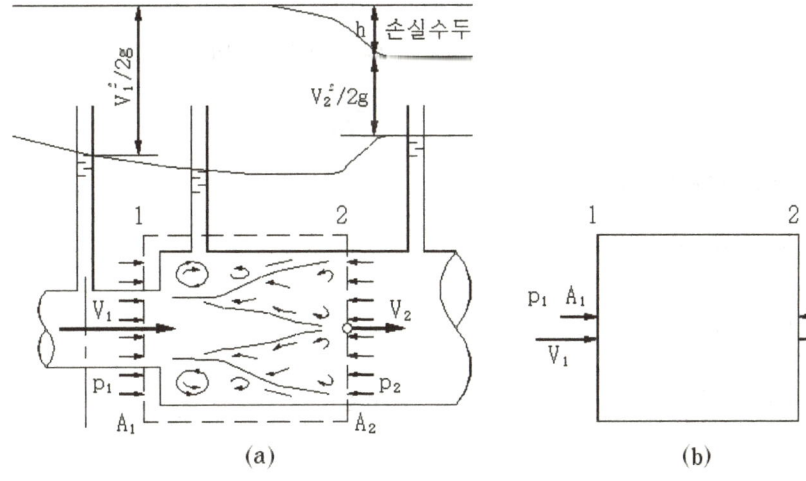

② 돌연(급)축소관에서의 손실

- $h_L = \dfrac{(V_0 - V_2)^2}{2g}$ [m]

여기서, · V_0 : 베나콘트렉타부 유속 [m/s], · V_2 : 수축부 유속 [m/s]

- C_c(수축 계수) $= \dfrac{A_0}{A_2}$,

여기서, • A_0 : 베나콘트렉타 단면적[㎡], • A_2 : 축소부 단면적[㎡]

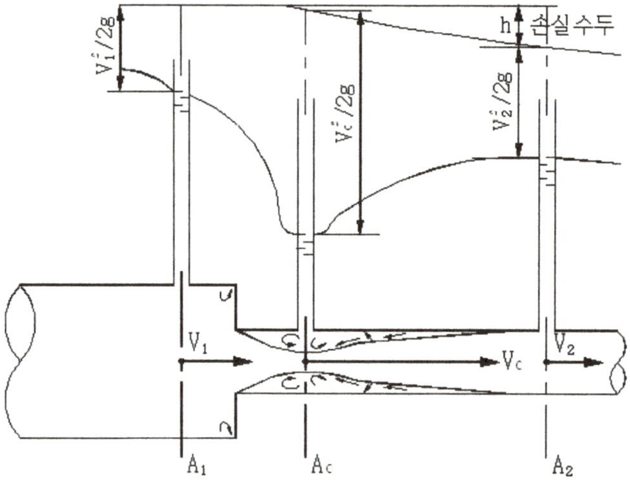

02 달시-바이스바흐 방정식

(1) 공식 및 단위

- $h_L = f \cdot \dfrac{L}{d} \cdot \dfrac{V^2}{2g}[m] = \dfrac{\Delta P}{\gamma}$ 곧은 관, 직선인 관에서의 에너지 손실

여기서, • f : 관 마찰 계수 • L : 배관 길이[m]

• d : 배관 직경[m] • $\dfrac{V^2}{2g}$: 속도 수두[m]

(2) 관 마찰 계수 f의 함수 관계

- $f = (R_e, \dfrac{e}{d})$

• $\dfrac{e}{d}$: 상대 조도

• $R_e = \dfrac{\rho Vd}{\mu} = \dfrac{Vd}{\upsilon}$, 여기서는 주로 레이놀즈수 관계를 다룬다.

① $f = \dfrac{64}{R_e}$ … $R_e < 2100$층류일 때 적용

② $f = 0.3164 R_e^{-\frac{1}{4}}$ … $R_e > 4000$난류일 때 적용

03 하이젠-윌리암 방정식(Hazen-William's equation)

(1) 공식 및 단위

- $P_m = 6.05 \times 10^4 \times \dfrac{Q^{1.85}}{C^{1.85} \times D^{4.87}} \times L$

  - P_m : 관의 길이 1[m]당의 마찰손실에 따른 압력강하[MPa/m]
  - C : 거칠기(조도)
  - Q : 유량[$\ell/\min$]
  - D : 직경[mm]
  - L : 직관길이[m]

04 상당(등가)직관 길이

(1) 정의 : 부차 손실은 같은 손실을 갖는 직관 길이로 환산하여 모든 관로 손실을 직관 손실로 나타낼 수 있다.

(2) 공식 및 단위

- $L_e = \dfrac{Kd}{f}\,[m]$

  여기서,
  - L_e : 관 상당 길이[m]
  - f : 관 마찰 계수
  - K : 손실 계수
  - d : 관 직경[m]

05 하겐-포아젤식(수평, 원관, 층류)

(1) 공식 및 단위

- $Q(유량) = \dfrac{\Delta P \pi r^4}{8\mu L} = \dfrac{\Delta P \pi d^4}{128\mu L}\,[\text{m}^3/\sec]$

- $\Delta P(압력강하) = \dfrac{128\mu L Q}{\pi d^4}\,[N/\text{m}^2]$

- $h_L(마찰 손실 수두) = \dfrac{128\mu L Q}{\pi d^4 \gamma}\,[m]$

  여기서,
  - ΔP : 마찰손실[N/㎡]
  - L : 관길이[m]
  - γ : 비중량[N/㎥]
  - μ : 점성계수[N·s/㎡]
  - d : 관 직경[m]
  - Q : 유량[㎥/s]

06 전단 응력과 속도 분포

- 전단 응력은 관 중심에서 0이고 반지름에 비례하면서 관벽까지 직선적으로 증가한다.
- 속도 분포는 관벽에서 0이고 중심까지 포물선 적으로 증가한다.

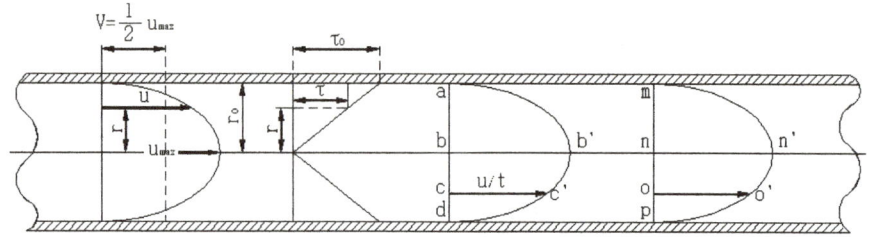

[원관속의 층류의 속도분포 및 전단응력의 분포도]

07 수력 반지름

(1) 정의 : 원관 이외의 단면을 갖는 유로 문제는 직경 D대신 수력 반지름을 사용하여 원관에서 사용하였던 방정식을 비원형 단면을 갖는 관로 문제에 그대 적용시킨다.

(2) 공식 및 단위

- $R_h = \dfrac{A}{P}$

여기서, • R_h : 수력 반지름[m] • A : 유로의 단면적[m²] • P : 접수변 길이[m]

(3) 사각형인 경우 수력 반지름 R_h

① 폐수로 : $R_h = \dfrac{A}{P} = \dfrac{b \times h}{b+b+h+h}[m]$

② 개수로 : $R_h = \dfrac{A}{P} = \dfrac{b \times h}{b+h+h}[m]$

③ 원형인 경우 수력 반지름 : R_h

$R_h = \dfrac{A}{P} = \dfrac{\dfrac{\pi D^2}{4}}{\pi D} = \dfrac{D}{4}[m]$ $\therefore R_h = \dfrac{D}{4}$, $D = 4R_h$

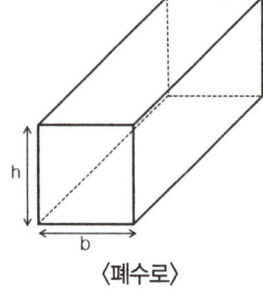
⟨폐수로⟩

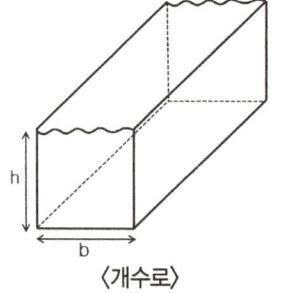
⟨개수로⟩
[수력반지름]

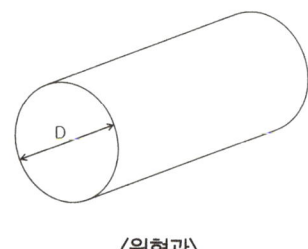
⟨원형관⟩

(4) Darcy–Weisbash 방정식에 R_h 적용 : $h_L = f \dfrac{L}{4R_h} \dfrac{V^2}{2g}$[m]

(5) 레이놀드수와 상대 조도에 R_h 적용 : $R_e = \dfrac{\rho V(4R_h)}{\mu}$, $\dfrac{e}{d} = \dfrac{e}{4(R_h)}$

(6) 내관 바깥지름이 D_1, 외관 안지름이 D_2인 동심 2중 관의 수력 반지름은

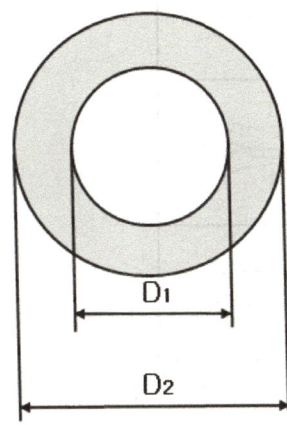

[동심 이중관(환형)]

- $R_h = \dfrac{A}{P} = \dfrac{\dfrac{\pi d_2^2}{4} - \dfrac{\pi d_1^2}{4}}{\pi d_1 + \pi d_2} = \dfrac{1}{4}(d_2 - d_1)$[m]

- $R_h = \dfrac{1}{4}(d_2 - d_1)$[m]

08 노즐의 유량공식

- $Q = 2.086 \times d^2 \times \sqrt{P}$ [ℓ/min]
  - Q : 노즐의 유량[ℓ/min]
  - D : 노즐의 직경[mm]
  - P : 방사압력[MPa]

CHAPTER 04 소방 배관 및 소방 호스에서의 손실

01 다음 중 배관의 출구측 형상에 따라 손실계수가 가장 큰 것은?　　　20-4 기사

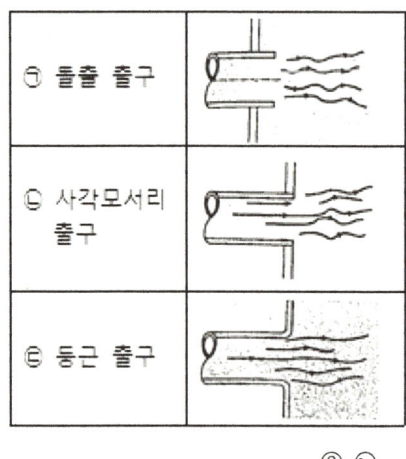

① ㉠　　　　　　　　　　　② ㉡
③ ㉢　　　　　　　　　　　④ 모두 같다.

정답 ④

해설 출구측 형상에 따른 손실계수는 모두 같다.

02 다음과 같은 유동형태를 갖는 파이프 입구 영역의 유동에서 부차적 손실계수가 가장 큰 것은?　　　18-2 기사

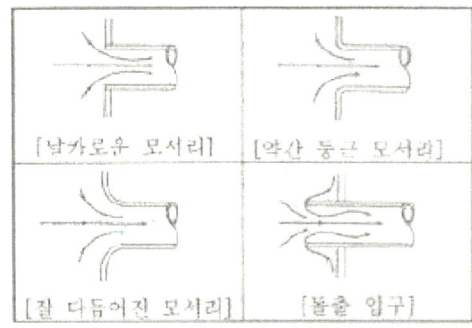

① 날카로운 모서리　　　　② 약간 둥근 모서리
③ 잘 다듬어진 모서리　　　④ 돌출 입구

정답 ④

해설 입구영역은 돌출입구가 가장 손실계수가 크다.

03 원형 단면을 가진 관내에 유체가 완전 발달된 비압축성 층류유동으로 흐를 때 전단응력은?

18-1 기사

① 중심에서 0이고, 중심선으로부터 거리에 비례하여 변한다.
② 관벽에서 0이고, 중심선에서 최대이며 선형분포한다.
③ 중심에서 0이고, 중심선으로부터 거리의 제곱에 비례하여 변한다.
④ 전 단면에 걸쳐 일정하다.

정답 ①
해설 전단응력은 중심에서 0이고 중심선으로부터 거리에 비례하여 변한다.
- 전단 응력과 속도 분포
  ① 전단 응력은 관 중심에서 0이고 반지름에 비례하면서 관벽까지 직선적으로 증가한다.
  ② 속도 분포는 관벽에서 0이고 중심까지 포물선 적으로 증가한다.

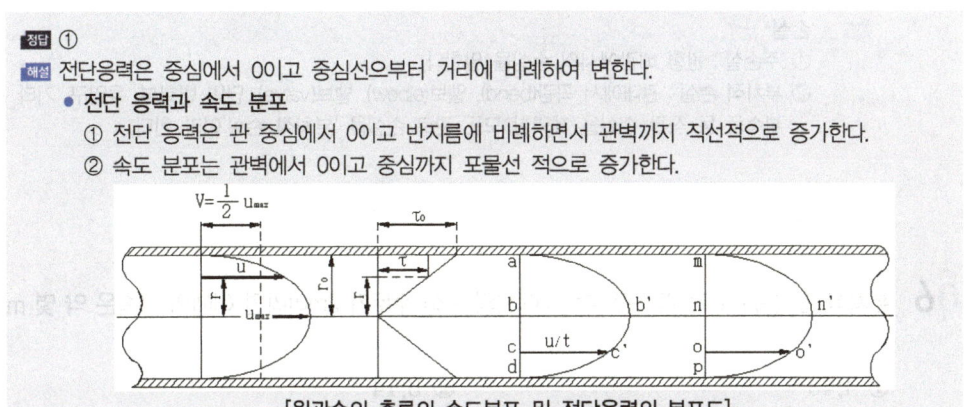

[원관속의 층류의 속도분포 및 전단응력의 분포도]

04 일반적인 배관 시스템에서 발생되는 손실을 주손실과 부차적 손실로 구분할 때 다음 중 주손실에 속하는 것은?

19-1 기사

① 직관에서 발생하는 마찰 손실
② 파이프 입구와 출구에서의 손실
③ 단면의 확대 및 축소에 의한 손실
④ 배관부품(엘보, 리턴밴드, 티, 리듀서, 유니언, 밸브 등)에서 발생하는 손실

정답 ①
해설 • 손실의 종류
① 주손실 : 원형 배관에서의 손실을 말한다.
② 부차적 손실 : 관내에서 곡관(bend), 엘보(elbow), 밸브(valve), 단면 변화부, 유입구, 기타 관 접속 부속품 등 직관 손실을 제외한 모든 관로 손실을 '부차적 손실'이라 한다.

05 관내의 흐름에서 부차적으로 손실에 해당하지 <u>않는</u> 것은?   19-2 기사
① 곡선부에 의한 손실
② 직선 원관 내의 손실
③ 유동단면의 장애물에 의한 손실
④ 관 단면의 급격한 확대에 의한 손실

정답 ②
해설 • 손실
① 주손실 : 원형 배관에서의 손실을 말한다.
② 부차적 손실 : 관내에서 곡관(bend), 엘보(elbow), 밸브(valve), 단면 변화부, 유입구, 기타 관 접속 부속품 등 직관 손실을 제외한 모든 관로 손실을 '부차적 손실'이라 한다.

06 부차적 손실계수 K가 2인 관 부속품에서의 손실 수두가 2m이라면 이때의 유속은 약 몇 m/s인가?   22-1 기사
① 4.43
② 3.14
③ 2.21
④ 2.00

정답 ①
해설 • $H_L = K \dfrac{V^2}{2g}$, $2 = 2 \times \dfrac{V^2}{2 \times 9.8}$
• $V = 4.4271 = 4.43 [m/s]$

07 글로브 밸브에 의한 손실을 지름이 10cm이고 관 마찰계수가 0.025인 관의 길이로 환산하면 상당 길이가 40m가 된다. 이 밸브의 부차적 손실계수는?   19-4 기사
① 0.25
② 1
③ 2.5
④ 10

정답 ④
해설 [공식] • $L_e = \dfrac{Kd}{f} [m]$
• L_e : 관 상당 길이[m], • K : 손실 계수, • f : 관 마찰 계수, • d : 관 직경[m]
• $K = L_e \dfrac{f}{D} = 40 \times \dfrac{0.025}{0.1} = 10$

08 파이프 단면적이 2.5배로 급격하게 확대되는 구간을 지난 후의 유속이 1.2m/s이다. 부차적 손실계수가 0.36이라면 급격확대로 인한 손실수두는 몇 m인가?　　18-4 기사

① 0.0264
② 0.0661
③ 0.165
④ 0.331

정답 ③

해설 [공식] ● 돌연(급) 확대관 에서의 손실

$$h_L = \frac{(V_1 - V_2)^2}{2g} [m] \text{ 또는 } h_L = K\frac{V_1^2}{2g} = \left[1 - \left(\frac{A_1}{A_2}\right)\right]^2 \frac{V_1^2}{2g}$$

여기서, ● V_1 : 축소부 유속[m/s], ● V_2 : 수축부 유속[m/s]

● $A_1V_1 = A_2V_2$ 이므로 $V_2 = \left(\frac{A_1}{A_2}\right) \times V_1$, $1.2 = \left(\frac{A}{2.5A}\right) \times V_1$ 이므로 $V_1 = 1.2 \times 2.5 = 3[m/s]$

$$h_L = K\frac{V_1^2}{2g} = 0.36 \times \frac{3^2}{2 \times 9.8} = 0.165[m]$$

09 길이 100m, 직경 50mm, 상대조도 0.01인 원형 수도관 내에 물이 흐르고 있다. 관내 평균유속이 3m/s에서 6m/s로 증가하면 압력손실은 몇 배로 되겠는가? (단, 유동은 마찰계수가 일정한 완전난류로 가정한다.)　　21-4 기사

① 1.41배
② 2배
③ 4배
④ 8배

정답 ③

해설 [공식] ● 달시방정식 : $h_L = f \cdot \frac{L}{d} \cdot \frac{V^2}{2g} [m] = \frac{\Delta P}{\gamma}$

● f : 관 마찰 계수, ● L : 배관 길이[m], ● d : 배관 직경[m], ● $\frac{V^2}{2g}$: 속도 수두[m]

● 압력손실은 달시 방정식에 의해 유속의 제곱에 비례하므로 4배 증가한다.

10 원관에서 길이가 2배, 속도가 2배가 되면 손실수두는 원래의 몇 배가 되는가? (단, 두 경우 모두 완전발달 난류유동에 해당되며, 관 마찰계수는 일정하다.)　　20-2 기사

① 동일하다.
② 2배
③ 4배
④ 8배

정답 ④

해설 [공식] ● 달시방정식 : $h_L = f \cdot \frac{L}{d} \cdot \frac{V^2}{2g} [m] = \frac{\Delta P}{\gamma}$

● f : 관 마찰 계수, ● L : 배관 길이[m], ● d : 배관 직경[m], ● $\frac{V^2}{2g}$: 속도 수두[m]

● $h_L = f \cdot \frac{2L}{d} \cdot \frac{(2V)^2}{2g} [m] = 8 \times \left(f \cdot \frac{L}{d} \cdot \frac{V}{2g}\right)$ ● 손실은 8배가 된다.

11 원관 속의 흐름에서 관의 직경, 유체의 속도, 유체의 밀도, 유체의 점성계수가 각각 D, V, ρ, μ로 표시될 때 층류 흐름의 마찰계수(f)는 어떻게 표현될 수 있는가? `20-2 기사`

① $f = \dfrac{64\mu}{DV\rho}$ ② $f = \dfrac{64\rho}{DV\mu}$

③ $f = \dfrac{64D}{V\rho\mu}$ ④ $f = \dfrac{64}{DV\rho\mu}$

정답 ①

해설 [공식] • 달시방정식 : $h_L = f \cdot \dfrac{L}{d} \cdot \dfrac{V^2}{2g} [m] = \dfrac{\Delta P}{\gamma}$

• f : 관 마찰 계수, • L : 배관 길이[m], • d : 배관 직경[m], • $\dfrac{V^2}{2g}$: 속도 수두[m]

• $f = \dfrac{64}{Re}$ (층류시) $= \dfrac{64}{\dfrac{\rho VD}{\mu}} = \dfrac{64\mu}{\rho VD}$ 로 표현이 가능하다.

12 거리가 1000m 되는 곳에 안지름 20cm의 관을 통하여 물을 수평으로 수송하려 한다. 한 시간에 800m³를 보내기 위해 필요한 압력(kPa)은? (단, 관의 마찰계수는 0.03이다.) `19-4 기사`

① 1370 ② 2010
③ 3750 ④ 4580

정답 ③

해설 [공식] • 달시방정식 : $h_L = f \cdot \dfrac{L}{d} \cdot \dfrac{V^2}{2g} [m] = \dfrac{\Delta P}{\gamma}$

• f : 관 마찰 계수, • L : 배관 길이[m], • d : 배관 직경[m], • $\dfrac{V^2}{2g}$: 속도 수두[m]

• $0.03 \times \dfrac{1000}{0.2} \times \dfrac{7.0735^2}{2 \times 9.8} = \dfrac{\Delta P}{9.8}$ ($V = \dfrac{4Q}{\pi D^2} = \dfrac{4 \times 800}{\pi \times 0.2^2 \times 3600} = 7.0735 [m/s]$)

$\Delta P = 3752 [kPa]$

13 밸브가 장치된 지름 10cm인 원관에 비중 0.8인 유체가 2m/s의 평균속도로 흐르고 있다. 밸브 전후의 압력 차이가 4kPa일 때, 이 밸브의 등가길이는 몇 m인가? (단, 관의 마찰계수는 0.02이다.) `22-2 기사`

① 10.5 ② 12.5
③ 14.5 ④ 16.5

정답 ②

해설 [공식] • $h_L = f \times \dfrac{L}{D} \times \dfrac{V^2}{2g}$ (달시방정식)

• $\dfrac{\Delta P}{\gamma} = f \times \dfrac{L}{D} \times \dfrac{V^2}{2g}$ 이므로

$L(등가길이) = \dfrac{\Delta P \times 2g \times D}{s \times \gamma_w \times f \times V^2} = \dfrac{4 \times 2 \times 9.8 \times 0.1}{0.8 \times 9.8 \times 0.02 \times 2^2} = 12.5[m]$

14 수평관의 길이가 100[m]이고, 안지름이 100[mm]인 소화설비 배관 내를 평균유속 2[m/s]로 물이 흐를 때 마찰손실수두는 약 몇 [m]인가? (단, 관의 마찰계수는 0.05이다.) 19-2 기사

① 9.2
② 10.2
③ 11.2
④ 12.2

정답 ②

해설 [공식] • 달시방정식 : $h_L = f \cdot \dfrac{L}{d} \cdot \dfrac{V^2}{2g}[m] = \dfrac{\Delta P}{\gamma}$

• f : 관 마찰 계수, • L : 배관 길이[m], • d : 배관 직경[m], • $\dfrac{V^2}{2g}$: 속도 수두[m]

• $h_L = f \cdot \dfrac{L}{d} \cdot \dfrac{V^2}{2g} = 0.05 \times \dfrac{100}{0.1} \times \dfrac{2^2}{2 \times 9.8} = 10.2[m]$

15 안지름 10cm의 관로에서 마찰 손실 수두가 속도 수두와 같다면 그 관로의 길이는 약 몇 m 인가? (단, 관마찰계수는 0.03 이다.) 19-1 기사

① 1.58
② 2.54
③ 3.33
④ 4.52

정답 ③

해설 [공식] • 달시방정식 : $h_L = f \cdot \dfrac{L}{d} \cdot \dfrac{V^2}{2g}[m] = \dfrac{\Delta P}{\gamma}$

• f : 관 마찰 계수, • L : 배관 길이[m], • d : 배관 직경[m], • $\dfrac{V^2}{2g}$: 속도 수두[m]

• $h_L = f \cdot \dfrac{L}{d} \cdot \dfrac{V^2}{2g}$, h_L과 $\dfrac{V^2}{2g}$가 같으므로 $L = \dfrac{D}{f} = \dfrac{0.1}{0.03} = 3.333[m]$

16 유체가 매끈한 원 관 속을 흐를 때 레이놀즈수가 1200이라면 관 마찰계수는 얼마인가?

① 0.0254
② 0.00128
③ 0.0059
④ 0.053

정답 ④

해설 [공식] ● 관마찰계수 : $f = \dfrac{64}{Re}$ ($Re < 2100$ 층류시)

● $f = \dfrac{64}{1200} = 0.053$

---

17 저장용기로부터 20℃의 물을 길이 300m, 지름 900mm인 콘크리트 수평 원관을 통하여 공급하고 있다. 유량이 1m³/s일 때 원관에서의 압력강하는 약 몇 kPa인가? (단, 관마찰 계수는 약 0.023이다.)

① 3.57
② 9.47
③ 14.3
④ 18.8

정답 ②

해설 [공식] ● 달시방정식 : $h_L = f \cdot \dfrac{L}{d} \cdot \dfrac{V^2}{2g} [m] = \dfrac{\Delta P}{\gamma}$

● f : 관 마찰 계수, ● L : 배관 길이[m], ● d : 배관 직경[m], ● $\dfrac{V^2}{2g}$: 속도 수두[m]

● $\dfrac{\Delta P}{\gamma} = f \cdot \dfrac{L}{d} \cdot \dfrac{V^2}{2g} [m]$, $\Delta P = 9.8 \times 0.023 \times \dfrac{300}{0.9} \times \dfrac{1.5729^2}{2 \times 9.8} = 9.48 [kPa]$

($V = \dfrac{4Q}{\pi D^2} = \dfrac{4 \times 1}{\pi \times 0.9^2} = 1.5729 [m/s]$)

---

18 직사각형 단면의 덕트에서 가로와 세로가 각각 a 및 1.5a이고, 길이가 L이며, 이 안에서 공기가 V의 평균속도로 흐르고 있다. 이때 손실수두를 구하는 식 으로 옳은 것은? (단, f는 이 수력지름에 기초한 마찰계수이고, g는 중력가속도를 의미 한다.)

① $f \dfrac{L}{a} \dfrac{V^2}{2.4g}$
② $f \dfrac{L}{a} \dfrac{V^2}{2g}$
③ $f \dfrac{L}{a} \dfrac{V^2}{1.4g}$
④ $f \dfrac{L}{a} \dfrac{V^2}{g}$

정답 ①

해설 [공식] • 달시방정식 : $h_L = f \cdot \dfrac{L}{d} \cdot \dfrac{V^2}{2g} [m] = \dfrac{\Delta P}{\gamma}$

• f : 관 마찰 계수, • L : 배관 길이[m], • d : 배관 직경[m], • $\dfrac{V^2}{2g}$: 속도 수두[m]

• $h_L = f \cdot \dfrac{L}{D_h} \cdot \dfrac{V^2}{2g} = f \times \dfrac{L}{1.2a} \times \dfrac{V^2}{2g} [m] = \dfrac{fLV^2}{2.4ag}$

$(d_h = 4R_h = 4 \times \dfrac{1.5a^2(단면적)}{5a(접수변길이)} = 1.2a[m])$

19 안지름 300mm, 길이 200m인 수평 원관을 통해 유량 0.2m³/s의 물이 흐르고 있다. 관의 양 끝단에서의 압력 차이가 500mmHg이면 관의 마찰계수는 약 얼마인가? (단, 수은의 비중은 13.6이다.)   17-2 기사

① 0.017 ② 0.025
③ 0.038 ④ 0.041

정답 ②

해설 [공식] • 달시방정식 : $h_L = f \cdot \dfrac{L}{d} \cdot \dfrac{V^2}{2g} [m] = \dfrac{\Delta P}{\gamma}$

• f : 관 마찰 계수, • L : 배관 길이[m], • d : 배관 직경[m], • $\dfrac{V^2}{2g}$: 속도 수두[m]

• $f \cdot \dfrac{L}{d} \cdot \dfrac{V^2}{2g} [m] = \dfrac{\Delta P}{\gamma}$

$f \times \dfrac{200}{0.3} \times \dfrac{2.83^2}{2 \times 9.8} = \dfrac{66.66}{9.8}$, $f = 0.025$

$(\Delta P = \dfrac{500[mmHg]}{760[mmHg]} \times 101.325[kPa] = 66.66[kPa]$, $V = \dfrac{4Q}{\pi D^2} = \dfrac{4 \times 0.2}{\pi \times 0.3^2} = 2.83[m/s])$

20 길이가 400m 이고 유동단면이 20cm x 30cm인 직사각형 관에 물이 가득 차서 평균속도 3m/s로 흐르고 있다. 이 때 손실수두는 약 몇 m인가? (단, 관마찰계수는 0.01 이다.)   17-1 기사

① 2.38 ② 4.76
③ 7.65 ④ 9.52

정답 ③

해설 [공식] • 수력반지름 : $R_h = \dfrac{A}{P} = \dfrac{b \times h}{b+b+h+h}[m]$ (b : 가로, h : 높이)

• 달시방정식 : $h_L = f \cdot \dfrac{L}{d} \cdot \dfrac{V^2}{2g} [m] = \dfrac{\Delta P}{\gamma}$

• 수력반지름 : $R_h = \dfrac{A}{P} = \dfrac{0.2 \times 0.3}{0.2+0.2+0.3+0.3} = 0.06[m]$, $D_h = 4 \times R_h = 4 \times 0.06 = 0.24[m]$

• 달시방정식 : $h_L = f \cdot \dfrac{L}{D_h} \cdot \dfrac{V^2}{2g} = 0.01 \times \dfrac{400}{0.24} \times \dfrac{3^2}{2 \times 9.8} = 7.65[m]$

21 파이프 내에 정상 비압축성 유동에 있어서 관마찰계수는 어떤 변수들의 함수인가? 17-1 기사
① 절대조도와 관지름
② 절대조도와 상대조도
③ 레이놀즈수와 상대조도
④ 마하수와 코우시수

정답 ③
해설 • 관 마찰 계수 f의 함수 관계 : $f = (R_e, \frac{e}{d})$ • $\frac{e}{d}$: 상대 조도

22 수평 원관 내 완전발달 유동에서 유동을 일으키는 힘(ㄱ)과 방해하는 힘(ㄴ)은 각각 무엇인가? 19-2 기사
① ㄱ : 압력차에 의한 힘, ㄴ : 점성력
② ㄱ : 중력 힘, ㄴ : 점성력
③ ㄱ : 중력 힘, ㄴ : 압력차에 의한 힘
④ ㄱ : 압력차에 의한 힘, ㄴ : 중력 힘

정답 ①
해설 수평원관 내 완전발달 유동에서 유동을 일으키는 힘은 압력차에 의한 힘이며, 방해하는 힘은 점성력이다.

23 수평원관 속을 층류 상태로 흐르는 경우 유량에 대한 설명으로 틀린 것은? 22-1 기사
① 점성계수에 반비례한다.
② 관의 길이에 반비례한다.
③ 관 지름의 4제곱에 비례한다.
④ 압력강하량에 반비례한다.

정답 ④
해설 하겐 포아젤 방정식에의해 유량은 압력강하량에 비례한다.

24 안지름 10cm인 수평 원관의 층류유동으로 4km 떨어진 곳에 원유(점성계수 0.02 N·s/m², 비중 0.86)를 0.10 m³/min의 유량으로 수송하려 할 때 펌프에 필요한 동력(W)은? (단, 펌프의 효율은 100%로 가정한다.) 21-2 기사
① 76
② 91
③ 10900
④ 9100

정답 ②

해설 [공식] • 하겐 포아젤 방정식 : h_L(마찰 손실 수두) $= \dfrac{128\mu LQ}{\pi d^4 \gamma}[m]$

• ΔP : 마찰손실[N/m²] • μ : 점성계수[N·s/m²] • L : 관길이[m]
• d : 관 직경[m] • γ : 비중량[N/m²] • Q : 유량[m³/s]

• $h_L = \dfrac{128 \times 0.02 \times 4 \times 0.1}{\pi \times 0.1^4 \times (9.8 \times 0.86) \times 60} = 6.4457[m]$ (γ계산시 물이 아니기 때문에 비중을 고려한다.)

$P[W] = \dfrac{9800 \times 0.86 \times 0.1 \times 6.4457}{60} = 90.54 = 91[W]$

25 점성계수가 0.101 N·s/m², 비중이 0.85인 기름이 내경 300mm, 길이 3km의 주철관 내부를 0.0444 m³/s의 유량으로 흐를 때 손실수두(m)는? `20-4 기사`

① 7.1 ② 7.7
③ 8.1 ④ 8.9

정답 ③

해설 [공식] • 하겐 포아젤 방정식 : h_L(마찰 손실 수두) $= \dfrac{128\mu LQ}{\pi d^4 \gamma}[m]$

• ΔP : 마찰손실[N/m²] • μ : 점성계수[N·s/m²] • L : 관길이[m]
• d : 관 직경[m] • γ : 비중량[N/m²] • Q : 유량[m³/s]

• $h_L = \dfrac{128\mu LQ}{\pi D^4 \gamma} = \dfrac{128 \times 0.101 \times 3 \times 0.0444}{\pi \times 0.3^4 \times (9.8 \times 0.85)} = 8.12[m]$

(γ계산시 물이 아니기 때문에 비중을 고려한다.)

26 비중이 0.85이고 동점성계수가 3×10^{-4} m²/s인 기름이 직경 10cm의 수평 원형 관 내에 20L/s으로 흐른다. 이 원형 관의 100m 길이에서의 수두손실(m)은? (단, 정상 비압축성 유동이다) `20-1 기사`

① 16.6 ② 25.0
③ 49.8 ④ 82.2

정답 ②

해설 [공식] • 하겐포아젤공식 : h_L(마찰 손실 수두) $= \dfrac{128\mu LQ}{\pi d^4 \gamma}[m]$

• ΔP : 마찰손실[N/m²] • μ : 점성계수[N·s/m²] • L : 관길이[m]
• d : 관 직경[m] • γ : 비중량[N/m²] • Q : 유량[m³/s]

• h_L(마찰 손실 수두) $= \dfrac{128\mu LQ}{\pi d^4 \gamma} = \dfrac{128 \times 0.255 \times 100 \times 0.02}{\pi \times 0.1^4 \times (0.85 \times 9800)} = 24.9451 = 25[m]$

• $\mu = \nu \times \rho = 3 \times 10^{-4} \times (0.85 \times 1000) = 0.255[N \cdot s/m^2]$

27 모세관에 일정한 압력차를 가함에 따라 발생하는 층류 유동의 유량을 측정함으로써 유체의 점도를 측정할 수 있다. 같은 압력차에서 두 유체의 유량의 비 $Q_2/Q_1=2$이고, 밀도비 $P_2/P_1=2$일 때, 점성계수비 $\mu_2/\mu_1=$?

① 1/4
② 1/2
③ 1
④ 2

정답 ②

해설 [공식] ● 하겐 포아젤 방정식 : $\Delta P(\text{압력강하}) = \dfrac{128\mu LQ}{\pi d^4}[N/m^2]$

- ΔP : 마찰손실[N/m²]
- μ : 점성계수[N·s/m²]
- L : 관길이[m]
- d : 관 직경[m]
- γ : 비중량[N/m²]
- Q : 유량[m³/s]

● 하겐 포아젤 방정식에 의해 유량 Q와 점성계수 μ는 반비례 한다.

$\dfrac{Q_2}{Q_1}=2=\dfrac{\mu_1}{\mu_2}$ 이므로 $\dfrac{\mu_2}{\mu_1}=\dfrac{1}{2}$ 를 만족한다.

28 길이 1200m, 안지름 100mm인 매끈한 원관을 통해서 0.01m³/s의 유량으로 기름을 수송한다. 이때 관에서 발생하는 압력손실은 약 몇 kPa인가? (단, 기름의 비중은 0.8, 점성계수는 0.06N·s/m²이다.)

① 163.2
② 201.5
③ 293.4
④ 349.7

정답 ③

해설 [공식] ● 하겐–포아젤식 : $\Delta P(\text{압력강하}) = \dfrac{128\mu LQ}{\pi d^4}[N/m^2]$

- ΔP : 마찰손실[N/m²]
- μ : 점성계수[N·s/m²]
- L : 관길이[m]
- d : 관 직경[m]
- γ : 비중량[N/m²]
- Q : 유량[m³/s]

● $\Delta P(\text{압력강하}) = \dfrac{128\mu LQ}{\pi d^4}[N/m^2] = \dfrac{128\times 0.06\times 1200\times 0.01}{\pi\times 0.1^4} = 293354[Pa] = 293.35[kPa]$

29 안지름 4cm, 바깥지름 6cm인 동심 이중관의 수력직경(hydraulic diameter)은 몇 cm 인가?

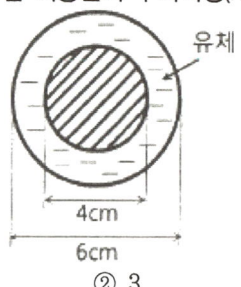

① 2
② 3
③ 4
④ 5

정답 ①

해설 ① 수력반지름(이중 동심관) $R_h = \dfrac{(D_2-D_1)}{4} = \dfrac{(6-4)}{4} = 0.5 cm$

② 수력직경 $D_h = 4 \times R_h = 4 \times 0.5 = 2[cm]$

30 외부지름이 30cm이고 내부지름이 20cm인 길이 10m의 환형(annular)관에 물이 2m/s의 평균속도로 흐르고 있다. 이 때 손실수두가 1m일 때, 수력직경에 기초한 마찰계수는 얼마인가?

21-1 기사

① 0.049
② 0.054
③ 0.065
④ 0.078

정답 ①

해설 ① 수력반지름(동심 이중관(환형)) $R_h = \dfrac{(D_2-D_1)}{4} = \dfrac{(0.3-0.2)}{4} = 0.025 m$

② 수력직경 $D_h = 4 \times R_h = 4 \times 0.025 = 0.1[m]$

③ 수력직경에 기초한 마찰계수

$h_L = f \cdot \dfrac{L}{d(4 \times R_h)} \cdot \dfrac{V^2}{2g}[m]$, $1 = f \times \dfrac{10}{4 \times 0.025} \times \dfrac{2^2}{2 \times 9.8}$

$f = 0.049$

31 한 변의 길이가 L인 정사각형 단면의 수력지름(hydraulic diameter)은?

18-1 기사

① L/4
② L/2
③ L
④ 2L

정답 ③

해설 [공식] • 사각관에서의 수력반경 $R_h = \dfrac{A}{L}$ (• R_h : 수력반경(m), • A : 단면적[m²], • L : 접수길이[m])

수력직경 $D_h = 4 \times R_h$ (• d_h : 수력직경[m], • R_h : 수력반경[m])

• $R_h = \dfrac{A}{L} = \dfrac{L \times L}{4L} = \dfrac{L}{4}$ 이며 $D_h = 4 \times \dfrac{L}{4} = L$ 이다.

32 길이가 5m이며 외경과 내경이 각각 40cm와 30cm인 환형(annular)관에 물이 4m/s의 평균속도로 흐르고 있다. 수력지름에 기초한 마찰계수가 0.02일 때 손실수두는 약 몇 m인가? 17-4 기사

① 0.063
② 0.204
③ 0.472
④ 0.816

정답 ④
해설 [공식] • 동심 이중관 : 내관 바깥지름이 D_1, 외관 안지름이 D_2인 동심 2중 관의 수력 반지름은

- $R_h = \dfrac{1}{4}(d_2 - d_1)[m]$ (d_2 : 외경, d_1 : 내경)

- $h_L = f \cdot \dfrac{L}{d} \cdot \dfrac{V^2}{2g}[m] = \dfrac{\Delta P}{\gamma}$

$$h_L = 0.02 \times \dfrac{5}{4 \times 0.025} \times \dfrac{4^2}{2 \times 9.8} = 0.816[m]$$

$$(R_h = \dfrac{1}{4}(d_2 - d_1) = \dfrac{1}{4} \times (0.4 - 0.3) = 0.025[m])$$

33 동일한 노즐구경을 갖는 소방차에서 방수압력이 1.5배가 되면 방수량은 몇 배로되는가? 21-2 기사

① 1.22 배
② 1.41 배
③ 1.52 배
④ 2.25 배

정답 ①
해설 [공식] • 노즐의 유량공식 : $Q = 2.086 \times d^2 \times \sqrt{P}\,[\ell/min]$
• Q : 노즐의 유량[ℓ/min], • D : 노즐의 직경[mm], • P : 방사압력[MPa]
• 유량 Q는 $\sqrt{P}$에 비례하므로 방수량은 $\sqrt{1.5}\,(= 1.2247)$배가 된다.

34 옥내 소화전에서 노즐의 직경이 2cm이고, 방수량이 0.5m³/min이라면 방수압(계기압력, kPa)은? 20-4 기사

① 35.18
② 351.8
③ 566.4
④ 56.64

정답 ②
해설 [공식] • 노즐의 유량공식 : $Q = 2.086 \times d^2 \times \sqrt{P}\,[\ell/min]$
• Q : 노즐의 유량[ℓ/min], • D : 노즐의 직경[mm], • P : 방사압력[MPa]
• $500 = 2.086 \times 20^2 \times \sqrt{P}$, $P = 0.35908[MPa] = 359.08[KPa]$

35 용량 2000L의 탱크에 물을 가득 채운 소방차가 화재 현장에 출동하여 노즐압력 390kPa(계기압력), 노즐구경 2.5cm를 사용하여 방수한다면 소방차 내의 물이 전부 방수되는 데 걸리는 시간은?

19-4 기사

① 약 2분 26초　　② 약 3분 35초
③ 약 4분 12초　　④ 약 5분 44초

정답 ①
해설 [공식] $Q = 2.086 \times d^2 \times \sqrt{P}\,[\ell/min]$
- Q : 노즐의 유량[ℓ/min], D : 노즐의 직경[mm], P : 방사압력[MPa]
- $Q = 2.086 \times d^2 \times \sqrt{P} = 2.086 \times 25^2 \times \sqrt{0.39} = 814.1916\,[L/min]$
- 방사시간 : $\dfrac{2000[L]}{814.1916[L/min]} = 2.45\,[min] =$ 약 2분 26초

---

36 용량 1000L의 탱크차가 만수 상태로 화재현장에 출동하여 노즐압력 294.2kPa, 노즐구경 21mm를 사용하여 방수한다면 탱크차 내의 물을 전부 방수하는데 몇 분 소요되는가? (단, 모든 손실은 무시한다.)

21-1 기사

① 1.7분　　② 2분
③ 2.3분　　④ 2.7분

정답 ②
해설 [공식] • 노즐의 유량 공식 : $Q = 2.086 \times d^2 \times \sqrt{P}\,[\ell/min]$
- Q : 노즐의 유량[ℓ/min], D : 노즐의 직경[mm], P : 방사압력[MPa]
- $Q = 2.086 \times 21^2 \times \sqrt{0.2942} = 498.9697\,[\ell/min]$
- 방수시간 : $\dfrac{1000[L]}{498.9697[L/min]} = 2\,[min]$

---

37 안지름이 13mm인 옥내소화전의 노즐에서 방출되는 물의 압력(계기압력)이 230kPa이라면 10분 동안의 방수량은 약 몇 m³인가?

17-4 기사

① 1.7　　② 3.6
③ 5.2　　④ 7.4

정답 ①
해설 [공식] • 노즐의 유량 공식 : $Q = 2.086 \times d^2 \times \sqrt{P}\,[\ell/min]$
- Q : 노즐의 유량[ℓ/min], D : 노즐의 직경[mm], P : 방사압력[MPa]
- $Q = 2.086 \times 13^2 \times \sqrt{0.23} = 169.06\,[\ell/min] \times 10\,[min] = 1690\,[\ell] = 1.69\,[m^3]$

38 스프링클러 헤드의 방수압이 4배가 되면 방수량은 몇 배가 되는가?　　19-1 기사
① $\sqrt{2}$배
② 2배
③ 4배
④ 8배

정답 ②
해설 [공식] • 노즐이나 헤드의 방수량
: $Q = K\sqrt{10P}$ (• $Q[L/min]$: 방수량, • $P[MPa]$: 방수압)
• $Q \propto \sqrt{P}$ 를 만족하므로 $\sqrt{4}$ 만큼 차이가 난다. 즉, 2배가 된다.

CHAPTER 05 운동량 방정식 및 무차원수

01 운동량 방정식

(1) 운동량의 법칙

질량 m인 물체가 속도 V로 운동하고 있을 때 그 곱 mV를 물체의 운동량이라 하고 Newton의 운동의 제2법칙은 이 운동량과 힘과의 관계를 나타낸 것이다.

① 공식 및 단위

- $F = m \cdot a = m \cdot \dfrac{dV}{dt}$
- $F \cdot dt\,[N \cdot sec] = m \cdot dV\,[kg_m \cdot m/s]$ (충격량 = 운동량)

(2) 고정평판에 수직으로 충돌하는 분류의 힘

① 공식 및 단위

- $F = m \cdot a = m \cdot \dfrac{dV}{dt}\,[N]$
- $F = \dfrac{m}{dt} \cdot dV = \rho \cdot A \cdot V \cdot V = \rho \cdot Q \cdot V\,[N]$

  - ρ : 밀도[kg/m³]
  - A : 면적[m²],
  - V : 유속[m/s]
  - Q : 유량[m³/s]

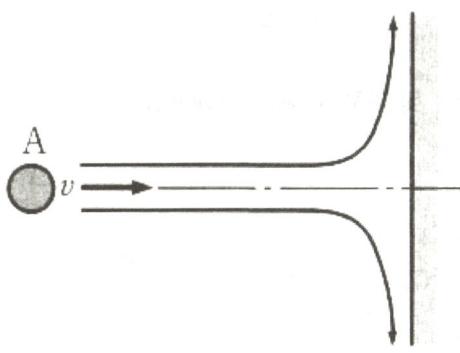

[고정평판에 충돌하는 분류]

(3) 이동평판에 수직으로 충돌하는 분류의 힘

① 공식 및 단위

- $F = \rho \cdot Q \cdot V = \rho \cdot A \cdot V^2\,[N]$
  $= \rho \cdot A \cdot W^2\,(N)$ (W : 상대속도)
  $= \rho \cdot A \cdot (V-U)^2\,[N]$
- 분류속도 : V[m/s], ・평판이동속도 : u[m/s]

• 분류방향과 동일 방향으로 평판이동시 상대속도 W = (V-u)[m/s]

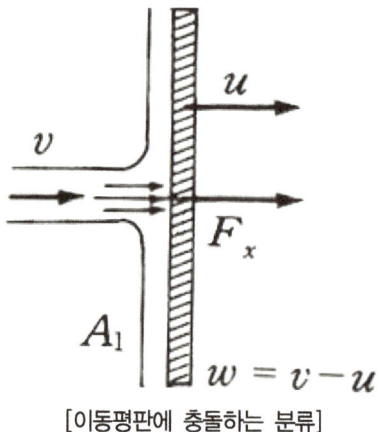

[이동평판에 충돌하는 분류]

02 무차원수

(1) 레이놀즈수(Reynold's number)

$$R_e = \frac{\rho VD}{\mu} = \frac{관성력}{점성력} \cdots 모든 유체에 적용$$

(2) 프루드수(Froude's number)

$$F_r = \frac{V}{\sqrt{LG}} = \frac{관성력}{중력} \cdots 자유 표면 유동에 적용$$

(3) 코시수(Cauchy's number) 및 마하수(Mach's number)

$$C_a = \frac{\rho V^2}{E(K)} = \frac{관성력}{탄성력}$$

$$M_a = \frac{V}{\sqrt{E/\rho}} = \frac{속도(V)}{음속(C)} = \frac{관성력}{중력} \cdots 압축성 유동$$

(4) 오일러수(Euler's number)

$$E_u = \frac{P}{\rho V^2} = \frac{압축력}{관성력} \cdots 압력차에 의한 유동$$

(5) 웨버수(Weber's number)

$$W_u = \frac{\rho V^2 L}{\sigma} = \frac{관성력}{표면장력} \cdots 표면 장력이 중요한 유동$$

CHAPTER 05 운동량 방정식 및 무차원수

01 검사체적(control volume)에 대한 운동량방정식(momentum equation)과 가장 관계가 깊은 법칙은?
19-4 기사

① 열역학 제2법칙 ② 질량보존의 법칙
③ 에너지보존의 법칙 ④ 뉴턴(Newton)의 법칙

정답 ④
해설 • 운동량의 법칙 : 질량 m인 물체가 속도 V로 운동하고 있을 때 그 곱 mV를 물체의 운동량이라 하고 Newton의 운동의 제2법칙은 이 운동량과 힘과의 관계를 나타낸 것이다.

02 시간 △t 사이에 유체의 선운동량이 △P 만큼 변했을 때 △P/△t는 무엇을 뜻하는가?
17-1 기사

① 유체 운동량의 변화량 ② 유체 충격량의 변화량
③ 유체의 가속도 ④ 유체에 작용하는 힘

정답 ④
해설 $\dfrac{\Delta P}{\Delta t} = \dfrac{kg \cdot m/s}{s} = kg \cdot m/s^2 = N$

03 그림에서 물 탱크차가 받는 추력은 약 몇 N 인가? (단, 노즐의 단면적은 0.03m²이며, 탱크 내의 계기압력은 40kPa 이다. 또한 노즐에서 마찰 손실은 무시한다.)
21-4 기사 19-1 기사

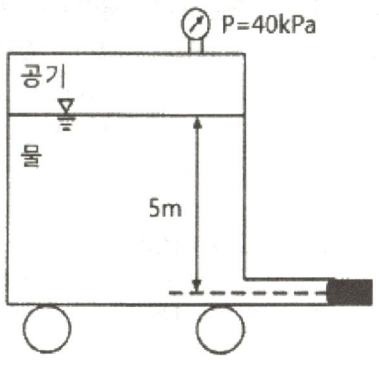

① 812 ② 1490
③ 2710 ④ 5340

정답 ④
해설 [공식]
- $F = \rho \cdot A \cdot V \cdot V = \rho \cdot Q \cdot V [N]$
  - ρ : 밀도$[kg/m^3]$, • A : 단면적$[m^2]$, • V : 유속$[m/s]$
- $F = \rho \times A \times V^2 = 1000 \times 0.03 \times (\sqrt{2 \times 9.8 \times (5+4.0787)})^2 = 5338[N] = 5340[N]$

  $(* P_{공기} = \dfrac{40}{101.325} \times 10.332[m] = 4.0787[m])$

04 출구단면적이 0.0004m²인 소방호스로부터 25m/s 의 속도로 수평으로 분출되는 물제트가 수직으로 세워진 평판과 충돌한다. 평판을 고정시키기 위한 힘(F)은 몇 N 인가? `20-2 기사`

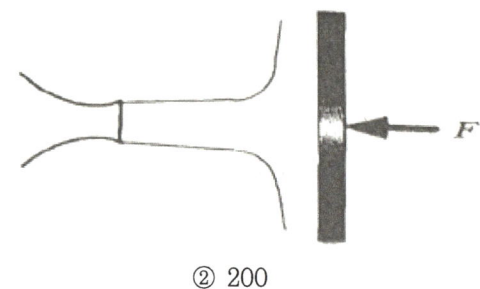

① 150　　　　　　　　　② 200
③ 250　　　　　　　　　④ 300

정답 ③
해설 [공식]
- 운동량 방정식 : $F[N] = \rho \cdot A \cdot V \cdot V = \rho \cdot Q \cdot V[N]$
  - ρ : 밀도[kg/m³], • A : 면적[m²], • V : 유속[m/s], 유량[m³/s]
- $F[N] = 1000 \times 0.0004 \times 25^2 = 250[N]$

05 출구 단면적이 0.02[m²]인 수평 노즐을 통하여 물이 수평 방향으로 8[m/s]의 속도로 노즐 출구에 놓여있는 수직 평판에 분사될 때 평판에 작용하는 힘은 약 몇 [N]인가? `19-2 기사`

① 800　　　　　　　　　② 1,280
③ 2,560　　　　　　　　④ 12,544

정답 ②
해설 [공식]
- $F = \rho \cdot A \cdot V \cdot V = \rho \cdot Q \cdot V[N]$ [N]
  - ρ : 밀도[kg/m³], • A : 면적[m²], • V : 유속[m/s], 유량[m³/s]
- $F = \rho A V^2 = 1000 \times 0.02 \times 8^2 = 1280[N]$

06 그림과 같이 수직 평판에 속도 2m/s로 단면적이 0.01m²인 물제트가 수직으로 세워진 벽면에 충돌하고 있다. 벽면의 오른쪽에서 물제트를 왼쪽 방향으로 쏘아 벽면의 평형을 이루게 하려면 물제트의 속도를 약 몇 m/s로 해야 하는가? (단, 오른쪽에서 쏘는 물제트의 단면적은 0.005 m² 이다.)

18-1 기사

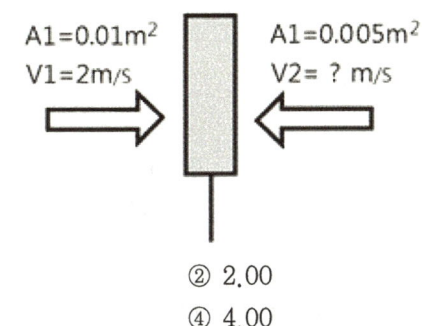

① 1.42
② 2.00
③ 2.83
④ 4.00

정답 ③

해설 [공식] • 운동량 방정식: $F = \rho \cdot A \cdot V \cdot V = \rho \cdot Q \cdot V$ [N]
  • ρ : 밀도[kg/m³], • A : 면적[m²], • V : 유속[m/s] 유량[m³/s]
• $F_1 = F_2$ 이므로
  $\rho_1 A_1 v_1^2 = \rho_2 A_2 v_2^2 (\rho_1 = \rho_2)$
  $A_1 v_1^2 = A_2 v_2^2$, $0.01 \times 2^2 = 0.005 \times v_2^2$
  $v_2 = 2.83$ [m/s]

07 지름이 5cm인 소방 노즐에서 물제트가 40m/s의 속도로 건물 벽에 수직으로 충돌하고 있다. 벽이 받는 힘은 약 몇 N인가?

17-4 기사

① 1204
② 2253
③ 2570
④ 3141

정답 ④

해설 [공식] • 운동량 방정식: F [N] $= \rho \cdot A \cdot V \cdot V = \rho \cdot Q \cdot V$[N]
  • ρ : 밀도[kg/m³], • A : 면적[m²], • V : 유속[m/s], 유량[m³/s]
• F [N] $= 1000 \times \frac{\pi}{4} \times 0.05^2 \times 40^2 = 3141$ [N]

08 노즐에서 분사되는 물의 속도가 12m/s이고, 분류에 수직인 평판은 속도 u=4m/s로 움직일 때, 평판이 받는 힘은 약 몇 [N] 인가? (단, 노즐(분류)의 단면적은 0.01m²이다.) `17-2 기사`

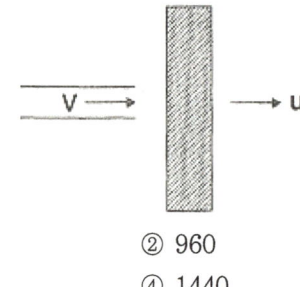

① 640
② 960
③ 1280
④ 1440

정답 ①
해설 [공식] • 운동량 방정식 : $F = \rho \cdot A \cdot (V-U)^2$ [N]
• ρ : 밀도[kg/m³], • A : 면적[m²], • V : 유속[m/s], • U : 평판속도[m/s]
• $F\,[N] = 1000 \times 0.01 \times (12-4)^2 = 640[N]$

09 2m 깊이로 물이 차있는 물 탱크 바닥에 한 변이 20cm인 정사각형 모양의 관측창이 설치되어 있다. 관측창이 물로 인하여 받는 순 힘(net force)은 몇 N인가? (단, 관측창 밖의 압력은 대기압이다.) `21-2 기사`

① 784
② 392
③ 196
④ 98

정답 ①
해설 $F = \rho A V^2 = 1000 \times (0.2 \times 0.2) \times (\sqrt{2 \times 9.8 \times 2})^2 = 784[N]$

10 그림과 같이 대기압 상태에서 V의 균열한 속도로 분출된 직경 D의 원형 물제트가 원판에 충돌할 때 원판이 U의 속도로 오른쪽으로 계속 동일한 속도로 이동하려면 외부에서 원판에 가해야 하는 힘 F는? (단, ρ는 물의 밀도, g는 중력가속도이다.) `22-1 기사`

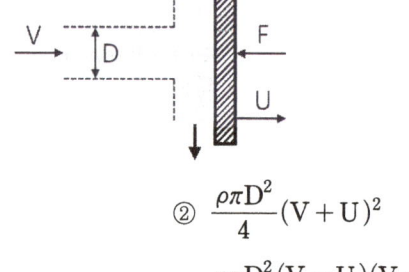

① $\dfrac{\rho \pi D^2}{4}(V-U)^2$
② $\dfrac{\rho \pi D^2}{4}(V+U)^2$
③ $\rho \pi D^2 (V-U)(V+U)$
④ $\dfrac{\rho \pi D^2 (V-U)(V+U)}{4}$

정답 ①

해설 운동량 방정식에 의해 $F=\rho A(V-U)^2$ [같은방향의 유속이므로]로 표현이 가능하다.

---

11 무차원수 중 레이놀즈수(Reynolds number)의 물리적인 의미는? 22-1 기사 21-2 기사

① 관성력/중력
② 관성력/탄성력
③ 관성력/점성력
④ 관성력/음속

정답 ③

해설 • 레이놀즈수(Reynold's number) : $R_e = \dfrac{\rho VD}{\mu} = \dfrac{관성력}{점성력}$ …모든 유체에 적용

---

12 원관 내에 유체가 흐를 때 유동의 특성을 결정하는 가장 중요한 요소는? 20-4 기사

① 관성력과 점성력
② 압력과 관성력
③ 중력과 압력
④ 압력과 점성력

정답 ①

해설 레이놀즈수에 대한 설명이며 레이놀즈수는 관성력과 점성력이 크게 결정한다.

---

13 다음 중 뉴튼(Newton)의 점성법칙을 이용하여 만든 회전 원통식 점도계는? 20-2 기사

① 세이볼트(Saybolt) 점도계
② 오스왈트(Ostwald) 점도계
③ 레드우드(Redwood) 점도계
④ 맥미셀(MacMichael) 점도계

정답 ④

해설

기본 법칙	점도계
스토크스 법칙	낙구식
하겐 포아젤 법칙	오스트왈드, 세이볼트
뉴튼의 점성 법칙	멕미첼, 스토머

14 다음 중 Stokes의 법칙과 관계되는 점도계는?
① Ostwald 점도계　　② 낙구식 점도계
③ Saybolt 점도계　　④ 회전식 점도계

정답 ②

해설

기본 법칙	점도계
스토크스 법칙	낙구식
하겐 포아젤 법칙	오스트왈드, 세이볼트
뉴튼의 점성 법칙	멕미첼, 스토머

15 낙구식 점도계는 어떤 법칙을 이론적 근거로 하는가?
① Stokes의 법칙　　② 열역학 제1법칙
③ Hagen-Poiseuille의 법칙　　④ Boyle의 법칙

정답 ①

해설

기본 법칙	점도계
스토크스 법칙	낙구식
하겐 포아젤 법칙	오스트왈드, 세이볼트
뉴튼의 점성 법칙	멕미첼, 스토머

16 관내에 흐르는 유체의 흐름을 구분하는데 사용되는 레이놀즈 수의 물리적인 의미는?
① 관성력/중력　　② 관성력/탄성력
③ 관성력/압축력　　④ 관성력/점성력

정답 ④

해설 레이놀즈 수는 관성력과 점성력에 관련된 무차원수이다.

17 뉴튼(Newton)의 점성법칙을 이용한 회전원통식 점도계는?
① 세이볼트 점도계　　② 오스트발트 점도계
③ 레드우드 점도계　　④ 스토머 점도계

정답 ④

해설

기본 법칙	점도계
스토크스 법칙	낙구식
하겐 포아젤 법칙	오스트왈드, 세이볼트
뉴튼의 점성 법칙	멕미첼, 스토머

CHAPTER 06 유체계측기기

01 점성계수의 계측

점성계수를 측정하는 점도계로는 스토크스법칙을 기초로 한 '낙구식 점도계', 하겐-포아젤의 법칙을 기초로 한 'Ostwald 점도계'와 '세이볼트 점도계', 뉴우톤의 점성법칙을 기초로 한 'MacMichael 점도계'와 'Stomer 점도계' 등이 있다.

기본 법칙	점도계
스토크스 법칙	낙구식
하겐 포아젤 법칙	오스트왈드, 세이볼트
뉴튼의 점성 법칙	맥미첼, 스토머

02 정압 측정

(1) 피에조 미터

(2) 정압관

(3) 부르동관 압력계 : 금속의 탄성 변형을 기계적으로 확대 지시하여 유체의 압력을 측정하는 계측기

(4) 마노미터(미소한 압력차는 마이크로 마노미터가 측정)

03 유속 측정

(1) 피토우트관

(2) 시차액주계

(3) 피토우트-정압관

(4) 열선속도계(기체속도 측정)

04 유량 측정

유량을 측정하는 장치로는 벤츄리미터, 노즐, 오리피스, 로타미터, 위어 등이 있다.

(1) 벤츄리미터

$$Q = \frac{C_V A_2}{\sqrt{1-(\frac{A_2}{A_1})^2}} \sqrt{\frac{2g}{\gamma}(p_1 - p_2)} = \frac{C_V A_2}{\sqrt{1-(\frac{A_2}{A_1})^2}} \sqrt{2gR\left(\frac{S_0}{S}-1\right)}$$

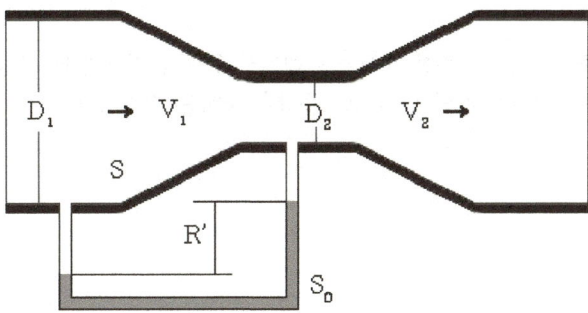

(2) 유동노즐

(3) 오리피스

오리피스판은 관의 이음매 사이에 끼워 넣은 얇은 판으로 구조가 간단하고, 값이 싸며 설치하기가 용이하다.

$$Q = CA_0\sqrt{\frac{2g}{\gamma}(p_1-p_2)} = CA_0\sqrt{2gR'\left(\frac{S_0}{S}-1\right)}$$

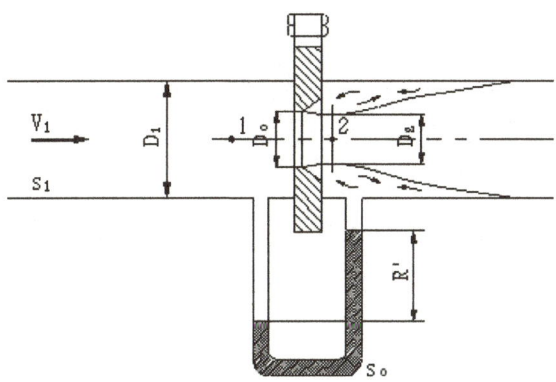

(4) 위어 : 개수로의 유량을 측정

① 진폭 위어 : $Q(유량) = \frac{2}{3}CB\sqrt{2g}\,H^{\frac{3}{2}}$

② 사각 위어 : $Q(유량) = \frac{2}{3}Cb\sqrt{2g}\,H^{\frac{3}{2}}$

③ 삼각 위어 : $Q(유량) = \frac{8}{15}C\sqrt{2g}\,H^{\frac{5}{2}}$

(5) 로타미터

관 속에 부표를 띄우고, 측정 유체를 아래에서 위로 흘려보낼 때 유량의 증감에 따라 부표가 상하로 움직여 생기는 가변 면적으로 유량을 구하는 장치이다.

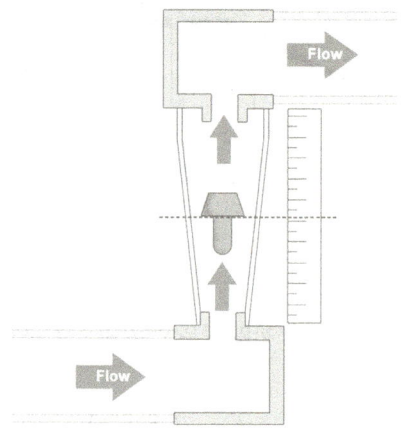

CHAPTER 06 유체계측기기

01 다음 중 배관의 유량을 측정하는 계측 장치가 <u>아닌</u> 것은? `20-1 기사`
① 로터미터(Rotameter) ② 유동노즐(Flow Nozzel)
③ 마노미터(Manometer) ④ 오리피스(Orifice)

> **정답** ③
> **해설** 마노미터는 압력측정 계측 장치 이다.
> • 유량 측정 : 유량을 측정하는 장치로는 벤츄리미터, 노즐, 오리피스, 로타미터, 위어 등이 있다.

02 다음 유체 기계들의 압력 상승이 일반적으로 큰 것부터 순서대로 바르게 나열한 것은? `19-4 기사`
① 압축기(compressor) > 블로어(blower) > 팬(fan)
② 블로어(blower) > 압축기(compressor) > 팬(fan)
③ 팬(fan) > 블로어(blower) > 압축기(compressor)
④ 팬(fan) > 압축기(compressor) > 블로어(blower)

> **정답** ①
> **해설** • 압력상승의 순서 : 압축기(compressor) > 블로어(blower) > 팬(fan)
> • 압축기(compressor) : 10000[mmAq] 이상
> • 블로어(blower) : 1000~10,000[mmAq]미만
> • 팬(fan) : 1000[mmAq] 미만

03 부자(float)의 오르내림에 의해서 배관 내의 유량을 측정하는 기구의 명칭은? `18-4 기사`
① 피토관(pitot tube) ② 로타미터(rotameter)
③ 오리피스(orifice) ④ 벤투리미터(venturi meter)

> **정답** ②
> **해설** 유량을 측정하는 장치로는 벤츄리미터, 노즐, 오리피스, 로타미터, 위어 등이 있다.
> • 로타미터
>   관 속에 부표를 띄우고, 측정 유체를 아래에서 위로 흘려보낼 때 유량의 증감에 따라 부표가 상하로 움직여 생기는 가변 면적으로 유량을 구하는 장치이다.

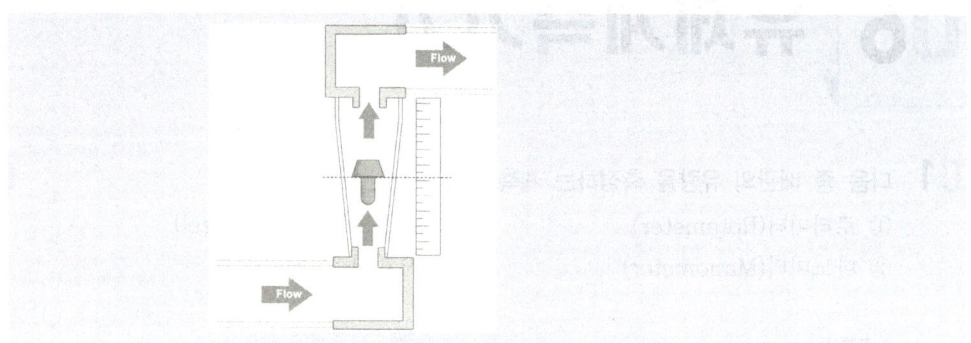

CHAPTER 07 펌프

01 펌프

(1) 펌프 개요
펌프는 액체에 에너지를 주어 낮은 위치(저압)에서 높은 위치(고압)로 토출하는 기계이다.

(2) 펌프의 종류
① 터보형 펌프
  ㉠ 원심펌프 : 임펠러를 빠르게 회전시킬 때 일어나는 원심력을 이용하여 송수하는 펌프로서 소방용 펌프로 가장 많이 사용 되는 펌프이다.
  ㉡ 사류식 : 사류식은 액체가 회전차에서 경사 방향으로 유입되어 경사 방향으로 유출되는 구조이다.
  ㉢ 축류식 : 축류식은 액체가 회전차 입구, 출구에서 다같이 축방향으로 유입되어 축 방향으로 유출되는 구조이다.

② 용적형 펌프
  ㉠ 왕복펌프 : 피스톤 펌프, 플런저 펌프, 워싱톤 펌프, 다이어프램 펌프
  ㉡ 회전펌프 : 기어 펌프, 베인 펌프, 나사 펌프

③ 특수형 펌프(special type) : 마찰 펌프, 제트 펌프, 기포 펌프, 수격 펌프

(3) 원심펌프의 구조
① 원심 펌프 구조
  ㉠ 회전차(임펠러) : 펌프의 회전 부분으로서 깃의 수는 4~8매이 날개(blade)를 가지고 있으며 재질은 주로 청동이 사용된다.
  ㉡ 안내 깃(가이드베인) : 회전차에서 송출되는 물을 와류실로 유도하며 속도 에너지를 가능한 손실을 적게 하면서 압력 에너지로 변환하는 역할을 한다. 일반적으로 안내 깃의 수는 회전차 깃수보다 몇 장이 적다.

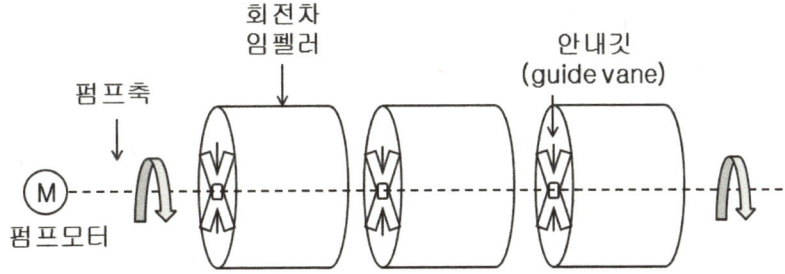

(4) 원심펌프의 분류

① 안내 깃(guide vane)의 유무에 의한 분류
  ㉠ 벌류트 펌프(volute pump) : 회전차의 바깥 둘레에 안내 깃이 없는 것
  ㉡ 터빈 펌프(tuebine pump) : 회전차의 바깥 둘레에 안내 깃이 있는 것
② 흡입에 의한 분류 : 큰 유량이 요구되는 것에는 양흡입 펌프를 사용한다.
  ㉠ 단흡입 펌프(single suction) : 회전차의 한쪽에서만 흡입하는 펌프
  ㉡ 양흡입 펌프(double suction) : 회전차의 양쪽에서 흡입하는 펌프
③ 단수에 의한 분류
  ㉠ 단단 펌프(single stage) : 펌프 1대에 회전차 1대를 가진 펌프를 말한다.
  ㉡ 다단 펌프(multi-stage) : 회전차 여러 개를 같은 축에 장치하여 제1단에서 나온 액체가 제2단에 흡입되고, 이하 순차적으로 다음 단에 연결되는 펌프이다. 큰 양정이 필요할 때 다단을 채용하며, 20단에 이르는 것도 있다.

02 펌프의 용량 산정

(1) 펌프의 전양정 : H[m]

① 실양정[m] : 낮은 곳의 수면에서 최고위의 수직거리를 말한다.
② 전양정[m] : 실양정 + 마찰손실수두

예 옥내소화전 전양정 = $h_1 + h_2 + h_3 + 17\,[m]$

- h_1 : 실양정 $[m]$
- h_2 : 배관 및 부속류 손실 $[m]$
- h_3 : 호스 손실 $[m]$

(2) 펌프의 동력[kW]

① 수동력[kW] : 펌프에 의하여 순수 액체에 공급하는 동력을 수동력[kW] 이라고 한다.
  - $P[kW] = \gamma QH[kW]$
    - γ : 물의 비중량 $[9.8(kN/m^3)]$
    - Q : 유량 $[m^3/s]$
    - $H(m)$

② 축동력[kW] : 펌프를 운전하는 데 필요한 동력을 축동력[kW] 이라고 한다.
  ㉠ 펌프의 전효율(η)
  - $\eta = \dfrac{수동력}{축동력} = \dfrac{L_w}{L}$
  - $\eta(전효율) = \eta_v \cdot \eta_m \cdot \eta_h$
    여기서 • η_v : 체적 효율   • η_m : 기계 효율   • η_h : 수력 효율 이다.

ⓒ 펌프 축동력[kW]

- $P[\text{kW}] = \dfrac{\gamma QH}{\eta}[\text{kW}]$

  - γ : 물의 비중량 $[9.8(kN/m^3)]$
  - H : 전양정 $[m]$
  - Q : 유량 $[m^3/s]$
  - η : 효율

③ 동력[kW] : 펌프를 기동시키는 데 공급되는 동력[kW]으로 구동 방법에 따라 전동기 기동과 내연기관 등으로 나뉜다.

- $L_d = KL$ (K : 전달 계수)

이 때 전달 계수(K)는 다음 표에 의한다.

전동 방식	K
직결	1.10~1.20
V벨트	1.15~1.25
평벨트	1.25~1.25
스퍼 기어	1.20~1.25
베벨 기어	1.15~1.25

- $P[\text{kW}] = \dfrac{\gamma QH}{\eta} \times K[\text{kW}]$

  - γ : 물의 비중량 $[9.8(kN/m^3)]$
  - H : 전양정 $[m]$
  - K : 전달계수
  - Q : 유량 $[m^3/s]$
  - η : 효율

(3) 송풍기의 동력[kW]

- $P[\text{kW}] = \dfrac{P_t[mmAq] \times Q[m^3/s]}{102 \times \eta} \times K$ [$1[kg_f/m^2] = 1 [mmAq]$]

  - P_t : 풍압 $[mmAq]$
  - η : 효율
  - Q : 풍량 $[m^3/s]$
  - K : 전달계수

03 원심펌프에서의 상사법칙, 비속도, 압축비

(1) 상사 법칙

① 서로 같은 치수의 펌프를 비교(상사)했을 때

  ㉠ 유량 $[m^3/s]$ $Q_2 = Q_1 \times \dfrac{N_2}{N_1}$

  ㉡ 양정 [m] $H_2 = H_1 \times \left(\dfrac{N_2}{N_1}\right)^2$

  ㉢ 동력 [kW] $L_2 = L_1 \times \left(\dfrac{N_2}{N_1}\right)^3$

② 서로 다른 치수의 펌프를 비교(상사)했을 때

㉠ 유량 $Q_2 = Q_1 \times \left(\dfrac{d_2}{d_1}\right)^3 \times \left(\dfrac{N_2}{N_1}\right)^1$ ㉡ 양정 $H_2 = H_1 \times \left(\dfrac{d_2}{d_1}\right)^2 \times \left(\dfrac{N_2}{N_1}\right)^2$

㉢ 동력 $L_2 = L_1 \times \left(\dfrac{d_2}{d_1}\right)^5 \times \left(\dfrac{N_2}{N_1}\right)^3 \ast \left(\dfrac{\eta_1}{\eta_2}\right)$ = 펌프 효율이 주어졌을 경우 곱해준다.

(2) 비속도(n_s)

- $n_s = N\dfrac{\sqrt{Q}}{(H/단수)^{3/4}}$ [㎥/min·m·rpm]

  여기서, • N : 회전수[rpm] • Q : 유량[㎥/min] • H : 전양정[m]

(3) 펌프의 압축비 및 단수

- $\gamma = \sqrt[\epsilon]{\dfrac{P_2}{P_1}} = \left(\dfrac{P_2}{P_1}\right)^{\frac{1}{\epsilon}}$

  여기서, • γ : 압축비 • ϵ : 단수
  • P_1 : 흡입 압력[Pa] • P_2 : 토출측 압력[Pa]

04 펌프의 연합 운전

소요되는 유량이나 양정이 큰 폭으로 변할 때 2대 이상의 펌프를 이용하여 연합 운전을 하게 된다.

(1) 직렬 운전

양정의 변화가 커서 1대의 펌프로는 양정이 부족할 경우, 2대 이상의 펌프를 직렬로 연결하여 운전한다.(직렬 연결시 : 1Q, 2H)

(2) 병렬 운전

유량의 변화가 크고 1대의 펌프로는 유량이 부족할 경우, 2대 이상의 펌프를 병렬로 연결하여 운전한다.(병렬 연결시 : 2Q, 1H)

05 펌프 운전시의 이상 현상

(1) 공동 현상(캐비테이션, cavitation)

① 개요 : 유체가 넓은 유로에서 좁은 곳으로 고속으로 유입할 때, 또는 벽면을 따라 흐를 때 벽면에 요철이 있거나 만곡부가 있으면 흐름은 직선적이 못되며 A부는 B부보다 저압이 되어 여기서 공동(cavity)이 생긴다. 이 부분의 압력이 그 수온이 포화 증기압보다 낮아지면 수중에 증기가 발생한다. 또 수중에는 압력에 비례하여 공기가 용입되어 있는데, 이 공기가 물과 분리되어 기포로 나타난다. 이와 같은 형상을 '공동 현상(캐비테이션, cavitation)'이라고 한다.

② 공동 현상 발생의 문제점
  ㉠ 유리 기포가 고압이 되는 곳에 이르러 갑자기 파괴되면서 심한 충격을 동반하고 소음과 진동(보통 600~800사이클)을 초래한다.
  ㉡ 깃 입구 부근에 발생하면 펌프의 성능을 저하시키고 또 효율도 나빠진다.
  ㉢ 충격으로 벽면이 침식된다.
③ 공동 현상의 방지책
  ㉠ 펌프의 설치 높이를 될 수 있는 대로 낮추어 흡입 양정을 짧게 한다.
  ㉡ 회전차를 수중에 완전히 잠기게 한다.
  ㉢ 회전 속도를 낮추어 흡입 속도를 줄인다.(비속도를 낮춘다.)
  ㉣ 양흡입 펌프를 사용한다.
  ㉤ 2대 이상의 펌프를 사용한다.
  ㉥ 흡입 손실 수두를 줄인다.(흡입관의 관경을 크게 하고 흡입관을 단순 직관하여 마찰 손실을 줄인다.

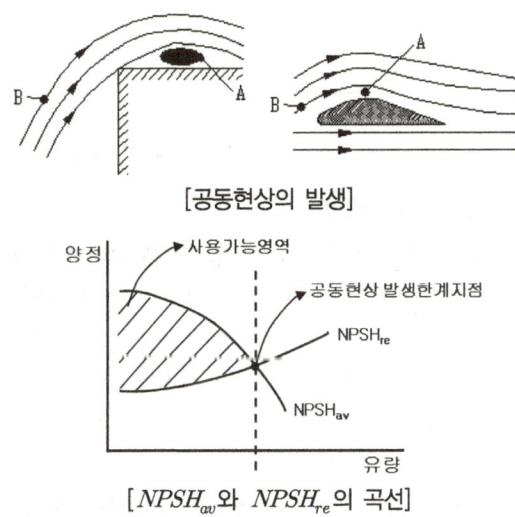

[공동현상의 발생]

[$NPSH_{av}$와 $NPSH_{re}$의 곡선]

(2) **수격 작용(워터햄머 : water hammer)**
① 개요 : 관로 속을 흐르고 있는 유체를 관단의 밸브로서 갑자기 닫으면, 유체의 감속된 양의 운동 에너지가 압력 에너지로 변하기 때문에 고압이 발생하고, 이 고압의 영역은 수관 중의 압축파의 전파 속도로 상류의 탱크의 관입구를 향하여 진행하고, 그 사이를 반복하여 왕복한다. 이와 같은 현상을 수격 작용이라 한다.
② 수격 작용 발생의 문제점 : 수격 작용은 최종적으로 다음에 아래와 같이 관로 내압의 이상 상승을 동반한 기기의 손상이 문제가 되므로 펌프 설비의 계획에 있어서 송수관의 설계 계획 시에는 수격 작용의 충분한 검토와 적절한 대책을 강구할 필요가 있다. 관속의 유속이 빠를수록, 또 밸브를 닫는 시간이 짧을수록 격심하다.
  ㉠ 압력 상승에 의한 펌프, 밸브, 관이음쇠, 관로 등의 기기가 파손된다.

ⓒ 압력 강하로 관로가 파괴되거나 또는 부압(수주 분리)을 발생시켰다가 다시 재결합시에 발생하는 격렬한 충격압에 의해 관로를 파손한다.
   ⓔ 진동, 소음의 원인이 된다.
   ⓕ 주기적인 압력 변동으로 자동 제어계의 압력 제어를 행하기가 어렵다.
  ③ 수격 작용의 방지책
   ㉠ 관경을 크게 하여 유속을 낮춘다.
   ㉡ 급격한 밸브 폐쇄를 하지 말 것
   ㉢ 플라이휠을 부착하여 관성 모멘트(moment)를 증가시켜 회전수와 관로 유속을 천천히 변화시킨다.
   ㉣ 서지 탱크(surge tank)를 관선에 설치한다.
   ㉤ 밸브를 가능한 펌프 송출구 가까이 달고 밸브 조작을 적절히 한다.

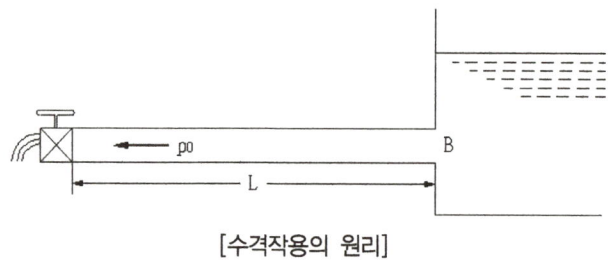

[수격작용의 원리]

(3) 맥동 현상(서징 현상, surging)
① 개요 : 펌프가 운전중에 한숨을 쉬는 것과 같은 상태가 되어 펌프 입구와 출구의 진공계, 압력계의 지침이 흔들리고 동시에 송출 유량이 변화하는 현상을 서징이라고 한다. 즉 송출 압력과 송출 유량 사이에 주기적인 변동이 일어나는 현상이다.
② 맥동 현상의 문제점 : 일단 일어나면 그 변동의 주기는 비교적 거의 일정하고, 송출 밸브의 개도를 바꾸어 인위적으로 운전 상태를 바꾸지 않는 한 이 상태가 계속된다.
③ 맥동 현상의 발생의 원인(조건)
   ㉠ 펌프의 양정 곡선(H~Q 곡선)이 산고 곡선(우상향인 경사)이고 이 곡선의 산고 상승부에서 운전
   ㉡ 펌프의 토출측 관로가 길거나 도중에 수조나 공기조가 있다.
   ㉢ 공기조의 하류측의 밸브로 토출량을 조정한다.(유량 조절 밸브가 탱크의 뒤쪽에 있다.)
④ 맥동 현상의 방지책
   ㉠ 펌프의 양정 곡선(H~Q 곡선)이 우하향인 특성의 부분만 상시 사용한다. 이러기 위해서는 펌프에 바이패스 라인(bypass line)을 설치하고, 우상향 부분의 토출량을 항시 바이패스 시킨다.
   ㉡ 펌프의 유량 제어를 펌프에 근접해서 행한다.
   ㉢ 토출 배관은 공기가 고이지 않도록 약간 상향 구배의 배관을 한다.
   ㉣ 회전차나 안내 깃의 형상 치수를 바꾸어 그 특성을 변화시킨다.

㉤ 방출 밸브 등을 써서 펌프 속의 양수량을 서징할 때의 양수량 이상으로 증가시키던가, 무단 변속가 등을 써서 회전차의 회전수를 변화시킨다.
㉥ 관로에 있어서 불필요한 공기탱크 등을 제거하고 관로의 단면적, 유속, 저항 등을 바꾼다.

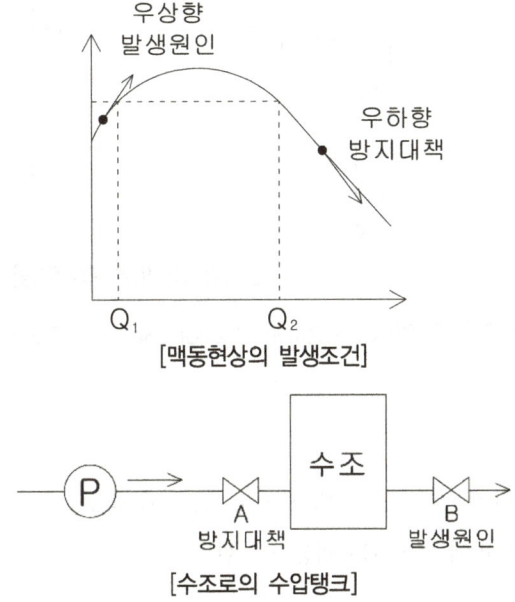

[맥동현상의 발생조건]

[수조로의 수압탱크]

06 펌프 최대 설치 높이

(1) 펌프의 이론 흡입 양정(h_{max})

흡입 양정은 흡입 액면상의 기압과 펌프의 회전차 중심에 대한 압력차에 의해 성해시며 펌프를 회전시킬 때 회전차의 내부가 진공되어 흡입관 내의 압력이 대기압 보다 낮았다고 가정한다. 흡입 수면은 항상 대기압 $P_a(H_a[mAq])$에 의하여 전면이 균일하게 눌리고 있으므로 액은 흡입관 속을 $H_a[mAq]$만큼 상승한다.

- 물의 이론 최대 흡입 양정(h_{max})

$$h_{max} = \frac{10332 kg_f/m^2}{1000 kg_f/m^3} = 10.332 m[Aq]$$

(2) 흡입 양식에 따른 흡입 양정

① 흡입 전양정 (H_1) 은

$$H_1 = \frac{P_a}{\gamma} + (-H_s) - h_L \cdots \text{흡입 실양정}(H_s)\text{이 흡상일 때}$$

② 흡입 전양정 (H_1) 은

$$H_1 = \frac{P_a}{\gamma} + H_s - h_L \cdots \text{흡입 실양정}(H_s)\text{이 압입일 때}$$

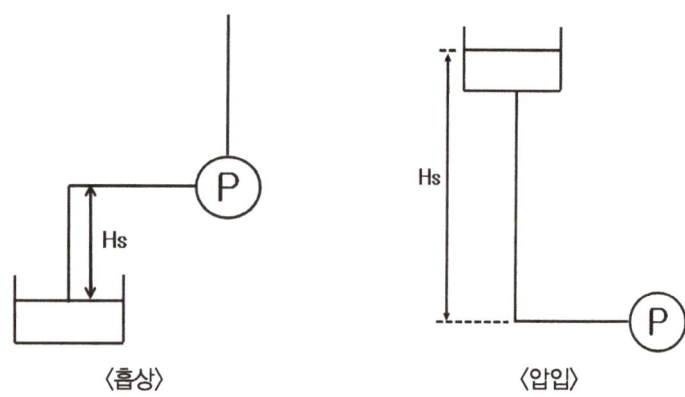

[흡입양식에 따른 흡입양정]

(3) 펌프의 유효 흡입 양정(Net Positive Suction Head : NPSH)

펌프의 흡입구 압력은 항상 흡입구에서 포화 증기 압력 이상으로 유지되어야 공동 현상(캐비테이션, cavitation)이 일어나지 않는다. 즉, 공동 현상(캐비테이션, cavitation)이 일어나지 않는 유효 흡입 양정을 수치로 표시한 것을 펌프의 '유효 흡입 양정'이라 한다.

① 펌프 설비에서 얻어지는 $NPSH_{av}$(NPSH-available)

- 펌프 설비에 얻어지는 이용 가능한 유효 흡입 양정 계산식

$$NPSH-av = \frac{P_a}{\gamma} - \frac{P_v}{\gamma} \pm H_s - H_f [m]$$

여기서, NPSH-av : 이용 가능한 유효 흡입 양정[m]
- P_a : 흡입 수면의 대기압[kg/m²]
- H_f : 흡입측 배관의 마찰 손실 수두[m]
- H_s : 흡입 양정으로 흡상일 때(-), 압입일 때(+)[m]
- P_v : 유체의 온도에 상당하는 포화증기압[kg/m²]

② 펌프 자체가 필요로 하는 $NPSH_{re}$(NPSH-required)

메이커에서 펌프를 제작하여 출시할 때 펌프가 가지고 있는 고유특성에 따라 결정되는 값으로 펌프를 설치하는 위치 및 조건과는 상관이 없는 수치이다.

③ 공동현상 방지를 위한 설계

공동현상을 방지하고 펌프를 사용할 수 있는 범위는 $NPSH_{av} \geq NPSH_{re}$ 영역이 된다

㉠ $NPSH_{av} = NPSH_{re}$: 발생한계
㉡ $NPSH_{av} > NPSH_{re}$: 발생하지 않음
㉢ $NPSH_{av} \geq NPSH_{re} \times 1.3$: 설계시 적용

CHAPTER 07 펌프

01 펌프와 관련된 용어의 설명으로 옳은 것은? `22-1 기사`
① 캐비테이션 : 송출압력과 송출유량이 주기적으로 변하는 현상
② 서징 : 액체가 포화 증기압 이하에서 비등하여 기포가 발생하는 현상
③ 수격작용 : 관을 흐르던 물이 갑자기 정지할 때 압력파에 의해 이상음(異常音)이 발생하는 현상
④ NPSH : 펌프에서 상사법칙을 나타내기 위한 비속도

정답 ③
해설 (보기①) 캐비테이션 : 송출압력과 송출유량이 주기적으로 변하는 현상
→ 서징에 대한 설명이다.
(보기②) 서징 : 액체가 포화 증기압 이하에서 비등하여 기포가 발생하는 현상
→ 캐비테이션에 대한 설명이다.
(보기④) NPSH : 펌프에서 상사법칙을 나타내기 위한 비속도
→ NPSH란 유효흡입양정을 나타낸다.

02 물이 배관 내에 유동하고 있을 때 흐르는 물 속 어느 부분의 정압이 그 때 물의 온도에 해당하는 증기압 이하로 되면 부분적으로 기포가 발생하는 현상을 무엇이라고 하는가? `21-1 기사`
① 수격현상
② 서징현상
③ 공동현상
④ 와류현상

정답 ③
해설 공동현상에 대한 설명이다.

03 물의 온도에 상응하는 증기압보다 낮은 부분이 발생하면 물은 증발되고 물 속에 있던 공기와 물이 분리되어 기포가 발생하는 펌프의 현상은? `19-2 기사`
① 피드백(Feed Back)
② 서징현상(Surging)
③ 공동현상(Cavitation)
④ 수격작용(Water Hammering)

정답 ③
해설 ● 공동 현상(캐비테이션, cavitation)
① 개요 : 유체가 넓은 유로에서 좁은 곳으로 고속으로 유입할 때, 또는 벽면을 따라 흐를 때 벽면에 요철이 있거나 만곡부가 있으면 흐름은 직선적이 못되며 A부는 B부보다 저압이 되어 여기서 공동(cavity)이 생긴다. 이 부분의 압력이 그 수온이 포화 증기압보다 낮아지면 수중에 증기가 발생한다. 또 수중에는 압력에 비례하여 공기가 용입되어 있는데, 이 공기가 물과 분리되어 기포로 나타난다. 이와 같은 형상을 '공동 현상(캐비테이션, cavitation)'이라고 한다.

04 펌프의 공동현상(cavitation)을 방지하기 위한 방법이 <u>아닌</u> 것은?   22-2 기사 17-2 기사
① 펌프의 설치 위치를 되도록 낮게 하여 흡입 양정을 짧게 한다.
② 단흡입펌프보다는 양흡입펌프를 사용한다.
③ 펌프의 흡입 관경을 크게 한다.
④ 펌프의 회전수를 크게 한다.

> **정답** ④
> **해설** • 공동현상 방지책
> ① 펌프의 설치 높이를 될 수 있는 대로 낮추어 흡입 양정을 짧게 한다.
> ② 회전차를 수중에 완전히 잠기게 한다.
> ③ 회전 속도를 낮추어 흡입 속도를 줄인다.(비속도를 낮춘다.)
> ④ 양흡입 펌프를 사용한다.
> ⑤ 2대 이상의 펌프를 사용한다.
> ⑥ 흡입 손실 수두를 줄인다.(흡입관의 관경을 크게 하고 흡입관을 단순 직관하여 마찰 손실을 줄인다.)

05 펌프 운전 시 발생하는 캐비테이션의 발생을 예방하는 방법이 <u>아닌</u> 것은?   21-4 기사 18-4 기사
① 펌프의 회전수를 높여 흡입 비속도를 높게 한다.
② 펌프의 설치높이를 될 수 있는 대로 낮춘다.
③ 입형펌프를 사용하고, 회전차를 수중에 완전히 잠기게 한다.
④ 양흡입 펌프를 사용한다.

> **정답** ①
> **해설** 펌프의 회전수를 높이면 공동현상이 발생한다.

06 펌프의 공동현상(cavitation)을 방지하기 위한 대책으로 옳지 <u>않은</u> 것은?   17-4 기사
① 펌프의 설치높이를 될 수 있는 대로 높여서 흡입양정을 길게 한다.
② 펌프의 회전수를 낮추어 흡입 비속도를 적게 한다.
③ 단흡입펌프보다는 양흡입펌프를 사용한다.
④ 밸브, 플랜지 등의 부속품 수를 줄여서 손실수두를 줄인다.

> **정답** ①
> **해설** 펌프의 설치높이를 낮추어 흡입양정을 짧게 해야 한다.

07 다음 (ㄱ), (ㄴ)에 알맞은 것은? `20-1 기사`

> 파이프 속을 유체가 흐를 때 파이프 끝의 밸브를 갑자기 닫으면 유체의 (ㄱ)에너지가 압력으로 변환되면서 밸브 직전에서 높은 압력이 발생하고 상류로 압축파가 전달되는 (ㄴ) 현상이 발생한다.

① (ㄱ) 운동, (ㄴ) 서징
② (ㄱ) 운동, (ㄴ) 수격작용
③ (ㄱ) 위치, (ㄴ) 서징
④ (ㄱ) 위치, (ㄴ) 수격작용

정답 ②
해설 파이프 속을 유체가 흐를 때 파이프 끝의 밸브를 갑자기 닫으면 유체의 (ㄱ : 운동)에너지가 압력으로 변환되면서 밸브 직전에서 높은 압력이 발생하고 상류로 압축파가 전달되는 (ㄴ : 수격)현상이 발생한다.

08 수격작용에 대한 설명으로 맞는 것은? `18-1 기사`

① 관로가 변할 때 물의 급격한 압력 저하로 인해 수중에서 공기가 분리되어 기포가 발생하는 것을 말한다.
② 펌프의 운전 중에 송출압력과 송출유량이 주기적으로 변동하는 현상을 말한다.
③ 관로의 급격한 온도변화로 인해 응결되는 현상을 말한다.
④ 흐르는 물을 갑자기 정지시킬 때 수압이 급격히 변화하는 현상을 말한다.

정답 ④
해설 (보기①) : 공동현상, (보기②) : 맥동현상 (보기③) : 동결현상 (보기④) : 수격현상

09 펌프 운전 중 발생하는 수격작용의 발생을 예방하기 위한 방법에 해당되지 않는 것은? `17-1 기사`

① 밸브를 가능한 펌프 송출구에서 멀리 설치한다.
② 서지탱크를 관로에 설치한다.
③ 밸브의 조작을 천천히 한다.
④ 관 내의 유속을 낮게 한다.

정답 ①
해설 ● 수격 작용의 방지책
① 관경을 크게 하여 유속을 낮춘다.
② 급격한 밸브 폐쇄를 하지 말 것
③ 플라이휠을 부착하여 관성 모멘트(moment)를 증가시켜 회전수와 관로 유속을 천천히 변화시킨다.
④ 서지 탱크(surge tank)를 관선에 설치한다.
⑤ 밸브를 가능한 펌프 송출구 가까이 달고 밸브 조작을 적절히 한다.

10 펌프가 운전 중에 한숨을 쉬는 것과 같은 상태가 되어 펌프 입구의 진공계 및 출구의 압력계 지침이 흔들리고 송출유량도 주기적으로 변화하는 이상 현상을 무엇이라고 하는가? `20-2 기사`
① 공동현상(cavitation)
② 수격작용(water hammering)
③ 맥동현상(surging)
④ 언밸런스(unbalance)

정답 ③
해설 • 맥동 현상(서징 현상, surging)
① 개요 : 펌프가 운전중에 한숨을 쉬는 것과 같은 상태가 되어 펌프 입구와 출구의 진공계, 압력계의 지침이 흔들리고 동시에 송출 유량이 변화하는 현상을 서징이라고 한다. 즉 송출 압력과 송출 유량 사이에 주기적인 변동이 일어나는 현상이다.

11 다음 중 펌프를 직렬 운전해야 할 상황으로 가장 적절한 것은? `17-1 기사`
① 유량의 변화가 크고 1대로는 유량이 부족할 때
② 소요되는 양정이 일정하지 않고 크게 변동될 때
③ 펌프에 폐입 현상이 발생할 때
④ 펌프에 무구속속도(run away speed)가 나타날 때

정답 ②
해설 • 펌프의 연합 운전
① 직렬 운전
양정의 변화가 커서 1대의 펌프로는 양정이 부족할 경우, 2대 이상의 펌프를 직렬로 연결하여 운전한다.(직렬 연결시 : 1Q, 2H)
② 병렬 운전
유량의 변화가 크고 1대의 펌프로는 유량이 부족할 경우, 2대 이상의 펌프를 병렬로 연결하여 운전한다.(병렬 연결시 : 2Q, 1H)

12 성능이 같은 3대의 펌프를 병렬로 연결하였을 경우 양정과 유량은 얼마인가? (단, 펌프 1대에서 유량은 Q, 양정은 H라고 한다.) `22-2 기사` `18-1 기사`
① 유량은 9Q, 양정은 H
② 유량은 9Q, 양정은 3H
③ 유량은 3Q, 양정은 3H
④ 유량은 3Q, 양정은 H

정답 ④
해설 펌프를 병렬로 연결하면 유량이 대수만 큼 늘어나고 양정은 일정하다.

13 펌프가 실제 유동시스템에 사용될 때 펌프의 운전점은 어떻게 결정하는 것이 좋은가? _{18-2 기사}
① 시스템 곡선과 펌프 성능곡선의 교점에서 운전한다.
② 시스템 곡선과 펌프 효율곡선의 교점에서 운전한다.
③ 펌프 성능곡선과 펌프 효율곡선의 교점에서 운전한다.
④ 펌프 효율곡선의 최고점, 즉 최고 효율점에서 운전한다.

> **정답** ①
> **해설** 시스템 곡선과 펌프 성능곡선의 교점에서 운전한다.

14 다음 중 동력의 단위가 아닌 것은? _{18-1 기사}
① J/s ② W
③ kg·m²/s ④ N·m/s

> **정답** ③
> **해설** • 동력 단위: W=J/S=N·m/s=$kg·m^2/s^3$ (차원: $FLT^{-1} = MLT^{-2}LT^{-1} = ML^2T^{-3}$)

15 물분무 소화설비의 가압송수장치로 전동기 구동형 펌프를 사용하였다. 펌프의 토출량 800[L/min], 전양정 50[m], 효율 0.65, 전달계수 1.1인 경우 적당한 전동기 용량은 몇 [kW]인가?
_{22-1 기사 21-2 기사 17-4 기사}
① 4.2 ② 4.7
③ 10.0 ④ 11.1

> **정답** ④
> **해설** [공식] • 동력: $P[kW] = \dfrac{\gamma QH}{\eta} \times K[kW]$
> • γ: 물의 비중량[9.8kN/m³] • Q: 유량[m³/s] • H: 전양정[m]
> • η: 효율 • K: 전달계수
> • $P[kW] = \dfrac{9.8 \times 0.8 \times 50}{60 \times 0.65} \times 1.1 = 11.0564 ≒ 11.1[kW]$

16 물을 송출하는 펌프의 소요축동력이 70[kW], 펌프의 효율이 78%, 전양정이 60[m]일 때, 펌프의 송출유량은 약 몇 [m³/min]인가? _{22-2 기사}
① 5.57 ② 2.57
③ 1.09 ④ 0.093

정답 ①

해설 [공식] ● 동력 : $P[\text{kW}] = \dfrac{\gamma QH}{\eta} \times K[\text{kW}]$

- γ : 물의 비중량[9.8kN/m³]
- Q : 유량[m³/s]
- H : 전양정[m]
- η : 효율
- K : 전달계수

● $70[\text{kW}] = \dfrac{9.8 \times Q \times 60}{0.78}$, $Q = 0.09285[m^3/s] \times 60 = 5.57[m^3/\text{min}]$

17 원심펌프가 전양정 120[m]에 대해 6[m³/s]의 물을 공급할 때 필요한 축동력이 9530[kW] 이었다. 이때 펌프의 체적효율과 기계효율이 각각 88%, 89% 라고 하면, 이 펌프의 수력효율은 약 몇 % 인가?

① 74.1　　② 84.2
③ 88.5　　④ 94.5

정답 ④

해설 [공식] ● 펌프의 축동력 : $P[\text{kW}] = \dfrac{\gamma QH}{\eta}[\text{kW}]$

- γ : 물의 비중량[9.8(kN/m^3)]
- Q : 유량[m^3/s]
- H : 전양정[m]
- η : 효율

● $P[\text{kW}] = \dfrac{\gamma QH}{\eta}$, $\eta = \dfrac{9.8 \times 6 \times 120}{9530}$ 이다.

$\eta = 0.7430$, 전효율 0.7430=0.88×0.89×수력효율 이므로 수력효율은 0.9486 이다.
그러므로 정답은 94.5% 이다.

18 토출량이 0.65m³/min인 펌프를 사용하는 경우 펌프의 소요 축동력(kW)은? (단, 전양정은 40m 이고, 펌프의 효율은 50%이다.)

① 4.2　　② 8.5
③ 17.2　　④ 50.9

정답 ②

해설 [공식] ● 동력 : $P[\text{kW}] = \dfrac{\gamma QH}{\eta}$

- γ : 물의 비중량[9.8kN/m³]
- Q : 유량[m³/s]
- H : 전양정[m]
- η : 효율

● $P[\text{kW}] = \dfrac{9.8 \times 0.65 \times 40}{60 \times 0.5} = 8.4933 = 8.5[\text{kW}]$

19 원심펌프를 이용하여 0.2[m³/s]로 저수지의 물을 2[m] 위의 물 탱크로 퍼 올리고자 한다. 펌프의 효율이 80%라고 하면 펌프에 공급해야 하는 동력[kW]은?
　　20-2 기사

① 1.96　　　　　　② 3.14
③ 3.92　　　　　　④ 4.90

정답 ④

해설 [공식]
- $P[\text{kW}] = \dfrac{\gamma Q H}{\eta} \times K [\text{kW}]$
  - γ : 물의 비중량[9.8kN/m³]
  - Q : 유량[m³/s]
  - H : 전양정[m]
  - η : 효율
  - K : 전달계수
- $P[\text{kW}] = \dfrac{9.8 \times 0.2 \times 2}{0.8} = 4.9[\text{kW}]$

20 전양정이 60[m], 유량이 6[m³/min], 효율이 60%인 펌프를 작동시키는 데 필요한 동력[kW]는?
　　19-4 기사

① 44　　　　　　② 60
③ 98　　　　　　④ 117

정답 ③

해설 [공식]
- 펌프의 축동력 : $P[\text{kW}] = \dfrac{\gamma Q H}{\eta}[\text{kW}]$
  - γ : 물의 비중량[9.8kN/m³]
  - Q : 유량[m³/s]
  - H : 전양정[m]
  - η : 효율
- $P[\text{kW}] = \dfrac{9.8 \times 6 \times 60}{0.6 \times 60} = 98[\text{kW}]$

21 펌프 중심으로부터 2[m] 아래에 있는 물을 펌프 중심으로부터 15[m] 위에 있는 송출수면으로 양수하려 한다. 관로의 전 손실수두가 6[m] 이고, 송출수량이 1[m³/min] 라면 필요한 펌프의 동력은 약 몇 [W] 인가?
　　19-1 기사

① 2777　　　　　　② 3103
③ 3430　　　　　　④ 3757

정답 ④

해설 [공식]
- 동력 : $P[\text{kW}] = \dfrac{\gamma Q H}{\eta} \times K[\text{kW}]$
  - γ : 물의 비중량[9.8kN/m³]
  - Q : 유량[m³/s]
  - H : 전양정[m]
  - η : 효율
  - K : 전달계수
- $P = \gamma Q H = \dfrac{9800 \times 1 \times (15 + 2 + 6)}{60} = 3756.666[W]$

22 펌프를 이용하여 10[m] 높이 위에 있는 물탱크로 유량 0.3[m³/min]의 물을 퍼올리려고 한다. 관로 내 마찰손실수두가 3.8[m]이고, 펌프의 효율이 85%일 때 펌프에 공급해야 하는 동력은 약 몇 [W]인가?　　　　　　　　　　　　　　　　　　　18-4 기사

① 128　　　　　　　　　② 796
③ 677　　　　　　　　　④ 219

정답 ②

해설 [공식] ● 펌프 동력 : $P[\text{kW}] = \dfrac{\gamma QH}{\eta} \times K[\text{kW}]$

- γ : 물의 비중량[9.8kN/m³]　● Q : 유량[m³/s]　● H : 전양정[m]
- η : 효율　● K : 전달계수

● $P = \dfrac{\gamma QH}{\eta} \times K = \dfrac{9.8 \times 0.3 \times (10+3.8)}{0.85 \times 60} = 0.79552[\text{kW}] = 795.52[W]$

23 효율이 50%인 펌프를 이용하여 저수지의 물을 1초에 10[L]씩 30[m] 위 쪽에 있는 논으로 퍼 올리는데 필요한 동력은 약 몇 [kW] 인가?　　　　　　　　　　　　18-2 기사

① 18.83　　　　　　　　② 10.48
③ 2.94　　　　　　　　　④ 5.88

정답 ④

해설 [공식] ● 펌프 동력 : $P[\text{kW}] = \dfrac{\gamma QH}{\eta} \times K[\text{kW}]$

- γ : 물의 비중량[9.8kN/m³]　● Q : 유량[m³/s]　● H : 전양정[m]
- η : 효율　● K : 전달계수

● $P = \dfrac{\gamma QH}{\eta} \times K = \dfrac{9.8 \times 0.01 \times 30}{0.5} = 5.88[\text{kW}]$

24 지름 0.4[m]인 관에 물이 0.5[m³/s]로 흐를 때 길이 300m에 대한 동력손실은 60[kW]였다. 이때 관마찰계수 f는 약 얼마인가?　　　　　　　　　　　21-1 기사　18-1 기사

① 0.015　　　　　　　　② 0.020
③ 0.025　　　　　　　　④ 0.030

정답 ②

해설 ① 동력 : $P[\text{kW}] = \gamma QH[\text{kW}]$, $60 = 9.8 \times 0.5 \times \Delta H$
　　　$\Delta H = 12.2448[m]$

② 달시방정식
　　　$h_L = f \cdot \dfrac{L}{d} \cdot \dfrac{V^2}{2g}[m]$, $12.2448 = f \times \dfrac{300}{0.4} \times \dfrac{3.9788^2}{2 \times 9.8}$ ($V = \dfrac{4Q}{\pi D^2} = \dfrac{4 \times 0.5}{\pi \times 0.4^2} = 3.9788[m/s]$)
　　　$f = 0.02021$

25 안지름 25[mm], 길이 10[m]의 수평 파이프를 통해 비중 0.8, 점성계수는 5×10⁻³[kg/m·s]인 기름을 유량 0.2×10⁻³[m³/s] 로 수송하고자 할 때, 필요한 펌프의 최소 동력은 약 몇 W 인가?

① 0.21　　　　② 0.58
③ 0.77　　　　④ 0.81

정답 ①

[해설] [공식] ● 하겐 포아젤 방정식 : h_L(마찰 손실 수두)$=\dfrac{128\mu LQ}{\pi d^4 \gamma}[m]$

- ΔP : 마찰손실[N/m²]
- μ : 점성계수[N·s/m²]
- L : 관길이[m]
- d : 관 직경[m]
- γ : 비중량[N/m²]
- Q : 유량[m³/s]

● $h_L = \dfrac{128 \times 5 \times 10^{-3} \times 10 \times 0.2 \times 10^{-3}}{0.8 \times 9800 \times \pi \times 0.025^4} = 0.133[m]$

(γ계산시 물이 아니기 때문에 비중을 고려한다.)

$P[W] = \gamma QH = s \times \gamma_w \times Q \times H = 0.8 \times 9800 \times 0.2 \times 10^{-3} \times 0.133 = 0.21[W]$

26 펌프의 입구에서 진공계의 계기압력은 -160[mmHg], 출구에서 압력계의 계기압력은 300[kPa], 송출 유량은 10[m³/min]일 때 펌프의 수동력(kW)은? (단, 진공계와 압력계 사이의 수직거리는 2[m]이고, 흡입관과 송출관의 직경은 같으며, 손실은 무시한다)

① 5.7　　　　② 56.8
③ 557　　　　④ 3,400

정답 ②

[해설] [공식] ● 수동력[kW] : 펌프에 의하여 순수 액체에 공급하는 동력을 수동력[kW] 이라고 한다.

$P[kW] = \gamma QH[kW]$

- γ : 물의 비중량[9.8kN/m³]
- Q : 유량[m³/s]
- $H(m)$

● 흡입측 전양정 : $\dfrac{160}{760} \times 10.332 = 2.7151[m]$

● 토출측 전양정 : $\dfrac{300}{101.325} \times 10.332 = 30.5906[m]$

● $P[kW] = 9.8 \times \dfrac{10}{60} \times (2.7151 + 30.5906 + 2) = 57.66[kW]$

27 펌프에 의하여 유체에 실제로 주어지는 동력은? (단, Lw는 동력(kW), r는 물의 비중량(N/m³), Q는 토출량(m³/min), H는 전양정 (m), g는 중력가속도(m/s²)이다.)

① $L_w = \dfrac{\gamma QH}{102 \times 60}$　　　　② $L_w = \dfrac{\gamma QH}{1000 \times 60}$

③ $L_w = \dfrac{\gamma QHg}{102 \times 60}$　　　　④ $L_w = \dfrac{\gamma QHg}{1000 \times 60}$

정답 ②

해설 펌프 동력 $L_w = \dfrac{\gamma QH}{1000 \times 60}$

*Q의 단위가 min당 이므로 60으로 나누고 동력단위를 kW로 구하기 위해 1000으로 나눈다.

28 12층 건물의 지하 1층에 제연설비용 배연기를 설치하였다. 이 배연기의 풍량은 500[m³/min]이고, 풍압이 290[Pa]일 때 배연기의 동력[kW]은? (단, 배연기의 효율은 60%이다.) `20-4 기사`

① 3.55　　② 4.03
③ 5.55　　④ 6.11

정답 ②

해설 [공식] • $P[kW] = \dfrac{P_t[mmAq] \times Q[m^3/s]}{102 \times \eta} \times K$　[$1[kg_f/m^2] = 1\,[mmAq]$]

• P_t : 풍압[$mmAq$],　• Q : 풍량[m^3/s],　• η : 효율,　• K : 전달계수

• $P[kW] = \dfrac{29.57 \times 500}{102 \times 60 \times 0.6} = 4.03[kW]$　($P_t : \dfrac{290}{101325} \times 10332[mmAq] = 29.57[mmAq]$)

29 회전속도 1000[rpm] 일 때 송출량 Q [m³/min], 전양정 H [m]인 원심펌프가 상사한 조건에서 송출량이 1.1Q [m³/min]가 되도록 회전속도를 증가시킬 때, 전양정은 어떻게 되는가? `21-4 기사` `18-4 기사`

① 0.91 H　　② H
③ 1.1 H　　④ 1.21 H

정답 ④

해설 [공식] • 상사 법칙 : 양정 [m] $H_2 = H_1 \times \left(\dfrac{N_2}{N_1}\right)^2$ (회전수비 $\dfrac{N_2}{N_1}$ = 유량비 $\dfrac{Q_2}{Q_1}$)

• $H_2 = H_1 \times \left(\dfrac{N_2}{N_1}\right)^2 = H \times \left(\dfrac{1.1Q}{Q}\right)^2 = 1.21H$

30 회전속도 N[rpm]일 때 송출량 Q[m³/min], 전양정 H[m]인 원심펌프를 상사한 조건에서 회전속도를 1.4N[rpm]으로 바꾸어 작동할 때 (ㄱ)유량과 (ㄴ)전양정은? `20-1 기사`

① (ㄱ) 1.4Q, (ㄴ) 1.4H　　② (ㄱ) 1.4Q, (ㄴ) 1.96H
③ (ㄱ) 1.96Q, (ㄴ) 1.4H　　④ (ㄱ) 1.96Q, (ㄴ) 1.96H

정답 ②

해설 [공식] • 상사법칙 : 유량 $[m^3/s]$ $Q_2 = Q_1 \times \dfrac{N_2}{N_1}$, 양정 [m] $H_2 = H_1 \times \left(\dfrac{N_2}{N_1}\right)^2$

• $Q_2 = Q \dfrac{1.4N}{N} = 1.4Q$, $H_2 = H\left(\dfrac{1.4N}{N}\right)^2 = 1.96H$

31 원심식 송풍기에서 회전수를 변화시킬 때 동력변화를 구하는 식으로 옳은 것은? (단, 변화 전후의 회전수는 각각 N₁, N₂, 동력은 L₁, L₂ 이다.)　　19-1 기사

① $L_2 = L_1 \times \left(\dfrac{N_1}{N_2}\right)^3$　　　② $L_2 = L_1 \times \left(\dfrac{N_1}{N_2}\right)^2$

③ $L_2 = L_1 \times \left(\dfrac{N_2}{N_1}\right)^3$　　　④ $L_2 = L_1 \times \left(\dfrac{N_2}{N_1}\right)^2$

정답 ③

해설 • 동력의 상사법칙 [kW] $L_2 = L_1 \times \left(\dfrac{N_2}{N_1}\right)^3$

32 토출량이 1800[L/min], 회전차의 회전수가 1000[rpm]인 소화펌프의 회전수를 1400[rpm]으로 증가시키면 토출량은 처음보다 얼마나 더 증가되는가?　　20-4 기사

① 10%　　　② 20%
③ 30%　　　④ 40%

정답 ④

해설 [공식] • 상사 법칙 : 서로 같은 치수의 펌프를 비교(상사)했을 때

• 유량 $[m^3/s]$ $Q_2 = Q_1 \times \dfrac{N_2}{N_1}$

• $Q_2 = Q_1 \times \dfrac{N_2}{N_1}$ 에 의해 $\dfrac{1400}{1000}$ 만큼 늘어난다. 즉, 1.4배(=40%) 증가한다.

33 소화펌프의 회전수가 1450[rpm]일 때 양정이 25[m], 유량이 5[m³/min]이었다. 펌프의 회전수를 1740[rpm]으로 높일 경우 양정[m]과 유량[m³/min]은? (단, 완전상사가 유지되고, 회전차의 지름은 일정하다.)　　22-2 기사

① 양정 : 17, 유량 : 4.2　　　② 양정 : 21, 유량 : 5
③ 양정 : 30.2, 유량 : 5.2　　　④ 양정 : 36, 유량 : 6

정답 ④

해설 [공식] • 상사 법칙 : 서로 같은 치수의 펌프를 비교(상사)했을 때

• 유량 $[m^3/s]$ $Q_2 = Q_1 \times \dfrac{N_2}{N_1}$ • 양정 [m] $H_2 = H_1 \times \dfrac{N_2}{N_1}$

• 유량 : $Q_2 = Q_1 \times \dfrac{N_2}{N_1}$, $Q_2 = 5 \times \dfrac{1740}{1450} = 6[m^3/min]$

• 양정 : $H_2 = H_1 \times (\dfrac{N_2}{N_1})^2$, $H_2 = 25 \times (\dfrac{1740}{1450})^2 = 36[m]$

34 터보팬을 6000[rpm]으로 회전시킬 경우, 풍량은 0.5[m³/min], 축동력은 0.049 [kW]이었다. 만약 터보팬의 회전수를 8000[rpm] 으로 바꾸어 회전시킬 경우 축동력[kW]은? `20-2 기사`

① 0.0207　　② 0.207
③ 0.116　　④ 1.161

정답 ③

해설 [공식] • 상사법칙 : 동력 [kW] $L_2 = L_1 \times \left(\dfrac{N_2}{N_1}\right)^3$

• $L_2 = 0.049 \times \left(\dfrac{8000}{6000}\right)^3 = 0.116[kW]$

35 분당 토출량이 1600[L], 전양정이 100[m]인 물 펌프의 회전수를 1000[rpm]에서 1400[rpm]으로 증가하면 전동기 소요동력은 약 몇 [kW]가 되어야 하는가? (단, 펌프의 효율은 65%이고, 전달계수는 1.1이다.) `17-2 기사`

① 441　　② 82.1
③ 121　　④ 142

정답 ③

해설 [공식] • 상사법칙 : 동력 [kW] $L_2 = L_1 \times \left(\dfrac{N_2}{N_1}\right)^3$

• 전동기 동력 $P = \dfrac{9.8 \times 1.6 \times 100}{0.65 \times 60} \times 1.1 = 44.22[kW]$

$L_2 = 44.22 \times \left(\dfrac{1400}{1000}\right)^3 = 121[kW]$

36 양정 220[m], 유량 0.025[m³/s], 회전수 2900[rpm]인 4단 원심 펌프의 비교회전도 (비속도) [m³/min, m, rpm]는 얼마인가?

21-2 기사

① 176
② 167
③ 45
④ 23

정답 ①

해설 [공식] • 비속도 : $n_s = N\dfrac{\sqrt{Q}}{(H/\text{단수})^{3/4}}$ [m³/min·m·rpm]

• N : 회전수[rpm], • Q : 유량[m³/min], • H : 전양정[m]

• $n_s = \dfrac{N\sqrt{Q}}{\left(\dfrac{H}{\text{단수}}\right)^{\frac{3}{4}}} = \dfrac{2900 \times \sqrt{0.025 \times 60}}{\left(\dfrac{220}{4}\right)^{\frac{3}{4}}} = 175.86 [m^3/\text{min}\cdot rpm\cdot m]$

CHAPTER 08 열역학의 기초

01 열의 정의

일상생활에서 물체의 온도가 상승되거나 냉각되는 현상을 항상 접하게 되는데, 이것은 온 도차와 더불어 이동되는 어떠한 에너지(energy)가 있다는 것을 의미하는 것으로 이 에너지를 우리는 열(heat)이라고 한다.

02 온도

온도란 물체를 구성하는 분자가 운동함으로써 생기는 운동 에너지의 활동의 정도를 수치적으로 표시하는 물리량으로 그 분자의 활동의 정도에 따라 뜨겁고 차게 느껴지는 것이다. 이렇게 물체가 뜨겁다, 또는 차다고 하는 정도를 온도라 한다.

(1) 섭씨 온도(Celsius temperature)

1atm(표준 대기압)에서의 얼음의 빙점을 0℃, 물의 비등점을 100℃로 하고 이를 100등분한 것을 1℃로 정한 것이다.

$$\therefore t_c = \frac{5}{9}(t_f - 32)$$

(2) 화씨 온도(Fahrenheit temperature)

1atm(표준 대기압)에서의 얼음의 빙점을 32°F, 물의 비등점을 212°F로 하고 이를 180등분 한 것을 1°F로 정한 것이다.

$$\therefore t_f = \frac{9}{5}t_c + 32$$

(3) 절대 온도(absolute temperature)

① 캘빈의 절대 온도 : $T = (섭씨[℃] + 273)K$
② 랭킨의 절대 온도 : $T_R = (화씨[°F] + 460)°R$

섭씨온도	$t_c = \frac{5}{9}(t_f - 32)$
화씨온도	$t_f = \frac{9}{5}t_c + 32$
캘빈온도	$T = (섭씨[℃] + 273)K$
랭킨온도	$T_R = (화씨[°F] + 460)°R$

03 열량[kJ, kcal](1J=0.24cal)

$$Q = C \cdot m \cdot dt \Rightarrow Q = C \cdot m \cdot (t_2 - t_1)$$

여기서,
- Q : 어떤 물체에 가한 열량[kJ]
- m : 물체의 중량[kg]
- C : 물체의 비열[kJ/kg·℃]
- dt : 어떤 물체의 온도 변화[℃]

04 비열(specific heat)

비열(C)은 비례상수 물질의 종류에 따라 정해지는 상수이며 일반적으로 물질 1kg당의 열용량, 즉 어떤 물질 1kg을 1℃ 높이는 데 필요한 열량을 말한다.

- C : 비열($kcal/kg℃$, $kJ/kg℃$)
  - 정적비열 : 체적이 일정할 때의 비열(C_V)
  - 정압비열 : 압력이 일정할 때의 비열(C_P)
  - 비열비 : $k = \dfrac{C_P}{C_V} > 1$ (항상 정압비열이 정적비열보다 큰값을 가진다.)
  - $R = C_P - C_V$
    R : 기체상수 [kJ/kg·K], C_P : 정압비열 [kJ/kg·K], C_V : 정적비열 [kJ/kg·K]

05 열전달

물체 내부 또는 물체 사이의 온도차에 의하여 생기는 열에너지 이동현상을 말한다. 열전달 이동형태는 각각 개별적으로 일어나고 있는 것이 아니라 자연현상에서 인위적으로 만들어진 시스템 내에서 복합적으로 일어나는 것이 일반적이다.

(1) 전도(Conduction) : 고체 또는 정지된 유체에 적용이 된다.

> ◆ 퓨리어(Fourier)의 법칙
>
> $$Q = k \cdot A \cdot \dfrac{dT}{dx}$$
>
> $$Q = k \cdot A \cdot \dfrac{(T_2 - T_1)}{dx} = k \cdot A \cdot \dfrac{(T_1 - T_2)}{dx}$$
>
> - A : 단면적 [m^2]
> - Q : 열전달율 [W]
> - T_2 : 저온 [℃]
> - dx : 두께 [m]
> - T_1 : 고온 [℃]
> - k : 단열재열전도도 [W/m·℃]

(2) 대류 : 유체(액체, 기체)의 운동과 함께 열전달이 일어나는 것

> ◆ 뉴튼(Newton)의 냉각법칙
> $Q = h \cdot A (T_1 - T_2)$
> - h : 열전달계수 [W/m²·℃]
> - A : 열전달면적 [m²]
> - T_1 : 고온[℃]
> - T_2 : 저온[℃]

(3) 복사 : 복사는 전도, 대류와는 달리 중간 매개물이 없이 열전달한다.(복사열량은 절대온도의 4승에 비례한다.)

> ◆ 스테판-볼쯔만(Stefan-Boltzmann 법칙)
> $Q = \sigma \epsilon A (T_1^4 - T_2^4)$
> - Q : 표면1에서 표면2로 전달되는 복사열량 [W]
> - σ : 스테판 볼쯔만 상수 (5.67×10^{-8} [W/m²·K^4])
> - A : 단면적 [m²]
> - ε : 방사율 (흑체 = 1)
> - T_1, T_2 : 절대온도 [K]

06 완전기체(Perfect gas)

보일(Boyle)의 법칙, 샤를(Charles)의 법칙, 주울(Joule)의 법칙 즉 완전 가스의 특성식이 엄격히 적용되는 기체를 말한다. 실제로 존재하지 않는 기체로 이상 기체(ideal gas)라고도 한다.

예 공기, 수소, 산소, 질소 등은 완전 가스로 취급해도 무방하다.

(1) 보일(Boyle)의 법칙

"온도가 일정하면 이상 기체의 압력은 체적에 반비례한다."

$T = $ 일정, $PV = $ 일정, $P \propto \dfrac{1}{V}$

$P_1 V_1 = P_2 V_2$ $\qquad \dfrac{P_1}{V_2} = \dfrac{P_2}{V_1}$

(2) 샤를(Charles)의 법칙

① 압력이 일정하면 이상 기체의 체적은 절대 온도에 비례한다.

$P = $ 일정, $\dfrac{V}{T} = $ 일정, $V \propto T$

$\therefore \dfrac{V_1}{T_1} = \dfrac{V_2}{T_2} \qquad \dfrac{V_1}{V_2} = \dfrac{T_1}{T_2}$

② 체적이 일정하면 이상 기체의 압력은 절대 온도에 비례한다.

$$V = 일정, \quad \frac{P}{T} = 일정, \quad P \propto T$$

$$\therefore \frac{P_1}{T_1} = \frac{P_2}{T_2}, \quad \frac{P_1}{P_2} = \frac{T_1}{T_2}$$

(3) 완전 기체의 상태 방정식

가스의 열역학적 상태는 압력 P, 비체적 v(또는 체적 V), 절대 온도 T에 의하여 결정되며 이들 사이의 관계식을 특성식 또는 상태 방정식 이라 한다. 보일(Boyle)의 법칙과 샤를(Charles)의 법칙으로부터 유도 되므로 '보일-샤를(Boyle-Charles)의 법칙'이라고도 한다.

① 일반 가스 정수

가스의 상태 변화를 취급할 때의 단위는 질량 외에 kmol과 단위 체적을 사용한다. 'Avogadro의 법칙'은 「온도와 압력이 같은 체적 속에 있는 모든 가스의 분자수는 같다.」로 온도와 압력이 같은 경우, 모든 가스의 동일한 분자수가 차지하는 체적은 같다는 것을 의미한다. 몰수(mole number)는 분자량 M을로 질량 m을 나눈값을 말한다.

Avogadro에 의하면 모든 가스 1kmol은 22.41㎥의 체적을 갖는다.

㉠ 1 kmol에 대한 완전 가스의 특성식

$PV = RT$

1kmol은 22.41㎥의 체적을 차지하므로

$$R = \frac{PV}{T} = \frac{101325 \times 22.4}{273} = 8313.85 \, [J/kmol \cdot K]$$

여기서, $R =$ 일반 가스 정수(모든 가스에 적용)

임의의 가스 정수는 분자량 M을 알면 구할 수 있다.

$$\overline{R} = \frac{R_u}{M} = \frac{8313.85}{M} [J/kg \cdot K]$$

$\overline{R} =$ 가스 정수(그 기체만의 가스정수를 말한다)

㉡ n kmol에 대한 완전 가스의 특성식

n 몰수에 대한 식 $n = \frac{m}{M}$ (m : 질량, M : 분자량)를 고려한 완전 가스 특성식은

$PV = nR_u T$

$PV = \frac{w}{M} RT = w\overline{R}T (\overline{R} = \frac{R}{M})$

$P\frac{V}{w} = \overline{R}T, \quad P\frac{1}{\rho} = \overline{R}T \qquad \therefore \rho = \frac{P}{RT} [kg_m/m^3]$

R = 가스 정수(=공학 기체 상수)[$kg_f \cdot m/kg \cdot K$, 또는 $J/kg \cdot K$]

T = 절대 온도 [K]

[폴리트로픽 지수 n의 값에 따른 변화]

n의 값	P, v, T 관계	대표적인 상태 변화
0	$pv^n = p = $ 일정	등압 변화
1	$pv = $ 일정 $= RT$	등온 변화
k	$pv^k = $ 일정	단열 변화
n	$pv^n = $ 일정	폴리트로프 변화
∞	$pv^\infty = $ 일정	등적 변화

07 열역학 법칙(Thermodynamic laws)

열역학의 기초가 되는 법칙이다. 에너지 보존 법칙을 열역학에 확장한 제 1 법칙, 비가역 과정의 존재를 말하는 제 2 법칙, 절대 영도에서 엔트로피에 관한 제 3 법칙과 열평형의 개념을 도입한 제 0 법칙이 있다.

(1) **열역학 제0법칙(The zeroth law of thermodynamic)** : 온도계의 원리

온도가 서로 다른 물체를 접촉시키면 높은 온도를 지닌 물체의 온도는 내려가고(열량 방출), 낮은 온도의 물체는 온도가 올라가서(열용량을 흡입) 두 물체의 온도차가 없어진다. 즉, 두 물체는 열평형이 되었다고 한다. 이러한 열평형 상태를 '열역학 제0법칙'이라 한다.

(2) **열역학 제1법칙(The first law of thermodynamic)** : 기체의 공급 에너지는 내부에너지와 외부에서 한일의 합과 같다.

열역학의 기본 법칙으로 에너지 보존 법칙 중에서 열에너지와 일 에너지의 관계를 표시한 것으로 다음과 같이 정의된다. 「열은 본질상 일과 같은 에너지의 일종으로 열을 일로, 또 일을 열로 전환시킬 수 있다.」

- $Q = AW$
- $W = JQ = \dfrac{1}{A}Q$

여기서 A와 J는 비례 상수로

- $A = \dfrac{1}{427}[\text{kcal/kg} \cdot m]$ … 일의 열당량
- $J = 427[\text{kg} \cdot m/\text{kcal}]$ … 열의 일당량

(3) **열역학 제2법칙** : 열은 스스로 저온에서 고온으로 절대 흐르지 않는다.

「동작 유체가 사이클을 이루어 열을 일로 변환할 때, 일로 변화되는 것은 고온의 물체에서 받은 열의 일부분만이고 나머지 열은 헛되게 저온의 물질에 버리지 않으면 안된다.」

열 이동의 방향에서 보면,「열은 고온의 물체에서 저온의 물체로 옮겨지나, 이 전열의 현상은 그대로는 되돌아가지 않는 비가역 변화이다.」「열은 그 자체만으로는 저온의 물체에서 고온의 물체로 옮겨지지 않는다.」

> ◆ 엔트로피
> 1850년 독일의 클라우지우스 (Clausius) 가 엔트로피 개념을 도입했다. 가역 변화에 대한 엔트로피의 변화량은
> $$dS = \frac{dQ}{T}, \ S = \int_1^2 \frac{dQ}{T}$$

열역학 제2법칙은 'dQ≥0'으로도 표현된다. 즉, 『밀폐계 내에서는 어떤 변화가 있더라도 그것에 의하여 그계 전체의 엔트로피는 적어도 보존되거나 또는 증대하는 방향으로 변화가 진행하는 것이다.

구 분	엔트로피 변화	열 량
가역 단열상태	$\triangle S = 0$	$\delta Q = dU$
비가역 단열상태	$\triangle S > 0$	$\delta Q = dU + sw$

(4) **열역학 제3법칙** : 순수한 물질이 1atm하에서 결정 상태면 엔트로피는 0K에서 0이다.

절대온도 0도 (0 K)에서는 모든 완벽한 결정성 물질의 절대 엔트로피 값이 0이 되는 것을 의미합니다. 이것을 쉽게 말한다면 절대 온도 0도에서는 엔트로피 값이 0이 되므로 이 온도에서는 화학적 변화나 분자운동 등을 수반하지 않음을 의미합니다. 즉 절대영도에 가까워지면 어떠한 변화에서의 엔트로피변화도 0과 같아진다.

08 열역학 1법칙(밀폐계, 교축과정 및 노즐)

(1) 밀폐계의 열역학 제 1법칙(에너지 보존)

밀폐계가 갖는 전 에너지는 운동에너지와 위치에너지의 합인 역학적 에너지와, 계에 포함되어 있는 열에너지, 화학에너지 등의 합인 내부에너지로 구성된다. 만일 화학변화가 일어나지 않는 다면 계가 열에너지를 보유할 때의 에너지를 내부에너지로 취급한다. 이 내부 에너지는 계의 순간적인 상태에 의해서 결정되는 상태량이다.

$$U_2 - U_1 = Q_{12} - \int_1^2 pd\overline{V} = Q_{12} - p\int_1^2 d\overline{V} = Q_{12} - p(\overline{V_2} - \overline{V_1})$$

- $U_2 - U_1$: 내부에너지 변화량
- Q_{12} : 내부에서 한 열량
- W_{12} : 외부에서 한 일량($\int_1^2 pd\overline{V}$)

이 식을 밀폐계의 열역학 제 1법칙(first law of thermodynamics in closed system)이라 하며, 어떤 물체 또는 계에 가해진 열에너지는 그 일부가 내부에너지를 증가시키는데 사용되고 나머지는 외부 일을 하는데 소비됨을 이용한다.

(2) 교축(throttling)

유로의 도중에 오리피스 또는 밸브를 설치하여 유체가 좁은 유로를 통과할 때 외부에 대해서는

일을 하지 않고 압력이 강하하는데, 이와 같은 현상을 교축 이라하며, 교축 전후의 엔탈피는 일정하다,

09 열역학 2법칙(가역과정과 비가역 과정)

(1) 가역과정(reversible process)
어떤 계가 주위에 아무런 변화를 남기지 않고 원래의 상태로 되돌아 갈 수 있는 과정이다.

(2) 비가역과정(irreversible process)
가역과정이 아닌 과정을 말한다. 모든 자연현상은 비가역 과정이므로 한 방향으로 밖에 진행하지 못한다. 원래의 상태로 되돌아 가기 위해서는 어떤 변화를 주위에 남기는 일이 필요하게 된다. 대표적인 비가역 과정의 예를 들면 마찰(고체의 마찰이나 유체의 유동마찰), 온도차에 의한 열전달(전도,대류,복사), 서로 다른 물질의 혼합, 기체의 자유팽창, 화학반응, 소성변형 등이다. 예들 들면 컵에 들어있는 뜨거운 물은, 자연적으로 온도가 내려가 최종에는 외기 온도가 동일한 온도가 된다. 이 물의 온도를 원래상태로 되돌아가게 할 수는 있다. 그러나 그러기 위해서는 다시 가열하기 위한 에너지를 소비해야 되며, 주위에 변화를 남기는 비가역 과정이다. 가역과정은 실제의 비가역 과정을 이상화시킨 극한 과정이다.

가역변화	비가역변화
① 등온변화 ② 정압변화 ③ 등적변화 ④ 단열변화 ⑤ 폴리트로프변화	① 비가역 단열변화 ② 교축 변화 ③ 기체의 혼합

(3) 카르노 사이클
열기관의 최고 열효율을 알기 위해 N.L.S.카르노가 발표한 열역학 상의 가역사이클을 말하며 카르노 순환이라고도 한다. 실제 기관에서는 마찰이나 열전도 때문에 이 사이클은 성립하지 않지만 실제 기관과 비교하여 개량할 여지가 있는 가를 조사하기 위해서 중요한 의미를 가진다. 카르노는 2개의 등온변화와 2개의 단열변화를 가상하고, 기체를 등온팽창→단열팽창→등온압축→단열압축의 순서로 변화시켜 처음의 상태로 복귀시키는 열역학 사이클을 이야기 한다.

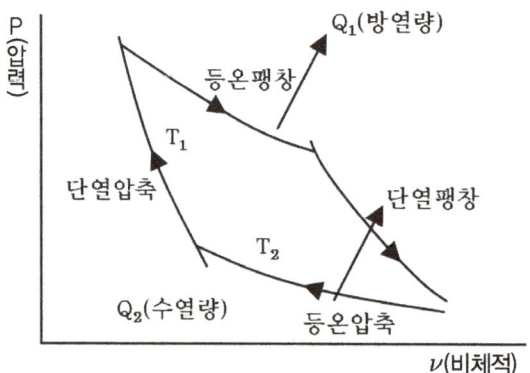

[카르노 사이클의 P-V 선도]

- 열효율$(\eta_c) = \dfrac{\text{사이클에서 발생되어 일에 사용된 열량}}{\text{고열원에서 사이클에 들어온 열량}}$

- $\eta_c = 1 - \dfrac{Q_2}{Q_1} = 1 - \dfrac{T_1}{T_2}$

- 특징

  ① 두 개의 등온 변화와 두 개의 단열 변화로 둘러싸인 사이클이다.

  ② 가역 사이클이다.

  ③ 수열량과 방열량의 비가 수열시의 온도와 방열시의 온도비가 같다.

  $$\dfrac{Q_1}{Q_2} = \dfrac{T_2}{T_1}$$

  ④ $T-S$ 선도에서는 직사각형의 사이클로 된다.

  ⑤ 이론 열효율은 고열원과 저열원의 온도만으로 표시된다.

  $$\eta = 1 - \dfrac{Q_2}{Q_1} = 1 - \dfrac{T_1}{T_2}$$

CHAPTER 08 열역학의 기초

01 열역학 관련 설명 중 **틀린** 것은? `21-4 기사`
① 삼중점에서는 물체의 고상, 액상, 기상이 공존한다.
② 압력이 증가하면 물의 끓는점도 높아진다.
③ 열을 완전히 일로 변환할 수 있는 효율이 100%인 열기관은 만들 수 없다.
④ 기체의 정적비열은 정압비열보다 크다.

정답 ④
해설
- 정적비열 : 체적이 일정할 때의 비열(C_V)
- 정압비열 : 압력이 일정할 때의 비열(C_P)
- 비열비 : $k = \dfrac{C_P}{C_V} > 1$ (항상 정압비열이 정적비열보다 큰값을 가진다.)

02 질량 m[kg]의 어떤 기체로 구성된 밀폐계가 Q[kJ]의 열을 받아 일을 하고, 이 기체의 온도가 △T[℃] 상승하였다면 이 계가 외부에 한 일 W[kJ]을 구하는 계산식으로 옳은 것은? (단, 이 기체의 정적비열은 Cv[kJ/(kg·K)], 정압비열은 Cp[kJ/kg·K)]이다.) `21-1 기사`
① $W = Q - mC_v \Delta T$
② $W = Q + mC_v \Delta T$
③ $W = Q - mC_p \Delta T$
④ $W = Q + mC_p \Delta T$

정답 ①
해설 $W = Q - mC_v \Delta T$

03 비열에 대한 다음 설명 중 **틀린** 것은? `18-1 기사`
① 정적비열은 체적이 일정하게 유지되는 동안 온도변화에 대한 내부에너지 변화율이다.
② 정압비열을 정적비열로 나눈 것이 비 열 비 이 다.
③ 정압비열은 압력이 일정하게 유지될 때 온도변화에 대한 엔탈피 변화율이다.
④ 비열비는 일반적으로 1보다 크나 1보다 작은 물질도 있다.

정답 ④
해설
- 비열비 : $k = \dfrac{C_P}{C_V} > 1$ (항상 정압비열이 정적비열보다 큰값을 가진다.)

04
이상기체의 정압비열 Cp와 정적비열 Cv와의 관계로 옳은 것은? (단, R은 이상기체 상수이고, k는 비열이다.) `18-4 기사`

① $C_P = \dfrac{1}{2} C_V$

② $C_P < C_V$

③ $C_P - C_V = R$

④ $K = \dfrac{C_V}{C_P}$

정답 ③

해설
- 정적비열 : 체적이 일정할 때의 비열(C_V)
- 정압비열 : 압력이 일정할 때의 비열(C_P)
- 비열비 : $k = \dfrac{C_P}{C_V} > 1$ (항상 정압비열이 정적비열보다 큰값을 가진다.)
- $R = C_P - C_V$

R : 기체상수 [kJ/kg · K], C_P : 정압비열 [kJ/kg · K], C_V : 정적비열 [kJ/kg · K]

05
다음 열역학적 용어에 대한 설명으로 틀린 것은? `18-4 기사`

① 물질의 3중점(triple point)은 고체, 액체, 기체의 3상이 평형상태로 공존하는 상태의 지점을 말한다.
② 일정한 압력하에서 고체가 상변화를 일으켜 액체로 변화할 때 필요한 열을 융해열(융해 잠열)이라 한다.
③ 고체가 일정한 압력하에서 액체를 거치지 않고 직접 기체로 변화하는데 필요한 열을 승화열이라 한다.
④ 포화액체를 정압하에서 가열할 때 온도변화 없이 포화증기로 상변화를 일으키는데 사용 되는 열을 현열이라 한다.

정답 ④

해설 포화액체를 정압 하에서 가열할 때 온도변화 없이 포화증기로 상변화를 일으키는데 사용 되는 열을 잠열(증발)이라 한다.

06
20[℃] 물 100[L]를 화재현장의 화염에 살수하였다. 물이 모두 끓는 온도(100℃)까지 가열되는 동안 흡수하는 열량은 약 몇 [kJ]인가? (단, 물의 비열은 4.2[kJ/(kg·K)]이다.) `18-2 기사`

① 500
② 2000
③ 8000
④ 33600

정답 ④

해설
- 열량 : $Q = mc\Delta t = 100 \times 4.2 \times 80 = 33600 [kJ]$

07 대기압하에서 10[℃]의 물 2[kg]이 전부 증발하여 100[℃]의 수증기로 되는 동안 흡수되는 열량 [kJ]은 얼마인가? (단, 물의 비열은 4.2 [kJ/kg·K], 기화열은 2250 [kJ/kg] 이다.) 20-2 기사

① 756
② 2638
③ 5256
④ 5360

정답 ③

해설 • $(cm\Delta t(현열) + rG(잠열)) = (4.2 \times 2 \times (100-10)) + (2250 \times 2) = 5256 [kJ]$
• C : 비열[kJ/kg·K] • m : 중량[kg] • G : 중량[kg]
• Δt : 온도차[℃] • r : 기화잠열[kJ/kg]

08 −15[℃]의 얼음 10[g]을 100[℃]의 증기로 만드는데 필요한 열량은 약 몇 [kJ]인가? (단, 얼음의 융해열은 335[kJ/kg], 물의 증발잠열은 2256[kJ/kg], 얼음의 평균 비열은 2.1[kJ/kg·K]이고, 물의 평균 비열은 4.18[kJ/kg·K]이다.) 22-1 기사

① 7.85
② 27.1
③ 30.4
④ 35.2

정답 ③

해설 • $cm\Delta t(현열) + rG(잠열) + cm\Delta t(현열)$
$= (2.1 \times 0.01 \times (0-(-15))) + (335 \times 0.01) + (4.18 \times 0.01 \times (100-0)) + (2256 \times 0.01) = 30.41 [kJ]$

09 열전달 면적이 A이고, 온도 차이가 10[℃], 벽의 열전도율이 10[W/(m·K)], 두께 25[cm]인 벽을 통한 열류량은 100[W]이다. 동일한 열전달 면적에서 온도 차이가 2배, 벽의 열전도율이 4배가 되고 벽의 두께가 2배가 되는 경우 열류량[W]은 얼마인가? 20-4 기사 17-4 기사

① 50
② 200
③ 400
④ 800

정답 ③

해설 [공식] • 퓨리어(Fourier)의 법칙 : $Q = k \cdot A \cdot \dfrac{(T_1 - T_2)}{dx}$
• A : 단면적[m^2] • dx : 두께[m] • Q : 열전달율[W]
• T_1 : 고온[℃] • T_2 : 저온[℃] • k : 단열재열전도도[W/m·℃]
• 동일 열전달 면적에서 $Q = 4k \cdot A \cdot \dfrac{2(T_1 - T_2)}{2dx}$ 로 변하므로 처음의 4배가 된다.
400[W]로 변하게 된다.

10 온도차이가 △T, 열전도율이 k_1, 두께 x인 벽을 통한 열유속(Heat Flux)과 온도차이가 2△T, 열전도율이 k_2, 두께 0.5x인 벽을 통한 열유속이 서로 같다면 두 재질의 열전도율비 k_1/k_2의 값은?

20-1 기사

① 1　　　　　　　　　　② 2
③ 4　　　　　　　　　　④ 8

정답 ③

해설 [공식] • 퓨리어 법칙 : $Q = -k \cdot A \cdot \dfrac{dT}{dx} [W]$

• 열유속이 같으므로 $k_1 \times \dfrac{dT_1}{dx_1} = k_2 \times \dfrac{dT_2}{dx_2}$ 이다.

$k_1 \times \dfrac{dT_1}{dx_1} = k_2 \times \dfrac{2dT_1}{0.5dx_1}$ 이므로 $\dfrac{k_1}{k_2} = 4$ 이다.

11 외부표면의 온도가 24[℃], 내부표면의 온도가 24.5[℃]일 때, 높이 1.5[m], 폭 1.5[m], 두께 0.5[cm]인 유리창을 통한 열전달률은 약 몇 [W]인가? (단, 유리창의 열전도계수는 0.8[w/m·K]이다.)

19-2 기사

① 180　　　　　　　　　② 200
③ 1,800　　　　　　　　④ 2,000

정답 ①

해설 [공식] • 퓨리어(Fourier)의 법칙

$Q = k \cdot A \cdot \dfrac{(T_1 - T_2)}{dx} [W]$

• A : 단면적[m^2]　• dx : 두께[m]　• Q : 열전달율[W]
• T_1 : 고온[℃]　• T_2 : 저온[℃]　• k : 열전도도[W/m·℃]

• $Q = k \cdot A \cdot \dfrac{(T_1 - T_2)}{dx} [W] = 0.8 \times (1.5 \times 1.5) \times \dfrac{(24.5 - 24)}{0.005} = 180 [W]$

12 온도차이 20[℃], 열전도율 5[W/(m·K)], 두께 20[cm] 인 벽을 통한 열유속(heat flux)과 온도차이 40[℃], 열전도율 10[W/(m·K)], 두께 t인 같은 면적을 가진 벽을 통한 열유속이 같다면 두께 t는 약 몇 [cm] 인가?

19-1 기사

① 10　　　　　　　　　② 20
③ 40　　　　　　　　　④ 80

정답 ④

해설 • $\dfrac{Q}{A}$(열유속) $= k \times \dfrac{\Delta t}{x}$

$5 \times \dfrac{20}{20} = 10 \times \dfrac{40}{x_2}$, $x_2 = 80 [cm]$

13 100[cm] ×100[cm]이고, 300[℃]로 가열된 평판에 25[℃]의 공기를 불어준다고 할 때 열전달량은 약 몇 [kW]인가? (단, 대류열전달 계수는 30[W/(m²·K)]이다.) `18-2 기사`

① 2.98   ② 5.34
③ 8.25   ④ 10.91

정답 ③
해설 [공식] • 뉴튼의 냉각 법칙 : $Q = h \cdot A(T_1 - T_2)$
  • h : 열전달계수[W/m²·℃]   • A : 열전달면적[m²]
  • T_1 : 고온[℃]   • T_2 : 저온[℃]
  • $Q = h \cdot A(T_1 - T_2) = 30[W/m^2 \cdot K] \times 1[m^2] \times (573 - 298)[K] = 8250[W] = 8.25[kW]$

14 지름 10[cm]인 금속구가 대류에 의해 열을 외부공기로 방출한다. 이때 발생하는 열전달량이 40[W]이고, 구 표면과 공기 사이의 온도차가 50[℃]라면 공기와 구 사이의 대류 열전달 계수[W/(m²·K)]는 약 얼마인가? `22-2 기사` `18-1 기사`

① 25   ② 50
③ 75   ④ 100

정답 ①
해설 [공식] • 뉴튼(Newton)의 냉각법칙 : $Q = h \cdot A(T_1 - T_2)$
  • h : 열전달계수[W/m²·℃]   • A : 열전달면적[m²]
  • T_1 : 고온[℃]   • T_2 : 저온[℃]
  • $Q = h \cdot A(T_1 - T_2),\ h = \dfrac{Q}{A(T_1 - T_2)}$

  $h = \dfrac{40}{4\pi(0.05)^2 \times 50} = 25.46[W/m^2 \cdot ℃] = 25.46[W/m^2 \cdot ℃]$

  (구의 면적 $A = 4\pi r^2$ (r : 반지름[m]))

15 두께 20[cm]이고 열전도율 4[W(m·K)]인 벽의 내부 표면온도는 20[℃]이고, 외부 벽은 -10[℃]인 공기에 노출되어 있어 대류열전달이 일어난다. 외부의 대류열전달계수가 20[W/(m²·K)] 일 때, 정상상태에서 벽의 외부표면온도[℃]는 얼마인가? (단, 복사열전달은 무시한다.) `21-1 기사`

① 5   ② 10
③ 15   ④ 20

정답 ①
해설 [공식] • 전도열 : $Q = k \cdot A \cdot \dfrac{(T_1 - T_2)}{dx}$

- A : 단면적[m^2]　　• dx : 두께[m]　　• Q : 열전달율[W]
- T_1 : 고온[℃]　　• T_2 : 저온[℃]　　• k : 열전도도[W/m·℃]

[공식] • 대류열 : $Q = h \cdot A(T_1 - T_2)$
- h : 열전달계수[W/㎡·℃]　　• A : 열전달면적[㎡]
- T_1 : 고온[℃]　　• T_2 : 저온[℃]

열평형에 의해 $Q_{대류} = Q_{전도}$

$$hA(T_{외부벽} - T_{외부공기}) = kA \frac{(T_{내부벽} - T_{외부벽})}{x}$$

$$20 \times (T_{외부벽} - (-10)) = 4 \times \frac{(20 - T_{외부벽})}{0.2}$$

∴ 외부벽의 온도는 5℃ 가 나온다.

16. 다음 중 열전달 매질이 없이도 열이 전달되는 형태는?   21-2 기사

① 전도　　　　　　　② 자연대류
③ 복사　　　　　　　④ 강제대류

정답 ③
해설 열전달 매질 없이 열 전달되는 형태는 복사 이다.

17. 표면적이 같은 두 물체가 있다. 표면온도가 2000[K]인 물체가 내는 복사에너지는 표면온도가 1000[K]인 물체가 내는 복사에너지의 몇 배인가?   19-4 기사

① 4　　　　　　　② 8
③ 16　　　　　　　④ 32

정답 ③
해설 [공식] • 스테판 볼쯔만의 법칙 $Q = \sigma \epsilon A(T_1^4 - T_2^4)$
- Q : 표면1에서 표면2로 전달되는 복사열량[W]
- σ : 스테판 볼쯔만 상수(5.67×10^{-8}[W/㎡·K^4])
- A : 단면적[㎡]　ϵ : 방사율(흑체=1)
- T_1, T_2 : 절대온도
- 복사열은 절대온도의 4승에 비례 하므로 $\frac{Q_1}{Q_2} = \frac{T_1^4}{T_2^4} = \frac{2000^4}{1000^4} = 16$배

18 표면적이 A, 절대온도가 T₁인 흑체와 절대 온도가 T₂인 흑체 주위 밀폐 공간 사이의 열전달량은?　　17-1 기사

① $T_1 - T_2$에 비례한다.　　② $T_1^2 - T_2^2$에 비례한다.
③ $T_1^3 - T_2^3$에 비례한다.　　④ $T_1^4 - T_2^4$에 비례한다.

정답 ④
해설
- 복사 : 복사는 전도, 대류와는 달리 중간 매개물이 없이 열전달한다. (복사열량은 절대온도의 4승에 비례한다.)
- 스테판-볼쯔만(Stefan-Boltzmann 법칙) : $Q = \sigma \epsilon A(T_1^4 - T_2^4)$

19 표면온도 15[℃], 방사율 0.85인 40[cm]×50[cm] 직사각형 나무판의 한쪽 면으로부터 방사되는 복사열은 약 몇 W인가? (단 스테판-볼츠만 상수는 $5.67×10-8[W/m^2·K^4]$이다.)　　22-1 기사

① 12　　② 66
③ 78　　④ 521

정답 ②
해설
- 스테판-볼쯔만(Stefan-Boltzmann 법칙)
$Q = \sigma \epsilon A(T_1^4 - T_2^4) = 5.67 \times 10^{-8} \times 0.85 \times (0.4 \times 0.5) \times (15 + 273)^4 = 66.31[W]$

20 서로 다른 재질로 만든 평관의 양쪽 온도가 다음과 같을 때, 동일한 면적 및 두께를 통한 열류량이 모두 동일하다면, 어느 것이 단열재로서 성능이 가장 우수한가?　　17-2 기사

① 30℃ ~ 10℃　　② 10℃ ~ -10℃
③ 20℃ ~ 10℃　　④ 40℃ ~ 10℃

정답 ④
해설 온도차가 큰 것이 단열재로서의 성능이 가장 우수하다.

21 30℃에서 부피가 10L인 이상기체를 일정한 압력으로 0℃로 냉각시키면 부피는 약 몇 L로 변하는가?　　22-1 기사　19-1 기사

① 3　　② 9
③ 12　　④ 18

정답 ②

해설 압력이 일정하므로 $\dfrac{V_1}{T_1} = \dfrac{V_2}{T_2}$

$\dfrac{10}{(30+273)} = \dfrac{V_2}{(0+273)}$, $V_2 = 9[L]$

22 압력의 변화가 없을 경우 0℃의 이상기체는 약 몇 ℃가 되면 부피가 2배로 되는가? [17-2 기사]

① 273℃ ② 373℃
③ 546℃ ④ 646℃

정답 ①

해설 [공식] • 샤를의 법칙(압력의 변화가 없다.) $\dfrac{V_1}{T_1} = \dfrac{V_2}{T_2}$

• $T_2 = \dfrac{V_2}{V_1}(2배) \times T_1$, $T_2 = 2 \times 273 = 546[K] - 273 = 273[℃]$

23 어떤 기체를 20℃에서 등온 압축하여 절대압력이 0.2MPa에서 1MPa으로 변할 때 체적은 초기 체적과 비교하여 어떻게 변화하는가? [20-2 기사]

① 5배로 증가한다. ② 10배로 증가한다.
③ 1/5 로 감소한다. ④ 1/10 로 감소한다.

정답 ③

해설 ① 보일(Boyle)의 법칙 : 온도가 일정하면 이상 기체의 압력은 체적에 반비례한다.

$T = $ 일정, $PV = $ 일정, $P \propto \dfrac{1}{V}$

$P_1 V_1 = P_2 V_2$

② 압력이 5배가 되면 체적은 1/5로 감소하게 된다.

24 20℃의 이산화탄소 소화약제가 체적 4m³의 용기 속에 들어있다. 용기 내 압력이 1MPa일 때 이산화탄소 소화약제의 질량은 약 몇 kg인가? (단, 이산화탄소의 기체상수는 189J/(kg·K)이다.) [22-2 기사]

① 0.069 ② 0.072
③ 68.9   ④ 72.2

정답 ④

해설 [공식] • 이상기체 상태방정식 $PV = \dfrac{w}{M}RT = w\overline{R}T\left(\overline{R} = \dfrac{R}{M}\right)$

• $W = \dfrac{PV}{RT} = \dfrac{1 \times 10^6 \times 4}{189 \times (20+273)} = 72.23\,[kg]$

---

25 어떤 용기 내의 이산화탄소(45[kg])가 방호공간에 가스 상태로 방출되고 있다. 방출 온도가 압력이 15[℃], 101[kPa]일 때 방출가스의 체적은 약 몇 [m³]인가? (단, 일반 기체상수는 8,314[J/kmol·K]이다.)
  _{19-2 기사}

① 2.2 ② 12.2
③ 20.2 ④ 24.3

정답 ④

해설 [공식] • 이상기체 상태방정식 $PV = \dfrac{w}{M}RT = w\overline{R}T\left(\overline{R} = \dfrac{R}{M}\right)$

• $V = \dfrac{WRT}{PM} = \dfrac{4.5 \times 8.314 \times 288}{101 \times 44} = 24.246\,[m^3]$

---

26 초기에 비어 있는 체적이 0.1m³인 견고한 용기 안에 공기(이상기체)를 서서히 주입한다. 공기 1kg을 넣었을 때 용기 안의 온도가 300K가 되었다면 이 때 용기 안의 압력(kPa)은? (단, 공기의 기체상수는 0.287kJ/kg·K이다.)
  _{19-4 기사}

① 287 ② 300
③ 448 ④ 861

정답 ④

해설 [공식] • 이상기체 상태방정식 : $PV = nRT = \dfrac{W}{M}RT = W\dfrac{R}{M}T = W\overline{R}T$

• $P = \dfrac{W\overline{R}T}{V} = \dfrac{1 \times 0.287 \times 300}{0.1} = 861\,[kPa]$

---

27 압력이 100kPa이고 온도가 20℃인 이산화탄소를 완전기체라고 가정할 때 밀도(kg/m³)는? (단, 이산화탄소의 기체상수는 188.95J/kg·K이다)
  _{20-1 기사}

① 1.1 ② 1.8
③ 2.56 ④ 3.8

정답 ②

해설 [공식] • 기체의 밀도 : $\rho = \dfrac{P}{RT}[kg_m/m^3]$

• P : 절대압력[Pa], • $\overline{R}$: 특정기체상수[J/kg·K], • T : 절대온도[K]

• $\rho = \dfrac{P}{RT} = \dfrac{100 \times 10^3}{188.95 \times (273+20)} = 1.8[kg_m/m^3]$

28 부피가 240m³인 방 안에 들어 있는 공기의 질량은 약 몇 kg 인가? (단, 압력은 100kPa, 온도는 300K 이며, 공기의 기체상수는 0.287 kJ/kg·K 이다.) `21-4 기사`

① 0.279 ② 2.79
③ 27.9 ④ 279

정답 ④

해설 [공식] • $\rho = \dfrac{P}{RT}[kg_m/m^3]$

• P : 절대압력[Pa], • $\overline{R}$: 특정기체상수[J/kg·K], • T : 절대온도[K]

• $\rho = \dfrac{100}{0.287 \times 300} = 1.1614[kg_m/m^3]$

밀도는 체적당 질량이므로 $1.1614 = \dfrac{m}{240}, m = 278.73 ≒ 279[kg]$

29 이상기체의 기체상수에 대해 옳은 설명으로 모두 짝지어진 것은? `21-1 기사`

ⓐ 기체상수의 단위는 비열의 단위와 차원이 같다.
ⓑ 기체상수는 온도가 높을수록 커진다.
ⓒ 분자량이 큰 기체의 기체상수가 분자량이 작은 기체의 기체상수보다 크다.
ⓓ 기체상수의 값은 기체의 종류에 관계없이 일정하다.

① a ② a, c
③ b, c ④ a, b, d

정답 ①

해설 (b) 기체상수는 온도가 높을수록 작아진다.
(c) 분자량이 큰 기체의 기체상수가 분자량이 작은 기체의 기체상수보다 작다.
(d) 기체상수의 값은 종류에 따라 달라진다.

30 초기 상태에서 압력 100[kPa], 온도 15[℃]인 공기가 있다. 공기의 부피가 초기 부피의 1/200이 될 때까지 가역단열 압축할 때 압축 후의 온도는 약 몇 [℃]인가? (단, 공기의 비열비는 1.4 이다.)

① 54
② 348
③ 682
④ 912

정답 ③

해설 [공식] ● 단열변화 공식 $\frac{T_2}{T_1} = \left(\frac{V_1}{V_2}\right)^{k-1} = \left(\frac{P_2}{P_1}\right)^{\frac{k-1}{k}}$

- T_1(변화전 온도)[K]
- T_2(변화후 온도)[K]
- V_1(변화전 체적)[m^3]
- V_2(변화후 체적)[m^3]
- P_1(변화전 압력)[Pa]
- P_2(변화후 압력)[Pa]
- n : 폴리트로픽 지수,
- k : 비열비

● $\frac{T_2}{15+273} = \left(\frac{1}{\frac{1}{20}}\right)^{1.4-1}$ $T_2 = 954.56[K]$, $T_2 = 954.56 - 273 = 681.56[℃]$

31 −10[℃], 6기압의 이산화탄소 10[kg]이 분사노즐에서 1기압까지 가역 단열팽창 하였다면 팽창 후의 온도는 몇 [℃]가 되겠는가? (단, 이산화탄소의 비열비는 1.289이다)

① −85
② −97
③ −105
④ −115

정답 ②

해설 [공식] ● 단열변화 공식 $\frac{T_2}{T_1} = \left(\frac{V_1}{V_2}\right)^{k-1} = \left(\frac{P_2}{P_1}\right)^{\frac{k-1}{k}}$

- T_1(변화전 온도)[K]
- T_2(변화후 온도)[K]
- V_1(변화전 체적)[m^3]
- V_2(변화후 체적)[m^3]
- P_1(변화전 압력)[Pa]
- P_2(변화후 압력)[Pa]
- n : 폴리트로픽 지수,
- k : 비열비

● $\frac{T_2}{-10+273} = \left(\frac{1}{6}\right)^{\frac{1.289-1}{1.289}}$ $T_2 = 175.99[K]$, $T_2 = 175.99 - 273 = -97[℃]$

32 초기온도와 압력이 각각 50[℃], 600[kPa]인 이상기체를 100[kPa]까지 가역 단열팽창시켰을 때 온도는 약 몇 [K]인가? (단, 이 기체의 비열비는 1.4이다.)

① 194
② 216
③ 248
④ 262

정답 ①

해설 [공식] • 단열변화 공식 $\frac{T_2}{T_1} = \left(\frac{V_1}{V_2}\right)^{k-1} = \left(\frac{P_2}{P_1}\right)^{\frac{k-1}{k}}$

- T_1(변화전온도)[K] • T_2(변화후온도)[K] • V_1(변화전체적)[m^3]
- V_2(변화후체적)[m^3] • P_1(변화전압력)[Pa] • P_2(변화후압력)[Pa]
- n : 폴리트로픽 지수, • k : 비열비

• $\frac{T_2}{T_1} = \left(\frac{P_2}{P_1}\right)^{\frac{k-1}{k}}$, $\frac{T_2}{50+273} = \left(\frac{100}{600}\right)^{\frac{1.4-1}{1.4}}$, $T_2 = 193.58[K]$

33 Carnot 사이클이 800[K]의 고온 열원과 500[K]의 저온 열원 사이에서 작동한다. 이 사이클에 공급하는 열량이 사이클 당 800[kJ]이라 할 때, 한 사이클 당 외부에 하는 일은 약 몇 [kJ]인가?

17-4 기사

① 200 ② 300
③ 400 ④ 500

정답 ②

해설 [공식] • 카르노사이클 에서의 일 : $W = Q_H\left(1 - \frac{T_L}{T_H}\right)$

• W : 일[kJ], • Q_H : 고온 열량[kJ], • T_L : 저온 • T_H : 고온

• $W = Q_H\left(1 - \frac{T_L}{T_H}\right) = 800[kJ] \times \left(1 - \frac{500[K]}{800[K]}\right) = 300[kJ]$

34 300 [K]의 저온 열원을 가지고 카르노 사이클로 작동하는 열기관의 효율이 70%가 되기 위해서 필요한 고온 열원의 온도[K]는?

21-2 기사

① 800 ② 900
③ 1000 ④ 1100

정답 ③

해설 [공식] • 열효율(η_c) = $\frac{\text{사이클에서발생되어일에사용된열량}}{\text{고열원에서사이클에들어온열량}}$ • $\eta_c = 1 - \frac{Q_2}{Q_1} = 1 - \frac{T_1(\text{저온})}{T_2(\text{고온})}$

• $0.7 = 1 - \frac{300}{T_2}$, $T_2 = 1000[K]$

35 다음 중 열역학 제1법칙에 관한 설명으로 옳은 것은?

① 열은 그 자신만으로 저온에서 고온으로 이동할 수 없다.
② 일은 열로 변환시킬 수 있고 열은 일로 변환시킬 수 있다.
③ 사이클 과정에서 열이 모두 일로 변화할 수 없다.
④ 열평형 상태에 있는 물체의 온도는 같다.

정답 ②
해설 ● **열역학 제1법칙**
기체의 공급 에너지는 내부에너지와 외부에서 한일의 합과 같다. 열역학의 기본 법칙으로 에너지 보존 법칙 중에서 열에너지와 일 에너지의 관계를 표시한 것으로 다음과 같이 정의된다. 「열은 본질상 일과 같은 에너지의 일종으로 열을 일로, 또 일을 열로 전환시킬 수 있다.」

36 다음 중 등엔트로피 과정은 어느 과정인가?

① 가역 단열과정
② 가역 등온과정
③ 비가역 단열과정
④ 비가역 등온과정

정답 ①
해설 ● **등엔트로피 과정**
엔트로피 변화가 없는 과정으로 가역과정과 단열과정을 함께 가진다.

37 과열증기의 대한 설명으로 틀린 것은?

① 과열증기의 압력은 해당온도에서의 포화압력보다 높다.
② 과열증기의 온도는 해당압력에서의 포화온도보다 높다.
③ 과열증기의 비체적은 해당온도에서의 포화증기의 비체적보다 크다.
④ 과열증기의 엔탈피는 해당압력에서의 포화증기의 엔탈피보다 크다.

정답 ①
해설 과열증기의 압력은 해당온도에서의 포화압력과 같다.

38 다음 중 이상기체에서 폴리트로픽 지수(n)가 1인 과정은?

① 단열 과정
② 정압 과정
③ 등온 과정
④ 정적 과정

정답 ③

해설 ● 폴리트로픽 지수 n의 값에 따른 변화

n의 값	P, v, T 관계	대표적인 상태 변화
0	$pv^n = p = $ 일정	등압 변화
1	$pv = $ 일정 $= RT$	등온 변화
k	$pv^k = $ 일정	단열 변화
n	$pv^n = $ 일정	폴리트로프 변화
∞	$pv^\infty = $ 일정	등적 변화

39 이상기체의 폴리트로픽 변화 'PVn=일정'에서 n=1인 경우 어느 변화에 속하는가? (단, P는 압력, V는 부피, n은 폴리트로프 지수를 나타낸다.)   19-4 기사

① 단열변화 ② 등온변화
③ 정적변화 ④ 정압변화

정답 ②

해설 ● 폴리트로픽 지수 n의 값에 따른 변화

n의 값	P, v, T 관계	대표적인 상태 변화
0	$pv^n = p = $ 일정	등압 변화
1	$pv = $ 일정 $= RT$	등온 변화
k	$pv^k = $ 일정	단열 변화
n	$pv^n = $ 일정	폴리트로프 변화
∞	$pv^\infty = $ 일정	등적 변화

40 가역 단열 과정에서 엔트로피 변화 ΔS는?   17-2 기사

① $\Delta S > 1$ ② $0 < \Delta S < 1$
③ $\Delta S = 1$ ④ $\Delta S = 0$

정답 ④

해설 ● 엔트로피 변화

구 분	엔트로피 변화	열량
가역 단열상태	$\Delta S = 0$	$\delta Q = dU$
비가역 단열상태	$\Delta S > 0$	$\delta Q = dU + sw$

41 이상적인 카르노사이클의 과정인 단열압축과 등온압축의 엔트로피 변화에 관한 설명으로 옳은 것은?

① 등온압축의 경우 엔트로피 변화는 없고, 단열압축의 경우 엔트로피 변화는 감소한다.
② 등온압축의 경우 엔트로피 변화는 없고, 단열압축의 경우 엔트로피 변화는 증가한다.
③ 단열압축의 경우 엔트로피 변화는 없고, 등온압축의 경우 엔트로피 변화는 감소한다.
④ 단열압축의 경우 엔트로피 변화는 없고, 등온압축의 경우 엔트로피 변화는 증가한다.

정답 ③
해설 단열압축의 경우 엔트로피 변화는 없고, 등온압축의 경우 엔트로피 변화는 감소한다.

42 이상기체의 등엔트로피 과정에 대한 설명 중 틀린 것은?

① 폴리트로픽 과정의 일종이다.
② 가역단열과정에서 나타난다.
③ 온도가 증가하면 압력이 증가한다.
④ 온도가 증가하면 비체적이 증가한다.

정답 ④
해설 ● 등엔트로피 과정
① 등엔트로피 과정은 가상적인 이상 과정이다. 단열과정에서 계의 마찰이 없고, 열전달이나 물질 전달이 없으며 과정이 추정상 가역이면 등엔트로피 과정이 된다. (가역 + 단열 과정)
② 외부와 열 교환이 없는 완전 단열된 실린더 내에서 기체를 압축하는 과정이다.

43 물질의 열역학적 변화에 대한 설명으로 틀린 것은?

① 마찰은 비가역성의 원인이 될 수 있다.
② 열역학 제1법칙은 에너지 보존에 대한 것이다.
③ 이상기체는 이상기체 상태방정식을 만족한다.
④ 가역단열과정은 엔트로피가 증가하는 과정이다.

정답 ④
해설 가역단열과정은 엔트로피가 일정한 과정이다.

44 실내의 난방용 방열기(물→공기 열교환기)에는 대부분 방열 핀(fin)이 달려 있다. 그 주된 이유는?　　21-4 기사

① 열전달 면적 증가　　② 열전달계수 증가
③ 방사율 증가　　　　④ 열저항 증가

> **정답** ①
> **해설** 방열핀의 목적은 열전달 면적을 증가시켜 효율을 좋게 하려는 목적이다.

45 이상적인 교축 과정 (throttling process)에 대한 설명 중 옳은 것은?　　17-4 기사
① 압력이 변하지 않는다.　　② 온도가 변하지 않는다.
③ 엔탈피가 변하지 않는다.　　④ 엔트로피가 변하지 않는다.

> **정답** ③
> **해설** 교축과정이란 이상기체의 엔탈피가 변하지 않는 과정을 이야기 한다.

46 마그네슘은 절대온도 293K에서 열전도도가 156 W/m·K, 밀도는 1740 kg/m³이고, 비열이 1017 J/kg·K 일 때 열확산계수(m²/s)는?　　20-2 기사

① 8.96×10^{-2}　　② 1.53×10^{-1}
③ 8.81×10^{-5}　　④ 8.81×10^{-4}

> **정답** ③
> **해설** [공식] • 열확산계수 : $\alpha [m^2/s] = \dfrac{k}{\rho c}$
> ・k : 열전도도[W/m·K],　・ρ : 밀도[kg/m³],　・c : 비열[J/kg·K]
> • $\alpha [m^2/s] = \dfrac{k}{\rho c} = \dfrac{156}{1740 \times 1017} = 8.81 \times 10^{-5} [m^2/s]$

II 소방기계시설의 구조 및 원리

쉽고 빠르게 합격하는 소방설비(산업)기사 필기시험 대비

PART 01
소방시설 및 소화기구

CHAPTER 01 소방시설의 종류
CHAPTER 02 소화기구 및 자동소화장치 화재안전기술기준 [NFTC 101]

CHAPTER 01 소방시설의 종류

01 소화설비[기계]

물 또는 그 밖의 소화약제를 사용하여 소화하는 기계·기구 또는 설비로서 다음 각 목의 것

(1) 소화기구
① 소화기
② 간이소화용구 : 에어로졸식 소화용구, 소공간용 소화용구, 투척용 소화용구, 소화약제 외의 것
③ 자동확산소화기

(2) 자동소화장치
① 주거용 주방자동소화장치
② 상업용 주방자동소화장치
③ 캐비닛형 자동소화장치
④ 가스자동소화장치
⑤ 분말자동소화장치
⑥ 고체에어로졸자동소화장치

(3) 옥내소화전설비(호스릴옥내소화전설비를 포함한다)

(4) 스프링클러설비등
① 스프링클러설비
② 간이스프링클러설비(캐비닛형 간이스프링클러설비를 포함한다)
③ 화재조기진압용 스프링클러설비

(5) 물분무등소화설비
① 물 분무 소화설비
② 미분무소화설비
③ 포소화설비
④ 이산화탄소소화설비
⑤ 할론소화설비
⑥ 할로겐화합물 및 불활성기체 (다른 원소와 화학 반응을 일으키기 어려운 기체를 말한다. 이와 같다) 소화설비
⑦ 분말소화설비
⑧ 강화액소화설비
⑨ 고체에어로졸소화설비

(6) 옥외소화전설비

02 경보설비[전기]
화재발생 사실을 통보하는 기계·기구 또는 설비로서 다음 각 목의 것
(1) 단독경보형 감지기
(2) 비상경보설비 : ① 비상벨설비 ② 자동식사이렌설비
(3) 시각경보기
(4) 자동화재탐지설비
(5) 비상방송설비
(6) 자동화재속보설비
(7) 통합감시시설
(8) 누전경보기
(9) 가스누설경보기

03 피난구조설비
화재가 발생할 경우 피난하기 위하여 사용하는 기구 또는 설비로서 다음 각 목의 것
(1) 피난기구[기계]
   ① 피난사다리
   ② 구조대
   ③ 완강기
   ④ 간이완강기
   ④ 그밖에 화재안전기준으로 정하는 것
(2) 인명구조기구[기계]
   ① 방열복, 방화복(안전모, 보호장갑 및 안전화 포함)
   ② 공기호흡기
   ③ 인공소생기
(3) 유도등[전기]
   ① 피난유도선
   ② 피난구유도등
   ③ 통로유도등
   ④ 객석유도등
   ⑤ 유도표지
(4) 비상조명등 및 휴대용비상조명등[전기]

04 소화용수설비[기계]

화재를 진압하는 데 필요한 물을 공급하거나 저장하는 설비로서 다음 각 목의 것

(1) 상수도소화용수설비

(2) 소화수조·저수조, 그 밖의 소화용수설비

05 소화활동설비

화재를 진압하거나 인명구조활동을 위하여 사용하는 설비로서 다음 각 목의 것

(1) 제연설비[기계]

(2) 연결송수관설비[기계]

(3) 연결살수설비[기계]

(4) 비상콘센트설비[전기]

(5) 무선통신보조설비[전기]

(6) 연소방지설비[기계]

CHAPTER 02 소화기구 및 자동소화장치의 화재안전기술기준 [NFTC 101]
[시행 2023. 8. 9.] [2023. 8. 9, 일부개정]

01 용어의 정의

(1) 소화약제 : 소화기구 및 자동소화장치에 사용되는 소화성능이 있는 고체·액체 및 기체의 물질을 말한다.

(2) 소화기 : 소화약제를 압력에 따라 방사하는 기구로서 사람이 수동으로 조작하여 소화하는 다음의 소화기를 말한다.
   ① "소형소화기"란 능력단위가 1단위 이상이고 대형소화기의 능력단위 미만인 소화기
   ② "대형소화기"란 화재 시 사람이 운반할 수 있도록 운반대와 바퀴가 설치되어 있고 능력단위가 A급 10단위 이상, B급 20단위 이상인 소화기

(3) "자동확산소화기"란 화재를 감지하여 자동으로 소화약제를 방출 확산시켜 국소적으로 소화하는 다음 각 소화기를 말한다.
   ① "일반화재용자동확산소화기"란 보일러실, 건조실, 세탁소, 대량화기취급소 등에 설치되는 자동확산소화기
   ② "주방화재용자동확산소화기"란 음식점, 다중이용업소, 호텔, 기숙사, 의료시설, 업무시설, 공장 등의 주방에 설치되는 자동확산소화기
   ③ "전기설비용자동확산소화기"란 변전실, 송전실, 변압기실, 배전반실, 제어반, 분전반등에 설치되는 자동확산소화기

(4) 자동소화장치 : 소화약제를 자동으로 방사하는 고정된 소화장치로서 형식승인이나 성능인증을 받은 유효설치 범위(설계방호체적, 최대설치높이, 방호면적 등을 말한다) 이내에 설치하여 소화하는 다음 각 소화장치를 말한다.
   ① "주거용 주방자동소화장치"란 주거용 주방에 설치된 열발생 조리기구의 사용으로 인한 화재 발생 시 열원(전기 또는 가스)을 자동으로 차단하며 소화약제를 방출하는 소화장치를 말한다.
   ② "상업용 주방자동소화장치"란 상업용 주방에 설치된 열발생 조리기구의 사용으로 인한 화재 발생 시 열원(전기 또는 가스)을 자동으로 차단하며 소화약제를 방출하는 소화장치를 말한다.
   ③ "캐비닛형 자동소화장치"란 열, 연기 또는 불꽃 등을 감지하여 소화약제를 방사하여 소화하는 캐비닛형태의 소화장치를 말한다.
   ④ "가스자동소화장치"란 열, 연기 또는 불꽃 등을 감지하여 가스계 소화약제를 방사하여 소화하는 소화장치를 말한다.
   ⑤ "분말자동소화장치"란 열, 연기 또는 불꽃 등을 감지하여 분말의 소화약제를 방사하여 소화하는 소화장치를 말한다.
   ⑥ "고체에어로졸자동소화장치"란 열, 연기 또는 불꽃 등을 감지하여 에어로졸의 소화약제를 방사하여 소화하는 소화장치를 말한다.

(5) "거실"이란 거주·집무·작업·집회·오락 그 밖에 이와 유사한 목적을 위하여 사용하는 방을 말한다.

(6) "능력단위"란 소화기 및 소화약제에 따른 간이소화용구에 있어서는 형식승인 된 수치를 말하며, 소화약제 외의 것을 이용한 간이소화용구에 있어서는 아래표에 따른 수치를 말한다.

[소화약제 외의 것을 이용한 간이소화용구의 능력단위]

간이소화용구		능력단위
1. 마른모래	삽을 상비한 50L 이상의 것 1포	0.5단위
2. 팽창질석 또는 팽창진주암	삽을 상비한 80L 이상의 것 1포	

(7) "일반화재(A급 화재)"란 나무, 섬유, 종이, 고무, 플라스틱류와 같은 일반 가연물이 타고 나서 재가 남는 화재를 말한다. 일반화재에 대한 소화기의 적응 화재별 표시는 'A'로 표시한다.

(8) "유류화재(B급 화재)"란 인화성 액체, 가연성 액체, 석유 그리스, 타르, 오일, 유성도료, 솔벤트, 래커, 알코올 및 인화성 가스와 같은 유류가 타고 나서 재가 남지 않는 화재를 말한다. 유류화재에 대한 소화기의 적응 화재별 표시는 'B'로 표시한다.

(9) "전기화재(C급 화재)"란 전류가 흐르고 있는 전기기기, 배선과 관련된 화재를 말한다. 전기화재에 대한 소화기의 적응 화재별 표시는 'C'로 표시한다.

(10) "주방화재(K급 화재)"란 주방에서 동식물유를 취급하는 조리기구에서 일어나는 화재를 말한다. 주방화재에 대한 소화기의 적응 화재별 표시는 'K'로 표시한다.

02 소화기의 분류

(1) 능력단위에 의한 분류

① 소형소화기 : 능력단위가 1단위 이상이고 대형소화기의 능력단위 미만인 소화기
  (• A급 : 능력단위 1 ~ 9단위, • B급 : 능력단위 1 ~ 19단위)

② 대형소화기 : 화재 시 사람이 운반할 수 있도록 운반대와 바퀴가 설치되어 있고 능력단위가 A급 10단위 이상, B급 20단위 이상인 소화기를 말한다.

③ 대형소화기의 약제량에 의한 구분 (소화기의 형식승인 및 제품검사의 기술기준)

종류	소화약제 양	종류	소화약제 양
물소화기	80[L]이상	CO_2(이산화탄소)소화기	50[kg]이상
강화액소화기	60[L]이상	할로겐화물 소화기	30[kg]이상
포소화기	20[L]이상	분말소화기	20[kg]이상

(2) 가압방식에 의한 분류

① 가압식 소화기 : 소화약제의 방출원이 되는 가압가스를 소화기 본체용기와는 별도의 전용용기(이하 "소화기가압용가스용기"라 한다)에 충전하여 장치하고 소화기가압용가스용기의 작동봉판을 파괴하는 등의 조작에 의하여 방출되는 가스의 압력으로 소화약제를 방사하는 방식의 소화기를 말한다.

② 축압식 소화기 : 본체용기 중에 소화약제와 함께 소화약제의 방출원이 되는 압축가스(질소 등)를 봉입한 방식의 소화기를 말한다.
  (지시압력계[0.7MPa ~ 0.98MPa]가 달려있다.)

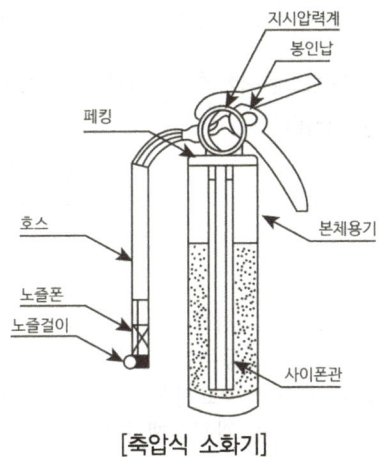

[축압식 소화기]

(3) 소화약제에 의한 소화기의 종류

수계 소화기	물소화기, 산·알칼리 소화기, 강화액 소화기, 포 소화기
가스계 소화기	CO_2소화기, 할론소화기, 할로겐화합물 및 불활성기체 소화기

03 설치기준

(1) 소화기구는 다음의 기준에 따라 설치해야 한다.

① 특정소방대상물의 설치장소에 따라 아래표에 적합한 종류의 것으로 할 것

[소화기구의 소화약제별 적응성]

소화약제 구분 적응대상	가스			분말		액체			기타		
	이산화탄소소화약제	할론소화약제	할로겐화합물 및 불활성기체	인산염류소화약제	중탄산염류소화약제	산알칼리소화약제	강화액소화약제	포소화약제	물·침윤소화약제	고체에어로졸화합물	마른모래	팽창질석·팽창진주암	그 밖의
일반화재(A급 화재)	–	○	○	○	–	○	○	○	○	○	○	○	–
유류화재(B급 화재)	○	○	○	○	○	○	○	○	○	○	○	○	–
전기화재(C급 화재)	○	○	○	○	○	*	*	*	*	○	–	–	–
주방화재(K급 화재)	–	–	–	–	*	–	*	*	*	–	–	–	*

주) "*"의 소화약제별 적응성은 「소방시설법」 제37조에 의한 형식승인 및 제품검사의 기술기준에 따라 화재 종류별 적응성에 적합한 것으로 인정되는 경우에 한한다.

② 특정소방대상물에 따른 소화기구의 능력단위는 아래표의 기준에 따를 것

[특정소방대상물별 소화기구의 능력단위]

소방 대상물	소화기구의 능력단위
1. 위락시설	당해 용도의 바닥면적 30[㎡]마다 능력단위 1단위 이상
2. 공연장·집회장·관람장·문화재·장례식장 및 의료시설	당해 용도의 바닥면적 50[㎡]마다 능력단위 1단위 이상
3. 근린생활시설·판매시설·운수시설·숙박시설·노유자시설·전시장·공동주택·업무시설·방송통신시설·공장·창고시설·항공기 및 자동차 관련 시설 및 관광휴게시설	당해 용도의 바닥면적 100[㎡]마다 능력단위 1단위 이상
4. 영 별표1의 규정에 의한 그 밖의 것	당해 용도의 바닥면적 200[㎡]마다 능력단위 1단위 이상

※ 비고 : 소화기구의 능력단위를 산출함에 있어서 건축물의 주요구조부가 내화구조이고, 벽 및 반자의 실내에 면하는 부분이 불연재료·준불연재료 또는 난연재료로 된 소방대상물에 있어서는 위 표의 기준면적의 2배를 당해 소방대상물의 기준면적으로 한다.

③ 제2호에 따른 능력단위 외에 아래표에 따라 부속용도별로 사용되는 부분에 대하여는 소화기구 및 자동소화장치를 추가하여 설치할 것

[부속용도별로 추가하여야 할 소화기구]

용도별	소화기구의 능력단위
1. 다음 각 목의 시설. 다만, 스프링클러설비·간이스프링클러설비·물분무등소화설비 또는 상업용 주방자동소화장치가 설치가 설치된 경우에는 자동확산 소화기를 설치하지 않을 수 있다. 가. 보일러실(아파트인 경우 방화구획된 것을 제외한다)·건조실·세탁소·대량화기취급소 나. 음식점(지하가의 음식점을 포함한다)·다중이용업소·노유자·호텔·기숙사·의료시설·업무시설·공장의 주방 다만, 의료시설·업무시설 및 공장의 주방은 공동 취사를 위한 것에 한한다. 다. 관리자의 출입이 곤란한 변전실·송전실·변압기실 및 배전반실(불연재료로 된 상자안에 장치된 것을 제외한다)	1. 해당 용도의 바닥면적 25[㎡]마다 능력단위 1단위 이상의 소화기로 할 것. 이 경우 나목의 주방에 설치하는 소화기 중 1개 이상은 주방화재용 소화기(K급)로 설치해야 한다. 2. 자동확산 소화기는 해당 용도의 바닥면적을 기준으로 10[㎡] 이하는 1개, 10[㎡] 초과는 2개 이상을 설치하되, 보일러, 조리기구, 변전설비 등 방호대상에 유효하게 분사될 수 있는 위치에 배치될 수 있는 수량으로 설치할 것

2. 발전실·변전실·송전실·변압기실·배전반실·통신기기실·전산기기실·기타 이와 유사한 시설이 있는 장소. 다만, 제1호 다목의 장소를 제외한다.	해당 용도의 바닥면적 50㎡마다 적응성이 있는 소화기 1개 이상 또는 유효설치방호체적 이내의 가스·분말·고체에어로졸 자동소화장치, 캐비닛형자동소화장치(다만, 통신기기실·전자기기실을 제외한 장소에 있어서는 교류 600V 또는 직류750V 이상의 것에 한한다)
3. 위험물 안전관리법 시행령 별표 1에 따른 지정수량의 1/5 이상 지정수량 미만의 위험물을 저장 또는 취급하는 장소	능력단위 2단위 이상 또는 유효설치방호체적 이내의 가스·분말·고체에어로졸 자동소화장치, 캐비닛형 자동소화장치

④ 소화기의 설치기준
  ㉠ 특정소방대상물의 각 층마다 설치하되, 각층이 2 이상의 거실로 구획된 경우에는 각 층마다 설치하는 것 외에 바닥면적이 33 ㎡ 이상으로 구획된 각 거실(아파트의 경우에는 각 세대를 말한다)에도 배치할 것
  ㉡ 특정소방대상물의 각 부분으로부터 1개의 소화기까지의 보행거리가 소형소화기의 경우에는 20m 이내, 대형소화기의 경우에는 30m 이내가 되도록 배치할 것. 다만, 가연성물질이 없는 작업장의 경우에는 작업장의 실정에 맞게 보행거리를 완화하여 배치할 수 있음

⑤ 능력단위가 2단위 이상이 되도록 소화기를 설치해야 할 특정소방대상물 또는 그 부분에 있어서는 간이소화용구의 능력단위가 전체 능력단위의 2분의 1을 초과하지 않게 할 것. 다만, 노유자시설의 경우에는 그렇지 않다.

⑥ 소화기구(자동확산소화기를 제외한다)는 거주자 등이 손쉽게 사용할 수 있는 장소에 바닥으로부터 높이 1.5 m 이하의 곳에 비치하고, 소화기에 있어서는 "소화기", 투척용소화용구에 있어서는 "투척용소화용구", 마른모래에 있어서는 "소화용모래", 팽창질석 및 팽창진주암에 있어서는 "소화질석"이라고 표시한 표지를 보기 쉬운 곳에 부착할 것. 다만, 소화기 및 투척용소화용구의 표지는 「축광표지의 성능인증 및 제품검사의 기술기준」에 적합한 축광식표지로 설치하고, 주차장의 경우 표지를 바닥으로부터 1.5 m 이상의 높이에 설치할 것

⑦ 소화기구의 설치 제외 : 이산화탄소 또는 할로겐화합물을 방출하는 소화기구(자동확산소화기를 제외한다)는 지하층이나 무창층 또는 밀폐된 거실로서 그 바닥면적이 20 ㎡ 미만의 장소에는 설치할 수 없다. 다만, 배기를 위한 유효한 개구부가 있는 장소인 경우에는 그렇지 않다.

04 주방 자동소화장치 설치기준(주거용/상업용)

(1) 설치대상 : 아파트의 세대별 주방 및 오피스텔 각실별 주방(주거용)

(2) 주거용 주방 자동소화장치의 구조

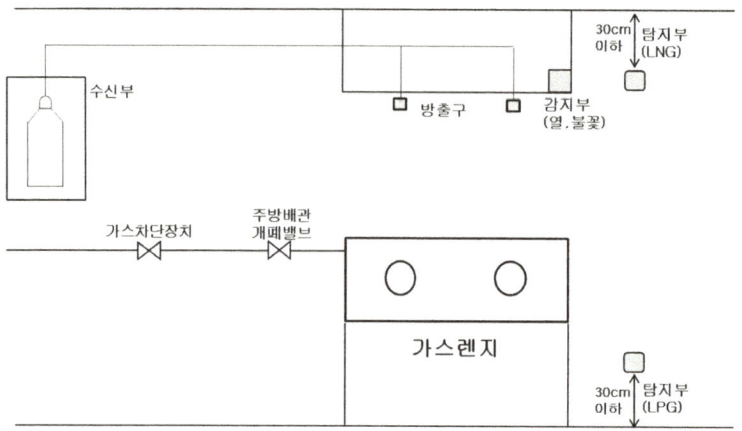

(3) 주거용 주방 자동소화장치 설치기준

① 소화약제 방출구는 환기구(주방에서 발생하는 열기류 등을 밖으로 배출하는 장치를 말한다. 이하 같다)의 청소부분과 분리되어 있어야 하며, 형식승인 받은 유효설치 높이 및 방호면적에 따라 설치할 것

② 감지부는 형식승인 받은 유효한 높이 및 위치에 설치할 것

③ 차단장치(전기 또는 가스)는 상시 확인 및 점검이 가능하도록 설치할 것

④ 가스용 주방자동소화장치를 사용하는 경우 탐지부는 수신부와 분리하여 설치하되, 공기보다 가벼운 가스를 사용하는 경우에는 천장 면으로부터 30 ㎝ 이하의 위치에 설치하고, 공기보다 무거운 가스를 사용하는 장소에는 바닥 면으로부터 30 ㎝ 이하의 위치에 설치할 것

⑤ 수신부는 주위의 열기류 또는 습기 등과 주위온도에 영향을 받지 않고 사용자가 상시 볼 수 있는 장소에 설치할 것

(4) 상업용 주방 자동소화장치 설치기준

① 소화장치는 조리기구의 종류 별로 성능인증 받은 설계 매뉴얼에 적합하게 설치할 것

② 감지부는 성능인증을 받은 유효높이 및 위치에 설치할 것

③ 차단장치(전기 또는 가스)는 상시 확인 및 점검이 가능하도록 설치할 것

④ 후드에 설치되는 분사헤드는 후드의 가장 긴 변의 길이까지 방출될 수 있도록 소화약제의 방출 방향 및 거리를 고려하여 설치할 것

⑤ 덕트에 설치되는 분사헤드는 성능인증을 받은 길이 이내로 설치할 것

05 소화기의 감소

소화기 종류	설비	감소 또는 면제 기준
소형소화기	옥내소화전설비·스프링클러설비·물분무등소화설비·옥외소화전설비 설치	소형 소화기의 3분의 2 감소
	대형소화기를 비치	소형 소화기의 2분의 1 감소
	다만, 층수가 11층 이상인 부분, 근린생활시설, 위락시설, 문화 및 집회시설, 운동시설, 판매시설, 운수시설, 숙박시설, 노유자시설, 의료시설, 아파트, 업무시설(무인변전소를 제외한다), 방송통신시설, 교육연구시설, 항공기 및 자동차관련 시설, 관광 휴게시설은 그렇지 않다.	
대형소화기	옥내소화전설비·스프링클러설비·물분무등소화설비·옥외소화전설비	대형소화기 설치면제

06 소화기 형식승인 및 제품검사의 기술기준

(1) 소화기 호스

① 소화기에는 호스가 부착되어야 함

② 호스 미부착 가능 소화기

㉠ 소화약제의 중량이 4kg 미만인 할로겐화물소화기

㉡ 소화약제의 중량이 3kg 미만인 이산화탄소소화기

㉢ 소화약제의 중량이 2kg 미만인 분말소화기

㉣ 소화약제의 용량이 3ℓ 이하의 액체계 소화약제 소화기

(2) 사용온도범위

① 강화액소화기, 분말소화기 : −20℃ 이상 40℃ 이하

② 그 밖의 소화기 : 0℃ 이상 40℃ 이하

(3) A급 소화기의 소화능력시험

① 소화는 최초의 모형에 불을 붙인 다음 3분 후에 시작하되, 불을 붙인 순으로 한다. 이 경우 그 모형에 잔염(불꽃을 알아볼 수 있는 상태를 말한다. 이하 같다)이 있다고 인정될 경우에는 다음 모형에 대한 소화를 계속할 수 없다.

② 소화기를 조작하는 자는 적합한 작업복(안전모, 내열성의 얼굴가리개, 장갑 등)을 착용할 수 있다.

③ 소화는 무풍상태(풍속이 0.5 m/s 이하인 상태를 말한다. 이하 같다)와 사용상태(휴대식은 손에 휴대한 상태, 멜빵식은 멜빵으로 착용한 상태, 차륜식은 고정된 상태를 말한다. 이하 같다)에서 실시한다.

④ 소화약제의 방사가 완료된 때 잔염이 없어야 하며, 방사완료 후 2분 이내에 다시 불타지 아니한 경우 그 모형은 완전히 소화된 것으로 본다.

CHAPTER 02 소화기구 및 자동소화장치의 화재안전기술기준 [NFTC 101]

01 소화기구 및 자동소화장치의 기술기준에 따른 용어에 대한 정의로 **틀린** 것은? `21-2 기사`

① "소화약제"란 소화기구 및 자동소화장치에 사용되는 소화성능이 있는 고체·액체 및 기체의 물질을 말한다.
② "대형소화기"란 화재 시 사람이 운반할 수 있도록 운반대와 바퀴가 설치되어 있고 능력 단위가 A급 20단위 이상, B급 10단위 이상인 소화기를 말한다.
③ "전기화재(C급 화재)"란 전류가 흐르고 있는 전기기기, 배선과 관련된 화재를 말한다.
④ "능력단위"란 소화기 및 소화약제에 따른 간이소화용구에 있어서는 소방시설법에 따라 형식승인 된 수치를 말한다.

정답 ②
해설 "대형소화기"란 화재 시 사람이 운반할 수 있도록 운반대와 바퀴가 설치되어 있고 능력 단위가 A급 10단위 이상, B급 20단위 이상인 소화기를 말한다.

02 소화기구 및 자동소화장치의 기술기준에 따른 수동으로 조작하는 대형소화기 B급의 능력단위 기준은? `20-4 기사`

① 10단위 이상 ② 15단위 이상
③ 20단위 이상 ④ 25단위 이상

정답 ③
해설 • 소화기
① "소형소화기"란 능력단위가 1단위 이상이고 대형소화기의 능력단위 미만인 소화기
② "대형소화기"란 화재 시 사람이 운반할 수 있도록 운반대와 바퀴가 설치되어 있고 능력단위가 A급 10단위 이상, B급 20단위 이상인 소화기

03 대형소화기의 정의 중 다음 ( ) 안에 알맞은 것은? `22-1 기사` `17-1 기사`

> 화재 시 사람이 운반할 수 있도록 운반대와 바퀴가 설치되어 있고 능력단위가 A급 (ⓒ) 단위 이상, B급 (㉠)단위 이상인 소화기를 말한다.

① ㉠ 20, ⓒ 10 ② ㉠ 10, ⓒ 5
③ ㉠ 5, ⓒ 10   ④ ㉠ 10, ⓒ 20

정답 ①

해설 "대형소화기"란 화재 시 사람이 운반할 수 있도록 운반대와 바퀴가 설치되어 있고 능력 단위가 A급 (㉡10)단위 이상, B급 (㉠20)단위 이상인 소화기를 말한다.

04 소화기구 및 자동소화장치의 기술기준에 따라 대형소화기를 설치할 때 특정소방대상물의 각 부분으로부터 1개의 소화기까지의 보행거리가 최대 몇 m 이내가 되도록 배치하여야 하는가?

20-4 기사

① 20 ② 25

③ 30 ④ 40

정답 ③

해설 • 소화기 설치기준
① 각층 설치
② 소형소화기 보행거리 20m 이내, 대형소화기 보행거리 30m 이내

05 소화기구 및 자동소화장치의 기술기준상 규정하는 화재의 종류가 아닌 것은? 21-1 기사

① A급 화재 ② B급 화재

③ G급 화재 ④ K급 화재

정답 ③

해설 • A급 : 일반화재, • B급 : 유류화재, • C급 : 전기화재, • K급 화재 : 주방 화재가 규정되어 있다.

06 소방시설법상 자동소화장치를 모두 고른 것은? 20-1 기사

㉠ 분말자동소화장치
㉡ 액체자동소화장치
㉢ 고체에어로졸자동소화장치
㉣ 공업용 주방자동소화장치
㉤ 캐비닛형 자동소화장치

① ㉠, ㉡ ② ㉡, ㉢, ㉣

③ ㉠, ㉢, ㉤ ④ ㉠, ㉡, ㉢, ㉣, ㉤

정답 ③

해설 • 자동소화장치
① 주거용 주방자동소화장치
② 상업용 주방자동소화장치
③ 캐비닛형 자동소화장치
④ 가스자동소화장치
⑤ 분말자동소화장치
⑥ 고체에어로졸자동소화장치

07 소화기구 및 자동소화장치의 기술기준상 소화기구의 소화약제별 적응성 중 C급 화재에 적응성이 없는 소화약제는? `21-4 기사` `18-2 기사`

① 마른 모래
② 할로겐화합물 및 불활성기체 소화약제
③ 이산화탄소 소화약제
④ 중탄산염류 소화약제

정답 ①

해설 마른모래는 C급 화재에 적응성이 없다.

(표.2.1.1.1) 소화기구의 소화약제별 적응성

소화약제 구분 / 적응대상	가스			분말		액체				기타		
	이산화탄소소화약제	할론소화약제	할로겐화합물 및 불활성기체	인산염류소화약제	중탄산염류소화약제	산알칼리소화약제	강화액소화약제	포소화약제	물·침윤소화약제	고체에어로졸화합물	마른모래	팽창질석·팽창진주암	그 밖의
일반화재(A급 화재)	–	–	○	○	–	○	○	○	○	○	○	○	–
유류화재(B급 화재)	○	○	○	○	○	○	○	○	○	○	○	○	–
전기화재(C급 화재)	○	○	○	○	○	*	*	*	*	○	–	–	–
주방화재(K급 화재)	–	–	–	*	–	*	*	*	–	–	–	–	*

주) "*"의 소화약제별 적응성은 「화재예방, 소방시설 설치유지 및 안전관리에 관한 법률」 제36조에 의한 형식승인 및 제품검사의 기술기준에 따라 화재 종류별 적응성에 적합한 것으로 인정되는 경우에 한한다.

08 소화기구 및 자동소화장치의 기술기준상 일반화재, 유류화재, 전기화재 모두에 적응성이 있는 소화약제는? `21-1 기사`

① 마른모래
② 인산염류소화약제
③ 중탄산염류소화약제
④ 팽창질석·팽창진주암

정답 ②

해설 인산염류 소화약제는 A,B,C전부 소화가 가능하다.

09 다음 중 일반화재(A급 화재)에 적응성을 만족하지 못한 소화약제는? 19-2 기사
① 중탄산염류 소화약제　　② 강화액 소화약제
③ 할론 소화약제　　　　　④ 마른모래

> **정답** ①
> **해설** 중탄산염류 소화약제는 B,C급 화재에만 적응성이 있다.

10 소화기구 및 자동소화장치의 화재안전기준상 타고 나서 재가 남는 일반화재에 해당하는 일반 가연물은? 22-1 기사
① 고무　　　　　　　　　② 타르
③ 솔벤트　　　　　　　　④ 유성도료

> **정답** ①
> **해설** ②③④ : 유류화재로 B급에 해당한다.

11 소화기구 및 자동소화장치의 기술기준상 건축물의 주요구조부가 내화구조이고, 벽 및 반자의 실내에 면하는 부분이 불연재료로 된 바닥 면적이 600㎡인 노유자시설에 필요한 소화기구의 능력단위는 최소 얼마 이상으로 하여야 하는가? 21-4 기사
① 2단위　　　　　　　　② 3단위
③ 4단위　　　　　　　　④ 6단위

> **정답** ②
> **해설** $\dfrac{600}{100 \times 2} = 3$단위
>
> | 소방 대상물 | 소화기구의 능력단위 |
> |---|---|
> | 1. 위락시설 | 당해 용도의 바닥면적 30[㎡] 마다 능력단위 1단위 이상 |
> | 2. 공연장・집회장・관람장・문화재・장례식장 및 의료시설 | 당해 용도의 바닥면적 50[㎡]마다 능력단위 1단위 이상 |
> | 3. 근린생활시설・판매시설・운수시설・숙박시설・노유자시설・전시장・공동주택・업무시설・방송통신시설・공장・창고시설・항공기 및 자동차 관련 시설 및 관광휴게시설 | 당해 용도의 바닥면적 100[㎡]마다 능력단위 1단위 이상 |
> | 4. 영 별표1의 규정에 의한 그 밖의 것 | 당해 용도의 바닥면적 200[㎡]마다 능력단위 1단위 이상 |
>
> ※ 비고 : 소화기구의 능력단위를 산출함에 있어서 건축물의 주요구조부가 내화구조이고, 벽 및 반자의 실내에 면하는 부분이 불연재료・준불연재료 또는 난연재료로 된 소방대상물에 있어서는 위 표의 기준면적의 2배를 당해 소방대상물의 기준면적으로 한다.

12 소화기구 및 자동소화장치의 기술기준상 노유자시설은 당해용도의 바닥면적 얼마 마다 능력단위 1단위 이상의 소화기구를 비치해야 하는가? `20-2 기사`

① 바닥면적 30m²마다
② 바닥면적 50m²마다
③ 바닥면적 100m²마다
④ 바닥면적 200m²마다

정답 ③
해설 노유자 시설은 100m²마다 소화기구를 비치한다.

13 특정소방대상물별 소화기구의 능력단위의 기준 중 다음 (   )안에 알맞은 것은? `19-2 기사`

특정 소방 대상물	소화기구의 능력단위
장례식장 및 의료시설	해당 용도의 바닥면적 (㉠)[m²]마다 능력단위 1단위 이상
노유자시설	해당 용도의 바닥면적 (㉡)[m²]마다 능력단위 1단위 이상
위락시설	해당 용도의 바닥면적 (㉢)[m²]마다 능력단위 1단위 이상

① ㉠ 30, ㉡ 50 ㉢ 100
② ㉠ 30, ㉡ 100 ㉢ 50
③ ㉠ 50, ㉡ 100 ㉢ 30
④ ㉠ 50, ㉡ 30 ㉢ 100

정답 ③
해설 ㉠ 50, ㉡ 100, ㉢ 30 이 들어간다.

14 특정소방대상물별 소화기구의 능력단위기준 중 다음 (   ) 안에 알맞은 것은? (단, 건축물의 주요구조부는 내화구조가 아니고 벽 및 반자의 실내에 면하는 부분이 불연재료·준불연재료 또는 난연재료로 된 특정소방대상물이 아니다.) `17-1 기사`

> 공연장은 해당 용도의 바닥면적 (   )[m²]마다 소화기구의 능력단위 1단위 이상

① 30
② 50
③ 100
④ 200

정답 ②
해설 공연장은 50[m²] 마다 능력단위 1단위 이상을 설치한다.

15 바닥면적이 1300m²인 관람장에 소화기구를 설치할 경우 소화기구의 최소 능력단위는? (단, 주요구조부가 내화구조이고, 벽 및 반자의 실내와 면하는 부분이 불연재료로 된 특정 소방대상물이다.)

① 7단위　　　　　　　　　② 13단위
③ 22단위　　　　　　　　　④ 26단위

정답 ②

해설 $\dfrac{1300}{50\times 2}$ = 13단위 (관람장은 기준면적 50m² 이지만 내화구조에 불연재료 이므로 2배 완화)

16 소화기구 및 자동소화장치의 기술기준에 따라 다음과 같이 간이소화용구를 비치하였을 경우 능력단위의 합은?

○ 삽을 상비한 마른모래 50L포 2개
○ 삽을 상비한 팽창질석 80L포 1개

① 1 단위　　　　　　　　　② 1.5 단위
③ 2.5 단위　　　　　　　　④ 3 단위

정답 ②

해설 50L 2포 : 0.5+0.5=1단위, 80L 1포 : 0.5 단위 ∴ 1.5단위

● 간이소화용구의 능력단위

간이소화용구		능력단위
1. 마른모래	삽을 상비한 <u>50L 이상의 것 1포</u>	<u>0.5단위</u>
2. 팽창질석 또는 팽창진주암	삽을 상비한 <u>80L 이상의 것 1포</u>	

17 소화약제 외의 것을 이용한 간이소화용구의 능력단위 기준 중 다음 (　)안에 알맞은 것은?

간이소화용구		능력단위
마른모래	삽을 상비한 (㉠)L 이상의 것 1포	0.5 단위
팽창질석 또는 팽창진주암	삽을 상비한 (㉡)L 이상의 것 1포	

① ㉠ 50, ㉡ 80　　　　　　② ㉠ 50, ㉡ 160
③ ㉠ 100, ㉡ 80　　　　　④ ㉠ 100, ㉡ 160

정답 ①

해설 ㉠ 50 ㉡ 80 이 들어간다.

18 소화기구 및 자동소화장치의 기술기준상 바닥면적이 280m²인 발전실에 부속용도별로 추가하여야 할 적응성이 있는 소화기의 최소 수량은 몇 개인가?

① 2　　　　　　　　　　② 4
③ 6　　　　　　　　　　④ 12

정답 ③
해설 • 발전실에 추가하는 소화기는 바닥면적 50m²마다 1개 이상의 소화기를 추가한다.
• $\frac{280}{50} = 5.6 = 6$개

19 주거용 주방자동소화장치의 설치기준으로 틀린 것은?

① 감지부는 형식승인 받은 유효한 높이 및 위치에 설치해야 한다.
② 소화약제 방출구는 환기구의 청소부분과 분리되어 있어야 한다.
③ 차단장치(전기 또는 가스)는 상시 확인 및 점검이 가능하도록 설치할 것
④ 탐지부는 수신부와 분리하여 설치하되, 공기보다 무거운 가스를 사용하는 장소에는 바닥면으로부터 0.2m 이하의 위치에 설치해야 한다.

정답 ④
해설 가스용 주방자동소화장치를 사용하는 경우 탐지부는 수신부와 분리하여 설치하되, 공기보다 가벼운 가스를 사용하는 경우에는 천장 면으로 부터 30cm 이하의 위치에 설치하고, 공기보다 무거운 가스를 사용하는 장소에는 바닥 면으로부터 30cm 이하의 위치에 설치할 것

20 난방설비가 없는 교육장소에 비치하는 소화기로 가장 적합한 것은? (단, 교육장소의 겨울 최저온도는 -15℃ 이다)

① 화학포소화기　　　　　② 기계포소화기
③ 산알칼리 소화기　　　　④ ABC 분말소화기

정답 ④
해설 • 소화기 사용온도범위
　① 강화액소화기, 분말소화기 : -20℃ 이상 40℃ 이하
　② 그 밖의 소화기 : 0℃ 이상 40℃ 이하

21 대형 이산화탄소 소화기의 소화약제 충전량은 얼마인가?   19-1 기사
① 20 kg 이상   ② 30 kg 이상
③ 50 kg 이상   ④ 70 kg 이상

정답 ③
해설 ● 대형소화기의 약제량에 의한 구분

종류	소화약제 양	종류	소화약제 양
물소화기	80[L]이상	CO_2(이산화탄소)소화기	50[kg]이상
강화액소화기	60[L]이상	할로겐화물 소화기	30[kg]이상
포소화기	20[L]이상	분말소화기	20[kg]이상

22 대형소화기에 충전하는 최소 소화약제의 기준 중 다음 ( ) 안에 알맞은 것은?   18-4 기사

○ 분말 소화기 : (㉠)kg 이상
○ 물 소화기 : (㉡)L 이상
○ 이산화탄소 소화기 : (㉢)kg 이상

① ㉠ 30, ㉡ 80, ㉢ 50   ② ㉠ 30, ㉡ 50, ㉢ 60
③ ㉠ 20, ㉡ 80, ㉢ 50   ④ ㉠ 20, ㉡ 50, ㉢ 60

정답 ③
해설 ㉠ 20, ㉡ 80, ㉢ 50 이 들어간다.

23 소화기에 호스를 부착하지 아니할 수 있는 기준 중 틀린 것은?   18-1 기사
① 소화약제의 중량이 2kg 미만인 분말소화기
② 소화약제의 중량이 3kg 미만인 이산화탄소 소화기
③ 소화약제의 중량이 4kg 미만인 할로겐 화합물소화기
④ 소화약제의 중량이 5kg 미만인 산알칼리 소화기

정답 ④
해설 ● 호스 미부착 가능 소화기
① 소화약제의 중량이 4kg 미만인 할로겐화물소화기
② 소화약제의 중량이 3kg 미만인 이산화탄소소화기
③ 소화약제의 중량이 2kg 미만인 분말소화기
④ 소화약제의 용량이 3ℓ 이하의 액체계 소화약제 소화기

24 소화기에 호스를 부착하지 아니할 수 있는 기준 중 옳은 것은?　　17-4 기사
① 소화약제의 중량이 2kg 미만인 이산화탄소 소화기
② 소화약제의 중량이 3L 이하의 액체계 소화약제 소화기
③ 소화약제의 중량이 3kg 미만인 할로겐화물 소화기
④ 소화약제의 중량이 4kg 미만의 분말 소화기

> **정답** ②
> **해설** (보기①) 소화약제의 중량이 2kg 미만인 이산화탄소 소화기 → 3kg 미만시 해당
> (보기③) 소화약제의 중량이 3kg 미만인 할로겐화물 소화기 → 4kg 미만시 해당
> (보기④) 소화약제의 중량이 4kg 미만의 분말 소화기 → 2kg 미만시 해당

25 소화기의 형식승인 및 제품검사의 기술기준상 A급 화재용 소화기의 능력단위 산정을 위한 소화능력시험의 내용으로 틀린 것은?　　20-2 기사
① 모형 배열 시 모형 간의 간격은 3m 이상으로 한다.
② 소화는 최초의 모형에 불을 붙인 다음 1분 후에 시작한다.
③ 소화는 무풍상태(풍속 0.5m/s 이하)와 사용상태에서 실시한다.
④ 소화약제의 방사가 완료된 때 잔염이 없어야 하며, 방사완료 후 2분 이내에 다시 불타지 아니한 경우 그 모형은 완전히 소화된 것으로 본다.

> **정답** ②
> **해설** ● 소화기의 형식승인 및 제품검사 기술기준
> 소화는 최초의 모형에 불을 붙인 다음 3분 후에 시작하되, 불을 붙인 순으로 한다. 이 경우 그 모형에 잔염(불꽃을 알아볼 수 있는 상태를 말한다. 이하 같다)이 있다고 인정될 경우에는 다음 모형에 대한 소화를 계속할 수 없다.

26 축압식 분말소화기 지 시 압력계의 정상 사용압력 범위 중 상한 값은?　　17-2 기사
① 0.68MPa　　② 0.78MPa
③ 0.88MPa　　④ 0.98MPa

> **정답** ④
> **해설** 축압식 소화기의 지시압력계의 정상 사용압력범위는 0.7MPa~0.98MPa을 지시한다.

PART 02 수계소화설비

CHAPTER 01 옥내소화전설비의 화재안전기술기준 [NFTC 102]
CHAPTER 02 옥외소화전설비의 화재안전기술기준 [NFTC 109]
CHAPTER 03 스프링클러설비의 화재안전기술기준 [NFTC 103]
CHAPTER 04 간이스프링클러설비의 화재안전기술기준 [NFTC 103A]
CHAPTER 05 화재조기진압용 스프링클러설비의 화재안전기술기준 [NFTC 103B]
CHAPTER 06 물분무소화설비의 화재안전기술기준 [NFTC 104]
CHAPTER 07 미분무소화설비의 화재안전기술기준 [NFTC 104A]
CHAPTER 08 포소화설비의 화재안전기술기준 [NFTC 105]

01 옥내소화전설비의 화재안전기술기준 [NFTC 102]
[시행 2022. 12. 1.] [2022. 12. 1. 제정]

01 용어의 정의

1. "고가수조"란 구조물 또는 지형지물 등에 설치하여 자연낙차의 압력으로 급수하는 수조를 말한다.
2. "압력수조"란 소화용수와 공기를 채우고 일정압력 이상으로 가압하여 그 압력으로 급수하는 수조를 말한다.
3. "충압펌프"란 배관 내 압력손실에 따른 주펌프의 빈번한 기동을 방지하기 위하여 충압 역할을 하는 펌프를 말한다.
4. "정격토출량"이란 펌프의 정격부하운전 시 토출량으로서 정격토출압력에서의 펌프의 토출량을 말한다.
5. "정격토출압력"이란 펌프의 정격부하운전 시 토출압력으로서 정격토출량에서의 펌프의 토출측 압력을 말한다.
6. "진공계"란 대기압 이하의 압력을 측정하는 계측기를 말한다.
7. "연성계"란 대기압 이상의 압력과 대기압 이하의 압력을 측정할 수 있는 계측기를 말한다.
8. "체절운전"이란 펌프의 성능시험을 목적으로 펌프 토출측의 개폐밸브를 닫은 상태에서 펌프를 운전하는 것을 말한다.
9. "기동용수압개폐장치"란 소화설비의 배관 내 압력변동을 검지하여 자동적으로 펌프를 기동 및 정지시키는 것으로서 압력챔버 또는 기동용압력스위치 등을 말한다.
10. "급수배관"이란 수원 또는 송수구 등으로부터 소화설비에 급수하는 배관을 말한다.
11. "분기배관"이란 배관 측면에 구멍을 뚫어 둘 이상의 관로가 생기도록 가공한 배관으로서 다음의 분기배관을 말한다.

11의1. "확관형 분기배관"이란 배관의 측면에 조그만 구멍을 뚫고 소성가공으로 확관시켜 배관 용접이음자리를 만들거나 배관 용접이음자리에 배관이음쇠를 용접 이음한 배관을 말한다.

11의2. "비확관형 분기배관"이란 배관의 측면에 분기호칭내경 이상의 구멍을 뚫고 배관이음쇠를 용접 이음한 배관을 말한다.

11. "개폐표시형밸브"란 밸브의 개폐 여부를 외부에서 식별할 수 있는 밸브를 말한다.
12. "가압수조"란 가압원인 압축공기 또는 불연성 고압기체에 따라 소방용수를 가압시키는 수조를 말한다.
13. "주펌프"란 구동장치의 회전 또는 왕복운동으로 소화용수를 가압하여 그 압력으로 급수하는 주된 펌프를 말한다.
14. "예비펌프"란 주펌프와 동등 이상의 성능이 있는 별도의 펌프를 말한다.

02 구성요소

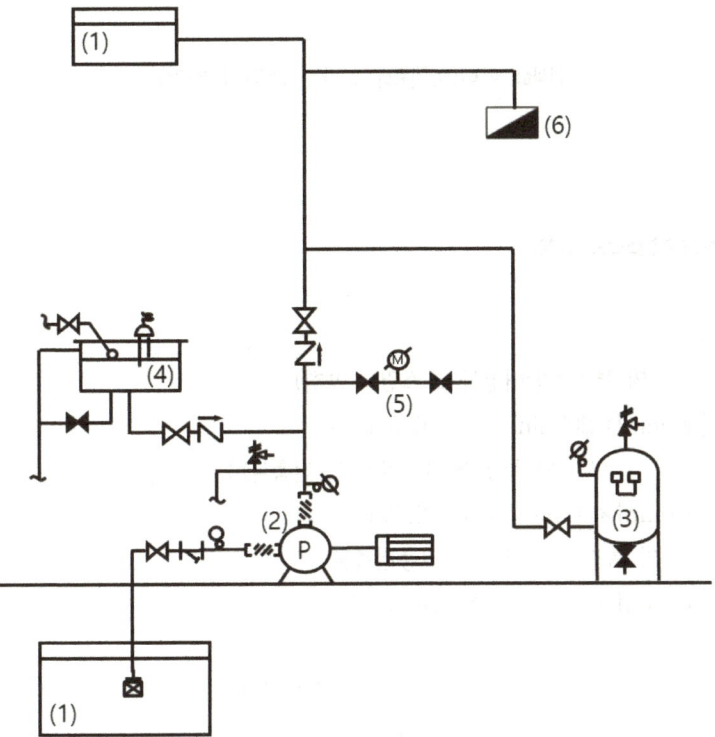

(1) 수원(지하수조)+옥상수원

(2) 가압송수장치

(3) 기동용 수압개폐장치

(4) 물올림장치

(5) 펌프성능시험장치

(6) 소화전

> **참고 설비 기동 방식**
>
> ① 수동 기동 방식(ON/OFF 방식)
> 옥내소화전함에 설치된 기동스위치(button)을 누르고 함에 설치된 앵글밸브를 열면 송수펌프가 기동되면서 방수가 되는 방식이며, 주로 학교·공장·창고시설로서 동결의 우려가 있는 장소에 설치가 된다.
>
> ② 자동 기동 방식(기동용수압개폐장치방식)
> 옥내소화전함에 설치된 방수구의 앵글밸브를 열면 배관내의 걸려있는 압력에 의하여 즉시 방사가 이루어지는 방식으로서 차 있던 압력이 감소하면 이를 압력스위치가 감지하여 자동으로 가압송수펌프가 기동되어 계속 방수가 된다. 또한 학교, 공장, 창고 이외는 필히 자동기동방식으로 설치하여야 한다.

03 옥내소화전 설비의 성능

(1) 정격토출량 : 130[L/min] 이상

(2) 정격토출압력 : 0.17[MPa] 이상 0.7[MPa] 이하(0.7[MPa] 초과시 소화자 위험)

04 옥내소화전 설비의 구성

(1) 수원(지하수원과 옥상수원으로 구성)

① 수원량[m³](지하 또는 전용)

소화전 설치수가 가장 많은 층의 설치수를 기준으로 계산함.

㉠ 층수가 29층 이하의 특정소방대상물 (호스릴도 포함)

$Q = N \times 130[\ell/min] \times 20[min] = N \times 2600[\ell] = N \times 2.6[m^3]$ 이상 (N : 최대2개)

㉡ 층수가 30층이상 49층이하의 특정소방대상물(고층건축물) :

$Q = N \times 130[\ell/min] \times 40[min] = N \times 5200[\ell] = N \times 5.2[m^3]$ 이상 (N : 최대5개)

㉢ 층수가 50층이상의 특정소방대상물(초고층건축물) :

$Q = N \times 130[\ell/min] \times 60[min] = N \times 7800[\ell] = N \times 7.8[m^3]$ 이상 (N : 최대5개)

② 옥상수조 설치시 수원의 수량

㉠ 유효수량의 1/3 이상을 추가로 옥상탱크에 저수해야 한다.

옥상수조 수원의 양 $Q = N \times 2.6[m^3] \times \dfrac{1}{3}$ 이상(건물의 층수가 1 ~ 29층 일 때)

㉡ 옥상수조 설치제외 장소

ⓐ 지하층만 있는 건축물

ⓑ 고가수조를 가압송수장치로 설치한 옥내소화전설비

ⓒ 수원이 건축물의 최상층에 설치된 방수구보다 높은 위치에 설치된 경우

ⓓ 건축물의 높이가 지표면으로부터 10[m] 이하인 경우

ⓔ 주펌프와 동등 이상의 성능이 있는 별도의 펌프로서 내연기관의 기동과 연동하여 작동되거나 비상전원을 연결하여 설치한 경우

ⓕ 학교·공장·창고시설 로서 동결의 우려가 있는 장소에 있어서는 기동스위치에 보호판을 부착하여 옥내소화전함 내에 설치하는 경우

ⓖ 가압수조를 가압송수장치로 설치한 옥내소화전설비

③ 소화설비 이외의 설비와 겸용시(유효수량)

㉠ 지하수조 또는 후드밸브보다 낮은 수조 : 소화전 펌프의 후드밸브보다 높은 위치에 다른 설비의 후드밸브를 설치한 경우에는 그 사이의 수량

㉡ 고가수조 : 소화전 급수배관보다 높은 위치에 다른 설비의 급수배관을 설치한 경우에는 그 사이의 수량

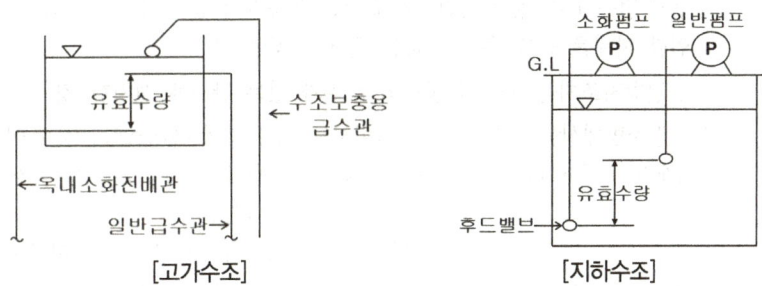

[고가수조]   [지하수조]

(2) 물올림장치 : 수원의 수위가 펌프보다 낮은 위치에 있는 가압송수장치에는 다음의 기준에 따른 물올림장치를 설치할 것

① 물올림장치에는 전용의 수조를 설치할 것

② 수조의 유효수량은 100 L 이상으로 하되, 구경 15 mm 이상의 급수배관에 따라 해당 수조에 물이 계속 보급되도록 할 것

[기능 : 펌프 흡입측 배관내에 항상 물을 채워줌으로써 공동현상 방지를 위해 설치]

③ 주요 구성요소 및 설치기준

　㉠ 자동급수배관 : 구경 15[mm] 이상, 볼탭에 의하여 누수발생시 자동급수

　㉡ 오버플로우관 : 구경 50[mm] 이상, 유효수량 이상의 물을 배수

　㉢ 물올림탱크 : 유효수량 100 ℓ 이상의 탱크 용량일 것

　㉣ 물올림관 : 구경 25mm 이상, 높이 1m 이상에 설치하여 펌프의 흡입측배관에 물을 공급하는 배관

　㉤ 감수경보장치 : 탱크안의 물이 1/2 이하로 감소 시 제어반에 신호를 보내 자동경보

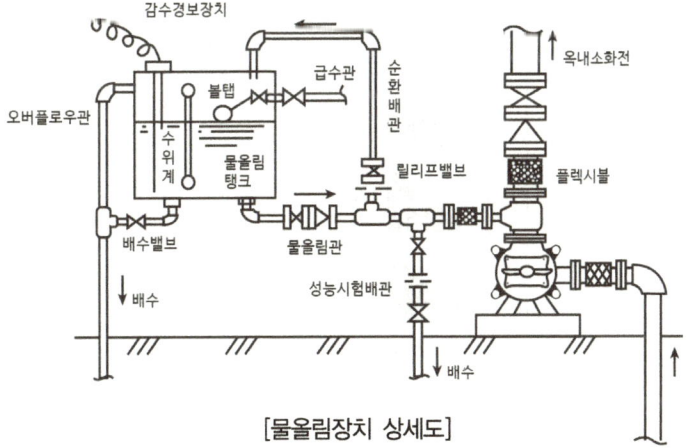

[물올림장치 상세도]

(3) 가압송수장치 : 가압송수장치가 기동이 된 경우에는 자동으로 정지되지 않도록 할 것. 다만, 충압펌프의 경우에는 그렇지 않다.

① 펌프 : 전동기 또는 내연기관에 따른 펌프를 이용하는 가압송수장치는 다음의 기준에 따라 설치해야 한다. 다만, 가압송수장치의 주펌프는 전동기에 따른 펌프로 설치해야 한다.

㉠ 쉽게 접근할 수 있고 점검하기에 충분한 공간이 있는 장소로서 화재 및 침수 등의 재해로 인한 피해를 받을 우려가 없는 곳에 설치할 것

㉡ 동결방지조치를 하거나 동결의 우려가 없는 장소에 설치할 것

㉢ 특정소방대상물의 어느 층에 있어서도 해당 층의 옥내소화전(2개 이상 설치된 경우에는 2개의 옥내소화전)을 동시에 사용할 경우 각 소화전의 노즐선단에서의 방수압력이 0.17 MPa(호스릴옥내소화전설비를 포함한다) 이상이고, 방수량이 130 L/min(호스릴옥내소화전설비를 포함한다) 이상이 되는 성능의 것으로 할 것. 다만, 하나의 옥내소화전을 사용하는 노즐선단에서의 방수압력이 0.7 MPa을 초과할 경우에는 호스접결구의 인입 측에 감압장치를 설치

㉣ 펌프의 토출량은 옥내소화전이 가장 많이 설치된 층의 설치개수(옥내소화전이 2개 이상 설치된 경우에는 2개)에 130 L/min를 곱한 양 이상이 되도록 할 것

㉤ 펌프는 전용으로 할 것. 다만, 다른 소화설비와 겸용하는 경우 각각의 소화설비의 성능에 지장이 없을 때에는 그렇지 않다.

㉥ 펌프의 토출 측에는 압력계를 체크밸브 이전에 펌프 토출 측 플랜지에서 가까운 곳에 설치하고, 흡입 측에는 연성계 또는 진공계를 설치할 것. 다만, 수원의 수위가 펌프의 위치보다 높거나 수직회전축펌프의 경우에는 연성계 또는 진공계를 설치하지 않을 수 있다.

② 고가수조방식 : 건축물의 옥상이나 높은 곳에 고가수조를 설치하여 옥내소화전에 설치된 노즐에서 규정방수압력(0.17[MPa] 이상 0.7[MPa] 이하, 규정 방수량(130[ℓ/min] 이상)을 토출할 수 있도록 자연낙차를 이용하여 가압 송수 하는 방법

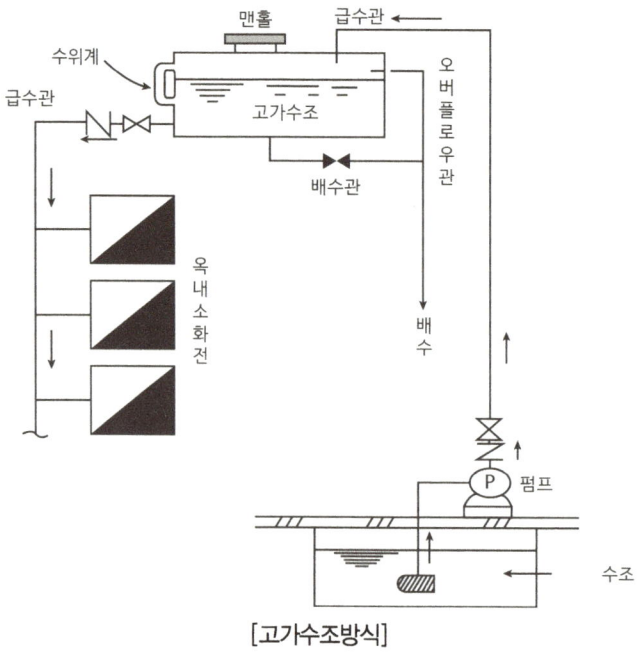

[고가수조방식]

※ 고가수조의 자연낙차수두는 다음의 식에 따라 계산하여 나온 수치 이상유지되도록 할 것
  H = h₁ + h₂ + 17(호스릴옥내소화전 설비를 포함한다)
  여기에서,
  • H : 필요한 낙차(m), • h₁ : 호스의 마찰손실수두(m), • h₂ : 배관의 마찰손실수두(m)
※ 부속 : 급수관, 배수관, 맨홀, 수위계, 오버플로우

> **참고! 펌프의 전양정** $H = h_1 + h_2 + h_3 + 17$
> • h_1 : 호스의 마찰손실수두(m), • h_2 : 배관의 마찰손실수두(m), • h_3 : 실양정(m)

③ 압력수조방식 : 수조 대신 압력탱크를 설치하여 탱크용량의 $\frac{2}{3}$는 항시 급수펌프로 물을 공급하고 $\frac{1}{3}$은 자동식 에어콤프레셔를 이용하여 탱크내를 압축하여 그 압력을 이용하여 옥내소화전에 설치된 노즐에서 규정방수압력(0.17[MPa]이상, 0.7[MPa] 이하, 규정방수량(130[ℓ/min] 이상)을 유지할 수 있도록 가압송수하는 방법

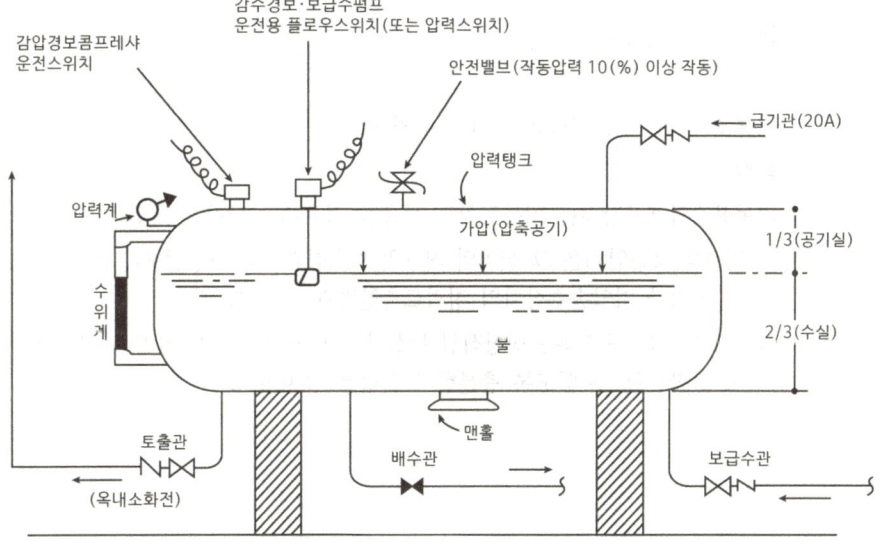

[압력수조방식]

※ 압력수조의 압력은 다음의 식에 따라 계산하여 나온 수치 이상 유지되도록 할 것
  P = p₁ + p₂ + p₃ + 0.17(호스릴옥내소화전설비를 포함한다)
  여기에서,
  • P : 필요한 압력(MPa), • p₁ : 호스의 마찰손실수두압(MPa)
  • p₂ : 배관의 마찰손실수두압(MPa), • p₃ : 낙차의 환산수두압(MPa)
※ 부속 : 수위계 · 급수관 · 배수관 · 급기관 · 맨홀 · 압력계 · 안전장치 및 압력저하 방지를 위한 자동식 공기압축기

④ 가압수조방식 : 가압수조의 압력은 방수압 및 방수량을 20분 이상 유지

(4) 순환배관(충압펌프는 설치 제외)
① 기능 : 체절운전 시 수온의 상승을 방지
② 설치 기준 : 체크밸브와 펌프사이에서 분기한 구경 20 ㎜ 이상의 배관에 체절압력 미만에서 개방되는 릴리프밸브를 설치할 것

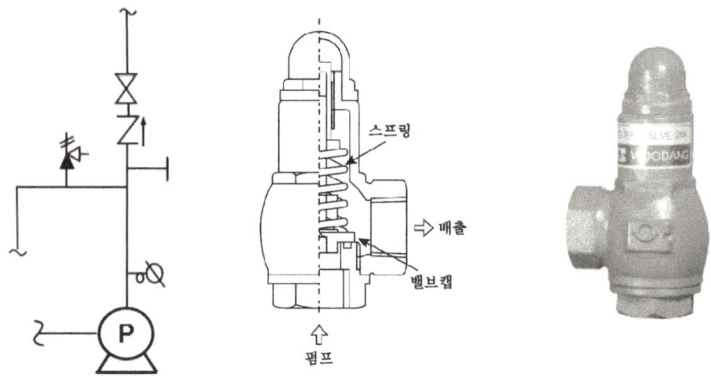

(5) 기동용 수압개폐장치
① 기능 : 소화설비의 배관 내 압력변동을 검지하여 자동적으로 펌프를 기동 및 정지시키는 것
② 종류 : 압력 챔버, 기동용 압력 스위치 방식
③ 용적 : 100[ℓ] 이상
④ 기동용수압개폐장치를 기동장치로 사용할 경우에는 다음의 기준에 따른 충압펌프를 설치
   ㉠ 펌프의 토출압력은 그 설비의 최고위 호스접결구의 자연압보다 적어도 0.2 ㎫이 더 크도록 하거나 가압송수장치의 정격토출압력과 같게 할 것
   ㉡ 펌프의 정격토출량은 정상적인 누설량보다 적어서는 안 되며, 옥내소화전설비가 자동적으로 작동할 수 있도록 충분한 토출량을 유지할 것

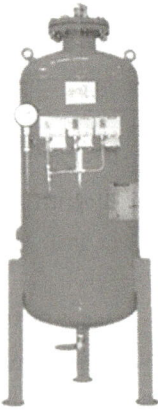

[압력챔버]

(6) 성능시험배관

① 성능시험 : 체절운전 시 정격토출압력의 140 %를 초과하지 않고, 정격토출량의 150 %로 운전 시 정격토출압력의 65 % 이상이 되어야 하며, 펌프의 성능을 시험할 수 있는 성능시험배관을 설치할 것. 다만, 충압펌프의 경우에는 그렇지 않다.

② 설치기준 : 펌프의 토출 측에 설치된 개폐밸브 이전에서 분기하여 직선으로 설치하고, 유량측정장치를 기준으로 전단 직관부에는 개폐밸브를 후단 직관부에는 유량조절밸브를 설치할 것. 이 경우 개폐밸브와 유량측정장치 사이의 직관부 거리 및 유량측정장치와 유량조절밸브 사이의 직관부 거리는 해당 유량측정장치 제조사의 설치사양에 따르고, 성능시험배관의 호칭지름은 유량측정장치의 호칭지름에 따른다.

③ 유량측정장치는 성능시험배관의 직관부에 설치하되, 펌프의 정격토출량의 175% 이상 측정할 수 있는 성능이 있을 것

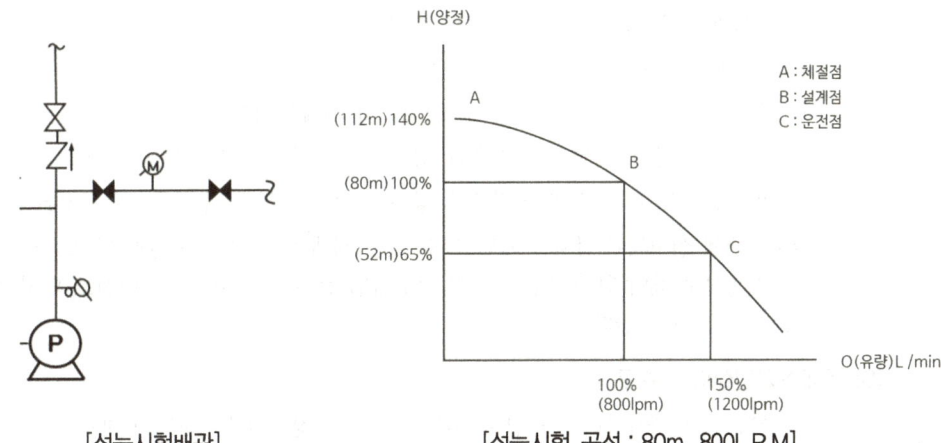

[성능시험배관]   [성능시험 곡선 : 80m, 800L.P.M]

(7) 옥내소화전설비 배관 : 동결방지조치를 하거나 동결의 우려가 없는 장소에 설치(보온재를 사용할 경우는 난연재료 성능 이상의 것으로 함)

① 배관내 사용압력이 1.2[MPa]미만
  ㉠ 배관용 탄소강관
  ㉡ 이음매 없는 구리 및 구리합금관. 다만, 습식의 배관에 한한다.
  ㉢ 배관용 스테인리스강관 또는 일반배관용 스테인리스강관
  ㉣ 덕타일 주철관

② 배관 내 사용압력이 1.2[MPa]이상
  ㉠ 압력배관용탄소강관
  ㉡ 배관용 아크용접 탄소강강관

③ 합성수지배관(C.P.V.C배관) 설치기준
  ㉠ 배관을 지하에 매설하는 경우
  ㉡ 다른 부분과 내화구조로 구획된 덕트 또는 피트의 내부에 설치하는 경우
  ㉢ 천장(상층이 있는 경우에는 상층바닥의 하단을 포함한다. 이하 같다)과 반자를 불연재료

또는 준불연 재료로 설치하고 소화배관 내부에 항상 소화수가 채워진 상태로 설치하는 경우

④ 급수배관은 전용으로 해야 한다. 다만, 옥내소화전의 기동장치의 조작과 동시에 다른 설비의 용도에 사용하는 배관의 송수를 차단할 수 있거나, 옥내소화전설비의 성능에 지장이 없는 경우에는 다른 설비와 겸용

⑤ 펌프의 흡입 측 배관 설치기준
　㉠ 공기고임이 생기지 아니하는 구조로 설치할 것
　㉡ 여과장치(스트레이너, 후드밸브)를 설치할 것
　㉢ 수조가 펌프보다 낮게 설치된 경우에는 각 펌프(충압펌프를 포함한다)마다 수조로부터 별도로 설치할 것

⑥ 유속 및 배관 구경 기준
　㉠ 펌프의 토출 측 주배관 유속 4㎧ 이하
　㉡ 가지배관의 구경은 40㎜(호스릴 25㎜) 이상
　㉢ 주배관중 수직배관의 구경은 50㎜(호스릴 32㎜) 이상
　㉣ 연결송수관설비의 배관과 겸용할 경우의 주배관은 구경 100㎜ 이상
　㉤ 연결송수관설비의 배관과 겸용할 경우 방수구로 연결되는 배관의 구경은 65㎜ 이상

⑦ 급수배관에 설치되어 급수를 차단할 수 있는 개폐밸브(옥내소화전방수구를 제외한다)는 개폐표시형으로 해야 한다. 이 경우 펌프의 흡입측배관에는 버터플라이밸브 외의 개폐표시형 밸브를 설치해야 한다.

(8) 옥내소화전설비 송수구

① 설치장소 : 소방차가 쉽게 접근할 수 있고 잘 보이는 장소에 설치하고, 화재층으로부터 지면으로 떨어지는 유리창 등이 송수 및 그 밖의 소화작업에 지장을 주지 않는 장소에 설치할 것
② 높이 : 0.5m 이상 1m 이하
③ 송수구 구경 : 65㎜의 쌍구형 또는 단구형
④ 송수구에는 이물질을 막기 위한 마개를 씌울 것
⑤ 송수구로부터 옥내소화전설비의 주배관에 이르는 연결배관에는 개폐밸브를 설치하지 않을 것. 다만, 스프링클러설비·물분무소화설비·포소화설비 또는 연결송수관설비의 배관과 겸용하는 경우에는 그렇지 않다.
⑥ 송수구의 가까운 부분에 자동배수밸브(또는 직경 5㎜의 배수공) 및 체크밸브를 설치할 것.

[옥내소화전 쌍구형 송수구]

[옥내소화전 단구형 송수구]

(9) 옥내소화전 방수구

① 설치장소 : 특정소방대상물의 층마다 설치

② 특정소방대상물의 각 부분으로부터 하나의 옥내소화전 방수구까지의 수평거리가 25 m(호스릴옥내소화전설비를 포함한다) 이하가 되도록 할 것. 다만, 복층형 구조의 공동주택의 경우에는 세대의 출입구가 설치된 층에만 설치

③ 바닥으로부터의 높이 : 1.5[m] 이하

④ 호스구경 : 40[mm](호스릴 25[mm])

⑤ 옥내소화전 함 문짝 면적 및 재료
  - ㉠ 합성수지 재료 : 4[mm] 이상
  - ㉡ 강판 : 1.5[mm] 이상
  - ㉢ 문짝면적 : 0.5[m²] 이상

⑥ 옥내소화전 방수구 설치제외 장소

불연재료로 된 특정소방대상물 또는 그 부분으로서 다음의 어느 하나에 해당하는 곳에는 옥내소화전 방수구를 설치하지 않을 수 있다.
  - ㉠ 냉장창고 중 온도가 영하인 냉장실 또는 냉동창고의 냉동실
  - ㉡ 고온의 노가 설치된 장소 또는 물과 격렬하게 반응하는 물품의 저장 취급장소
  - ㉢ 발전소 변전소 등으로서 전기시설이 설치된 장소
  - ㉣ 식물원, 수족관, 목욕실, 수영장(관람석 부분 제외) 또는 그 밖의 이와 비슷한 장소
  - ㉤ 야외음악당, 야외극장 또는 그 밖의 이와 비슷한 장소

> **참고 | 소화전의 방수압력 측정**
> ① 규정 방수입력 : 0.17[MPa] 이상 0.7[MPa] 이하
> ② 규정 방수량 : 130[ℓ/min] 이상
> ※ 조건 : 최상층에 설치된 모든 소화전을 동시에 개방하여 측정시 각각 소화전에서의 방수압력, 방수량

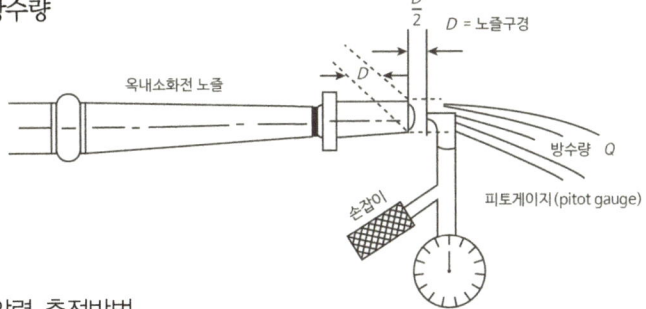

③ 방수압력 측정방법

방수압력 측정은 호스 노즐선단에서 노즐구경의 0.5배 $\left(\dfrac{D}{2}\right)$ 떨어진 위치에 피토게이지 (pitot gauge)의 피토관 입구를 수류의 중심선과 일치하도록 하여 물을 방사하면 피토게이지의 지침이 방사압력을 지시하게 된다. 방수압력을 측정하고 나서 다음 공식에 의하여 방수량을 구할 수 있다.

- $Q = 2.086 \times D^2 \times \sqrt{P}$

여기서, • Q : 방수량[ℓ/min]
  • D : 관경(노즐구경)[mm]
  • P : 방수압력[MPa]

05 수원 및 가압송수장치의 펌프등의 겸용

(1) 옥내소화전설비의 수원을 스프링클러설비·간이스프링클러설비·화재조기진압용 스프링클러설비·물분무소화설비·포소화설비 및 옥외소화전설비의 수원과 겸용하여 설치하는 경우의 저수량은 각 소화설비에 필요한 저수량을 합한 양 이상이 되도록 해야 한다. 다만, 이들 소화설비 중 고정식 소화설비(펌프·배관과 소화수 또는 소화약제를 최종 방출하는 방출구가 고정된 설비를 말한다. 이하 같다)가 2 이상 설치되어 있고, 그 소화설비가 설치된 부분이 방화벽과 방화문으로 구획되어 있는 경우에는 각 고정식 소화설비에 필요한 저수량 중 최대의 것 이상으로 할 수 있다.

(2) 옥내소화전설비의 가압송수장치로 사용하는 펌프를 스프링클러설비·간이스프링클러설비·화재조기진압용 스프링클러설비·물분무소화설비·포소화설비 및 옥외소화전설비의 가압송수장치와 겸용하여 설치하는 경우의 펌프의 토출량은 각 소화설비에 해당하는 토출량을 합한 양 이상이 되도록 해야 한다. 다만, 이들 소화설비 중 고정식 소화설비가 2 이상 설치되어 있고, 그 소화설비가 설치된 부분이 방화벽과 방화문으로 구획되어 있으며 각 소화설비에 지장이 없는 경우에는 펌프의 토출량 중 최대의 것 이상으로 할 수 있다.

CHAPTER 01 옥내소화전설비의 화재안전기술기준 [NFTC 102]

01 옥내소화전설비의 기술기준상 옥내소화전펌프의 후드밸브를 소방용 설비외의 다른 설비의 후드밸브보다 낮은 위치에 설치한 경우의 유효수량으로 옳은 것은? (단, 옥내소화전설비와 다른 설비 수원을 저수조로 겸용하여 사용한 경우이다.)   21-2 기사

① 저수조의 바닥면과 상단 사이의 전체 수량
② 옥내소화전설비 후드밸브와 소방용 설비외의 다른 설비의 후드밸브 사이의 수량
③ 옥내소화전설비의 후드밸브와 저수조 상단 사이의 수량
④ 저수조의 바닥면과 소방용 설비 외의 다른 설비의 후드밸브 사이의 수량

정답 ②

해설 ● 소화설비 이외의 설비와 겸용시(유효수량)
① 지하수조 또는 후드밸브보다 낮은 수조 : 소화전 펌프의 후드밸브보다 높은 위치에 다른 설비의 후드밸브를 설치한 경우에는 그 사이의 수량
② 고가수조 : 소화전 급수배관보다 높은 위치에 다른 설비의 급수배관을 설치한 경우에는 그 사이의 수량

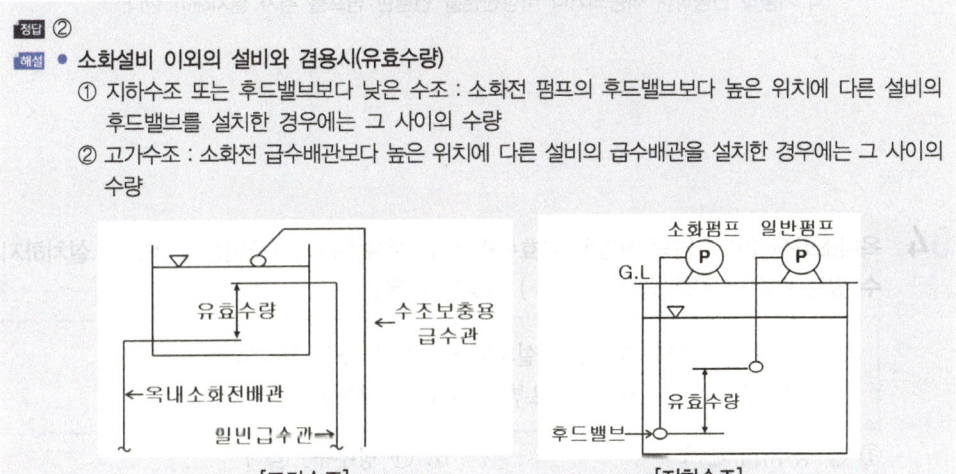

02 옥내소화전이 하나의 층에는 6개, 또 다른 층에는 3개, 나머지 모든 층에는 4개씩 설치되어 있다. 수원의 최소 수량(m³) 기준은?   19-4 기사

① 2.6   ② 3.8
③ 5.2   ④ 6.8

정답 ③

해설 ● 수원량[m³](지하 또는 전용) : 소화전 설치수가 가장 많은 층의 설치수를 기준으로 계산함.
1. 층수가 29층 이하의 특정소방대상물 :
   $Q = N \times 130[\ell/min] \times 20[min] = N \times 2600[\ell] = N \times 2.6[m^3]$ 이상 (N : 최대2개)
   ∴ $N \times 2.6[m^3] = 2 \times 2.6[m^3] = 5.2\ [m^3]$

03 학교, 공장, 창고시설에 설치하는 옥내소화전에서 가압송수장치 및 기동장치가 동결의 우려가 있는 경우 일부 사항을 제외하고는 주펌프와 동등 이상의 성능이 있는 별도의 펌프로서 내연기관의 기동과 연동하여 작동되거나 비상전원을 연결한 펌프를 추가 설치해야 한다. 다음 중 이러한 조치를 취해야 하는 경우는?　　　　　　　　　　　　　　　　　　　　　19-2 기사

① 지하층이 없이 지상층만 있는 건축물
② 고가수조를 가압송수장치로 설치한 경우다.
③ 수원이 건축물의 최상층에 설치된 방수구보다 높은 위치에 설치된 경우
④ 건축물의 높이가 지표면으로부터 10[m] 이하인 경우

정답 ①
해설 지하층이 없이 지상층만 있는 건축물에는 주펌프와 동등 이상의 성능이 있는 별도의 펌프로서 내연기관의 기동과 연동하여 작동되거나 비상전원을 연결한 펌프를 추가 설치해야 한다.

04 옥내소화전설비 수원의 산출된 유효수량 외에 유효수량의 1/3이상을 옥상에 설치하지 아니할 수 있는 경우의 기준 중 다음 (　) 알맞은 것은?　　　　　　　　　　　　　　　　　　18-4 기사

○ 수원이 건축물의 최상층에 설치된 (㉠)보다 높은 위치에 설치된 경우
○ 건축물의 높이가 지표면으로부터 (㉡)[m] 이하인 경우

① ㉠ 송수구, ㉡ 7
② ㉠ 방수구, ㉡ 7
③ ㉠ 송수구, ㉡ 10
④ ㉠ 방수구, ㉡ 10

정답 ④
해설 ● 옥상수조 설치제외 장소
　ⓐ 지하층만 있는 건축물
　ⓑ 고가수조를 가압송수장치로 설치한 옥내소화전설비
　ⓒ 수원이 건축물의 최상층에 설치된 방수구보다 높은 위치에 설치된 경우
　ⓓ 건축물의 높이가 지표면으로부터 10[m] 이하인 경우
　ⓔ 주펌프와 동등 이상의 성능이 있는 별도의 펌프로서 내연기관의 기동과 연동하여 작동되거나 비상전원을 연결하여 설치한 경우
　ⓕ 학교・공장・창고시설 로서 동결의 우려가 있는 장소에 있어서는 기동스위치에 보호판을 부착하여 옥내소화전함 내에 설치하는 경우
　ⓖ 가압수조를 가압송수장치로 설치한 옥내소화전설비

05 옥내소화전설비 수원을 산출된 유효수량 외에 유효수량의 1/3 이상을 옥상에 설치해야 하는 경우는?   `17-1 기사`
① 지하층만 있는 건축물
② 건축물의 높이가 지표면으로부터 15m인 경우
③ 수원이 건축물의 최상층에 설치된 방수구보다 높은 위치에 설치된 경우
④ 주펌프와 동등 이상의 성능이 있는 별도의 펌프로서 내연기관의 기동과 연동하여 작동되거나 비상전원을 연결하여 설치한 경우

> **정답** ②
> **해설** 건축물의 높이가 지표면으로부터 10[m] 이하인 경우 옥상수원을 설치 제외 한다.

06 옥내소화설비의 기술기준상 가압송수장치를 기동용수압개폐장치로 사용할 경우 압력챔버의 용적기준은?   `21-1 기사`
① 50L 이상
② 100L 이상
③ 150L 이상
④ 200L 이상

> **정답** ②
> **해설** 기동용 수압개폐장치의 용적은 100[L] 이상이다.

07 옥내소화전설비의 기술기준상 배관 등에 관한 설명으로 옳은 것은?   `21-2 기사`
① 펌프의 토출측 주배관의 구경은 유속이 5m/s 이하가 될 수 있는 크기 이상으로 하여야 한다.
② 연결송수관설비의 배관과 겸용할 경우의 주배관은 구경 80mm 이상, 방수구로 연결되는 배관의 구경은 65mm 이상의 것으로 하여야 한다.
③ 성능시험배관은 펌프의 토출측에 설치된 개폐밸브 이전에서 분기하여 설치하고, 유량측정장치를 기준으로 전단 직관부에 개폐밸브를 후단 직관부에는 유량조절밸브를 설치하여야 한다.
④ 가압송수장치의 체절운전 시 수온의 상승을방지하기 위하여 체크밸브와 펌프사이에서 분기한 구경 20mm 이상의 배관에 체절압력 이상에서 개방되는 릴리프밸브를 설치하여야 한다.

> **정답** ③
> **해설** (보기①) 펌프의 토출측 주배관의 구경은 유속이 4m/s 이하가 될 수 있는 크기 이상으로 하여야 한다.
> (보기②) 연결송수관설비의 배관과 겸용할 경우의 주배관은 구경 100mm 이상, 방수구로 연결되는 배관의 구경은 65mm 이상의 것으로 하여야 한다.
> (보기④) 가압송수장치의 체절운전 시 수온의 상승을방지하기 위하여 체크밸브와 펌프사이에서 분기한 구경 20mm 이상의 배관에 체절압력 미만에서 개방되는 릴리프밸브를 설치하여야 한다.

08 옥내소화전설비의 기술기준상 배관의 설치기준 중 다음 괄호 안에 알맞은 것은?

> 연결송수관 설비의 배관과 겸용할 경우의 주배관은 구경 (㉠)mm 이상, 방수구로 연결되는 배관의 구경은 (㉡)mm 이상의 것으로 하여야 한다.

① ㉠ 80, ㉡ 65
② ㉠ 80, ㉡ 50
③ ㉠ 100, ㉡ 65
④ ㉠ 125, ㉡ 80

정답 ③

해설 연결송수관 설비의 배관과 겸용할 경우의 주배관은 구경 (㉠100)mm 이상, 방수구로 연결되는 배관의 구경은 (㉡65)mm 이상의 것으로 하여야 한다.

09 다음 중 옥내소화전의 배관 등에 대한 설치방법으로 옳지 않은 것은?

① 펌프의 토출 측 주배관의 구경은 평균 유속을 5m/s 가 되도록 설치하였다.
② 배관 내 사용압력이 1.1 MPa 인 곳에 배관용탄소강관을 사용하였다.
③ 옥내소화전 송수구를 단구형으로 설치하였다.
④ 송수구로부터 주배관에 이르는 연결배관에는 개폐밸브를 설치하지 않았다.

정답 ①

해설 펌프의 토출측 주배관의 구경은 유속을 4[m/s]이하로 제한한다.

10 옥내소화전설비 배관과 배관이음쇠의 설치기준중 배관 내 사용압력이 1.2MPa 미만일 경우에 사용하는 것이 아닌 것은?

① 배관용탄소강관(KS D 3507)
② 배관용 스테인리스강관(KS D 3576)
③ 덕타일 주철관(KS D 4311)
④ 배관용 아크용접 탄소강강관(KS D 3583)

정답 ④

해설
- 배관내 사용압력이 1.2[MPa]미만
  ① 배관용 탄소강관
  ② 이음매 없는 구리 및 구리합금관. 다만, 습식의 배관에 한한다.
  ③ 배관용 스테인리스강관 또는 일반배관용 스테인리스강관
  ④ 덕타일 주철관
- 배관 내 사용압력이 1.2[MPa]이상
  ① 압력배관용탄소강관
  ② 배관용 아크용접 탄소강강관

11 옥내소화전설비 기술기준에 따라 옥내소화전설비의 표시등 설치기준으로 옳은 것은? 21-4 기사
① 가압송수장치의 기동을 표시하는 표시등은 옥내소화전함의 상부 또는 그 직근에 설치한다.
② 가압송수장치의 기동을 표시하는 표시등은 녹색등으로 한다.
③ 자체소방대를 구성하여 운영하는 경우 가압송수장치의 기동표시등을 반드시 설치해야 한다.
④ 옥내소화전설비의 위치를 표시하는 표시등은 함의 하부에 설치하되,「표시등의 성능인증 및 제품검사의 기술기준」에 적합한 것으로 한다.

정답 ①
해설 (보기②) 가압송수장치의 기동을 표시하는 표시등은 적색등으로 한다.
(보기③) 자체소방대를 구성하여 운영하는 경우 가압송수장치의 기동표시등을 반드시 설치해야 한다.(다만, 자체소방대를 구성하여 운영하는 경우 가압송수장치의 기동표시등을 설치하지 않을 수 있다.)
(보기④) 옥내소화전설비의 위치를 표시하는 표시등은 함의 상부에 설치하되,「표시등의 성능인증 및 제품검사의 기술기준」에 적합한 것으로 한다.

12 옥내소화전설비의 기술기준에 따라 옥내소화전 방수구를 반드시 설치하여야 하는 곳은? 20-4 기사
① 식물원
② 수족관
③ 수영장의 관람석
④ 냉장창고 중 온도가 영하인 냉장실

정답 ③
해설 ● 옥내소화전 방수구 설치제외 장소 : 불연재료로 된 특정소방대상물 또는 그 부분으로서 다음 각 호의 어느 하나에 해당하는 곳
① 냉장창고 중 온도가 영하인 냉장실 또는 냉동창고의 냉동실
② 고온의 노가 설치된 장소 또는 물과 격렬하게 반응하는 물품의 저장 취급장소
③ 발전소 변전소 등으로서 전기시설이 설치된 장소
④ 식물원, 수족관, 목욕실, 수영장(관람석 부분 제외) 또는 그 밖의 이와 비슷한 장소
⑤ 야외음악당, 야외극장 또는 그 밖의 이와 비슷한 장소

13 소화전함의 성능인증 및 제품검사의 기술기준상 옥내 소화전함의 재질을 합성수지 재료로 할 경우 두께는 최소 몇 mm 이상이어야 하는가? 21-2 기사
① 1.5
② 2.0
③ 3.0
④ 4.0

정답 ④
해설 • 합성수지 재료 : 4[mm] 이상   • 강판 : 1.5[mm] 이상   • 문짝면적 : 0.5[㎡] 이상

14 도로터널의 화재안전기준상 옥내소화전설비 설치 기준 중 괄호 안에 알맞은 것은? `20-2 기사`

> 가압송수장치는 옥내소화전 2개(4차로 이상의 터널인 경우 3개)를 동시에 사용할 경우 각 옥내소화전의 노즐선단에서의 방수압력은 (㉠)MPa 이상이고 방수량은 (㉡)L/min 이상이 되는 성능의 것으로 할 것

① ㉠ 0.1, ㉡ 130
② ㉠ 0.17, ㉡ 130
③ ㉠ 0.25, ㉡ 350
④ ㉠ 0.35, ㉡ 190

정답 ④
해설 가압송수장치는 옥내소화전 2개(4차로 이상의 터널인 경우 3개)를 동시에 사용할 경우 각 옥내소화전의 노즐선단에서의 방수압력은 0.35MPa 이상이고 방수량은 190ℓ/min 이상이 되는 성능의 것으로 할 것. 다만, 하나의 옥내소화전을 사용하는 노즐선단에서의 방수압력이 0.7MPa을 초과할 경우에는 호스접결구의 인입측에 감압장치를 설치하여야 한다.

15 물계통의 소화설비 중 펌프의 성능시험배관에 사용되는 유량측정장치는 펌프의 정격 토출량의 몇 % 이상 측정할 수 있는 성능이 있어야 하는가? `22-1 기사`

① 65
② 100
③ 120
④ 175

정답 ④
해설 175% 이상 측정할 수 있는 성능이 있어야 한다.

CHAPTER 02 옥외소화전설비의 화재안전기술기준 [NFTC 109]
[시행 2022. 12. 1.] [2022. 12. 1. 제정]

01 개요(용어의 정의는 옥내소화전과 동일)
옥외소화전설비는 건축물의 1층 또는 2층의 화재발생시 건축물의 화재를 유효하게 진압할 수 있도록 건축물의 외부에 설치하는 이동식 소화설비로서 옥내화재의 소화는 물론 인접건물로부터의 연소확대방지를 위하여 설치함.

02 주요 구성 요소
수원, 가압송수장치, 소화전함, 배관, 제어반, 호스 및 노즐 등으로 구성

03 옥외소화전 설비의 성능
(1) **정격토출량** : 350[L/min] 이상

(2) **정격토출압력** : 0.25[MPa] 이상 0.7[MPa] 이하(0.7[MPa] 초과시 소화자 위험)

04 옥외소화전 설비의 구성
(1) **수원(지하수원, 전용수원)**

수원의 용량 = 소화전 설치개수(N : 최대 2개) × 350[ℓ/min] × 20[min]

즉, Q = N × 7[m³](N은 최대 2개)

(2) **가압송수장치**

① 고가수조
- 낙차공식 : $H = h_1 + h_2 + 25$

② 압력수조
- 압력공식 : $P = p_1 + p_2 + p_3 + 0.25$

③ 펌프방식
- 전양정공식 : $H = h_1 + h_2 + h_3 + 25$

④ 가압수조

(3) **소화전함 및 호스 등**

① 호스접결구 높이 : 0.5m 이상 1m 이하

② 수평거리 : 40m 이하

③ 호스 : 구경 65㎜

④ 옥외소화전설비에는 옥외소화전마다 그로부터 5 m 이내의 장소에 소화전함을 다음의 기준에 따라 설치

　㉠ 호스 : 65[mm]

　㉡ 소화전함

　　ⓐ 옥외소화전이 10개 이하 설치된 때에는 옥외소화전마다 5 m 이내의 장소에 1개 이상의 소화전함을 설치

　　ⓑ 옥외소화전이 11개 이상 30개 이하 설치된 때에는 11개 이상의 소화전함을 각각 분산하여 설치

　　ⓒ 옥외소화전이 31개 이상 설치된 때에는 옥외소화전 3개마다 1개 이상의 소화전함을 설치

 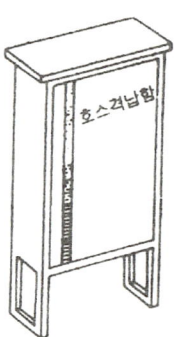

[옥내 소화전과 옥외소화전 비교]

구분	옥내소화전설비	옥외소화전설비
정격토출압력	0.17[MPa]이상 0.7[MPa]이하	0.25[MPa]이상 0.7[MPa]이하
정격토출량	130[ℓ/min]이상	350[ℓ/min]이상
수원의 양	2.6[㎥]×소화전수(2개이상2개) 5.2[㎥]×소화전수(5개이상5개) 7.8[㎥]×소화전수(5개이상5개)	7[㎥]×소화전수(2개이상2개)
호스구경	40[mm] 이상	65[mm]
수평거리	25[m] 이내	40[m] 이내
기 타	방수구 높이 바닥 1.5[m]이하	소화전과 함거리 5[m]이내

CHAPTER 02 옥외소화전설비의 화재안전기술기준 [NFTC 109]

01 전동기 또는 내연기관에 따른 펌프를 이용하는 옥외소화전설비의 가압송수장치의 설치 기준 중 다음 (   ) 안에 알맞은 것은?
`18-2 기사`

> 해당 특정소방대상물에 설치된 옥외소화전(2개 이상 설치된 경우에는 2개의 옥외소화전)을 동시에 사용할 경우 각 옥외소화전의 노즐선단에서의 방수압력이 (㉠)MPa 이상이고, 방수량이 (㉡)L/min이상이 되는 성능의 것으로 할 것

① ㉠ 0.17, ㉡ 350
② ㉠ 0.25, ㉡ 350
③ ㉠ 0.17, ㉡ 130
④ ㉠ 0.25, ㉡ 130

정답 ②
해설 해당 특정소방대상물에 설치된 옥외소화전(2개 이상 설치된 경우에는 2개의 옥외소화전)을 동시에 사용할 경우 각 옥외소화전의 노즐선단에서의 방수압력이 (㉠0.25)MPa 이상이고, 방수량이 (350)L/min이상이 되는 성능의 것으로 할 것

02 옥외소화전설비 설치 시 고가수조의 자연 낙차를 이용한 가압송수장치의 설치기준 중 고가수조의 최소 자연낙차수두 산출 공식으로 옳은 것은? (단, H : 필요한 낙차(m), h_1 : 소방용 호스 마찰손실 수두(m) h_2 : 배관의 마찰손실 수두(m)이다.)
`18-1 기사`

① $H = h_1 + h_2 + 25$
② $H = h_1 + h_2 + 17$
③ $H = h_1 + h_2 + 12$
④ $H = h_1 + h_2 + 10$

정답 ①
해설 • 옥외소화전 자연낙차 수두 : $H = h_1 + h_2 + 25$(0.25[MPa] 이므로)

03 옥외소화전설비의 기술기준에 따라 옥외소화전 배관은 특정소방대상물의 각 부분으로부터 하나의 호스접결구까지의 수평거리가 최대 몇 m 이하가 되도록 설치하여야 하는가?
`20-1 기사`

① 25
② 35
③ 40
④ 50

정답 ③
해설 호스접결구까지의 수평거리는 40m 이하가 되도록 설치한다.

CHAPTER 03 스프링클러설비의 화재안전기술기준 [NFTC 103]
[시행 2023. 2. 10.] [2022. 12. 1. 제정]

01 용어의 정의(고가수조, 압력수조, 충압펌프, 정격토출량, 정격토출압력, 진공계, 연성계, 체절운전, 기동용수압개폐장치 용어의 정의 옥내소화전과 동일)

1. "개방형스프링클러헤드"란 감열체 없이 방수구가 항상 열려져 있는 스프링클러헤드를 말한다.
2. "폐쇄형스프링클러헤드"란 정상상태에서 방수구를 막고 있는 감열체가 일정온도에서 자동적으로 파괴·용융 또는 이탈됨으로써 방수구가 개방되는 헤드를 말한다.
3. "조기반응형 스프링클러헤드"란 표준형 스프링클러헤드 보다 기류온도 및 기류속도에 빠르게 반응하는 헤드를 말한다.
4. "측벽형스프링클러헤드"란 가압된 물이 분사될 때 헤드의 축심을 중심으로 한 반원상에 균일하게 분산시키는 헤드를 말한다.
5. "건식스프링클러헤드"란 물과 오리피스가 분리되어 동파를 방지할 수 있는 스프링클러헤드를 말한다.
6. "유수검지장치"란 유수현상을 자동적으로 검지하여 신호 또는 경보를 발하는 장치를 말한다.
7. "일제개방밸브"란 일제살수식스프링클러설비에 설치되는 유수검지장치를 말한다.
8. "가지배관"이란 헤드가 설치되어 있는 배관을 말한다.
9. "교차배관"이란 가지배관에 급수하는 배관을 말한다.
10. "주배관"이란 가압송수장치 또는 송수구 등과 직접 연결되어 소화수를 이송하는 주된 배관을 말한다.
11. "습식스프링클러설비"란 가압송수장치에서 폐쇄형스프링클러헤드까지 배관 내에 항상 물이 가압되어 있다가 화재로 인한 열로 폐쇄형스프링클러헤드가 개방되면 배관 내에 유수가 발생하여 습식유수검지장치가 작동하게 되는 스프링클러설비를 말한다.
12. "부압식스프링클러설비"란 가압송수장치에서 준비작동식유수검지장치의 1차 측까지는 항상 정압의 물이 가압되고, 2차 측 폐쇄형 스프링클러헤드까지는 소화수가 부압으로 되어 있다가 화재시 감지기의 작동에 의해 정압으로 변하여 유수가 발생하면 작동하는 스프링클러설비를 말한다.
13. "준비작동식스프링클러설비"란 가압송수장치에서 준비작동식유수검지장치 1차 측까지 배관 내에 항상 물이 가압되어 있고, 2차 측에서 폐쇄형스프링클러헤드까지 대기압 또는 저압으로 있다가 화재발생시 감지기의 작동으로 준비작동식밸브가 개방되면 폐쇄형스프링클러헤드까지 소화수가 송수되고, 폐쇄형스프링클러헤드가 열에 의해 개방되면 방수가 되는 방식의 스프링클러설비를 말한다.
14. "건식스프링클러설비"란 건식유수검지장치 2차 측에 압축공기 또는 질소 등의 기체로 충전된 배관에 폐쇄형스프링클러헤드가 부착된 스프링클러설비로서, 폐쇄형스프링클러헤드가 개방되어 배관 내의 압축공기 등이 방출되면 건식유수검지장치 1차 측의 수압에 의하여 건식유수검지장치가 작동하게 되는 스프링클러설비를 말한다.

15. "일제살수식스프링클러설비"란 가압송수장치에서 일제개방밸브 1차 측까지 배관 내에 항상 물이 가압되어 있고 2차 측에서 개방형스프링클러헤드까지 대기압으로 있다가 화재 시 자동감지장치 또는 수동식 기동장치의 작동으로 일제개방밸브가 개방되면 스프링클러헤드까지 소화수가 송수되는 방식의 스프링클러설비를 말한다.
16. "반사판(디플렉터)"이란 스프링클러헤드의 방수구에서 유출되는 물을 세분시키는 작용을 하는 것을 말한다.
17. "건식유수검지장치"란 건식스프링클러설비에 설치되는 유수검지장치를 말한다.
18. "습식유수검지장치"란 습식스프링클러설비 또는 부압식스프링클러설비에 설치되는 유수검지장치를 말한다.
19. "준비작동식유수검지장치"란 준비작동식스프링클러설비에 설치되는 유수검지장치를 말한다.

02 구성요소

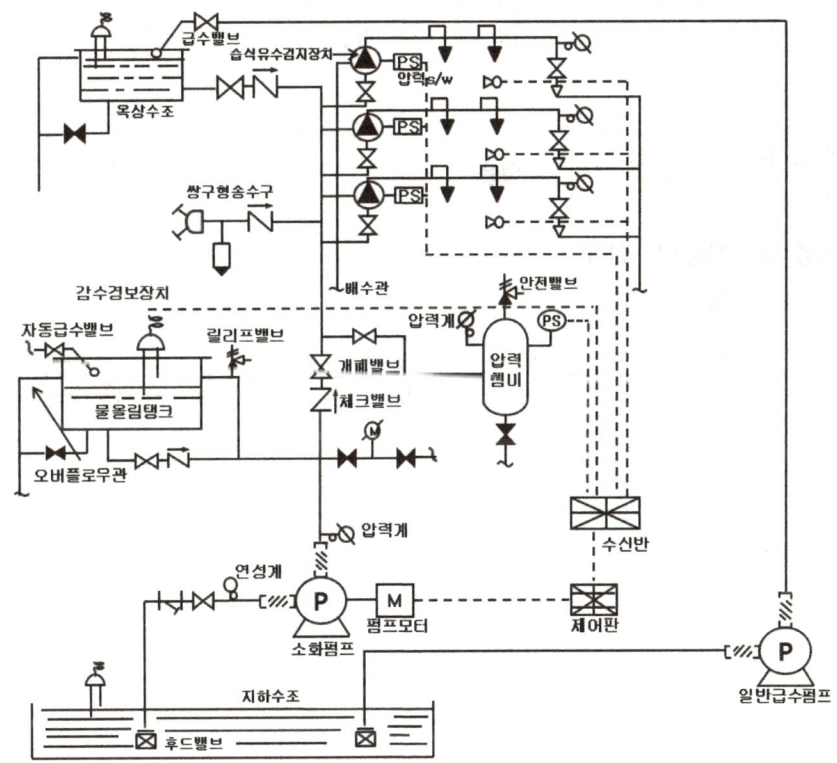

[스프링클러설비 계통도]

(1) 수원
(2) 가압송수장치
(3) 유수검지장치
(4) 헤드
(5) 배관, 밸브류
(6) 제어장치
(7) 송수구, 전원, 기타

03 스프링클러 설비의 성능

(1) **정격토출량** : 80[L/min] 이상

(2) **정격토출압력** : 0.1[MPa] 이상 1.2[MPa] 이하

04 스프링클러 설비의 분류

[스프링클러 유수검지장치 및 일제개방밸브]

설비방식 구분		유수검지장치				일제개방밸브
		습식설비	건식설비	준비작동식 설비	부압식 설비	일제살수식 설비
밸브의 종류		습식밸브 (알람체크밸브)	건식밸브 (드라이밸브)	준비작동밸브 (프리액션밸브)	준비작동밸브 (프리액션밸브)	일제개방밸브 (델류지밸브)
사용 헤드		폐쇄형 헤드	폐쇄형 헤드	폐쇄형 헤드	폐쇄형 헤드	개방형 헤드
배관 상태	1차측	가압수	가압수	가압수	가압수(정압)	가압수
	2차측	가압수	압축공기	대기압 또는 저압공기	부압수(부압)	대기압 (개방상태)
시스템 감지기 유무		없음	없음	있음	있음	있음

(1) 폐쇄형 헤드 사용하는 설비

① 습식 스프링클러 설비

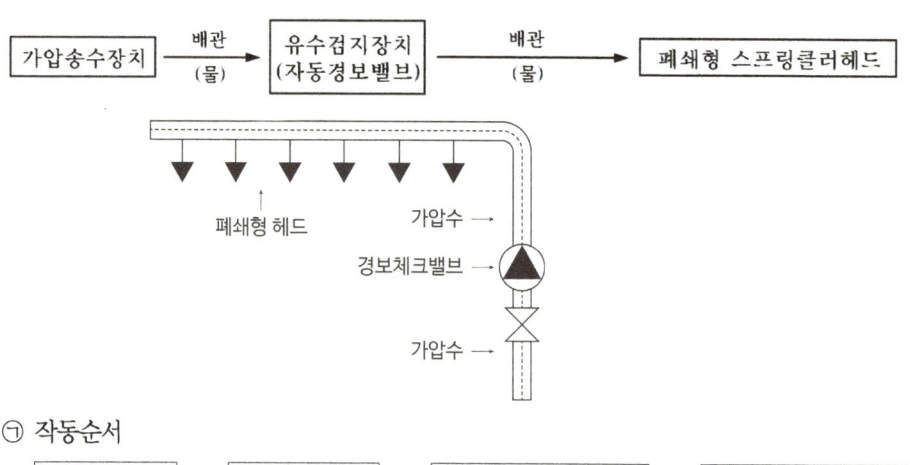

㉠ 작동순서

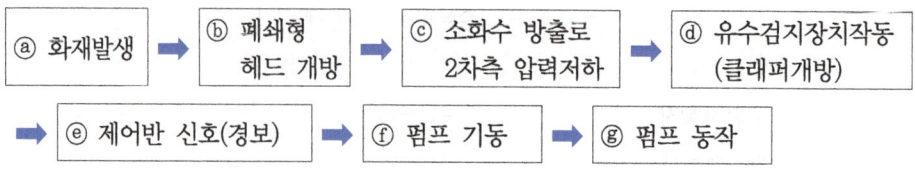

ⓛ 주요구성요소
  ⓐ 습식 유수검지장치(알람밸브)

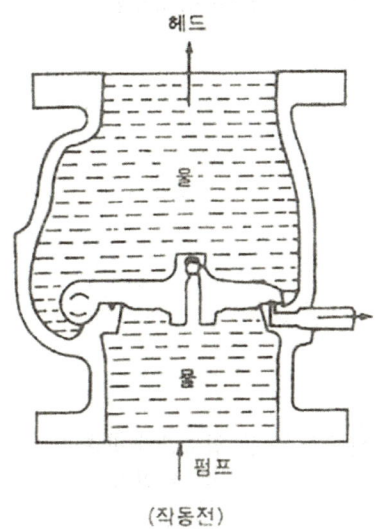

(작동전)

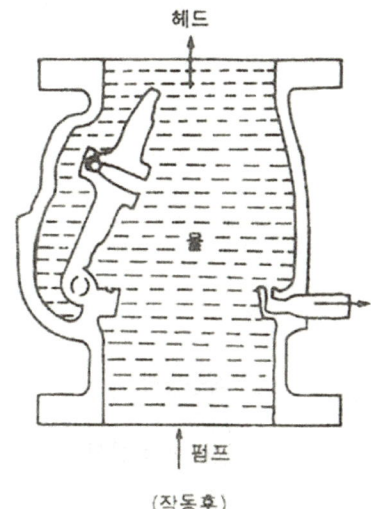

(작동후)

  ⓑ 리타딩 챔버 : 오작동 방지 위한 장치

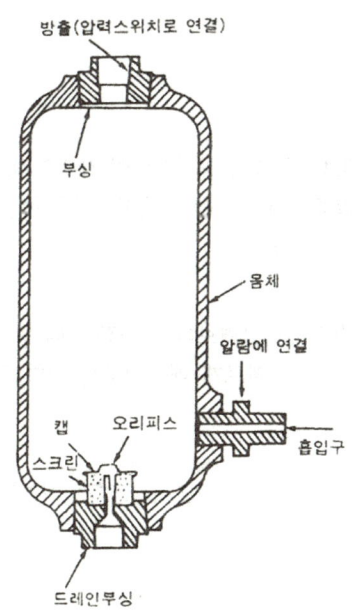

〔리타딩 챔버(Retarding Chamber)〕

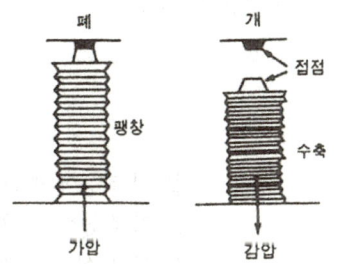

〔벨로우즈의 작동〕

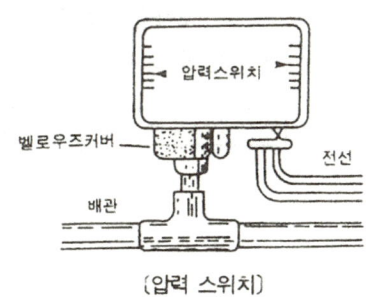

〔압력 스위치〕

② 건식 스프링클러 설비

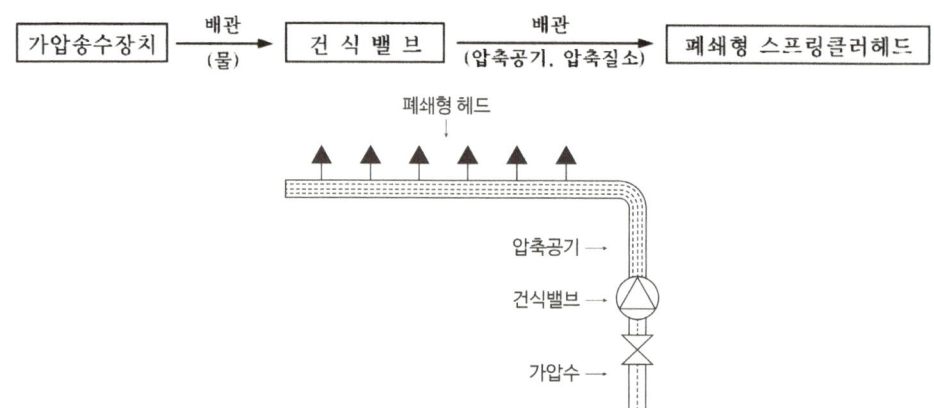

㉠ 작동순서

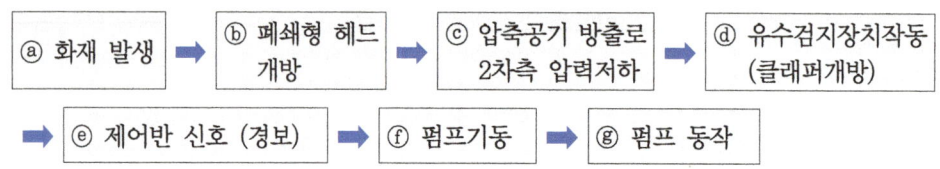

㉡ 주요구성요소

ⓐ 건식유수검지장치

ⓑ 건식밸브 급속개방기구(Quick Opening Devices)

㉮ 가속기 : 엑셀러레이터(Accelerator)

헤드의 작동에 따라 건식밸브 2차측의 공기압력이 세팅압력보다 낮아졌을 때 가속기가 작동하여 2차측의 압축공기 일부를 클래퍼 1차측 중간체임버로 보내어 건식밸브가 신속히 개방되도록 한다.

㉯ 공기배출기 : 익저스터(Exhauster)

건식밸브 2차측의 공기압력이 세팅압력보다 낮아졌을 때 공기배출기가 작동하여 2차측의 압축공기가 대기 중으로 빠르게 배출되도록 한다.

③ 준비작동식 스프링클러 설비

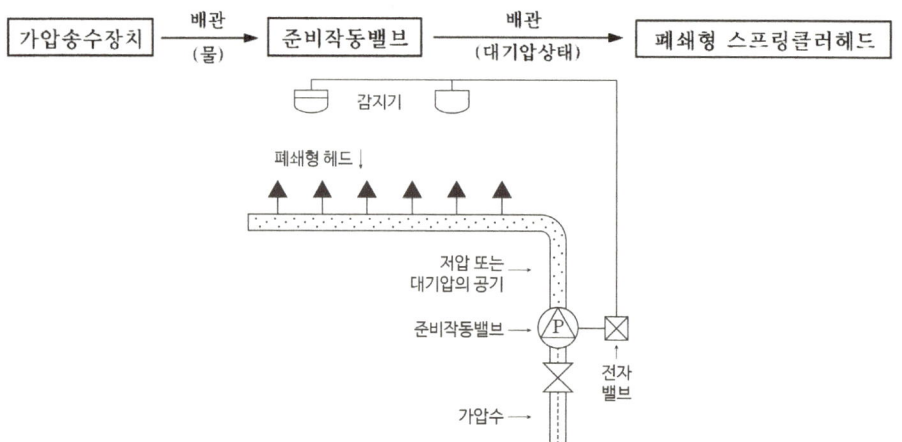

㉠ 작동순서

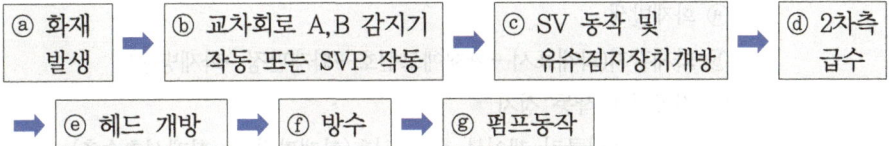

㉡ 주요구성요소

ⓐ 준비작동식 유수검지장치

ⓑ 수퍼비조리판넬(SVP : supervisory & control pannel)

준비작동식의 주요 핵심부로 이것이 고장나면 준비작동밸브가 작동하지 않는다. 따라서 전원차단 또는 자체고장 시 경보장치가 작동하며 감지기와 준비작동밸브 작동연결 외에 댐퍼, 개구부등 폐쇄작동기능도 한다.

ⓒ 감지기

준비작동식 스프링클러설비의 감지기 회로는 각 회로상의 감지기의 동시 감지에 의하여 준비작동밸브가 작동되도록 하여 최대한 오동작을 방지하기 위하여 인접한 2개의 감지기가 동작했을 경우에만 솔레노이드밸브를 작동시키는 교차회로 방식으로 하여야 한다.

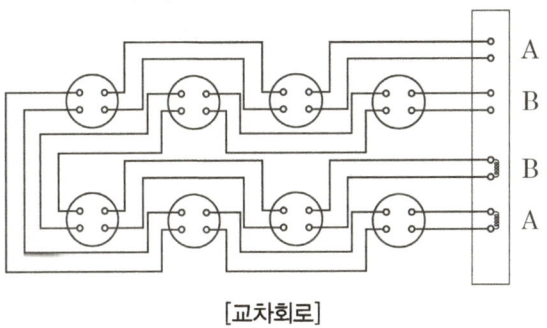

[교차회로]

④ 부압식 스프링클러 설비

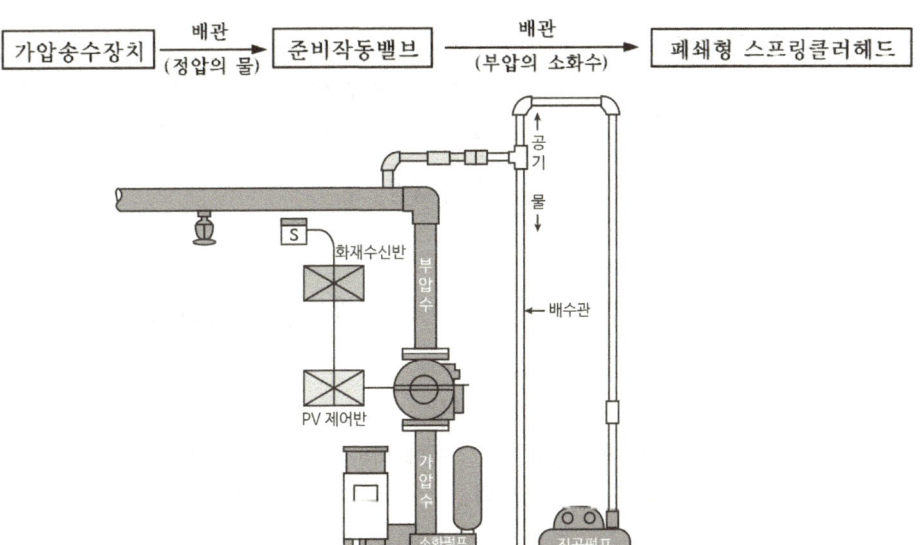

⊙ 작동순서
ⓐ 화재발생
ⓑ 화재감지(화재표시→화재예고신호→화재판정→화재방송)
ⓒ 진공펌프 작동 정지
ⓓ 진공스프링클러 제어부 화재 신호(화재판정후→화재신호송출)
ⓔ 기동제어(프리액션밸브 개방)
ⓕ 프리액션밸브 개방으로 2차측으로 소화수 유입(2차측부압→정압가압)
ⓖ 프리액션밸브 유수검지 신호
ⓗ 유수검지 신호를 화재수신부로 송출(화재 수신부 작동표시)
ⓘ 스프링클러 작동
ⓙ 방수소화

(2) 개방형 헤드 사용하는 설비

① 일제살수식 스프링클러 설비

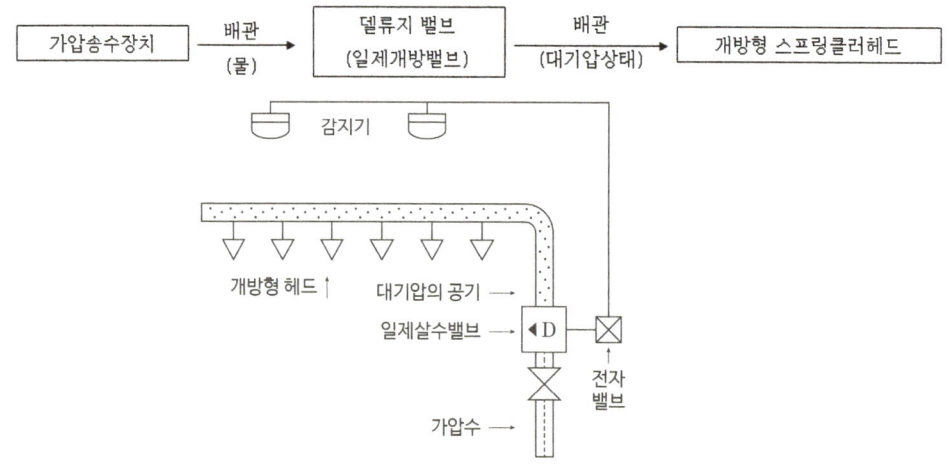

⊙ 작동순서

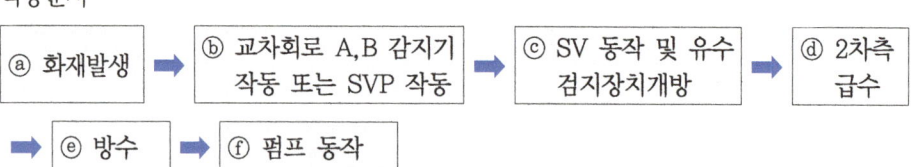

ⓒ 주요구성요소

ⓐ 일제개방밸브 : 일제개방밸브의 작동방식 { 가압개방식
감압개방식

※ 일제개방밸브의 자동개방방식
① 감지기 작동에 의한 방식
화재발생시 감지기의 작동에 의하여 전자밸브가 작동하여 일제개방밸브를 개방하여 송수가 되는 방법

② 감지용 폐쇄형 스프링클러헤드 작동에 의한 방법
  화재발생시 설치된 폐쇄형 스프링클러헤드가 열에 의하여 개방되면 일제개방밸브가 개방되어 송수되는 방법

05 스프링클러 설비의 구성

(1) 수원(지하수원과 옥상수원으로 구성)

① 폐쇄형 스프링클러헤드 사용 경우 : 폐쇄형스프링클러헤드를 사용하는 경우에는 다음 표의 스프링클러설비 설치장소별 스프링클러헤드의 기준개수[스프링클러헤드의 설치개수가 가장 많은 층(아파트의 경우에는 설치개수가 가장 많은 세대)에 설치된 스프링클러헤드의 개수가 기준개수보다 적은 경우에는 그 설치개수를 말한다. 이하 같다]에 1.6세제곱미터를 곱한 양 이상이 되도록 할 것

㉠ 층수가 29층 이하의 특정소방대상물 :
$Q = N \times 80[\ell/min] \times 20[min] = N \times 1600[\ell] = N \times 1.6[m^3]$ 이상 (N : 기준개수)

㉡ 층수가 30층 이상 49층 이하의 특정소방대상물(고층건축물) :
$Q = N \times 80[\ell/min] \times 40[min] = N \times 3200[\ell] = N \times 3.2[m^3]$ 이상 (N : 기준개수)

㉢ 층수가 50층 이상의 특정소방대상물(초고층건축물) :
$Q = N \times 80[\ell/min] \times 60[min] = N \times 4800[\ell] = N \times 4.8[m^3]$ 이상 (N : 기준개수)

[스프링클러설비의 설치장소별 스프링클러헤드의 기준개수]

스프링클러설비 설치장소			스프링클러헤드의 기준개수
지하층을 제외한 층수가 10층 이하인 소방대상물	공장	특수가연물을 저장·취급하는 것	30
		그 밖의 것	20
	근린생활시설·판매시설·운수시설 또는 복합건축물	판매시설 또는 복합건축물(판매시설이 설치되는 복합건축물을 말한다)	30
		그 밖의 것	20
	그 밖의 것	헤드의 부착높이가 8미터 이상의 것	20
		헤드의 부착높이가 8미터 미만의 것	10
지하층을 제외한 층수가 11층 이상인 소방대상물(아파트를 제외한다) 또는 지하가 지하역사			30

※ 비고 : 하나의 소방대상물이 2 이상의 "스프링클러헤드의 기준개수"란에 해당하는 때에는 기준개수가 많은 난을 기준으로 한다. 다만, 각 기준개수에 해당하는 수원을 별도로 설치하는 경우에는 그러하지 아니하다.

② 개방형스프링클러헤드를 사용하는 스프링클러설비의 수원은 최대 방수구역에 설치된 스프링클러헤드의 개수가 30개 이하일 경우에는 설치 헤드수에 1.6세제곱미터를 곱한 양 이상으로 하고, 30개를 초과하는 경우에는 수리계산에 따를 것

③ 옥상수조 설치기준(옥내소화전과 동일) : 유효수량의 3분의 1 이상을 옥상(스프링클러설비가 설치된 건축물의 주된 옥상을 말한다. 이하 같다)에 설치

(2) 가압송수장치 : 옥내소화전과 동일(펌프, 압력수조, 고가수조, 가압수조)

① 가압송수장치의 정격토출압력은 하나의 헤드선단에 0.1 MPa 이상 1.2 MPa 이하의 방수압력이 될 수 있게 하는 크기일 것

② 가압송수장치의 송수량은 0.1 MPa의 방수압력 기준으로 80 L/min 이상의 방수성능을 가진 기준개수의 모든 헤드로부터의 방수량을 충족시킬 수 있는 양 이상의 것으로 할 것. 이 경우 속도수두는 계산에 포함하지 않을 수 있다.

③ ②의 기준에도 불구하고 가압송수장치의 1분당 송수량은 폐쇄형스프링클러헤드를 사용하는 설비의 경우 기준개수에 80 L를 곱한 양 이상으로 할 수 있다.

④ ②의 기준에도 불구하고 가압송수장치의 1분당 송수량은 개방형스프링클러 헤드수가 30개 이하의 경우에는 그 개수에 80 L를 곱한 양 이상으로 할 수 있으나 30개를 초과하는 경우에는 ① 및 ②에 따른 기준에 적합하게 할 것

> **참고** (옥내소화전 공식에서 호스손실을 빼고 방사압력 환산수두를 바꿔준다.)
> ① 고가수조 필요낙차 공식 : $H = h_1 + 10$ (h_1 : 배관의 마찰손실수두(m))
> ② 압력수조 필요압력 공식 : $P = p_1 + p_2 + 0.1$
>   (• p_1 : 낙차의 환산수두압(MPa), • p_2 : 배관의 마찰손실수두압(MPa))
> ③ 펌프 전양정 공식 : $H = h_1 + h_2 + 10$
>   (• h_1 : 배관의 마찰손실수두(m), • h_2 : 낙차 수두(m))

(3) 시험장치

① 습식유수검지장치 또는 건식유수검지장치를 사용하는 스프링클러설비와 부압식스프링클러설비에는 동 장치를 시험할 수 있는 시험장치를 다음의 기준에 따라 설치

㉠ 습식스프링클러설비 및 부압식스프링클러설비에 있어서는 유수검지장치 2차 측 배관에 연결하여 설치하고 건식스프링클러설비인 경우 유수검지장치에서 가장 먼 거리에 위치한 가지배관의 끝으로부터 연결하여 설치할 것. 이 경우 유수검지장치 2차 측 설비의 내용적이 2,840 L를 초과하는 건식스프링클러설비는 시험장치 개폐밸브를 완전 개방 후 1분 이내에 물이 방사되어야 한다.

㉡ 시험장치 배관의 구경은 25 mm 이상으로 하고, 그 끝에 개폐밸브 및 개방형헤드 또는 스프링클러헤드와 동등한 방수성능을 가진 오리피스를 설치할 것. 이 경우 개방형헤드는 반사판 및 프레임을 제거한 오리피스만으로 설치할 수 있다.

㉢ 시험배관의 끝에는 물받이 통 및 배수관을 설치하여 시험 중 방사된 물이 바닥에 흘러내리지 않도록 할 것. 다만, 목욕실·화장실 또는 그 밖의 곳으로서 배수처리가 쉬운 장소에 시험배관을 설치한 경우에는 그렇지 않다.

(4) 스프링클러헤드
① 정의 : 화재시 가압된 물이 내뿜어져 분산됨으로써 소화기능을 하는 헤드
② 구조
  ㉠ 디프렉타 : 헤드에서 유출되는 물을 세분시키는 작용
  ㉡ 프레임 : 헤드의 나사부분과 디프렉타를 연결하는 이음쇠부분
  ㉢ 감열체 : 열에 의하여 일정한 온도에 도달하면 스스로 파괴·용해되어 헤드로부터 이탈됨으로써 방수구가 열려져 스프링클러가 작동되도록 하는 부분
③ 종류
  ㉠ 개방유무에 따른 분류
    ⓐ 개방형 : 감열부가 없고 방수구가 항시 개방(별도의 감지기 필요)
    ⓑ 폐쇄형 : 감열부가 있으며 화재발생시 열에 의하여 분해 개방되는 형태
  ㉡ 설치방향에 따른 분류 : 상향형, 하향형, 측벽형
  ㉢ 감열부의 재질 및 형태에 대한 분류
    ⓐ 퓨즈블링크형
    ⓑ 글라스 벌브형 : 유리관 내에 액체를 넣어 밀봉한 것으로 봉입액체로는 체적팽창이 큰 에테르, 알코올 등이 이용된다. 동작이 정확하며 오랫동안 스케일이 끼지 않아 반영구적이다. 표시온도가 색으로 표시되어 있어 설치가 용이하다.

> **참고 스프링클러 헤드의 형식승인 및 제품검사기준 내용**
> 1. "표시온도"라 함은 폐쇄형 스프링클러헤드에서 감열체가 작동하는 온도로서 미리 헤드에 표시힌 온도를 말한다.
> 2. "최고주위온도"라 함은 폐쇄형 스프링클러헤드의 설치장소에 관한 기준이 되는 온도로서 다음 식에 의하여 구하여진 온도를 말한다. 다만, 헤드의 표시온도가 75도 미만인 경우의 최고주위온도는 다음 공식에 불구하고 39도로 한다.
>   - $T_A = 0.9T_M - 27.3$
>   - T_A : 최고주위온도   • T_M : 헤드의 표시온도
> 3. "반응시간지수(RTI : Response Time Index)"라 함은 기류의 온도·속도 및 작동시간에 대하여 스프링클러헤드의 반응을 예상한 지수로서 아래 식에 의하여 계산하고 $(m \cdot s)^{0.5}$을 단위로 한다.
>   - $RTI = r\sqrt{u}$
>   - r : 감열체의 시간상수[초]   • u : 기류속도[m/s]

> **참고 RTI에 의한 헤드 구분**
> (1) 조기반응형 헤드 : RTI 50 이하
> (2) 특수반응형 헤드 : RTI 51 초과 80 이하
> (3) 표준반응형 헤드 : RTI 80 초과 350 이하

④ 스프링클러 헤드 표시온도(T_M) 및 최고 주위온도(T_A)

설치장소의 최고 주위온도	표시온도
39[℃]미만	79[℃]미만
39[℃]이상 64[℃]미만	79[℃]이상 121[℃]미만
64[℃]이상 106[℃]미만	121[℃]이상 162[℃]미만
106[℃]이상	162[℃]이상

* 헤드의 표시온도가 79[℃]미만인 경우 최고 주위온도는 식에 관계없이 39[℃]로 한다.
* 폐쇄형헤드의 작동온도시험 : 헤드의 표시온도의 97[%]에서 103[%]까지(유리벌브를 사용한 헤드는 95%에서 115%까지)범위에 들어야 한다.

⑤ 헤드의 설치기준
　㉠ 스프링클러헤드는 특정소방대상물의 천장·반자·천장과 반자 사이·덕트·선반 기타 이와 유사한 부분(폭이 1.2 m를 초과하는 것에 한한다)에 설치해야 한다. 다만, 폭이 9 m 이하인 실내에 있어서는 측벽에 설치할 수 있다.
　㉡ 스프링클러헤드를 설치하는 천장·반자·천장과 반자 사이·덕트·선반 등의 각 부분으로부터 하나의 스프링클러헤드까지의 수평거리는 다음의 기준과 같이 해야 한다. 다만, 성능이 별도로 인정된 스프링클러헤드를 수리계산에 따라 설치하는 경우에는 그렇지 않다.
　㉢ 헤드간 수평거리

설치장소		설치기준
무대부, 특수 가연물		수평거리 1.7[m]이하
-	기타 구조	수평거리 2.1[m]이하
	내화 구조	수평거리 2.3[m]이하

　• 무대부 또는 연소할 우려가 있는 개구부에 있어서는 개방형 스프링클러헤드를 설치하여야 한다.
　• 조기반응형 스프링클러헤드를 설치하여야 하는 장소
　　ⓐ 공동주택·노유자시설의 거실
　　ⓑ 오피스텔·숙박시설의 침실·병원의 입원실

⑥ 헤드의 배치형태
　㉠ 정사각형(정방형)
　　헤드간의 거리 중 가로의 거리와 세로의 거리가 동일한 헤드 배치 방식

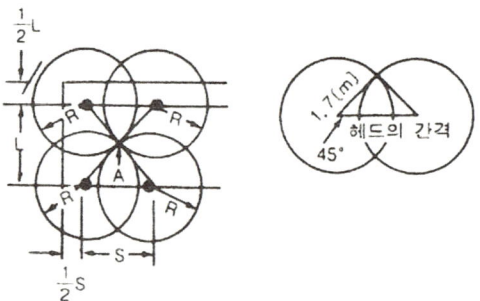

$S = 2R\cos 45°$(정방형) [S : 헤드간 거리, R : 수평거리]

ⓒ 직사각형(장방형)
   헤드간의 거리 중 가로의 거리와 세로의 거리가 동일하지 않은 헤드 배치 방식
⑦ 보와 가까운 헤드의 설치기준

스프링클러헤드의 반사판중심과 보의 수평거리 (L)	스프링클러헤드의 반사판 높이와 보의 하단높이의 수직거리 (H)
0.75[m] 미만	보의 하단보다 낮은 것
0.75[m] 이상 1[m] 미만	0.1[m] 미만일 것
1[m] 이상 1.5[m] 미만	0.15[m] 미만일 것
1.5[m] 이상	0.3[m] 미만일 것

⑧ 헤드의 설치기준
   ㉠ 헤드로부터 반경 60[cm]이상의 공간을 보유.(벽과 헤드사이 거리는 10cm 이상)

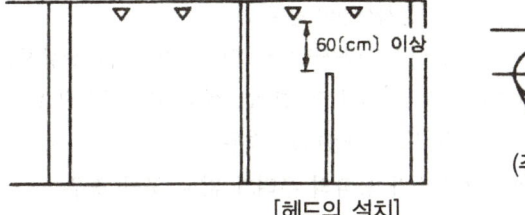
[헤드의 설치]

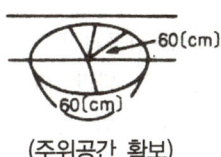
(주위공간 확보)

   ㉡ 헤드 부착면(상향식 헤드의 경우에는 그 헤드의 직상부의 천장·반자 또는 이와 비슷한 것을 말한다. 이하 같다)과의 거리는 30[cm]이하
   ㉢ 스프링클러헤드의 반사판이 그 부착면과 평행되게 설치
   ㉣ 배관, 행거 및 조명기구 등 살수를 방해하는 것이 있는 경우에는 그 아래 설치
      (다만, 스프링클러헤드와 장애물과의 이격거리를 장애물 폭이 3배 이상 확보한 경우에는 그러하지 아니하다.)

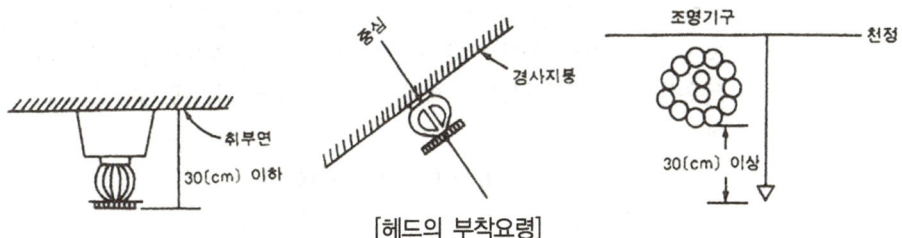
[헤드의 부착요령]

   ㉤ 연소할 우려가 있는 개구부에는 그 상하좌우에 2.5 m 간격으로(개구부의 폭이 2.5 m 이하인 경우에는 그 중앙에) 스프링클러헤드를 설치하되, 스프링클러헤드와 개구부의 내측 면으로부터 직선거리는 15 ㎝ 이하가 되도록 할 것. 이 경우 사람이 상시 출입하는 개구부로서 통행에 지장이 있는 때에는 개구부의 상부 또는 측면(개구부의 폭이 9 m 이하인 경우에 한한다)에 설치하되, 헤드 상호간의 간격은 1.2 m 이하로 설치
   ㉥ 천장의 최상부를 중심으로 가지관을 서로 마주보게 설치하는 경우에는 최상부의 가지관 상호간의 거리가 가지관상의 스프링클러헤드 상호간의 거리의 2분의 1이하(최소 1 m 이

상이 되어야 한다)가 되게 스프링클러헤드를 설치하고, 가지관의 최상부에 설치하는 스프링클러헤드는 천장의 최상부로부터의 수직거리가 90 ㎝ 이하가 되도록 할 것. 톱날지붕, 둥근지붕 기타 이와 유사한 지붕의 경우에도 이에 준한다.

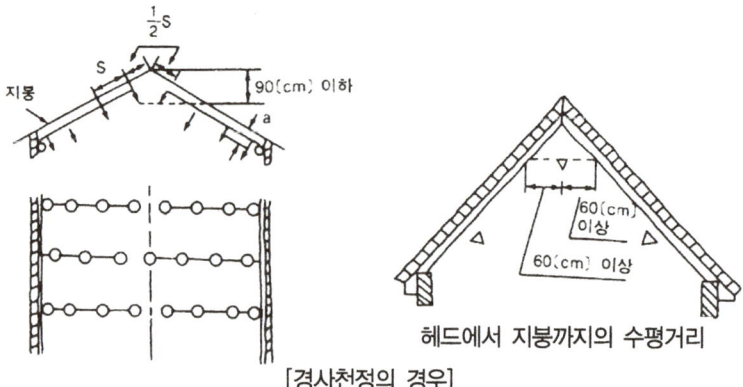

[경사천정의 경우]

ⓧ 습식스프링클러설비 및 부압식스프링클러설비 외의 설비에는 상향식스프링클러헤드를 설치할 것. 다만, 다음의 어느 하나에 해당하는 경우에는 그렇지 않다.
　ⓐ 드라이펜던트스프링클러헤드를 사용하는 경우
　ⓑ 스프링클러헤드의 설치장소가 동파의 우려가 없는 곳인 경우
　ⓒ 개방형스프링클러헤드를 사용하는 경우

ⓞ 측벽형스프링클러헤드를 설치하는 경우 긴 변의 한쪽 벽에 일렬로 설치(폭이 4.5 m 이상 9m 이하인 실에 있어서는 긴변의 양쪽에 각각 일렬로 설치하되 마주보는 스프링클러헤드가 나란히꼴이 되도록 설치)하고 3.6 m 이내마다 설치할 것

ⓩ 상부에 설치된 헤드의 방출수에 따라 감열부에 영향을 받을 우려가 있는 헤드에는 방출수를 차단할 수 있는 유효한 차폐판을 설치할 것

⑨ 스프링클러헤드의 설치제외 장소
　㉠ 계단실(특별피난계단의 부속실을 포함), 경사로, 승강기의 승강로 비상용승강기의 승강장·파이프 피트 및 덕트 피트(파이프·덕트를 통과시키기 위한 구획된 구멍에 한한다), 목욕실, 수영장(관람석부분 제외), 화장실, 직접 외기에 개방된 복도, 기타 이와 유사한 장소
　㉡ 통신기기실, 전자기기실, 기타 이와 유사한 장소
　㉢ 발전실, 변전실, 변압기, 기타 이와 유사한 장소
　㉣ 병원의 수술실, 응급처치실, 기타 이와 유사한 장소
　㉤ 천장과 반자 양쪽이 불연재료로 되어 있는 경우로서 그 사이의 거리 및 구조가 다음 각목의 1에 해당하는 부분
　　ⓐ 천장과 반자사이의 거리가 2[m] 미만인 부분
　　ⓑ 천장과 반자 사이의 벽이 불연재료이고 천장과 반자사이의 거리가 2[m] 이상으로서 그 사이에 가연물이 존재하지 아니하는 부분
　㉥ 천장, 반자 중 한쪽이 불연재료로 되어있고 천장과 반자사이의 거리가 1[m] 미만인 부분

ⓐ 천장 및 반자가 불연재료 외의 것으로 되어있고 천장과 반자사이의 거리가 0.5[m] 미만인 부분
ⓑ 현관 또는 로비 등으로서 바닥으로부터 높이가 20[m] 이상인 장소
ⓒ 영하의 냉장창고의 냉장실 또는 냉동창고의 냉동실
ⓓ 고온의 노가 설치된 장소 또는 물과 격렬하게 반응하는 물품의 저장 또는 취급장소

(5) 송수구

① 설치장소
  ㉠ 소방차가 쉽게 접근할 수 있는 잘 보이는 장소에 설치
  ㉡ 화재층으로부터 지면으로 떨어지는 유리창 등이 송수 및 그 밖의 소화작업에 지장을 주지 아니하는 장소에 설치
② 높이 : 높이가 0.5m 이상 1m 이하의 위치에 설치
③ 송수구 구경 : 65㎜의 쌍구형
④ 이물질 막기 위한 마개 설치
⑤ 폐쇄형스프링클러헤드를 사용하는 스프링클러설비의 송수구는 하나의 층의 바닥면적이 3,000㎡를 넘을 때마다 1개 이상(5개를 넘을 경우에는 5개로 한다)을 설치할 것
⑥ 송수구의 부근에는 자동배수밸브(또는 직경 5 ㎜의 배수공) 및 체크밸브를 설치할 것. 이 경우 자동배수밸브는 배관안의 물이 잘 빠질 수 있는 위치에 설치하되, 배수로 인하여 다른 물건이나 장소에 피해를 주지 않아야 한다.
⑦ 송수구에는 그 가까운 곳의 보기 쉬운 곳에 송수압력범위를 표시한 표지를 할 것

(6) 폐쇄형스프링클러설비의 방호구역 및 유수검지장치

① 하나의 방호구역 면적 : 3,000[㎡]를 초과하지 아니할 것
② 하나의 방호구역은 1개 이상의 유수검지장치 설치. 접근이 쉽고 점검하기 편리한 장소에 설치할 것
③ 하나의 방호구역은 2개 층에 미치지 아니하도록 할 것(다만, 1개층에 설치되는 스프링클러헤드의 수가 10개 이하인 경우와 복층형구조의 공동주택에는 3개층 이내로 할 수 있다.)
④ 유수검지장치를 실내에 설치하거나 보호용 철망 등으로 구획하여 바닥으로부터 0.8 m 이상 1.5 m 이하의 위치에 설치하되, 그 실 등에는 가로 0.5 m 이상 세로 1 m 이상의 개구부로서 그 개구부에는 출입문을 설치하고 그 출입문 상단에 "유수검지장치실" 이라고 표시한 표지를 설치할 것.
⑤ 스프링클러헤드에 공급되는 물은 유수검지장치를 지나도록 할 것. 다만, 송수구를 통하여 공급되는 물은 그렇지 않다.
⑥ 자연낙차에 따른 압력수가 흐르는 배관 상에 설치된 유수검지장치는 화재 시 물의 흐름을 검지할 수 있는 최소한의 압력이 얻어질 수 있도록 수조의 하단으로부터 낙차를 두어 설치할 것
⑦ 조기반응형 스프링클러헤드를 설치하는 경우에는 습식유수검지장치 또는 부압식스프링클러설비를 설치할 것

(7) 개방형스프링클러설비의 방수구역 및 일제개방밸브

① 하나의 방수구역은 2개 층에 미치지 않아야 한다.

② 하나의 방수구역을 담당하는 헤드의 개수는 50개 이하로 할 것. 다만, 2개 이상의 방수구역으로 나눌 경우에는 하나의 방수구역을 담당하는 헤드의 개수는 25개 이상으로 해야 한다.

③ 일제개방밸브의 설치 위치는 유수검지장치의 기준에 따르고, 표지는 "일제개방밸브실"이라고 표시해야 한다.

(8) 배관

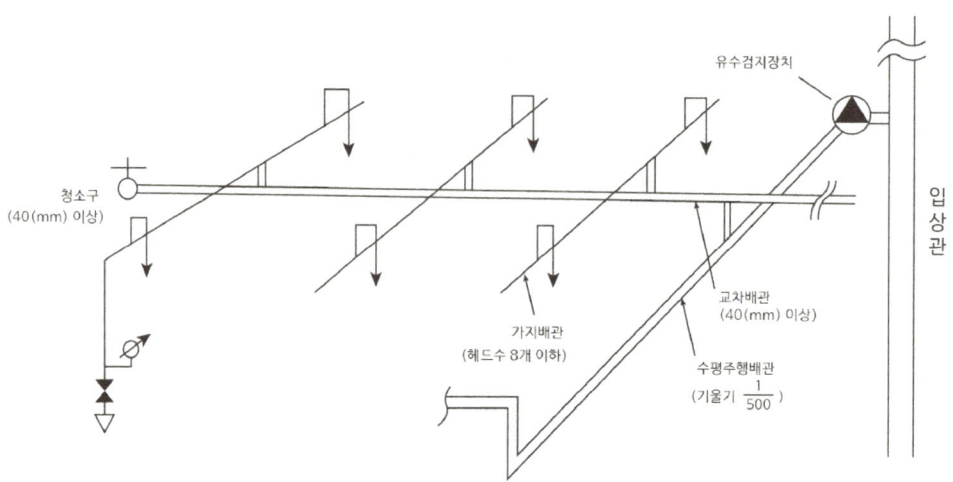

① 급수배관의 구경 설치기준

[스프링클러헤드 수별 급수관의 구경]   (단위[mm])

구분 \ 급수관의 구경	25	32	40	50	65	80	90	100	125	150
가	2	3	5	10	30	60	80	100	160	161 이상
나	2	4	7	15	30	60	65	100	160	161 이상
다	1	2	5	8	15	27	40	55	90	91 이상

㉠ 폐쇄형 스프링클러헤드를 사용하는 경우로서 1개층에서 하나의 급수배관(또는 밸브 등)이 담당하는 구역의 최대면적은 3,000[㎡]를 초과하지 아니할 것

㉡ 폐쇄형 스프링클러헤드를 사용하는 경우에는 "가"란의 헤드수에 따를 것. 다만, 100개 이상의 헤드를 담당하는 급수 배관(또는 밸브)의 구경을 100[mm]로 할 경우에는 수리계산을 통하여 구한다. (수리계산에 따르는 경우 가지배관의 유속은 6㎧, 그 밖의 배관의 유속은 10㎧를 초과할 수 없다.)

㉢ 폐쇄형 스프링클러헤드를 사용하고 반자아래의 헤드와 반자속의 헤드를 동일한 급수관의 가지관상에 병설하는 경우에는 "나"란의 헤드수에 따를 것

㉣ 무대부나 특수가연물을 저장하는 장소에 폐쇄형 헤드를 사용하는 배관의 구경은 "다"란의 헤드수에 따른다.

㉤ 개방형 스프링클러헤드를 설치하는 경우 하나의 방수구역이 담당하는 헤드의 개수가 30개 이하인 경우 "다"란의 헤드수에 의하고, 30개를 초과할 때에는 수리계산에 의한다.

② 가지배관 설치기준
　㉠ 토너먼트(tournament)방식이 아닐 것
　㉡ 교차배관에서 분기되는 지점을 기점으로 한쪽 가지배관에 설치되는 헤드의 개수(반자 아래와 반자속의 헤드를 하나의 가지배관 상에 병설하는 경우에는 반자 아래에 설치하는 헤드의 개수)는 8개 이하로 할 것. 다만, 다음 각 기준의 어느 하나에 해당하는 경우에는 그렇지 않다.
　　ⓐ 기존의 방호구역 안에서 칸막이 등으로 구획하여 1개의 헤드를 증설하는 경우
　　ⓑ 습식스프링클러설비 또는 부압식스프링클러설비에 격자형 배관방식(2 이상의 수평주행배관 사이를 가지배관으로 연결하는 방식을 말한다)을 채택하는 때에는 펌프의 용량, 배관의 구경 등을 수리학적으로 계산한 결과 헤드의 방수압 및 방수량이 소화목적을 달성하는 데 충분하다고 인정되는 경우

③ 교차배관의 위치·청소구 및 가지배관의 헤드설치 기준
　㉠ 교차배관은 가지배관과 수평으로 설치하거나 또는 가지배관 밑에 설치하고, 그 구경은 급수관의 구경에 따르되, 최소구경이 40 ㎜ 이상이 되도록 할 것. 다만, 패들형유수검지장치를 사용하는 경우에는 교차배관의 구경과 동일하게 설치할 수 있다.
　㉡ 청소구는 교차배관 끝에 40 ㎜ 이상 크기의 개폐밸브를 설치하고, 호스접결이 가능한 나사식 또는 고정배수 배관식으로 할 것. 이 경우 나사식의 개폐밸브는 옥내소화전 호스접결용의 것으로 하고, 나사보호용의 캡으로 마감해야 한다.
　㉢ 하향식헤드를 설치하는 경우에 가지배관으로부터 헤드에 이르는 헤드접속배관은 가지배관 상부에서 분기할 것. 다만, 소화설비용 수원의 수질이 「먹는물관리법」 제5조에 따라 먹는물의 수질기준에 적합하고 덮개가 있는 저수조로부터 물을 공급받는 경우에는 가지배관의 측면 또는 하부에서 분기할 수 있다.

④ 스프링클러설비 배관의 배수를 위한 기울기
　㉠ 습식스프링클러설비 또는 부압식 스프링클러설비의 배관을 수평으로 할 것. 다만, 배관의 구조상 소화수가 남아 있는 곳에는 배수밸브를 설치
　㉡ 습식스프링클러설비 또는 부압식 스프링클러설비 외의 설비에는 헤드를 향하여 상향으로 수평주행배관의 기울기를 500분의 1 이상, 가지배관의 기울기를 250분의 1 이상으로 할 것. 다만, 배관의 구조상 기울기를 줄 수 없는 경우에는 배수를 원활하게 할 수 있도록 배수밸브를 설치

⑤ 행거 설치기준
　㉠ 가지배관
　　가지배관에는 헤드의 설치지점 사이마다 1개 이상의 행거를 설치하되, 헤드간의 거리가 3.5 m를 초과하는 경우에는 3.5 m 이내마다 1개 이상 설치할 것. 이 경우 상향식헤드와 행거 사이에는 8 ㎝ 이상의 간격을 두어야 한다.

ⓒ 교차배관

교차배관에는 가지배관과 가지배관 사이마다 1개 이상의 행거를 설치하되, 가지배관 사이의 거리가 4.5 m를 초과하는 경우에는 4.5 m 이내마다 1개 이상 설치할 것(수평주행 배관에는 4.5 m 이내마다 1개 이상 설치할 것)

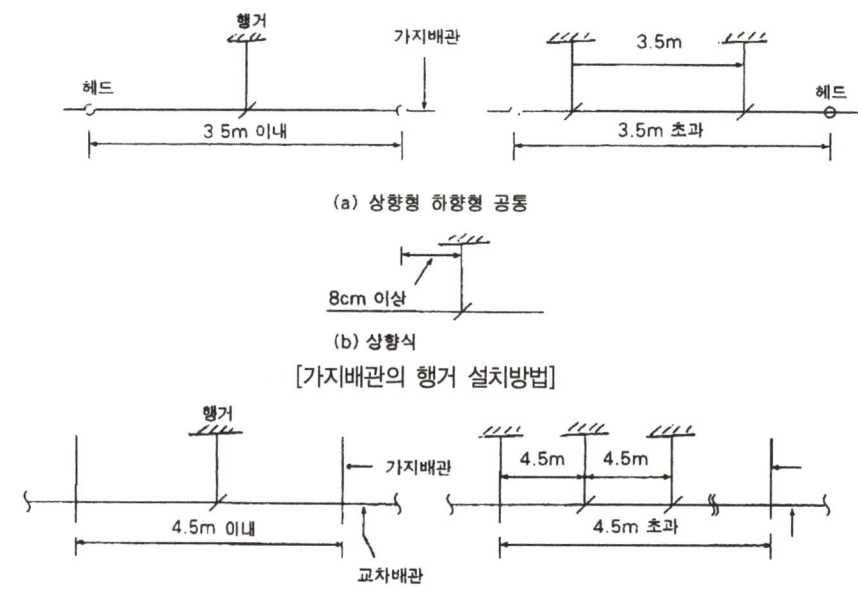

[가지배관의 행거 설치방법]

[교차배관의 행거 설치방법]

⑥ 수직배수배관의 구경은 50 ㎜ 이상으로 해야 한다. 다만, 수직배관의 구경이 50 ㎜ 미만인 경우에는 수직배관과 동일한 구경으로 할 수 있다.

⑦ 주차장의 스프링클러설비는 습식 외의 방식으로 해야 한다. 다만, 다음의 어느 하나에 해당하는 경우에는 그렇지 않다.

ⓐ 동절기에 상시 난방이 되는 곳이거나 그 밖에 동결의 우려가 없는 곳

ⓑ 스프링클러설비의 동결을 방지할 수 있는 구조 또는 장치가 된 것

⑧ 밸브 개폐상태 확인(탬퍼스위치)

급수배관에 설치되어 급수를 차단할 수 있는 개폐밸브에는 그 밸브의 개폐상태를 감시제어반에서 확인할 수 있도록 급수개폐밸브 작동표시 스위치를 설치하여야 한다.

※ 드렌처설비 설치기준

1. 드렌처 소화설비의 개요

드렌처 소화설비는 건축물의 창, 외벽 등의 개구부처마, 지붕 등에 있어서 건축물 옥외로부터 화재로 연소하기 쉬운 곳 또는 유리창문과 같이 열에 의하여 파손되기 쉬운 부분에 드렌처 헤드를 설치, 연속적으로 물을 살수하여 수막을 형성, 외부화재로부터 보호하는 소화설비이다.

2. 드렌처설비 설치기준(②③④항은 스프링클러와 동일)

① 드렌처 헤드는 개구부 위측에 2.5[m] 이내마다 1개를 설치할 것

② 제어밸브(일제개방밸브·개폐표시형 밸브 및 수동조작부를 합한 것을 말한다. 이하 같다)는 소방대상물 층마다에 바닥면으로부터 0.8[m] 이상 1.5[m] 이하의 위치에 설치할 것

③ 수원의 수량은 드렌처 헤드가 가장 많이 설치된 제어밸브의 드렌처 헤드의 설치 개수에 1.6[m³]를 곱하여 얻은 수치 이상이 되도록 할 것

④ 드렌처 설비는 드렌처 헤드가 가장 많이 설치된 제어밸브에 설치된 드렌처 헤드를 동시에 사용하는 경우에 각각의 헤드 선단에 방수압력이 0.1[MPa] 이상, 방수량이 1분당 80[ℓ] 이상이 되도록 하는 것

⑤ 수원에 연결하는 가압송수장치는 점검이 쉽고 화재 등의 재해로 인한 피해 우려가 없는 장소에 설치할 것

06 수원 및 가압송수장치의 펌프 등의 겸용

(1) 스프링클러설비의 수원을 옥내소화전설비·간이스프링클러설비·화재조기진압용 스프링클러설비·물분무소화설비·포소화설비 및 옥외소화전설비의 수원을 겸용하여 설치하는 경우의 저수량은 각 소화설비에 필요한 저수량을 합한 양 이상이 되도록 해야 한다. 다만, 이들 소화설비 중 고정식 소화설비(펌프·배관과 소화수 또는 소화약제를 최종 방출하는 방출구가 고정된 설비를 말한다. 이하 같다)가 2 이상 설치되어 있고, 그 소화설비가 설치된 부분이 방화벽과 방화문으로 구획되어 있는 경우에는 각 고정식 소화설비에 필요한 저수량 중 최대의 것 이상으로 할 수 있다.

(2) 스프링클러설비의 가압송수장치로 사용하는 펌프를 옥내소화전설비·간이스프링클러설비·화재조기진압용 스프링클러설비·물분무소화설비·포소화설비 및 옥외소화전설비의 가압송수장치와 겸용하여 설치하는 경우의 펌프의 토출량은 각 소화설비에 해당하는 토출량을 합한 양 이상이 되도록 해야 한다. 다만, 이들 소화설비 중 고정식 소화설비가 2 이상 설치되어 있고, 그 소화설비가 설치된 부분이 방화벽과 방화문으로 구획되어 있으며 각 소화설비에 지장이 없는 경우에는 펌프의 토출량 중 최대의 것 이상으로 할 수 있다.

CHAPTER 03 스프링클러설비의 화재안전기술기준 [NFTC 103]

01 스프링클러설비 가압송수장치의 설치기준 중 고가수조를 이용한 가압송수장치에 설치하지 않아도 되는 것은?

① 수위계
② 배수관
③ 오버플로우관
④ 압력계

정답 ④
해설 고가수조를 이용한 가압송수장치에는 급수관, 배수관, 맨홀, 수위계, 오버플로우관을 설치한다. (압력수계는 압력수조를 이용한 가압송수장치에 설치한다.)

02 스프링클러설비 본체내의 유수현상을 자동적으로 검지하여 신호 또는 경보를 발하는 장치는?

① 수압계폐장치
② 물올림장치
③ 일제개방밸브장치
④ 유수검지장치

정답 ④
해설 "유수검지장치"란 습식유수검지장치(패들형을 포함한다), 건식유수검지장치, 준비작동식유수검지장치를 말하며 본체 내의 유수현상을 자동적으로 검지하여 신호 또는 경보를 발하는 장치를 말한다.

03 다음 중 스프링클러설비에서 자동경보밸브에 리타딩 챔버(retarding chamber)를 설치하는 목적으로 가장 적절한 것은?

① 자동으로 배수하기 위하여
② 입력수의 압력을 조절하기 위하여
③ 자동경보밸브의 오보를 방지하기 위하여
④ 경보를 발하기까지 시간을 단축하기 위하여

정답 ③
해설 리타딩 챔버는 자동경보밸브에서의 오보 방지를 위해 설치한다.

04 스프링클러설비의 가압송수장치의 정격토출압력은 하나의 헤드선단에 얼마의 방수압력이 될 수 있는 크기이어야 하는가? `19-4 기사`
① 0.01 MPa 이상 0.05 MPa 이하
② 0.1 MPa 이상 1.2 MPa 이하
③ 1.5 MPa 이상 2.0 MPa 이하
④ 2.5 MPa 이상 3.3 MPa 이하

> **정답** ②
> **해설** ● 스프링클러 설비의 성능
> (1) 정격토출량 : 80[L/min] 이상
> (2) 정격토출압력 : 0.1[MPa] 이상 1.2[MPa] 이하

05 스프링클러헤드에서 이융성 금속으로 융착되거나 이융성 물질에 의하여 조립된 것은? `22-2 기사`
① 프레임(frame)
② 디플렉터(deflector)
③ 유리벌브(glass bulb)
④ 퓨지블링크(fusible link)

> **정답** ④
> **해설** 퓨지 블링크에 대한 설명이다.

06 아래 평면도와 같이 반자가 있는 어느 실내에 전등이나 공조용 디퓨져 등의 시설물을 무시하고 수평거리를 2.1[m]로 하여 스프링클러헤드를 정방형으로 설치하고자 할 때 최소 몇 개의 헤드를 설치해야 하는가? (단, 반자 속에는 헤드를 설치하지 아니하는 것으로 본다.) `19-2 기사`

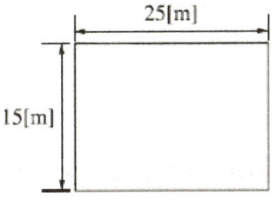

① 24개 ② 42개
③ 54개 ④ 72개

> **정답** ③
> **해설**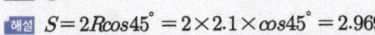
> • 가로 개수 : $25 \div 2.9698 = 8.41 = 9$개
> • 세로 개수 : $15 \div 2.9698 = 5.05 = 6$개
> ∴ $9 \times 6 = 54$개

07 스프링클러설비의 성능기준에 따라 폐쇄형스프링클러헤드를 최고 주위온도 40℃인 장소(공장 및 창고 제외)에 설치할 경우 표시온도는 몇 ℃의 것을 설치하여야 하는가? 21-4 기사 19-2 기사

① 79℃ 미만
② 79℃ 이상 121℃ 미만
③ 121℃ 이상 162℃ 미만
④ 162℃ 이상

정답 ②

해설 • 스프링클러 헤드 표시온도(T_M) 및 최고 주위온도(T_A)

설치장소의 최고 주위온도	표시온도
39[℃]미만	79[℃]미만
39[℃]이상 64[℃]미만	79[℃]이상 121[℃]미만
64[℃]이상 106[℃]미만	121[℃]이상 162[℃]미만
106[℃]이상	162[℃]이상

08 폐쇄형 스프링클러헤드 퓨지블링크형의 표시온도가 121℃~162℃인 경우 후레임의 색별로 옳은 것은? (단, 폐쇄형헤드이다.) 18-1 기사

① 파랑
② 빨강
③ 초록
④ 흰색

정답 ①

해설 • 스프링클러헤드의 형식승인 및 제품검사의 기술기준

퓨지블링크형	
표시온도[℃]	후레임의 색별
77[℃] 미만	색 표시 안함
78[℃]~120[℃]	흰색
121[℃]~162[℃]	파랑
163[℃]~203[℃]	빨강

09 스프링클러설비의 화재안전기준상 조기반응형 스프링클러헤드를 설치해야 하는 장소가 아닌 것은? 21-1 기사 17-1 기사

① 수련시설의 침실
② 공동주택의 거실
③ 오피스텔의 침실
④ 병원의 입원실

정답 ①

해설 • 조기반응형 스프링클러헤드를 설치하여야 하는 장소
  ⓐ 공동주택·노유자시설의 거실
  ⓑ 오피스텔·숙박시설의 침실·병원의 입원실

10 스프링클러설비의 기술기준에 따라 스프링클러헤드를 설치하지 않을 수 있는 장소로만 나열된 것은? 21-4 기사 19-2 기사

① 계단실, 병실, 목욕실, 냉동창고의 냉동실, 아파트(대피공간 제외)
② 발전실, 병원의 수술실·응급처치실, 통신기기실, 관람석이 없는 실내 테니스장(실내 바닥·벽 등이 불연재료)
③ 냉동창고의 냉동실, 변전실, 병실, 목욕실, 수영장 관람석
④ 병원의 수술실, 관람석이 없는 실내 테니스장(실내 바닥·벽 등이 불연재료), 변전실, 발전실, 아파트(대피공간 제외)

> **정답** ②
> **해설** (보기①) 계단실, 병실(제외X), 목욕실, 냉동창고의 냉동실, 아파트(대피공간 제외)(제외 X)
> (보기③) 냉동창고의 냉동실, 변전실, 병실(제외X), 목욕실, 수영장 관람석(제외X)
> (보기④) 병원의 수술실, 관람석이 없는 실내 테니스장(실내 바닥·벽 등이 불연재료), 변전실, 발전실, 아파트(대피공간 제외)(제외 X)

11 스프링클러설비 헤드의 설치기준 중 다음 (　) 안에 알맞은 것은? 22-1 기사 18-2 기사

> 살수가 방해되지 아니하도록 스프링클러 헤드부터 반경 (㉠)cm 이상의 공간을 보유할 것. 다만, 벽과 스프링클러헤드간의 공간은 (㉡)cm 이상으로 한다.

① ㉠ 10, ㉡ 60
② ㉠ 30, ㉡ 10
③ ㉠ 60, ㉡ 10
④ ㉠ 90, ㉡ 60

> **정답** ③
> **해설** 살수가 방해되지 아니하도록 스프링클러 헤드부터 반경 (㉠60)cm 이상의 공간을 보유할 것. 다만, 벽과 스프링클러헤드간의 공간은 (㉡10)cm 이상으로 한다.

12 스프링클러헤드의 설치기준 중 옳은 것은? 18-1 기사

① 살수가 방해되지 아니하도록 스프링클러 헤드로부터 반경 30cm 이상의 공간을 보유할 것
② 스프링클러헤드와 그 부착면과의 거리는 60cm 이하로 할 것
③ 측벽형스프링클러헤드를 설치하는 경우 긴 변의 한쪽 벽에 일렬로 설치하고 3.2 m 이내마다 설치할 것
④ 연소할 우려가 있는 개구부에는 그 상하좌우에 2.5m 간격으로 스프링클러 헤드를 설치하되, 스프링클러헤드와 개구부의 내측 면으로부터 직선거리는 15cm 이하가 되도록 할 것

정답 ④

해설 (보기①) 살수가 방해되지 아니하도록 스프링클러 헤드로부터 반경 60cm 이상의 공간을 보유할 것
(보기②) 스프링클러헤드와 그 부착면과의 거리는 30cm 이하로 할 것
(보기③) 측벽형스프링클러헤드를 설치하는 경우 긴 변의 한쪽 벽에 일렬로 설치하고 3.6 m 이내마다 설치할 것

13 천장의 기울기가 10분의 1을 초과할 경우에 가지관의 최상부에 설치되는 톱날지붕의 스프링클러헤드는 천장의 최상부로부터의 수직거리가 몇 cm 이하가 되도록 설치하여야 하는가?

19-4 기사

① 50
② 70
③ 90
④ 120

정답 ③

해설 천장의 기울기가 1/10을 초과하는 경우에는 그림과 같이 가지관을 천장의 마루와 평행되게 하고 천장의 마루를 중심으로 한 최상부의 가지관 상호간의 거리는 가지관상의 스프링클러헤드 상호간의 1/2 이하가 되게 하여 스프링클러헤드를 설치하고 천장의 최상부에 설치하는 스프링클러헤드는 그 부착면으로부터의 수직거리가 90[cm] 이하가 되도록 설치

14 스프링클러설비의 기술기준상 스프링클러설비를 설치하여야 할 특정소방대상물에 있어서 스프링클러헤드를 설치하지 아니할 수 있는 장소 기준으로 틀린 것은?

21-1 기사 18-4 기사

① 천장과 반자 양쪽이 불연재료로 되어 있고 천장과 반자사이의 거리가 2.5m 미만인 부분
② 천장 및 반자가 불연재료 외의 것으로 되어 있고 천장과 반자사이의 거리가 0.5m 미만인 부분
③ 천장·반자 중 한쪽이 불연재료로 되어 있고 천장과 반자사이의 거리가 1m 미만인 부분
④ 현관 또는 로비 등으로서 바닥으로부터 높이가 20m 이상인 장소

정답 ①

해설 ● 스프링클러설비 헤드 설치 제외
① 천장과 반자 양쪽이 불연재료로 되어 있는 경우로서 그 사이의 거리 및 구조가 다음 각목의 1에 해당하는 부분
 ㉠ 천장과 반자사이의 거리가 2[m] 미만인 부분
 ㉡ 천장과 반자 사이의 벽이 불연재료이고 천장과 반자사이의 거리가 2[m] 이상으로서 그 사이에 가연물이 존재하지 아니하는 부분
② 천장, 반자 중 한쪽이 불연재료로 되어있고 천장과 반자사이의 거리가 1[m] 미만인 부분
③ 천장 및 반자가 불연재료 외의 것으로 되어있고 천장과 반자사이의 거리가 0.5[m] 미만인 부분

15 스프링클러설비의 화재안전기준에 따른 특정소방대상물의 방호구역 층마다 설치하는 폐쇄형 스프링클러설비 유수검지장치의 설치 높이 기준은?　　　　　　　　　　　　20-4 기사
① 바닥으로부터 0.8m 이상 1.2m 이하
② 바닥으로부터 0.8m 이상 1.5m 이하
③ 바닥으로부터 1.0m 이상 1.2m 이하
④ 바닥으로부터 1.0m 이상 1.5m 이하

정답 ②
해설 유수검지장치는 바닥으로부터 0.8[m] 이상 1.5[m] 이하의 위치에 설치(개구부가 가로 0.5m 이상 세로 1m 이상의 출입문을 설치하고 그 출입문 상단에 "유수검지장치실"이라고 표시한 표지를 설치) 한다.

16 스프링클러설비의 기술기준상 폐쇄형 스프링클러헤드의 방호구역·유수검지장치에 대한 기준으로 틀린 것은?　　　　　　　　　　　　21-1 기사
① 하나의 방호구역에는 1개 이상의 유수검지장치를 설치하되, 화재발생시 접근이 쉽고 점검하기 편리한 장소에 설치할 것
② 하나의 방호구역에는 2개 층에 미치지 아니하도록 할 것. 다만, 1개 층에 설치되는 스프링클러헤드의 수가 10개 이하인 경우와 복층형구조의 공동주택에는 3개 층 이내로 할 수 있다.
③ 송수구를 통하여 스프링클러헤드에 공급되는 물은 유수검지장치 등을 지나도록 할 것
④ 조기반응형 스프링클러헤드를 설치하는 경우에는 습식유수검지장치 또는 부압식스프링클러설비를 설치할 것

정답 ③
해설 ● 폐쇄형스프링클러설비의 방호구역·유수검지장치 기준
스프링클러헤드에 공급되는 물은 유수검지장치를 지나도록 할 것. 다만, 송수구를 통하여 공급되는 물은 그렇지 않다.

17 스프링클러설비의 기술기준상 개방형스프링클러설비에서 하나의 방수구역을 담당하는 헤드의 개수는 최대 몇 개 이하로 해야 하는가? (단, 방수구역은 나누어져 있지 않고 하나의 구역으로 되어 있다.)　　　　　　　21-2 기사　20-1 기사　19-1 기사
① 50　　　　　　　② 40
③ 30　　　　　　　④ 20

정답 ①
해설 ● 방수구역 기준
1. 하나의 방수구역은 2개층에 미치지 아니할 것
2. 방수구역마다 일제개방밸브를 설치할 것
3. 하나의 방수구역을 담당하는 헤드의 수는 50개 이하로 할 것
다만, 2개 이상의 방수구역으로 나눌 경우에는 하나의 방수구역을 담당하는 헤드의 개수는 25개 이상으로 할 것
4. 일제개방밸브의 설치위치 및 표지는 폐쇄형헤드를 사용하는 경우의 방호구역의 기준과 동일

18 스프링클러설비의 기술기준에 따른 습식유수검지장치를 사용하는 스프링클러설비시험장치의 설치기준에 대한 설명으로 **틀린** 것은?　　20-4 기사　18-1 기사

① 건식스프링클러설비는 유수검지장치에서 가장 가까운 가지배관의 끝으로부터 연결하여 설치해야 한다.
② 시험배관의 끝에는 물받이 통 및 배수관을 설치하여 시험 중 방사된 물이 바닥에 흘러내리지 않도록 해야 한다.
③ 화장실과 같은 배수처리가 쉬운 장소에 시험배관을 설치한 경우에는 물받이 통 및 배수관을 생략할 수 있다.
④ 시험장치 배관의 구경은 25mm 이상으로하고, 그 끝에 개폐밸브 및 개방형헤드 또는 스프링클러헤드와 동등한 방수성능을 가진 오리피스를 설치할 수 있다.

> **정답** ①
>
> **해설** (보기①) 건식스프링클러설비는 유수검지장치에서 가장 가까운 가지배관의 끝으로부터 연결하여 설치해야 한다. → 가장먼 가지배관의 끝으로부터 연결하여 설치한다.
>
> ● **시험장치 설치기준**
>   ① 습식유수검지장치 또는 건식유수검지장치를 사용하는 스프링클러설비와 부압식스프링클러설비에는 동 장치를 시험할 수 있는 시험장치를 다음의 기준에 따라 설치
>   ㉠ 습식스프링클러설비 및 부압식스프링클러설비에 있어서는 유수검지장치 2차 측 배관에 연결하여 설치하고 건식스프링클러설비인 경우 유수검지장치에서 가장 먼 거리에 위치한 가지배관의 끝으로부터 연결하여 설치할 것. 이 경우 유수검지장치 2차 측 설비의 내용적이 2,840 L를 초과하는 건식스프링클러설비는 시험장치 개폐밸브를 완전 개방 후 1분 이내에 물이 방사되어야 한다.
>   ㉡ 시험장치 배관의 구경은 25 ㎜ 이상으로 하고, 그 끝에 개폐밸브 및 개방형헤드 또는 스프링클러헤드와 동등한 방수성능을 가진 오리피스를 설치할 것. 이 경우 개방형헤드는 반사판 및 프레임을 제거한 오리피스만으로 설치할 수 있다.
>   ㉢ 시험배관의 끝에는 물받이 통 및 배수관을 설치하여 시험 중 방사된 물이 바닥에 흘러내리지 않도록 할 것. 다만, 목욕실·화장실 또는 그 밖의 곳으로서 배수처리가 쉬운 장소에 시험배관을 설치한 경우에는 그렇지 않다.

19 스프링클러설비의 기술기준상 스프링클러설비의 교차배관에서 분기되는 지점을 기점으로 한쪽 가지배관에 설치되는 헤드의 개수는 최대 몇 개 이하인가? (단, 방호구역 안에서 칸막이 등으로 구획하여 헤드를 증설하는 경우와 격자형 배관방식을 채택하는 경우는 제외한다.)　　20-2 기사　19-4 기사

① 8　　　　　　　　　　　　② 10
③ 12　　　　　　　　　　　④ 15

> **정답** ①
>
> **해설** ● **가지배관 설치기준**
> 교차배관에서 분기되는 지점을 기점으로 한쪽 가지배관에 설치되는 헤드의 개수(반자 아래와 반자속의 헤드를 하나의 가지배관 상에 병설하는 경우에는 반자 아래에 설치하는 헤드의 개수)는 8개 이하로 할 것.

20 스프링클러소화설비의 배관 내 압력이 얼마 이상일 때 압력배관용 탄소강관을 사용해야 하는가?

① 0.1 MPa ② 0.5 MPa
③ 0.8 MPa ④ 1.2 MPa

정답 ④
해설 • 배관 내 사용압력이 1.2[MPa]이상
1. 압력배관용탄소강관
2. 배관용 아크용접 탄소강강관

21 개방형스프링클러헤드 30개를 설치하는 경우 급수관의 구경은 몇 mm로 하여야 하는가?

① 65 ② 80
③ 90 ④ 100

정답 ③
해설

[스프링클러헤드 수별 급수관의 구경]   (단위[mm])

급구관의 구경 구분	25	32	40	50	65	80	90	100	125	150
가	2	3	5	10	30	60	80	100	160	161 이상
나	2	4	7	15	30	60	65	100	160	161 이상
다	1	2	5	8	15	27	40	55	90	91 이상

22 스프링클러헤드의 설치기준 중 다음 ( ) 안에 알맞은 것은?

> 연소할 우려가 있는 개구부에는 그 상하좌우에 (㉠)[m] 간격으로 스프링클러헤드를 설치하되, 스프링클러헤드와 개구부의 내측면으로부터 직선거리는 (㉡)[cm] 이하가 되도록 할 것

① ㉠ 1.7, ㉡ 15 ② ㉠ 2.5, ㉡ 15
③ ㉠ 1.7, ㉡ 25 ④ ㉠ 2.5, ㉡ 25

정답 ②
해설 연소할 우려가 있는 개구부에는 그 상하좌우에 (㉠ 2.5)[m] 간격으로 스프링클러헤드를 설치하되, 스프링클러헤드와 개구부의 내측면으로부터 직선거리는 (㉡ 15)[cm] 이하가 되도록 할 것

23 스프링클러설비의 기술기준에 따라 연소할 우려가 있는 개구부에 드렌처설비를 설치한 경우 해당 개구부에 한하여 스프링클러헤드를 설치하지 아니할 수 있다. 관련 기준으로 **틀린** 것은?

`20-1 기사`

① 드렌처헤드는 개구부 위 측에 2.5m 이내마다 1개를 설치할 것
② 제어밸브는 특정소방대상물 층마다에 바닥면으로부터 0.5m 이상 1.5m 이하의 위치에 설치할 것
③ 드렌처헤드가 가장 많이 설치된 제어밸브에 설치된 드렌처헤드를 동시에 사용하는 경우에 각 헤드 선단의 방수압력은 0.1MPa 이상이 되도록 할 것
④ 드렌처헤드가 가장 많이 설치된 제어밸브에 설치된 드렌처헤드를 동시에 사용하는 경우에 각 헤드선단의 방수량은 80L/min 이상이 되도록 할 것

정답 ②

해설 ● 드렌처설비 설치기준
① 드렌처 헤드는 개구부 위측에 2.5[m] 이내마다 1개를 설치할 것
② 제어밸브(일제개방밸브·개폐표시형 밸브 및 수동조작부를 합한 것을 말한다. 이하 같다)는 소방대상물 층마다에 바닥면으로부터 0.8[m] 이상 1.5[m] 이하의 위치에 설치할 것
③ 수원의 수량은 드렌처 헤드가 가장 많이 설치된 제어밸브의 드렌처 헤드의 설치 개수에 1.6[㎥]를 곱하여 얻은 수치 이상이 되도록 할 것
④ 드렌처 설비는 드렌처 헤드가 가장 많이 설치된 제어밸브에 설치된 드렌처 헤드를 동시에 사용하는 경우에 각각의 헤드 선단에 방수압력이 0.1[MPa] 이상, 방수량이 1분당 80[ℓ] 이상이 되도록 하는 것
⑤ 수원에 연결하는 가압송수장치는 점검이 쉽고 화재 등의 재해로 인한 피해 우려가 없는 장소에 설치할 것

24 스프링클러설비 배관의 설치기준으로 **틀린** 것은?

`17-1 기사`

① 급수배관의 구경은 수리계산에 따르는 경우 가지배관의 유속은 6m/s, 그 밖의 배관의 유속은 10m/s를 초과할 수 없다.
② 연결송수관설비의 배관과 겸용할 경우의 주배관은 구경 100mm 이상, 방수구로의 연결되는 배관의 구경은 65mm 이상의 것으로 하여야 한다.
③ 수직배수배관의 구경은 50mm 이상으로 하여야 한다.
④ 가지배관에는 헤드의 설치지점 사이마다 1개 이상의 행가를 설치하되, 헤드간의 거리가 4.5m를 초과하는 경우에는 4.5m 이내마다 1개 이상 설치해야 한다.

정답 ④

해설 가지배관에는 헤드의 설치지점 사이마다 1개 이상의 행가를 설치하되, 헤드간의 거리가 3.5m를 초과하는 경우에는 3.5m 이내마다 1개 이상 설치해야 한다.

CHAPTER 04 간이스프링클러설비의 화재안전기술기준 [NFTC 103A]
[시행 2023. 2. 10.] [2022. 12. 1. 제정]

01 용어의 정의

(1) "간이헤드"란 폐쇄형스프링클러헤드의 일종으로 간이스프링클러설비를 설치해야 하는 특정소방대상물의 화재에 적합한 감도·방수량 및 살수분포를 갖는 헤드를 말한다.

(2) "캐비닛형 간이스프링클러설비"란 가압송수장치, 수조(「캐비닛형 간이스프링클러설비 성능인증 및 제품검사의 기술기준」에서 정하는 바에 따라 분리형으로 할 수 있다) 및 유수검지장치 등을 집적화하여 캐비닛 형태로 구성시킨 간이 형태의 스프링클러설비를 말한다.

(3) "상수도직결형 간이스프링클러설비"란 수조를 사용하지 않고 상수도에 직접 연결하여 항상 기준 방수압 및 방수량 이상을 확보할 수 있는 설비를 말한다.

02 간이 스프링클러 설비의 구성

(1) 수원

① 상수도직결형의 경우에는 수돗물

② 수조("캐비닛형"을 포함한다)를 사용하고자 하는 경우에는 적어도 1개 이상의 자동급수장치를 갖추어야 하며, 2개의 간이헤드에서 최소 10분[영 별표 4 제1호마목2)가) 또는 6)과 8)에 해당하는 경우에는 5개의 간이헤드에서 최소 20분] 이상 방수할 수 있는 양 이상을 수조에 확보할 것

> ① $Q[\ell]$ = 2개 × 50[ℓ/min] × 10[min] (간이헤드)
> ② [영 별표 4 제1호마목2)가) 또는 6)과 8)에 해당하는 경우 : 근린생활·수박시설·복합건축물]
>   1) 근린생활시설로 사용하는 부분의 바닥면적 합계가 1천㎡ 이상인 것은 모든 층
>   6) 숙박시설 중 생활형 숙박시설로 해당용도로 사용되는 바닥면적의 합계가 600㎡ 이상인 것
>   8) 복합건축물로서 연면적 1천 ㎡ 이상인 것은 모든 층
>   → $Q[\ell]$ = 5개 × 50[ℓ/min] × 20[min] (간이헤드)
> ③ 간이스프링클러설비가 설치되는 특정소방대상물에 부설된 주차장 부분에 설치
>   → $Q[\ell]$ = 2개 × 80[ℓ/min] × 10[min] (표준반응형헤드)

(2) 가압송수장치

방수압력(상수도직결형은 상수도압력)은 가장 먼 가지배관에서 2개[영 별표 4 제1호마목2)가) 또는 6)과 8)에 해당하는 경우에는 5개]의 간이헤드를 동시에 개방할 경우 각각의 간이헤드 선단 방수압력은 0.1 MPa 이상, 방수량은 50 L/min 이상이어야 한다. 다만, 주차장에 표준반응형 스프링클러헤드를 사용할 경우 헤드 1개의 방수량은 80 L/min 이상이어야 한다.

(3) 간이스프링클러설비의 배관 및 밸브등의 순서

① 상수도직결형

　㉠ 수도용계량기, 급수차단장치, 개폐표시형밸브, 체크밸브, 압력계, 유수검지장치(압력스위치 등 유수검지장치와 동등 이상의 기능과 성능이 있는 것을 포함한다), 2개의 시험밸브

　㉡ 간이스프링클러설비 이외의 배관에는 화재시 배관을 차단할 수 있는 급수차단장치를 설치할 것

② 펌프 등의 가압송수장치를 이용하여 배관 및 밸브 등을 설치하는 경우에는 수원, 연성계 또는 진공계, 펌프 또는 압력수조, 압력계, 체크밸브, 성능시험배관, 개폐표시형개폐밸브, 유수검지장치, 시험밸브의 순으로 설치할 것

③ 가압수조를 가압송수장치를 이용하여 배관 및 밸브 등을 설치하는 경우에는 수원, 가압수조, 압력계, 체크밸브, 성능시험배관, 개폐표시형개폐밸브, 유수검지장치, 2개의 시험밸브 순으로 설치할 것

④ 캐비닛형의 가압송수장치에 배관 및 밸브 등을 설치하는 경우에는 수원, 연성계 또는 진공계(수원이 펌프보다 높은 경우를 제외한다. 이하 같다), 펌프 또는 압력수조, 압력계, 체크밸브, 개폐표시형밸브, 2개의 시험밸브의 순으로 설치할 것. 다만, 소화용수의 공급은 상수도와 직결된 바이패스관 또는 펌프에서 공급받아야 한다.

03 간이헤드

(1) 폐쇄형간이헤드를 사용할 것

(2) 간이헤드의 작동온도 및 공칭작동온도

최대 주위 천장 온도	공칭 작동 온도
0[℃] 이상 38[℃] 이하	57[℃] 에서 77[℃]
39[℃] 이상 66[℃] 이하	79[℃] 에서 109[℃]

(3) 수평거리 : 2.3[m] 이하

04 간이스프링클러설비의 방호구역 및 유수검지장치

(1) 하나의 방호구역의 바닥면적은 1,000 ㎡를 초과하지 않을 것

(2) 하나의 방호구역에는 1개 이상의 유수검지장치를 설치하되, 화재 시 접근이 쉽고 점검하기 편리한 장소에 설치할 것

(3) 하나의 방호구역은 2개 층에 미치지 않도록 할 것. 다만, 1개 층에 설치되는 간이헤드의 수가 10개 이하인 경우에는 3개 층 이내로 할 수 있다.

CHAPTER 04 간이스프링클러설비의 화재안전기술기준 [NFTC 103A]

01 폐쇄형간이헤드를 사용하는 설비의 경우로서 1개 층에 하나의 급수배관(또는 밸브 등)이 담당하는 구역의 최대면적은 몇 ㎡를 초과하지 아니하여야 하는가?   17-4 기사
① 1000
② 2000
③ 2500
④ 3000

정답 ①
해설 폐쇄형 간이헤드를 사용하는 설비는 하나의 방호구역의 바닥면적은 1,000㎡를 초과하지 않을 것

02 간이스프링클러설비의 화재안전기준상 간이스프링클러설비의 배관 및 밸브 등의 설치순서로 맞는 것은? (단, 수원이 펌프보다 낮은 경우이다.)   22-1 기사
① 상수도직결형은 수도용계량기, 급수차단장치, 개폐표시형밸브, 체크밸브, 압력계, 유수검지장치, 2개의 시험밸브 순으로 설치할 것
② 펌프 설치 시에는 수원, 연성계 또는 진공계, 펌프 또는 압력수조, 압력계, 체크밸브, 개폐표시형밸브, 유수검지장치, 2개의 시험밸브 순으로 설치할 것
③ 가압수조 이용 시에는 수원, 가압수조, 압력계, 체크밸브, 개폐표시형밸브, 유수검지장치, 1개의 시험밸브 순으로 설치할 것
④ 캐비닛형인 경우 수원, 펌프 또는 압력수조, 압력계, 체크밸브, 연성계 또는 진공계, 개폐표시형밸브 순으로 설치할 것

정답 ①
해설 (보기②) 펌프 등의 가압송수장치를 이용하여 배관 및 밸브 등을 설치하는 경우에는 수원, 연성계 또는 진공계, 펌프 또는 압력수조, 압력계, 체크밸브, 성능시험배관, 개폐표시형개폐밸브, 유수검지장치, 시험밸브의 순으로 설치할 것
(보기③) 가압수조를 가압송수장치를 이용하여 배관 및 밸브 등을 설치하는 경우에는 수원, 가압수조, 압력계, 체크밸브, 성능시험배관, 개폐표시형개폐밸브, 유수검지장치, 2개의 시험밸브 순으로 설치할 것
(보기④) 캐비닛형의 가압송수장치에 배관 및 밸브 등을 설치하는 경우에는 수원, 연성계 또는 진공계(수원이 펌프보다 높은 경우를 제외한다. 이하 같다), 펌프 또는 압력수조, 압력계, 체크밸브, 개폐표시형밸브, 2개의 시험밸브의 순으로 설치할 것. 다만, 소화용수의 공급은 상수도와 직결된 바이패스관 또는 펌프에서 공급받아야 한다.

CHAPTER 05 화재조기진압용 스프링클러설비의 화재안전기술기준 [NFTC 103B]
[시행 2023. 2. 10.] [2022. 12. 1 제정]

01 용어의 정의

"화재조기진압용 스프링클러헤드"란 특정한 높은 장소의 화재위험에 대하여 조기에 진화할 수 있도록 설계된 헤드를 말한다.

02 설치장소의 구조

(1) 해당 층의 높이가 13.7 m 이하일 것. 다만, 2층 이상일 경우에는 해당 층의 바닥을 내화구조로 하고 다른 부분과 방화구획 할 것
(2) 천장의 기울기가 1,000분의 168을 초과하지 않아야 하고, 이를 초과하는 경우에는 반자를 지면과 수평으로 설치할 것
(3) 천장은 평평해야 하며 철재나 목재트러스 구조인 경우, 철재나 목재의 돌출 부분이 102 ㎜를 초과하지 않을 것
(4) 보로 사용되는 목재·콘크리트 및 철재 사이의 간격이 0.9 m 이상 2.3 m 이하일 것. 다만, 보의 간격이 2.3 m 이상인 경우에는 화재조기진압용 스프링클러헤드의 동작을 원활히 하기 위해 보로 구획된 부분의 천장 및 반자의 넓이가 28 ㎡를 초과하지 않을 것
(5) 창고 내의 선반 등의 형태는 하부로 물이 침투되는 구조로 할 것

03 수원

화재조기진압용 스프링클러설비의 수원은 수리학적으로 가장 먼 가지배관 3개에 각각 4개의 스프링클러헤드가 동시에 개방되었을 때 헤드선단의 압력이 아래표에 따른 값 이상으로 60분간 방수할 수 있는 양 이상으로 계산식은 식 (2.2.1)과 같다.

[화재조기진압용 스프링클러헤드의 최소방사압력]

최대층고	최대저장 높이	화재조기진압용스프링클러헤드				
		K=360 하향식	K=320 하향식	K=240 하향식	K=240 상향식	K=200 하향식
13.7[m]	12.2[m]	0.28	0.28	–	–	–
13.7[m]	10.7[m]	0.28	0.28	–	–	–
12.2[m]	10.7[m]	0.17	0.28	0.36	0.36	0.52
10.7[m]	9.1[m]	0.14	0.24	0.36	0.36	0.52
9.1[m]	7.6[m]	0.10	0.17	0.24	0.24	0.34

(계산식 2.2.1)

- $Q = K\sqrt{10P} \times 12 \times 60$

  여기서, ・ Q : 수원의 양[ℓ] ・ K : 상수[ℓ/min/(MPa$^{1/2}$)] ・ P : 헤드선단의 압력[MPa]

04 화재조기진압용 스프링클러설비의 헤드

(1) 헤드 하나의 방호면적은 6.0 ㎡ 이상 9.3 ㎡ 이하로 할 것
(2) 가지배관의 헤드 사이의 거리는 천장의 높이가 9.1 m 미만인 경우에는 2.4 m 이상 3.7 m 이하로, 9.1 m 이상 13.7 m 이하인 경우에는 3.1 m 이하로 할 것
(3) 헤드의 반사판은 천장 또는 반자와 평행하게 설치하고 저장물의 최상부와 914 ㎜ 이상 확보되도록 할 것
(4) 하향식 헤드의 반사판의 위치는 천장이나 반자 아래 125 ㎜ 이상 355 ㎜ 이하일 것
(5) 상향식 헤드의 감지부 중앙은 천장 또는 반자와 101 ㎜ 이상 152 ㎜ 이하이어야 하며, 반사판의 위치는 스프링클러 배관의 윗부분에서 최소 178 ㎜ 상부에 설치되도록 할 것
(6) 헤드와 벽과의 거리는 헤드 상호간 거리의 2분의 1을 초과하지 않아야 하며 최소 102 ㎜ 이상일 것
(7) 헤드의 작동온도는 74 ℃ 이하일 것. 다만, 헤드 주위의 온도가 38 ℃ 이상의 경우에는 그 온도에서의 화재시험 등에서 헤드 작동에 관하여 공인기관의 시험을 거친 것을 사용할 것

05 저장물의 간격

저장 물품의 사이의 간격은 모든 방향에서 152[㎜] 이상의 간격을 유지

06 설치제외 장소

(1) 제4류 위험물
(2) 타이어, 두루마리 종이 및 섬유류 등 연소시 화염의 속도가 빠르고 방사된 물이 하부까지 도달하지 못하는 것

CHAPTER 05 화재조기진압용 스프링클러설비의 화재안전기술기준 [NFTC 103B]

01 화재조기진압용 스프링클러설비의 기술기준상 화재조기진압용 스프링클러설비 설치 장소의 구조 기준으로 **틀린** 것은?
  20-1 기사

① 창고 내의 선반의 형태는 하부로 물이 침투되는 구조로 할 것
② 천장의 기울기가 1,000분의 168을 초과하지 않아야 하고, 이를 초과하는 경우에는 반자를 지면과 수평으로 설치할 것
③ 천장은 평평하여야 하며 철재나 목재트러스 구조인 경우, 철재나 목재의 돌출부분이 102mm를 초과하지 아니할 것
④ 해당 층의 높이가 10m 이하일 것. 다만, 3층 이상일 경우에는 해당 층의 바닥을 내화구조로 하고 다른 부분과 방화구획 할 것

정답 ④

해설 (보기④) 해당 층의 높이가 10m 이하일 것. 다만, 3층 이상일 경우에는 해당 층의 바닥을 내화구조로 하고 다른 부분과 방화구획 할 것 → 해당 층의 높이가 13.7m 이하일 것. 다만, 2층 이상일 경우~(이하 동일)

- 설치장소 구조 기준
  (1) 해당 층의 높이가 13.7 m 이하일 것. 다만, 2층 이상일 경우에는 해당 층의 바닥을 내화구조로 하고 다른 부분과 방화구획 할 것
  (2) 천장의 기울기가 1,000분의 168을 초과하지 않아야 하고, 이를 초과하는 경우에는 반자를 지면과 수평으로 설치할 것
  (3) 천장은 평평해야 하며 철재나 목재트러스 구조인 경우, 철재나 목재의 돌출 부분이 102 ㎜를 초과하지 않을 것
  (4) 보로 사용되는 목재·콘크리트 및 철재 사이의 간격이 0.9 m 이상 2.3 m 이하일 것. 다만, 보의 간격이 2.3 m 이상인 경우에는 화재조기진압용 스프링클러헤드의 동작을 원활히 하기 위해 보로 구획된 부분의 천장 및 반자의 넓이가 28 ㎡를 초과하지 않을 것
  (5) 창고 내의 선반 등의 형태는 하부로 물이 침투되는 구조로 할 것

02 화재조기진압용 스프링클러설비의 기술기준상 헤드의 설치기준 중 ( )안에 알맞은 것은?
  21-2 기사 18-2 기사

| 헤드 하나의 방호면적은 (ⓐ)㎡ 이상 (ⓑ)㎡ 이하로 할 것 |

① ⓐ 2.4, ⓑ 3.7
② ⓐ 3.7, ⓑ 9.1
③ ⓐ 6.0, ⓑ 9.3
④ ⓐ 9.1, ⓑ 13.7

정답 ③

해설 헤드 하나의 방호면적은 (ⓐ6)㎡ 이상 (ⓑ9.3)㎡ 이하로 할 것

03 화재조기진압용 스프링클러설비의 기술기준에 따라 가지배관을 배열할 때 천장의 높이가 9.1m 이상 13.7m 이하인 경우 가지배관 사이의 거리 기준으로 맞는 것은?

22-2 기사 | 20-4 기사 | 18-2 기사

① 3.1m 이하
② 3.7m 이하
③ 6.0m 이하
④ 9.3m 이하

정답 ①

해설 가지배관의 헤드 사이의 거리는 천장의 높이가 9.1 m 미만인 경우에는 2.4 m 이상 3.7 m 이하로, 9.1 m 이상 13.7 m 이하인 경우에는 3.1 m 이하로 할 것

CHAPTER 06 물분무소화설비의 화재안전기술기준 [NFTC 104]
[시행 2022. 12. 1.] [2022. 12. 1. 제정]

01 개요 및 소화효과

물분무 소화설비는 화재 시 분무헤드(노즐)에서 물을 미립자의 무상으로 방사하여 소화하는 설비로서 냉각작용, 질식작용, 유화작용, 희석작용으로 주로 가연성 액체, 전기설비 등의 화재에 유효하여 소화 및 화세의 제압 또는 연소의 방지목적으로 사용하는 설비이다.

(1) 냉각작용
물분무상태로 소화하여 대량의 기화열을 내서 연소물을 발화점 이하로 낮추어 소화한다.

(2) 질식작용
분무 주수이므로 대량의 수증기가 발생하여 체적이 1,650배로 팽창하여 농도를 21[%]에서 15[%] 이하로 낮추어 소화한다.

(3) 희석작용
알코올과 같이 수용성인 액체는 물에 잘 녹아 희석하여 소화한다.

(4) 유화작용
석유, 제4류 위험물과 같이 유류화재시 불용성의 가연성 액체 표면에 불연성의 유막을 형성하여 소화한다.

02 구성 요소

수원, 가압송수장치, 기동장치(개방밸브), 화재감지기, 제어반, 물분무헤드, 배관, 음향경보장치, 배수설비 등

03 물분무 소화 설비의 구성

(1) 수원

소방 대상물	필요 저수량	비 고
차고, 주차장	바닥면적[m^2] × 20[ℓ/min·m^2] × 20[min]	
특수가연물을 저장하거나 취급하는 소방대상물 또는 그 부분	바닥면적[m^2] × 10[ℓ/min·m^2] × 20[min]	최소면적 50[m^2] 적용
절연유봉입 변압기 설치부분	바닥부분을 제외한 표면적을 합한 면적[m^2] × 10[ℓ/min·m^2] × 20[min]	
콘베이어벨트 설치부분	벨트부분의 바닥면적 [m^2] × 10[ℓ/min·m^2] × 20[min]	
케이블, 덕트 설치부분	투영된 바닥면적[m^2] × 12[ℓ/min·m^2] × 20[min]	

(2) **물분무 헤드** : 물분무 헤드는 미립자 형태로 물을 뿜어 안개처럼 물입자 막이 생기게 하는 분사 기구로서 일명 물분무 노즐이라고도 한다.

① 충돌형 물분무헤드 : 유수와 유수의 충돌에 의해 미세한 물방울을 만드는 것으로 작은 오리피스를 통과한 물이 서로 충돌하면서 분무 상태를 형성하게 된다.
② 분사형 물분무헤드 : 소구경의 오리피스로부터 고압으로 분사하여 오리피스를 통과하는 순간 미세한 분무형태를 형성하는 것으로 고압분사형 헤드라고도 한다.
③ 선회류형 물분무헤드 : 선회류에 의해서 확산 방출하든가 선회류와 직선류의 충돌에 의해서 확산 방출하여 미세한 물방울을 만드는 것으로 물을 선회시키기 위한 스파이럴이 외부에 노출되어 있는 것과 내부에 내장되어 있는 것이 있다.
④ 디플렉터형 물분무헤드 : 수류를 살수판(반사판, 디플렉터)에 충돌시켜 미세한 물방울로 만드는 것으로 외부에 반사판이 설치되어 있다.
⑤ 슬리트형 물분무헤드 : 수류를 슬리트(Slit, 작고 긴 구멍)에 의해서 방출하여 수막상의 분무를 만드는 것으로 이물질에 취약한 단점이 있다.

(3) **전기기기와 물분무헤드 사이 이격거리**

전압[kV]	거리[cm]	전압[kV]	거리[cm]
66 이하	70 이상	154 초과 181 이하	180 이상
66 초과 77 이하	80 이상	181 초과 220 이하	210 이상
77 초과 110 이하	110 이상	220 초과 275 이하	260 이상
110 초과 154 이하	150 이상		

(4) **배수설비(차고 및 주차장)**
① 차량이 주차하는 장소의 적당한 곳에 높이 10 cm 이상의 경계턱으로 배수구를 설치할 것
② 배수구에는 새어 나온 기름을 모아 소화할 수 있도록 길이 40 m 이하마다 집수관·소화핏트 등 기름분리장치를 설치할 것
③ 차량이 주차하는 바닥은 배수구를 향하여 100분의 2 이상의 기울기를 유지할 것
④ 배수설비는 가압송수장치의 최대송수능력의 수량을 유효하게 배수할 수 있는 크기 및 기울기로 할 것

04 물분무소화 설비 설치제외 장소

(1) 물과 심하게 반응하는 물질 또는 물과 반응하여 위험한 물질을 생성하는 물질을 저장 또는 취급하는 장소
(2) 고온물질 및 증류범위가 넓어 끓어넘치는 위험이 있는 물질을 저장 또는 취급하는 장소
(3) 운전시에 표면의 온도가 260[℃] 이상으로 되는 등 직접 분무를 하는 경우 그 부분에 손상을 입힐 우려가 있는 기계장치 등이 있는 장소

05 송수구 설치기준

(1) 송수구는 화재층으로부터 지면으로 떨어지는 유리창 등이 송수 및 그 밖의 소화작업에 지장을 주지 않는 장소에 설치할 것. 이 경우 가연성가스의 저장·취급시설에 설치하는 송수구는 그 방호대상물로부터 20m 이상의 거리를 두거나 방호대상물에 면하는 부분이 높이 1.5m 이상 폭 2.5m 이상의 철근콘크리트 벽으로 가려진 장소에 설치하여야 한다.
(2) 송수구로부터 물분무소화설비의 주배관에 이르는 연결배관에 개폐밸브를 설치한 때에는 그 개폐상태를 쉽게 확인 및 조작할 수 있는 옥외 또는 기계실 등의 장소에 설치할 것
(3) 구경 65mm의 쌍구형으로 할 것
(4) 송수구에는 그 가까운 곳의 보기 쉬운 곳에 송수압력범위를 표시한 표지를 할 것
(5) 송수구는 하나의 층의 바닥면적이 3,000㎡를 넘을 때마다 1개(5개를 넘을 경우에는 5개로 한다) 이상을 설치할 것
(6) 지면으로부터 높이가 0.5m 이상 1m 이하의 위치에 설치할 것
(7) 송수구의 가까운 부분에 자동배수밸브(또는 직경 5mm의 배수공) 및 체크밸브를 설치할 것. 이 경우 자동배수밸브는 배관안의 물이 잘 빠질 수 있는 위치에 설치하되, 배수로 인하여 다른 물건 또는 장소에 피해를 주지 않아야 한다.
(8) 송수구에는 이물질을 막기 위한 마개를 씌울 것

06 주수방법

주수방법	모양	적응화재	설비
봉상	봉모양	A	옥내소화전 옥외소화전
적상	물방울	A	스프링클러설비
무상	안개모양	A, B, C	미분무설비 물분무소화설비

분무상태의 물은 물은 전기적으로 비전도성이기 때문에 C급에 적응성이 있다.

> **참고** 물분무소화설비의 배관
> 연결송수관설비의 배관과 겸용할 경우의 주배관은 구경 100㎜ 이상, 방수구로 연결되는 배관의 구경은 65㎜ 이상인 것으로 하여야 한다.

> **참고** 물분무소화설비 압력수조 방식 압력 산출 공식
> - 압력수조의 필요압력
> $P = P_1 + P_2 + P_3$
>   - P : 필요압력 $[MPa]$,
>   - P_1 : 물분무헤드의 설계압력 $[MPa]$
>   - P_2 : 배관의 마찰손실 수두압 $[MPa]$
>   - P_3 : 낙차의 환산수두압 $[MPa]$

CHAPTER 06 물분무소화설비의 화재안전기술기준 [NFTC 104]

01 특고압의 전기시설을 보호하기 위한 소화설비로 물분무소화설비를 사용한다. 그 주된 이유로 옳은 것은?   21-4 기사

① 물분무 설비는 다른 물 소화설비에 비해서 신속한 소화를 보여주기 때문이다.
② 물분무 설비는 다른 물 소화설비에 비해서 물의 소모량이 적기 때문이다.
③ 분무상태의 물은 전기적으로 비전도성이기 때문이다.
④ 물분무입자 역시 물이므로 전기전도성이 있으나 전기 시설물을 젖게 하지 않기 때문이다.

정답 ③
해설 분무상태의 물은 전기적으로 비전도성을 보이기 때문에 물분무소화설비는 전기화재에 적응성이 있다.

02 다음 중 스프링클러설비와 비교하여 물분무 소화설비의 장점으로 옳지 않은 것은?   19-1 기사

① 소량의 물을 사용함으로써 물의 사용량 및 방사량을 줄일 수 있다.
② 운동에너지가 크므로 파괴주수 효과가 크다.
③ 전기 절연성이 높아서 고압통전기기의 화재에도 안전하게 사용할 수 있다.
④ 물의 방수과정에서 화재열에 따른 부피증가량이 커서 질식효과를 높일 수 있다.

정답 ②
해설 스프링클러설비에 비해 방사압력이 작으므로 파괴 주수효과가 크지않다.

03 물분무소화설비의 소화작용이 아닌 것은?   19-4 기사

① 부촉매작용   ② 냉각작용
③ 질식작용   ④ 희석작용

정답 ①
해설 물분무소화설비의 소화작용은 냉각, 질식, 유화, 희석 작용이다.

04 소화설비용 헤드의 성능인증 및 제품검사의 기술기준상 소화설비용 헤드의 분류 중 수류를 살수판에 충돌하여 미세한 물방울을 만드는 물분무헤드 형식은? `21-2 기사`
① 디프렉타형
② 충돌형
③ 슬리트형
④ 분사형

정답 ①

해설 • 디플렉터형 물분무헤드 : 수류를 살수판(반사판, 디플렉터)에 충돌시켜 미세한 물방울로 만드는 것으로 외부에 반사판이 설치되어 있다.

05 물분무소화설비의 기술기준상 수원의 저수량 설치 기준으로 틀린 것은? `21-1 기사` `18-1 기사`
① 특수가연물을 저장 또는 취급하는 특정소방대상물 또는 그 부분에 있어서 그 바닥면적(최대 방수구역의 바닥면적을 기준으로 하며, 50m²이하인 경우에는 50m²) 1m²에 대하여 10 ℓ/min로 20분간 방수할 수 있는 양 이상으로 할 것
② 차고 또는 주차장은 그 바닥면적(최대방수구역의 바닥면적을 기준으로 하며, 50m² 이하인 경우에는 50m²) 1 m²에 대하여 20 ℓ/min로 20분간 방수할 수 있는 양 이상으로 할 것
③ 케이블트레이, 케이블덕트 등은 투영된 바닥면적 1m²에 대하여 12 ℓ/min로 20분간 방수할 수 있는 양 이상으로 할 것
④ 콘베이어 벨트 등은 벨트부분의 바닥면적 1m²에 대하여 20 ℓ/min로 20분간 방수할 수 있는 양 이상으로 할 것

정답 ④

해설 (보기④) 콘베이어 벨트 등은 벨트부분의 바닥면적 1m²에 대하여 20 ℓ/min로 20분간 방수할 수 있는 양 이상으로 할 것
→ 바닥면적 1m²에 대하여 10 ℓ/min로 20분간 방수할 수 있는 양 이상으로 한다.

소방 대상물	필요 저수량	비 고
차고, 주차장	바닥면적[m²]×20[ℓ/min.m²]×20[min]	최소면적 50[m²] 적용
특수가연물을 저장하거나 취급하는 소방대상물 또는 그 부분	바닥면적[m²]×10[ℓ/min.m²]×20[min]	
절연유봉입 변압기 설치부분	바닥부분을 제외한 표면적을 합한 면적[m²]×10[ℓ/min.m²]×20[min]	
콘베이어벨트 설치부분	벨트부분의 바닥면적[m²]×10[ℓ/min.m²]×20[min]	
케이블, 덕트 설치부분	투영된 바닥면적[m²]×12[ℓ/min.m²]×20[min]	

06 물분무소화설비의 기술기준에 따른 물분무소화설비의 설치 장소별 1㎡당 수원의 최소 저수량으로 맞는 것은?

20-1 기사

① 차고 : 30L/min×20분×바닥면적
② 케이블트레이 : 12L/min×20분×투영된 바닥면적
③ 컨베이어 벨트 : 37L/min×20분×벨트부분의 바닥면적
④ 특수가연물을 취급하는 특정소방대상물 : 20L/min×20분×바닥면적

정답 ②
해설 (보기①) 차고 : 30L/min×20분×바닥면적 → 20L/min으로 한다.
(보기③) 컨베이어 벨트 : 37L/min×20분×벨트부분의 바닥면적 → 10L/min으로 한다.
(보기④) 특수가연물을 취급하는 특정소방대상물 : 20L/min×20분×바닥면적
→ 10L/min으로 한다.

07 다음은 물분무소화설비의 화재안전기준에 따른 수원의 저수량 기준이다. ( )에 들어갈 내용으로 옳은 것은?

22-2 기사

특수가연물을 저장 또는 취급하는 특정소방대상물 또는 그 부분에 있어서 수원의 저수량은 그 바닥면적 1㎡에 대하여 ( )L/min로 20분간 방수할 수 있는 양 이상으로 할 것

① 10　　　　　② 12
③ 15　　　　　④ 20

정답 ①
해설 특수가연물을 저장 또는 취급하는 특정소방대상물 또는 그 부분에 있어서 수원의 저수량은 그 바닥면적 1㎡에 대하여 (10)L/min로 20분간 방수할 수 있는 양 이상으로 할 것

08 물분무소화설비의 기술기준에 따른 물분무소화설비의 저수량에 대한 기준 중 다음 ( ) 안의 내용으로 맞는 것은?

20-1 기사　19-2 기사

절연유 봉입 변압기는 바닥면적을 제외한 표면적을 합한 면적 1㎡당 ( )L/min로 20분간 방수할 수 있는 양으로 할 것

① 4　　　　　② 8
③ 10　　　　　④ 12

정답 ③
해설 절연유 봉입 변압기는 바닥면적을 제외한 표면적을 합한 면적 1㎡당 (10)L/min로 20분간 방수할 수 있는 양으로 할 것

09 케이블트레이에 물분무소화설비를 설치하는 경우 저장하여야 할 수원의 최소 저수량은 몇 m³인가? (단, 케이블트레이의 투영된 바닥면적은 70m²이다.)

① 12.4
② 14
③ 16.8
④ 28

정답 ③
해설 • 투영된 바닥면적[m²]×12[ℓ/min·m²]×20[min]=70×12×20=16800[L]=16.8[m³]

---

10 물분무소화설비의 기술기준상 물분무헤드를 설치하지 아니할 수 있는 장소의 기준 중 다음 ( ) 안에 알맞은 것은?

> 운전시에 표면의 온도가 ( )℃ 이상으로 되는 등 직접 분무를 하는 경우 그 부분에 손상을 입힐 우려가 있는 기계장치 등이 있는 장소

① 160
② 200
③ 260
④ 300

정답 ③
해설 • 물분무 소화 설비 설치제외 장소
　(1) 물과 심하게 반응하는 물질 또는 물과 반응하여 위험한 물질을 생성하는 물질을 저장 또는 취급하는 장소
　(2) 고온물질 및 증류범위가 넓어 끓어넘치는 위험이 있는 물질을 저장 또는 취급하는 장소
　(3) 운전시에 표면의 온도가 260[℃] 이상으로 되는 등 직접 분무를 하는 경우 그 부분에 손상을 입힐 우려가 있는 기계장치 등이 있는 장소

---

11 작동전압이 22,900[V]의 고압의 전기기기가 있는 장소에 물분무설비를 설치할 때 전기기기와 물 분무 헤드 사이의 최소 이격 거리는 얼마로 해야 하는가?

① 70[cm] 이상
② 80[cm] 이상
③ 110[cm] 이상
④ 150[cm] 이상

정답 ①
해설 • 전기기기와 물분무헤드 사이 이격거리

전압[kV]	거리[cm]	전압[kV]	거리[cm]
66 이하	70 이상	154 초과 181 이하	180 이상
66 초과 77 이하	80 이상	181 초과 220 이하	210 이상
77 초과 110 이하	110 이상	220 초과 275 이하	260 이상
110 초과 154 이하	150 이상		

12 물분무소화설비의 화재안전기준상 110kV 초과 154kV 이하의 고압 전기기기와 물분무헤드 사이의 이격거리는 최소 몇 cm 이상이어야 하는가?　　20-2 기사　17-1 기사

① 110
② 150
③ 180
④ 210

정답 ②
해설 150cm 이상을 이격거리로 한다.

13 물분소화설비의 기술기준에 따라 물분무소화설비를 설치하는 차고 또는 주차장이 배수설비 설치기준으로 틀린 것은?　　22-2 기사　21-4 기사　19-1 기사　17-1 기사

① 차량이 주차하는 바닥은 배수구를 향해 1/100 이상의 기울기를 유지할 것
② 배수구에서 새어나온 기름을 모아 소화할 수 있도록 길이 40m 이하마다 집수관·소화핏트 등 기름분리장치를 설치할 것
③ 차량이 주차하는 장소의 적당한 곳에 높이 10cm 이상이 경계턱으로 배수구를 설치할 것
④ 배수설비는 가압송수장치의 최대송수능력이 수량을 유효하게 배수할 수 있는 크기 및 기울기로 할 것

정답 ①
해설 (보기①) 차량이 주차하는 바닥은 배수구를 향해 1/100 이상의 기울기를 유지할 것
→ 2/100 이상의 기울기를 유지한다.

- **배수설비(차고 및 주차장)**
  ① 경계턱 : 10[cm] 이상 경계턱으로 배수구를 설치
  ② 집수관, 소화피트(기름분리장치) : 길이 40[m] 이하마다 설치
  ③ 기울기 : 바닥은 배수구를 향하여 2/100 이상의 기울기를 유지
  ④ 배수설비는 가압송수장치의 최대 송수능력의 수량을 유효하게 배수할 수 있는 크기 및 기울기로 할 것

14 물분무소화설비를 설치하는 차고 또는 주차장의 배수설비 설치기준 중 틀린 것은?　17-4 기사

① 차량이 주차하는 장소의 적당한 곳에 높이 10㎝ 이상 경계턱으로 배수구를 설치할 것
② 배수구에는 새어나온 기름을 모아 소화할 수 있도록 길이 30m 이하마다 집수관, 소화핏트 등 기름분리장치를 설치할 것
③ 차량이 주차하는 바닥은 배수구를 향하여 100분의 2 이상의 기울기를 유지할 것
④ 배수설비는 가압송수장치의 최대송수능력의 수량을 유효하게 배수할 수 있는 크기 및 기울기로 할 것

정답 ②
해설 (보기②) 배수구에는 새어나온 기름을 모아 소화할 수 있도록 길이 30m 이하마다 집수관, 소화핏트 등 기름분리장치를 설치할 것→40m 이하마다 설치한다.

15 물분무소화설비의 기술기준상 배관의 설치 기준으로 틀린 것은?   21-1 기사

① 펌프 흡입측 배관은 공기고임이 생기지 않는 구조로 하고 여과장치를 설치한다.
② 펌프의 흡입측 배관은 수조가 펌프보다 낮게 설치된 경우에는 각 펌프(충압펌프를 포함한다)마다 수조로부터 별도로 설치한다.
③ 연결송수관설비의 배관과 겸용할 경우의 주배관은 구경 100mm 이상으로 한다.
④ 연결송수관설비의 배관과 겸용할 경우 방수구로 연결되는 배관의 구경은 65mm 이하로 한다.

정답 ④
해설 연결송수관설비의 배관과 겸용할 경우 방수구로 연결되는 배관의 구경은 <u>65mm 이상</u>으로 한다.

16 물분무소화설비의 화재안전기준상 송수구의 설치기준으로 틀린 것은?   21-2 기사 17-2 기사

① 구경 65mm 의 쌍구형으로 할 것
② 지면으로부터 높이가 0.5m 이상 1m 이하의 위치에 설치할 것
③ 송수구는 하나의 층의 바닥면적이 1500m²를 넘을 때마다 1개(5개를 넘을 경우에는 5개로 한다) 이상을 설치할 것
④ 가연성가스의 저장·취급시설에 설치하는 송수구는 그 방호대상물로부터 20m 이상의 거리를 두거나 방호대상물에 면하는 부분이 높이 1.5m 이상, 폭 2.5m 이상의 철근콘크리트 벽으로 가려진 장소에 설치할 것

정답 ③
해설 (보기③) 송수구는 하나의 층의 바닥면적이 1500m²를 넘을 때나 1개(5개를 넘을 경우에는 5개로 한다) 이상을 설치할 것 → 3000m²넘을때마다 1개 이상을 설치한다.

- **물분무소화설비 송수구 설치기준**
  1. 송수구는 화재층으로부터 지면으로 떨어지는 유리창 등이 송수 및 그 밖의 소화작업에 지장을 주지 않는 장소에 설치할 것. 이 경우 가연성가스의 저장·취급시설에 설치하는 송수구는 그 방호대상물로부터 20m 이상의 거리를 두거나 방호대상물에 면하는 부분이 높이 1.5m 이상 폭 2.5m 이상의 철근콘크리트 벽으로 가려진 장소에 설치하여야 한다.
  2. 송수구로부터 물분무소화설비의 주배관에 이르는 연결배관에 개폐밸브를 설치한 때에는 그 개폐상태를 쉽게 확인 및 조작할 수 있는 옥외 또는 기계실 등의 장소에 설치할 것
  3. 구경 65mm의 쌍구형으로 할 것
  4. 송수구에는 그 가까운 곳의 보기 쉬운 곳에 송수압력범위를 표시한 표지를 할 것
  5. 송수구는 하나의 층의 바닥면적이 <u>3,000m²</u>를 넘을 때마다 1개(5개를 넘을 경우에는 5개로 한다) 이상을 설치할 것
  6. 지면으로부터 높이가 0.5m 이상 1m 이하의 위치에 설치할 것
  7. 송수구의 가까운 부분에 자동배수밸브(또는 직경 5mm의 배수공) 및 체크밸브를 설치할 것. 이 경우 자동배수밸브는 배관안의 물이 잘 빠질 수 있는 위치에 설치하되, 배수로 인하여 다른 물건 또는 장소에 피해를 주지 않아야 한다.
  8. 송수구에는 이물질을 막기 위한 마개를 씌울 것

17 물분무소화설비의 가압송수장치로 압력수조의 필요압력을 산출할 때 필요한 것이 <u>아닌</u> 것은?

① 낙차의 환산수두압
② 물분무헤드의 설계압력
③ 배관의 마찰손실 수두압
④ 소방용 호스의 마찰손실 수두압

정답 ④

해설 • 압력수조의 필요압력
$$P = P_1 + P_2 + P_3$$
- P : 필요압력 [MPa]
- P_1 : 물분무헤드의 설계압력 [MPa]
- P_2 : 배관의 마찰손실 수두압 [MPa]
- P_3 : 낙차의 환산수두압 [MPa]

18 물분무소화설비의 가압송수장치의 설치기준 중 <u>틀린</u> 것은? (단, 전동기 또는 내연기관에 따른 펌프를 이용하는 가압송수장치이다.)

① 기동용수압개폐장치를 기동장치로 사용할 경우에 설치하는 충압펌프의 토출압력은 가압송수장치의 정격 토출압력과 같게 한다.
② 가압송수장치가 기동된 경우에는 자동으로 정지되도록 한다.
③ 기동용수압개폐장치(압력챔버)를 사용할 경우 그 용적은 100L 이상으로 한다.
④ 수원의 수위가 펌프보다 낮은 위치에 있는 가압송수장치에는 물올림 장치를 설치한다.

정답 ②

해설 모든 수계소화설비는 <u>가압송수장치가 기동이 된 경우에는 자동으로 정지되지 않도록 하여야 한다</u>. 다만, 충압펌프의 경우에는 그렇지 않다.

CHAPTER 07 미분무소화설비의 화재안전기술기준 [NFTC 104A]
[시행 2023. 2. 10.] [2022. 12. 1. 제정]

01 용어의 정의

1. "미분무소화설비"란 가압된 물이 헤드 통과 후 미세한 입자로 분무됨으로써 소화성능을 가지는 설비로서, 소화력을 증가시키기 위해 강화액 등을 첨가할 수 있다.
2. "미분무"란 물만을 사용하여 소화하는 방식으로 최소설계압력에서 헤드로부터 방출되는 물입자 중 99 %의 누적체적분포가 400 ㎛ 이하로 분무되고 A, B, C급 화재에 적응성을 갖는 것을 말한다.
3. "미분무헤드"란 하나 이상의 오리피스를 가지고 미분무소화설비에 사용되는 헤드를 말한다.
4. "개방형 미분무헤드"란 감열체 없이 방수구가 항상 열려져 있는 헤드를 말한다.
5. "폐쇄형 미분무헤드"란 정상상태에서 방수구를 막고 있는 감열체가 일정온도에서 자동적으로 파괴·용융 또는 이탈됨으로써 방수구가 개방되는 헤드를 말한다.

02 미분무 소화설비의 분류

(1) **저압 미분무소화설비** : 최고 사용압력이 1.2MPa 이하
(2) **중압 미분무소화설비** : 사용압력이 1.2MPa 초과 3.5MPa 이하
(3) **고압 미분무소화설비** : 최저 사용압력이 3.5MPa 초과

03 미분무 소화 설비의 구성

(1) 수원
   ① 사용 용수
   "먹는물 관리법"에 적합하고, 저수조 등에 충수 시 필터 또는 스트레이너를 통해야하며, 사용되는 물에는 입자·용해고체 또는 염분이 없을 것
   ② 배관의 연결부(용접부 제외) 또는 주배관의 유입측
   필터 또는 스트레이너를 설치해야 하고, 사용되는 스트레이너에는 청소구가 있어야하며 검사·유지관리 및 보수 시 배치위치를 변경하지 말 것
   ③ 사용되는 필터 또는 스트레이너의 메쉬 : 헤드 오리피스 지름의 80% 이하
   ④ 수원의 양(Q)
   - $Q[m^3] = (N \times D \times T \times S) + V$

   여기서,
   - N : 방호(방수)구역 내 헤드 수
   - D : 설계유량[m^3/min]
   - T : 설계방수시간[min]
   - S : 안전율(1.2 이상)
   - V : 배관의 총체적[m^3]

(2) 헤드

① 헤드 설치장소 : 소방대상물의 천장, 반자, 천장과 반자사이, 덕트, 선반 기타 이와 유사한 부분에 설계자의 의도에 적합하게 설치할 것

② 하나의 헤드까지의 수평거리 산정 : 설계자가 제시할 것

③ 미분무 헤드의 종류 : 조기반응형헤드를 설치할 것

④ 미분무 헤드의 설치 : 배관, 행거 등에 의해 살수 방해되지 않도록 설치할 것

⑤ 미분무 헤드의 "최고주위온도에 따른 표시온도 계산식"

- $T_a = 0.9 T_m - 27.3℃$

  여기서, • T_a : 최고주위온도
  • T_m : 헤드의 표시온도

04 설계도서 작성

미분무소화설비의 성능을 확인하기 위하여 하나의 발화원을 가정한 설계도서는 다음의 기준 및 그림을 고려하여 작성되어야 하며, 설계도서는 일반설계도서와 특별설계도서로 구분한다.

1. 점화원의 형태
2. 초기 점화되는 연료 유형
3. 화재 위치
4. 문과 창문의 초기상태(열림, 닫힘) 및 시간에 따른 변화상태
5. 공기조화설비, 자연형(문, 창문) 및, 기계형 여부
6. 시공 유형과 내장재 유형

- 기동장치 : 화재감지기 회로에는 다음 각 목의 기준에 따른 발신기를 설치할 것. 다만, 자동화재탐지설비의 발신기가 설치된 경우에는 그러하지 아니하다.

  가. 조작이 쉬운 장소에 설치하고, 스위치는 바닥으로부터 0.8 m 이상 1.5 m 이하의 높이에 설치할 것

  나. 소방대상물의 층마다 설치하되, 당해 소방대상물의 각 부분으로부터 하나의 발신기까지의 수평거리가 25 m 이하가 되도록 할 것. 다만, 복도 또는 별도로 구획된 실로서 보행거리가 40 m 이상일 경우에는 추가로 설치하여야 한다.

  다. 발신기의 위치를 표시하는 표시등은 함의 상부에 설치하되, 그 불빛은 부착면으로부터 15° 이상의 범위안에서 부착지점으로부터 10m 이내의 어느 곳에서도 쉽게 식별할 수 있는 적색등으로 할 것

> **참고** 미분무설비 배관의 배수를 위한 기울기
> 1. 폐쇄형 미분무 소화설비의 배관을 수평으로 할 것. 다만, 배관의 구조상 소화수가 남아 있는 곳에는 배수밸브를 설치하여야 한다.
> 2. 개방형 미분무 소화설비에는 헤드를 향하여 상향으로 수평주행배관의 기울기를 500분의 1 이상, 가지배관의 기울기를 250분의 1 이상으로 할 것. 다만, 배관의 구조상 기울기를 줄 수 없는 경우에는 배수를 원활하게 할 수 있도록 배수밸브를 설치하여야 한다.

CHAPTER 07 미분무소화설비의 화재안전기술기준 [NFTC 104A]

01 미분무소화설비의 화재안전기준상 미분무소화설비의 성능을 확인하기 위하여 하나의 발화원을 가정한 설계도서 작성 시 고려하여야 할 인자를 모두 고른 것은? `21-2 기사`

> ⊙ 화재 위치
> ⓒ 점화원의 형태
> ⓒ 시공 유형과 내장재 유형
> ② 초기 점화되는 연료 유형
> ⓜ 공기조화설비, 자연형(문, 창문) 및, 기계형 여부
> ⓑ 문과 창문의 초기상태(열림, 닫힘) 및 시간에 따른 변화상태

① ⊙, ⓒ, ⓑ
② ⊙, ⓒ, ⓒ, ⓜ
③ ⊙, ⓒ, ②, ⓜ, ⓑ
④ ⊙, ⓒ, ⓒ, ②, ⓜ, ⓑ

정답 ④
해설 ● 설계도서 작성
① 미분무소화설비의 성능을 확인하기 위하여 하나의 발화원을 가정한 설계도서는 다음의 기준 및 그림 2.1.1을 고려하여 작성되어야 하며, 설계도서는 일반설계도서와 특별설계도서로 구분한다.
1. 점화원의 형태
2. 초기 점화되는 연료 유형
3. 화재 위치
4. 문과 창문의 초기상태(열림, 닫힘) 및 시간에 따른 변화상태
5. 공기조화설비, 자연형(문, 창문) 및, 기계형 여부
6. 시공 유형과 내장재 유형

02 미분무소화설비의 화재안전기준에 따른 용어 정의 중 다음 ( ) 안에 알맞은 것은? `22-1 기사` `20-4 기사` `18-2 기사`

> "미분무"란 물만을 사용하여 소화하는 방식으로 최소설계압력에서 헤드로부터 방출되는 물입자 중 99 %의 누적체적분포가 (⊙) ㎛ 이하로 분무되고 (ⓒ)급 화재에 적응성을 갖는 것을 말한다.

① ⊙ 400, ⓒ A, B, C
② ⊙ 400, ⓒ B, C
③ ⊙ 200, ⓒ A, B, C
④ ⊙ 200, ⓒ B, C

정답 ①
해설 "미분무"란 물만을 사용하여 소화하는 방식으로 최소설계압력에서 헤드로부터 방출되는 물입자 중 99 %의 누적체적분포가 ⊙400 ㎛ 이하로 분무되고 ⓒA,B,C급 화재에 적응성을 갖는 것을 말한다.

03 다음 설명은 미분무소화설비의 화재안전기준에 따른 미분무소화설비 기동장치의 화재감지기 회로에서 발신기 설치기준이다. ( ) 안에 알맞은 내용은? (단, 자동화재탐지설비의 발신기가 설치된 경우는 제외한다.)
20-4 기사

> ○ 조작이 쉬운 장소에 설치하고, 스위치는 바닥으로부터 0.8m 이상 (㉠)m 이하의 높이에 설치할 것
> ○ 소방대상물의 층마다 설치하되, 당해 소방대상물의 각 부분으로부터 하나의 발신기까지의 수평거리가 (㉡)m 이하가 되도록 할 것
> ○ 발신기의 위치를 표시하는 표시등은 함의 상부에 설치하되, 그 불빛은 부착면으로부터 15° 이상의 범위 안에서 부착지점으로부터 (㉢)m 이내의 어느 곳에서도 쉽게 식별할 수 있는 적색등으로 할 것

① ㉠ 1.5, ㉡ 20, ㉢ 10
② ㉠ 1.5, ㉡ 25, ㉢ 10
③ ㉠ 2.0, ㉡ 20, ㉢ 15
④ ㉠ 2.0, ㉡ 25, ㉢ 15

정답 ②
해설
- 조작이 쉬운 장소에 설치하고, 스위치는 바닥으로부터 0.8m 이상 (㉠1.5)m 이하의 높이에 설치할 것
- 소방대상물의 층마다 설치하되, 당해 소방대상물의 각 부분으로부터 하나의 발신기까지의 수평거리가 (㉡ 25)m 이하가 되도록 할 것
- 발신기의 위치를 표시하는 표시등은 함의 상부에 설치하되, 그 불빛은 부착면으로부터 15° 이상의 범위 안에서 부착지점으로부터 (㉢ 10)m 이내의 어느 곳에서도 쉽게 식별할 수 있는 적색등으로 할 것

04 미분무소화설비의 배관의 배수를 위한 기울기 기준 중 다음 ( ) 안에 알맞은 것은? (단, 배관의 구조상 기울기를 줄 수 없는 경우는 제외한다.)
18-4 기사

> 개방형 미분무소화설비에는 헤드를 향하여 상향으로 수평주행배관의 기울기를 (㉠)이상, 가지배관의 기울기를 (㉡) 이상으로 할 것

① ㉠ 1/100, ㉡ 1/500
② ㉠ 1/500, ㉡ 1/100
③ ㉠ 1/250, ㉡ 1/500
④ ㉠ 1/500, ㉡ 1/250

정답 ④
해설 미분무소화설비의 배관 중 개방형 미분무소화설비에는 헤드를 향하여 상향으로 수평주행배관의 기울기를 (㉠1/500)이상, 가지배관의 기울기를 (㉡1/250) 이상으로 할 것.

05 미분무소화설비의 화재안전기준에 따라 최저사용압력이 몇 MPa를 초과할 때 고압 미분무소화설비로 분류하는가?

22-2 기사

① 1.2
② 2.5
③ 3.5
④ 4.2

정답 ③
해설 ● 미분무 소화설비의 분류
(1) 저압 미분무소화설비 : 최고 사용압력이 1.2MPa 이하
(2) 중압 미분무소화설비 : 사용압력이 1.2MPa 초과 3.5MPa 이하
(3) 고압 미분무소화설비 : 최저 사용압력이 3.5MPa 초과

CHAPTER 08 포소화설비의 화재안전기술기준 [NFTC 105]
[시행 2022. 12. 1.] [2022. 12. 1. 제정]

01 개요 및 용어의 정의

포소화설비는 물과 포를 사용하고 포방출구를 통해 포수용액을 분출하는 것 이외에는 스프링클러설비와 거의 비슷하며 2[%], 3[%], 6[%]의 원액이 물과 합성하여 분출되면서 포(거품)를 만들어 연소 부분을 덮어 불을 끄는 설비이다.

1. "전역방출방식"이란 소화약제 공급장치에 배관 및 분사헤드 등을 고정 설치하여 밀폐 방호구역 내에 소화약제를 방출하는 방식을 말한다.
2. "국소방출방식"이란 소화약제 공급장치에 배관 및 분사헤드를 등을 설치하여 직접 화점에 소화약제를 방출하는 방식을 말한다.
3. "포워터스프링클러설비"란 포워터스프링클러헤드를 사용하는 포소화설비를 말한다.
4. "포헤드설비"란 포헤드를 사용하는 포소화설비를 말한다.
5. "고정포방출설비"란 고정포방출구를 사용하는 설비를 말한다.
6. "호스릴포소화설비"란 호스릴포방수구·호스릴 및 이동식 포노즐을 사용하는 설비를 말한다.
7. "포소화전설비"란 포소화전방수구·호스 및 이동식포노즐을 사용하는 설비를 말한다.
8. "송액관"이란 수원으로부터 포헤드·고정포방출구 또는 이동식포노즐 등에 급수하는 배관을 말한다.
9. "팽창비"란 최종 발생한 포 체적을 원래 포 수용액 체적으로 나눈 값을 말한다.

02 설비 구성 요소

수원, 가압송수장치, 포원액탱크, 혼합장치, 포방출구, 송액관, 기동장치 등

03 포소화설비의 분류

(1) 방출방식에 의한 분류

① 포워터 스프링클러설비 : 포워터 스프링클러설비를 사용하는 포소화설비
② 포헤드설비 : 포헤드를 사용하는 포소화설비

[포헤드]

[포워터 스프링클러 헤드]

③ 고정포 방출구 설비
  ㉠ 위험물 탱크에 설치하는 상부포 방출방식 : Ⅰ형, Ⅱ형, 특형
  ㉡ 위험물 탱크에 설치하는 하부포 방출방식 : Ⅲ형, Ⅳ형
④ 호스릴포소화설비 : 호스릴포방수구·호스릴 및 이동식 포노즐을 사용하는 설비
⑤ 포소화전설비 : 포소화전방수구, 호스 및 이동식 포노즐을 사용하는 설비

[포소화전 방수구]   [이동식 포 노즐]

⑥ 압축공기 포 소화설비 : 압축공기 또는 압축질소를 일정비율로 포수용액에 강제 주입 혼합하는 방식을 말한다.

(2) 팽창비에 의한 분류

① 팽창비 = 발포후포체적 ÷ 발포전 수용 액체적
② 팽창비에 의한 분류
  ㉠ 저팽창포 : 팽창비가 20 이하의 포
  ㉡ 고팽창포 : 팽창비가 80 이상 1,000 미만의 포
    ⓐ 제1종 : 팽창비가 80 이상 250 미만의 포
    ⓑ 제2종 : 팽창비가 250 이상 500 미만의 포
    ⓒ 제3종 : 팽창비가 500 이상 1,000 미만의 포

04 종류 및 적응성

특정소방대상물	적응성있는 포소화설비
특수가연물을 저장·취급하는 공장 또는 창고	포워터스프링클러설비·포헤드설비 또는 고정포방출설비, 압축공기포소화설비
차고 또는 주차장	포워터스프링클러설비·포헤드설비 또는 고정포방출설비, 압축공기포소화설비 [다만, 다음 각 목의 어느 하나에 해당하는 차고·주차장의 부분에는 호스릴포소화설비 또는 포소화전설비를 설치 가. 완전 개방된 옥상주차장 또는 고가 밑의 주차장으로서 주된 벽이 없고 기둥뿐이거나 주위가 위해방지용 철주 등으로 둘러쌓인 부분 나. 지상 1층으로서 지붕이 없는 부분]

항공기격납고	포워터스프링클러설비·포헤드설비 또는 고정포방출설비, 압축공기포소화설비 [다만, 바닥면적의 합계가 1,000㎡ 이상이고 항공기의 격납위치가 한정되어 있는 경우에는 그 한정된 장소외의 부분에 대하여는 호스릴포소화설비를 설치]
발전기실, 엔진펌프실, 변압기 전기케이블실, 유압설비 : 바닥면적 합계 300㎡ 미만	고정식 압축공기포소화설비를 설치

05 포소화설비의 구성

(1) 수원

[수원량 산정방법]

소방대상물	설비명	수원량산정방법
특수가연물을 저장·취급 하는 공장 또는 창고	포워터 스프링클러설비 또는 포헤드설비	가장 많이 설치된 층의 포헤드(바닥면적이 200㎡를 초과한 층은 바닥면적 200㎡ 이내에 설치된 포헤드를 말한다)에서 동시에 표준방사량으로 10분간 방사할 수 있는 양 이상
	고정포방출설비	고정포방출구가 가장 많이 설치된 방호구역안의 고정포방출구에서 표준방사량으로 10분간 방사할 수 있는 양 이상
	각각의 설비가 한곳에 설치된 경우	위에서 산출된 저수량 중 최대값
차고 또는 주차장	호스릴포소화설비 또는 포소화전설비	방수구가 가장 많은 층의 설치개수(호스릴포방수구 또는 포소화전방수구가 5개 이상 설치된 경우에는 5개)에 6㎥를 곱한 양 이상
	포워터 스프링클러설비, 포헤드설비, 고정포설비	특수가연물 수원량산정방법과 동일
	위의 설비가 함께 설치된 경우	위에서 산출된 저수량 중 최대값
항공기 격납고	포워터스프링클러설비 포헤드설비 또는 고정포방출설비	가장 많이 설치된 항공기격납고의 포헤드 또는 고정포방출구에서 동시에 표준방사량으로 10분간 방사할 수 있는 양 이상으로 하되, 호스릴포소화설비를 함께 설치한 경우에는 호스릴포방수구가 가장 많이 설치된 격납고의 호스릴방수구 수(호스릴포방수구가 5개 이상 설치된 경우에는 5개)에 6㎥를 곱한 양을 합한 양 이상

① 압축공기포소화설비의 수원량
  ㉠ 압축공기포소화설비를 설치하는 경우 방수량은 설계 사양에 따라 방호구역에 최소 10분간 방사할 수 있어야 한다.
  ㉡ 압축공기포소화설비의 설계방출밀도(L/min·㎡)는 설계사양에 따라 정해야 하며 일반가연물, 탄화수소류는 1.63 L/min·㎡ 이상, 특수가연물, 알코올류와 케톤류는 2.3 L/min·㎡ 이상으로 해야 한다.

(2) 가압송수장치

① 가압송수장치는 다음 표에 따른 표준방사량을 방사(10분간 방사양으로 할 것)

구분	표준방사량
포워터스프링클러헤드	75[L/min] 이상
포헤드·고정포방출구 또는 이동식포노즐·압축공기포헤드	각 포헤드·고정포방출구 또는 이동식 포노즐의 설계 압력에 따라 방출되는 소화약제의 양

② 압축공기포소화설비에 설치되는 펌프의 양정은 0.4 ㎫ 이상이 되어야 한다. 다만, 자동으로 급수장치를 설치한 때에는 전용펌프를 설치하지 않을 수 있다.

(3) 배관

① 송액관은 포의 방출 종료후 배관안의 액을 배출하기 위하여 적당한 기울기를 유지하도록 하고 그 낮은 부분에 배액밸브를 설치하여야 한다.
② 포워터스프링클러설비 또는 포헤드설비의 가지배관의 배열은 토너먼트방식이 아니어야 하며, 교차배관에서 분기하는 지점을 기점으로 한쪽 가지배관에 설치하는 헤드의 수는 8개 이하로 한다.
③ 송액관은 전용으로 하여야 한다. 다만, 포소화전의 기동장치의 조작과 동시에 다른 설비의 용도에 사용하는 배관의 송수를 차단할 수 있거나, 포소화설비의 성능에 지장이 없는 경우에는 다른 설비와 겸용할 수 있다.
④ 연결송수관설비의 배관과 겸용할 경우의 주배관은 구경 100㎜ 이상, 방수구로 연결되는 배관의 구경은 65㎜ 이상인 것으로 하여야 한다.
⑤ 압축공기포소화설비의 배관은 토너먼트방식으로 해야 하고 소화약제가 균일하게 방출되는 등거리 배관구조로 설치해야 한다.

> **참고** 합성수지배관 설치 할 수 있는 기준
> 1. 배관을 지하에 매설하는 경우
> 2. 다른 부분과 내화구조로 구획된 덕트 또는 피트의 내부에 설치하는 경우
> 3. 천장(상층이 있는 경우에는 상층바닥의 하단을 포함한다. 이하 같다)과 반자를 불연재료 또는 준불연재료로 설치하고 그 내부에 습식으로 배관을 설치하는 경우

(4) 송수구

① 송수구는 화재층으로부터 지면으로 떨어지는 유리창 등이 송수 및 그 밖의 소화작업에 지장을 주지 않는 장소에 설치할 것

② 송수구로부터 포소화설비의 주배관에 이르는 연결배관에 개폐밸브를 설치한 때에는 그 개폐 상태를 쉽게 확인 및 조작할 수 있는 옥외 또는 기계실 등의 장소에 설치할 것
③ 구경 65㎜의 쌍구형으로 할 것
④ 송수구에는 그 가까운 곳의 보기 쉬운 곳에 송수압력범위를 표시한 표지를 할 것
⑤ 포소화설비의 송수구는 하나의 층의 바닥면적이 3,000㎡를 넘을 때마다 1개 이상을 설치할 것(5개를 넘을 경우에는 5개로 한다)
⑥ 지면으로부터 높이가 0.5m 이상 1m 이하의 위치에 설치할 것
⑦ 송수구의 부근에는 자동배수밸브(또는 직경 5 ㎜의 배수공) 및 체크밸브를 설치할 것. 이 경우 자동배수밸브는 배관 안의 물이 잘 빠질 수 있는 위치에 설치하되, 배수로 인하여 다른 물건이나 장소에 피해를 주지 않아야 한다.

(5) 포 소화약제의 저장량(위험물 탱크)

① 포 소화약제의 저장량
고정포방출방식의 수원의 양은 다음 각목의 합한 양 이상이 되도록 할 것
㉠ 고정포방출구에서 방출하기 위하여 필요한 양

- $Q_1 = A \times Q \times T\,[\ell]$ (포수용액량)
- $Q_1 = A \times Q \times T \times S\,[\ell]$ (약제량)
- $Q_1 = A \times Q \times T \times (1-S)\,[\ell]$ (수원량)

여기서, A : 탱크의 액표면적[㎡]
Q : 단위 포소화수용액의 양[ℓ/min·㎡]
T : 방출시간[min]
S : 약제농도(%)

※ 고정포방출구의 방출량(Q) 및 방사시간(T)

포 방출구의 종류·방출량 및 방사시간 위험물의 종류	Ⅰ형		Ⅱ형/Ⅲ형/Ⅳ형		특형	
	방출량(ℓ/㎡·min)	방사시간(분)	방출량(ℓ/㎡·min)	방사시간(분)	방출량(ℓ/㎡·min)	방사시간(분)
제4류위험물(수용성의 것을 제외) 중 인화점이 21[℃] 미만인 것 [제1석유류 : 아세톤, 휘발유 등]	4	30	4	55	8	30
제4류위험물(수용성의 것을 제외) 중 인화점이 21[℃] 이상 70[℃] 미만인 것 [제2석유류 : 경유, 등유 등]	4	20	4	30	8	20
제4류위험물(수용성의 것을 제외) 중 인화점이 70[℃] 이상인 것	4	15	4	25	8	15

ⓛ 보조소화전에서 방출하기 위하여 필요한 포수용액량 및 약제량
- $Q_2 = N \times 400\,[\ell/\min] \times 20\,[\min] = N \times 8000\,[\ell]$ (포수용액량)
- $Q_2 = N \times 400\,[\ell/\min] \times 20\,[\min] \times S = N \times 8000\,[\ell] \times S$ (약제량)
- $Q_2 = N \times 400\,[\ell/\min] \times 20\,[\min] \times (1-S) = N \times 8000\,[\ell] \times (1-S)$ (수원량)

여기서, • N : 호스 접결구수(3개 이상인 경우는 3)
       • S : 포 소화약제의 사용농도(%)

ⓒ 배관보정량

가장 먼 탱크까지의 송액관(내경 75[mm] 이하의 송액관을 제외)에 충전하기 위하여 필요한 포수용액량

- $\left(\dfrac{\pi d^2}{4} \times L \times 1{,}000 = Q_3\,[\ell]\right)$ (포수용액량)
- $\left(\dfrac{\pi d^2}{4} \times L \times S \times 1{,}000 = Q_3\,[\ell]\right)$ (약제량)
- $\left(\dfrac{\pi d^2}{4} \times L \times (1-S) \times 1{,}000 = Q_3\,[\ell]\right)$ (수원량)

여기서, • $\dfrac{\pi d^2}{4}$: 송액관 면적 [m²]
       • L : 송액관 길이[m]
       • S : 포 소화약제의 사용농도(%)

> ∴ 포수용액량 $Q_P = Q_1 + Q_2 + Q_3$
> (고정포 + 보조포 + 배관보정량)
> • 포수용액량 × 약제농도 = 약제량
> • 포수용액량 × (1−약제농도) = 수원량

ⓔ 옥내포소화전방식 또는 호스릴방식에 있어서는 다음의 식에 따라 산출한 양 이상으로 할 것. 다만, 바닥면적이 200㎡ 미만인 건축물에 있어서는 그 75%로 할 수 있다.
- $Q = N \times 300\,[\ell/\min] \times 20\,[\min] = N \times 6000\,[\ell]$ (포수용액량)
- $Q = N \times 300\,[\ell/\min] \times 20\,[\min] \times S = N \times 6000 \times S\,[\ell]$ (약제량)
- $Q = N \times 6000\,[\ell] \times (1-S)\,[\ell]$ (수원량)

여기서, • Q : 포 소화약제의 양(ℓ)
       • N : 호스 접결구수(5개 이상인 경우는 5)
       • S : 포 소화약제의 사용농도(%)

ⓜ 포헤드방식 및 압축공기포소화설비에 있어서는 하나의 방사구역안에 설치된 포헤드를 동시에 개방하여 표준방사량으로 10분간 방사할 수 있는 양 이상으로 할 것

(6) 혼합장치(프로포셔너)

① 라인 프로포셔너방식(Line Proportioner Type)

펌프와 발포기의 중간에 설치된 벤투리관의 벤투리작용에 의하여 포소화약제를 흡입, 혼합하는 방식

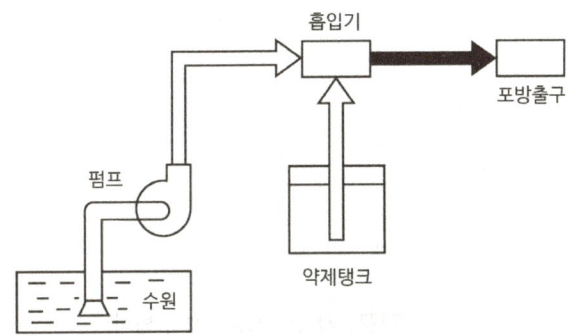

[라인프로포셔너 방식]

② 프레져 프로포셔너방식(Pressure Proportioner Type)

펌프와 발포기의 중간에 설치된 벤투리관의 벤투리작용과 펌프 가압수의 포소화약제 저장탱크에 대한 압력에 의하여 포소화약제를 흡입, 혼합하는 방식

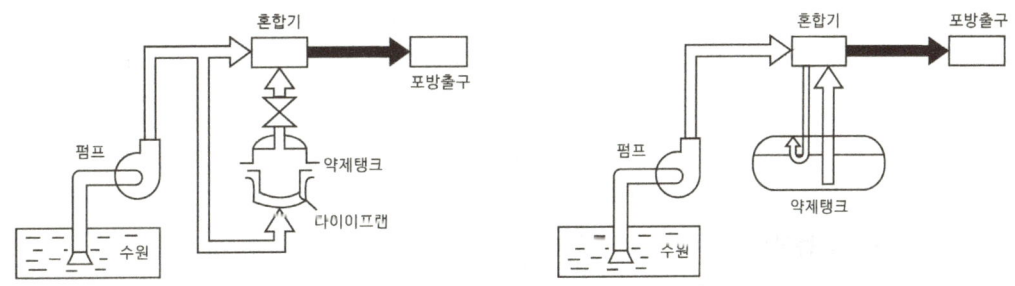

[프레져프로포셔너 방식]

③ 펌프 프로포셔너방식(Pump Propotioner Type)

펌프의 흡입관과 토출관 사이의 배관 사이에 설치한 흡입기에 펌프에서 토출된 가압수를 보내고 농도조절밸브에서 조정된 포소화약제 필요량을 포소화약제 탱크에서 펌프흡입측으로 보내어 이를 혼합하는 방식

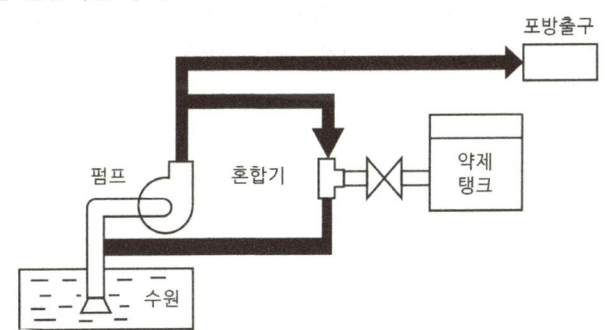

[펌프프로포셔너 방식]

④ 프레져 사이드 프로포셔너방식(Pressure Side Proportioner Type)

펌프의 토출관에 압입기를 설치하여 포소화약제 압입용 펌프로 포소화약제를 압입시켜 혼합하는 방식

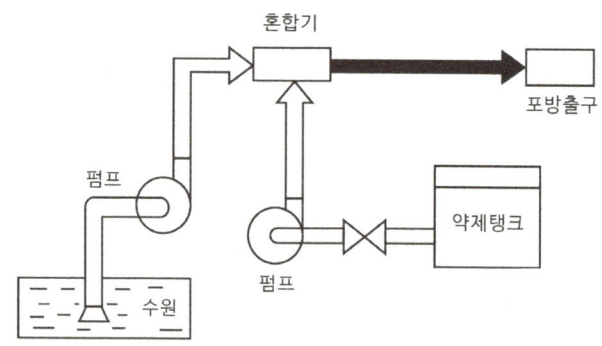

[프레져 사이드 프로포셔너 방식]

⑤ 압축공기포 믹싱챔버방식 : 포수용액에 가압원으로 압축된 공기 또는 질소를 일정 비율로 혼합하는 방식이다.

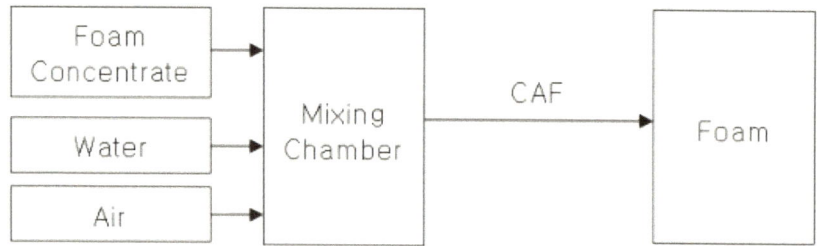

(7) 기동장치

① 수동식 기동장치

  ㉠ 직접 조작 또는 원격조작에 의하여 가압송수장치·수동식개방밸브 및 소화약제 혼합장치를 기동할 수 있는 것으로 할 것
  ㉡ 2이상의 방사구역을 가진 포소화설비에는 방사구역을 선택할 수 있는 구조로 할 것
  ㉢ 기동장치의 조작부는 화재시 쉽게 접근할 수 있는 곳에 설치하되, 바닥으로부터 0.8[m] 이상 1.5[m] 이하의 위치에 설치하고, 유효한 보호장치를 설치할 것
  ㉣ 기동장치의 조작부 및 호스 접결구에는 가까운 곳이 보기 쉬운 곳에 각각 "기동장치의 조작부" 및 "접결구"라고 표시한 표지를 설치할 것
  ㉤ 차고 또는 주차장에 설치하는 포소화설비의 수동식 기동장치는 방사구역마다 1개 이상 설치할 것
  ㉥ 항공기 격납고에 설치하는 포소화설비의 수동식 기동장치는 각 방사구역마다 2개 이상을 설치하되, 그 중 1개는 각 방사구역으로부터 가장 가까운 곳 또는 조작에 편리한 장소에 설치하고, 1개는 화재감지수신기를 설치한 감시실 등에 설치할 것

② 자동식 기동장치

포소화설비의 자동식 기동장치는 자동화재탐지기의 작동 또는 폐쇄형 스프링클러헤드의 개방과 연동하여 가압송수장치·일제개방밸브 및 포소화약제 혼합장치를 가동시킬 수 있도록 설치

㉠ 폐쇄형 스프링클러헤드를 사용하는 경우에는 다음에 의할 것
  ⓐ 표시온도가 79 ℃ 미만인 것을 사용하고, 1개의 스프링클러헤드의 경계면적은 20 ㎡ 이하로 할 것
  ⓑ 부착면의 높이는 바닥으로부터 5 m 이하로 하고, 화재를 유효하게 감지할 수 있도록 할 것
  ⓒ 하나의 감지장치 경계구역은 하나의 층이 되도록 할 것
㉡ 감지기를 사용하는 경우에는 다음에 의할 것
  ⓐ 화재감지기는 「자동화재탐지설비 및 시각경보장치의 화재안전기술기준(NFTC 203)」 2.4(감지기)의 기준에 따라 설치할 것

(8) 포헤드 및 고정포방출구

① 포헤드 및 고정포방출구는 포의 팽창비율에 따라 다음 표에 따른 것으로 하여야 한다.

[팽창비율에 따른 포 및 방출구의 종류)

팽창비율에 따른 포의 종류	포방출구의 종류
팽창비가 20 이하인 것(저발포)	포헤드, 압축공기포헤드
팽창비가 80 이상 1,000 미만인 것(고발포)	고발포용 고정포방출구

② 포헤드는 다음 각 호의 기준에 따라 설치하여야 한다.

㉠ 포워터스프링클러헤드는 특정소방대상물의 천장 또는 반자에 설치하되, 바닥면적 8 ㎡마다 1개 이상으로 하여 해당 방호대상물의 화재를 유효하게 소화할 수 있도록 할 것
㉡ 포헤드는 특정소방대상물의 천장 또는 반자에 설치하되, 바닥면적 9 ㎡마다 1개 이상으로 하여 해당 방호대상물의 화재를 유효하게 소화할 수 있도록 할 것
㉢ 포헤드는 특정소방대상물별로 그에 사용되는 포 소화약제에 따라 1분당 방사량이 다음 표에 따른 양 이상이 되는 것으로 할 것

[소방대상물 및 포소화약제의 종류에 따른 포헤드의 방사량(㎡/min)]

소방 대상물	포 소화약제의 종류	바닥면적1㎡당 방사량
차고·주차장 및 항공기격납고	단백포 소화약제	6.5 ℓ 이상
	합성계면활성제포 소화약제	8.0 ℓ 이상
	수성막포 소화약제	3.7 ℓ 이상
특수가연물을 저장·취급 하는 소방대상물	단백포 소화약제	6.5 ℓ 이상
	합성계면활성제포 소화약제	6.5 ℓ 이상
	수성막포 소화약제	6.5 ℓ 이상

③ 포헤드 상호간의 거리

㉠ 정방형으로 배치한 경우에는 다음의 식에 따라 산정한 수치 이하가 되도록 할 것
S = 2 × r × cos45°

여기에서 • S : 포헤드 상호간의 거리(m)
• r : 유효반경(2.1m)

④ 압축공기포소화설비의 분사헤드는 천장 또는 반자에 설치하되 방호대상물에 따라 측벽에 설치할 수 있으며 유류탱크 주위에는 바닥면적 13.9 ㎡마다 1개 이상, 특수가연물저장소에는 바닥면적 9.3 ㎡마다 1개 이상으로 당해 방호대상물의 화재를 유효하게 소화할 수 있도록 할 것

[방호대상물별 압축공기포 분사헤드의 방출량(㎡/min)]

방호대상물	방호면적 1㎡에 대한 1분당 방출량
특수가연물	2.3L
기타의 것	1.63L

④ 차고·주차장에 설치하는 호스릴포소화설비 또는 포소화전설비

㉠ 특정소방대상물의 어느 층에 있어서도 그 층에 설치된 호스릴포방수구 또는 포소화전방수구(호스릴포방수구 또는 포소화전방수구가 5개 이상 설치된 경우에는 5개)를 동시에 사용할 경우 각 이동식 포노즐 선단의 포수용액 방사압력이 0.35 ㎫ 이상이고 300 L/min 이상(1개 층의 바닥면적이 200 ㎡ 이하인 경우에는 230 L/min 이상)의 포수용액을 수평거리 15 m 이상으로 방사할 수 있도록 할 것

㉡ 저발포의 포소화약제를 사용할 수 있는 것으로 할 것

㉢ 호스릴 또는 호스를 호스릴포방수구 또는 포소화전방수구로 분리하여 비치하는 때에는 그로부터 3 m 이내의 거리에 호스릴함 또는 호스함을 설치할 것

㉣ 호스릴함 또는 호스함은 바닥으로부터 높이 1.5 m 이하의 위치에 설치하고 그 표면에는 "포호스릴함(또는 포소화전함)"이라고 표시한 표지와 적색의 위치표시등을 설치할 것

㉤ 방호대상물의 각 부분으로부터 하나의 호스릴포방수구까지의 수평거리는 15 m 이하(포소화전방수구의 경우에는 25 m 이하)가 되도록 하고 호스릴 또는 호스의 길이는 방호대상물의 각 부분에 포가 유효하게 뿌려질 수 있도록 할 것

> **참고** 고발포용 고정포방출구 설치기준
>
> (1) 전역방출방식
>
> ① 개구부에 자동폐쇄장치(「건축법 시행령」제64조제1항에 따른 방화문 또는 불연재료로 된 문으로 포수용액이 방출되기 직전에 개구부가 자동적으로 폐쇄될 수 있는 장치를 말한다)를 설치할 것. 다만, 해당 방호구역에서 외부로 새는 양 이상의 포수용액을 유효하게 추가하여 방출하는 설비가 있는 경우에는 그렇지 않다.
>
> ② 고정포방출구(포발생기가 분리되어 있는 것은 해당 포발생기를 포함한다)는 특정소방대상물 및 포의 팽창비에 따른 종별에 따라 해당 방호구역의 관포체적(해당 바닥 면으로부터 방호대상물의 높이보다 0.5 m 높은 위치까지의 체적을 말한다) 1 ㎥에 대하여 1분당 방출량이 다음 표에 따른 양 이상이 되도록 할 것

[소방대상물 및 포의 팽창비에 따른 고정포방출구의 방출량]

소방대상물	포의 팽창비	관포체적 1[㎥]에 대한 분당 포수용액방출량
항공기 격납고	팽창비 80 이상 250 미만의 것	2.00[ℓ]
	팽창비 250 이상 500 미만의 것	0.5[ℓ]
	팽창비 500 이상 1,000 미만의 것	0.29[ℓ]
차고 또는 주차장	팽창비 80 이상 250 미만의 것	1.11[ℓ]
	팽창비 250 이상 500 미만의 것	0.28[ℓ]
	팽창비 500 이상 1,000 미만의 것	0.16[ℓ]
특수가연물 저장 또는 취급하는 소방대상물	팽창비 80 이상 250 미만의 것	1.25[ℓ]
	팽창비 250 이상 500 미만의 것	0.31[ℓ]
	팽창비 500 이상 1,000 미만의 것	0.18[ℓ]

③ 고정포방출구는 바닥면적 500 ㎡마다 1개 이상으로 하여 방호대상물의 화재를 유효하게 소화할 수 있도록 할 것

④ 고정포방출구는 방호대상물의 최고부분보다 높은 위치에 설치할 것. 다만, 밀어올리는 능력을 가진 것은 방호대상물과 같은 높이로 할 수 있다.

* 관포체적 : 당해 바닥면적으로부터 방호대상물의 높이보다 0.5[m] 높은 위치까지의 체적

(2) 국소방출방식

방호대상물	방호면적 1[㎡]에 대한 1분당 방출량
특수가연물	3[ℓ]
기타의 것	2[ℓ]

* 방호대상면적 : 당해 방호대상물의 각 부분에서 각각 당해 방호대상물의 높이의 3배 (1[m] 미만인 경우 1[m]의 거리를 수평으로 연장한 선으로 둘러싸인 부분의 면적)

CHAPTER 08 포소화설비의 화재안전기술기준 [NFTC 105]

01 포소화설비의 기술기준상 포헤드를 소방대상물의 천장 또는 반자에 설치하여야 할 경우 헤드 1개가 방호해야 할 바닥면적은 최대 몇 m²인가? `21-1 기사`

① 3 ② 5
③ 7 ④ 9

정답 ④
해설 ● 포헤드 설치 기준
1. 포워터스프링클러헤드 : 특정소방대상물의 천장 또는 반자에 설치(바닥면적 8㎡마다 1개 이상 설치)
2. 포헤드 : 특정소방대상물의 천장 또는 반자에 설치(바닥면적 9㎡마다 1개 이상 설치)

02 포소화설비의 기술기준상 압축공기포소화설비의 분사헤드를 유류탱크 주위에 설치하는 경우 바닥면적 몇 m² 마다 1개 이상 설치하여야 하는가? `21-1 기사`

① 9.3 ② 10.8
③ 12.3 ④ 13.9

정답 ①
해설 ● 압축공기포소화설비의 분사헤드 : 천장 또는 반자에 설치하되 방호대상물에 따라 측벽에 설치도 가능
1. 유류탱크주위 : 바닥면적 13.9㎡마다 1개 이상 설치
2. 특수가연물저장소 : 바닥면적 9.3㎡ 마다 1개이상 설치

03 특정소방대상물에 따라 적응하는 포소화설비의 설치기준 중 특수가연물을 저장·취급하는 공장 또는 창고에 적응성을 갖는 포소화설비가 아닌 것은? `22-2 기사` `18-4 기사`

① 포헤드설비 ② 고정포방출설비
③ 압축공기포소화설비 ④ 호스릴포소화설비

정답 ④
해설 특수가연물을 저장·취급하는 공장 또는 창고에는 포워터스프링클러설비·포헤드설비 또는 고정포방출설비,압축공기포소화설비가 적응성을 가진다.

04 특정소방대상물에 따라 적응하는 포소화설비의 설치기준 중 발전기실, 엔진펌프실, 변압기, 전기케이블실, 유압설비 바닥면적의 합계가 300㎡ 미만의 장소에 설치 할 수 있는 것은? 17-4 기사

① 포헤드설비
② 호스릴포소화설비
③ 포워터스프링클러설비
④ 고정식 압축공기포소화설비

정답 ④
해설 발전기실, 엔진펌프실, 변압기, 전기케이블실, 유압설비 : 바닥면적의 합계가 300㎡미만의 장소에는 고정식 압축공기포소화설비를 설치 할 수 있다.

05 포소화설비의 기술기준에 따른 포소화설비의 포헤드 설치기준에 대한 설명으로 틀린 것은? 20-4 기사

① 항공기격납고에 단백포 소화약제가 사용되는 경우 1분당 방사량은 바닥면적 1m²당 6.5ℓ 이상 방사되도록 할 것
② 특수가연물을 저장·취급하는 소방대상물에 단백포 소화약제가 사용되는 경우 1분당 방사량은 바닥면적 1m²당 6.5ℓ 이상 방사되도록 할 것
③ 특수가연물을 저장·취급하는 소방대상물에 합성계면활성제포 소화약제가 사용되는 경우 1분당 방사량은 바닥면적 1m²당 8.0ℓ 이상 방사되도록 할 것
④ 포헤드는 특정소방대상물의 천장 또는 반자에 설치하되, 바닥면적 9m²마다 1개 이상으로 하여 해당 방호대상물의 화재를 유효하게 소화할 수 있도록 할 것

정답 ③
해설 • 포헤드 1분당 방사량[L/min·㎡]

소방 대상물	포 소화약제의 종류	바닥면적1㎡당 방사량
차고·주차장 및 항공기격납고	단백포 소화약제	6.5ℓ 이상
	합성계면활성제포 소화약제	8.0ℓ 이상
	수성막포 소화약제	3.7ℓ 이상
특수가연물을 저장·취급하는 소방대상물	단백포 소화약제	6.5ℓ 이상
	합성계면활성제포 소화약제	6.5ℓ 이상
	수성막포 소화약제	6.5ℓ 이상

06 포소화설비의 기술기준상 포헤드의 설치 기준 중 다음 괄호 안에 알맞은 것은?

20-2 기사 | 18-1 기사

> 압축공기포소화설비의 분사헤드는 천장 또는 반자에 설치하되 방호대상물에 따라 측벽에 설치할 수 있으며 유류탱크주위에는 바닥면적 (㉠)㎡마다 1개 이상, 특수가연물저장소에는 바닥면적 (㉡)㎡마다 1개 이상으로 해당 방호대상물의 화재를 유효하게 소화할 수 있도록 할 것

① ㉠ 8, ㉡ 9
② ㉠ 9, ㉡ 8
③ ㉠ 9.3, ㉡ 13.9
④ ㉠ 13.9, ㉡ 9.3

정답 ④

해설 • 압축공기포소화설비의 분사헤드 : 천장 또는 반자에 설치하되 방호대상물에 따라 측벽에 설치도 가능
  1. 유류탱크주위 : 바닥면적 13.9㎡마다 1개 이상 설치
  2. 특수가연물저장소 : 바닥면적 9.3㎡ 마다 1개이상 설치

07 포소화설비의 기술기준에 따라 포소화설비에 소방용 합성수지배관을 설치할 수 있는 경우로 **틀린** 것은?

21-4 기사

① 배관을 지하에 매설하는 경우
② 다른 부분과 내화구조로 구획된 덕트 또는 피트의 내부에 설치하는 경우
③ 동결방지조치로 하거나 동결의 우려가 없는 경우
④ 천장과 반자를 불연재료 또는 준불연재료로 설치하고 그 내부에 습식으로 배관을 설치하는 경우

정답 ③

해설 • 합성수지 배관 설치기준
  1. 배관을 지하에 매설하는 경우
  2. 다른 부분과 내화구조로 구획된 덕트 또는 피트의 내부에 설치하는 경우
  3. 천장(상층이 있는 경우에는 상층바닥의 하단을 포함한다. 이하 같다)과 반자를 불연 재료 또는 준불연 재료로 설치하고 그 내부에 습식으로 배관을 설치하는 경우

08 포소화설비의 기술기준에 따라 포소화설비 송수구의 설치 기준에 대한 설명으로 옳은 것은?

21-4 기사

① 구경 65mm의 쌍구형으로 할 것
② 지면으로부터 높이가 0.5m 이상 1.5m 이하의 위치에 설치할 것
③ 하나의 층 바닥면적이 2000㎡를 넘을 때마다 1개 이상을 설치할 것
④ 송수구의 가까운 부분에 자동배수밸브(또는 직경 3mm의 배수공) 및 안전밸브를 설치할 것

정답 ①
해설 (보기②) 지면으로부터 높이가 0.8m 이상 1.5m 이하의 위치에 설치할 것
(보기③) 하나의 층 바닥면적이 3000m²를 넘을 때마다 1개 이상을 설치할 것
(보기④) 송수구의 가까운 부분에 자동배수밸브(또는 직경 5mm의 배수공) 및 안전밸브를 설치할 것

09 포소화설비의 기술기준상 포소화설비의 배관 등의 설치기준으로 옳은 것은? 21-2 기사 18-4 기사
① 포워터스프링클러설비 또는 포헤드설비의 가지 배관의 배열은 토너먼트방식으로 한다.
② 송액관은 겸용으로 하여야 한다. 다만, 포소화전의 기동장치의 조작과 동시에 다른 설비의 용도에 사용하는 배관의 송수를 차단할 수 있거나, 포소화설비의 성능에 지장이 없는 경우에는 전용으로 할 수 있다.
③ 송액관은 포의 방출 종료 후 배관안의 액을 배출하기 위하여 적당한 기울기를 유지하도록 하고 그 낮은 부분에 배액밸브를 설치하여야 한다.
④ 연결송수관설비의 배관과 겸용할 경우의 주배관은 구경 65 mm 이상, 방수구로 연결되는 배관의 구경은 100 mm 이상의 것으로 하여야 한다.

정답 ③
해설 (보기①) 포워터스프링클러설비 또는 포헤드설비의 가지 배관의 배열은 토너먼트방식외의 방식으로 한다.
(보기②) 송액관은 전용으로 하여야 한다. 다만, 포소화전의 기동장치의 조작과 동시에 다른 설비의 용도에 사용하는 배관의 송수를 차단할 수 있거나, 포소화설비의 성능에 지장이 없는 경우에는 겸용으로 할 수 있다.
(보기④) 연결송수관설비의 배관과 겸용할 경우의 주배관은 구경 100 mm 이상, 방수구로 연결되는 배관의 구경은 65 mm 이상의 것으로 하여야 한다.

10 다음은 포소화설비에서 배관 등 설치기준에 관한 내용이다. ㉠~㉢ 안에 들어갈 내용으로 옳은 것은? 19-4 기사

○ 연결송수관 설비의 배관과 겸용할 경우의 주배관은 구경 100mm 이상, 방수구로 연결되는 배관의 구경은 (㉠)mm 이상의 것으로 하여야 한다.
○ 펌프의 성능은 체절운전시 정격토출압력의 (㉡)%를 초과하지 아니하고, 정격토출량의 150%로 운전시 정격토출압력의 (㉢)%이상이 되어야 한다.

① ㉠ 40, ㉡ 120, ㉢ 65
② ㉠ 40, ㉡ 120, ㉢ 75
③ ㉠ 65, ㉡ 140, ㉢ 65
④ ㉠ 65, ㉡ 140, ㉢ 75

정답 ③
해설 • 연결송수관 설비의 배관과 겸용할 경우의 주배관은 구경 100mm 이상, 방수구로 연결되는 배관의 구경은 (㉠65)mm 이상의 것으로 하여야 한다.
• 펌프의 성능은 체절운전시 정격토출압력의 (㉡140)%를 초과하지 아니하고, 정격토출량의 150%로 운전시 정격토출압력의 (㉢65)%이상이 되어야 한다.

11 포소화설비의 기술기준상 펌프의 토출관에 압입기를 설치하여 포 소화약제 압입용 펌프로 포 소화약제를 압입시켜 혼합하는 방식은?

① 라인 푸로포셔너 방식
② 펌프 푸로포셔너 방식
③ 프레져 푸로포셔너 방식
④ 프레져사이드 푸로포셔너 방식

정답 ④

해설 • 프레져 사이드 프로포셔너방식(Pressure Side Proportioner Type)
펌프의 토출관에 압입기를 설치하여 포소화약제 압입용 펌프로 포소화약제를 압입시켜 혼합하는 방식

12 포소화설비의 기술기준에 따른 용어의 정의중 다음 ( ) 안에 알맞은 내용은?

( ) 푸로포셔너 방식이란 펌프와 발포기의 중간에 설치된 벤투리관의 벤투리작용과 펌프 가압수의 포소화약제 저장탱크에 대한 압력에 의하여 포소화약제를 흡입, 혼합하는 방식을 말한다.

① 라인　　　　　　　　　　② 펌프
③ 프레져　　　　　　　　　④ 프레져사이드

정답 ③

해설 • 프레져 프로포셔너방식(Pressure Proportioner Type)
펌프와 발포기의 중간에 설치된 벤투리관의 벤투리작용과 펌프 가압수의 포소화약제 저장탱크에 대한 압력에 의하여 포소화약제를 흡입, 혼합하는 방식

13 포 소화약제의 혼합장치에 대한 설명 중 옳은 것은?

① 라인 푸로포셔너방식 이란 펌프의 토출관과 흡입관 사이의 배관 도중에 설치한 흡입기에 펌프에서 토출된 물의 일부를 보내고, 농도 조절밸브에서 조정된 포 소화약제의 필요량을 포 소화약제 탱크에서 펌프 흡입측으로 보내어 이를 혼합하는 방식을 말한다.
② 프레져사이드 푸로포셔너방식 이란 펌프의 토출관에 압입기를 설치하여 포 소화약제 압입용펌프로 포 소화약제를 압입시켜 혼합하는 방식을 말한다.
③ 프레져 푸로포셔너방식 이란 펌프와 발포기 중간에 설치된 벤추리관의 벤추리작용에 따라 포 소화약제를 흡입·혼합하는 방식을 말한다.
④ 펌프 푸로포셔너방식 이란 펌프와 발포기의 중간에 설치된 벤추리관의 벤추리작용과 펌프 가압수의 포 소화약제 저장탱크에 대한 압력에 따라 포 소화약제를 흡입·혼합하는 방식을 말한다.

정답 ②

해설 (보기①) 펌프푸로포셔너방식 이란 펌프의 토출관과 흡입관 사이의 배관 도중에 설치한 흡입기에 펌프에서 토출된 물의 일부를 보내고, 농도 조절밸브에서 조정된 포 소화약제의 필요량을 포 소화약제 탱크에서 펌프 흡입측으로 보내어 이를 혼합하는 방식을 말한다.

(보기③) 라인푸로포셔너방식 이란 펌프와 발포기 중간에 설치된 벤추리관의 벤추리작용에 따라 포 소화약제를 흡입·혼합하는 방식을 말한다.

(보기④) 프레져 푸로포셔너방식 이란 펌프와 발포기의 중간에 설치된 벤추리관의 벤추리작용과 펌프 가압수의 포 소화약제 저장탱크에 대한 압력에 따라 포 소화약제를 흡입·혼합하는 방식을 말한다.

14 포소화설비의 기술기준에 따라 바닥면적이 180[m²]인 건축물 내부에 호스릴 방식의 포소화설비를 설치할 경우 가능한 포소화약제의 최소 필요량은 몇 L인가? (단, 호스 접결구 : 2개, 약제 농도 : 3%) `20-1 기사`

① 180
② 270
③ 650
④ 720

정답 ②

해설 $Q = 2 \times 6000 \times 0.03 = 360[L] \times 0.75$ (바닥면적이 200m² 미만이므로) $= 270[L]$

옥내포소화전방식 또는 호스릴방식에 있어서는 다음의 식에 따라 산출한 양 이상으로 할 것. 다만, 바닥면적이 200m² 미만인 건축물에 있어서는 그 75%로 할 수 있다.

$Q = N \times 300[\ell/min] \times 20[min] \times S = N \times 6000 \times S[\ell]$ (약제량)

- Q : 포 소화약제의 양(ℓ)
- N : 호스 접결구수(5개 이상인 경우는 5)
- S : 포 소화약제의 사용농도(%)

15 포소화설비의 기술기준상 차고·주차장에 설치하는 포소화전설비의 설치 기준 중 다음 ( ) 안에 알맞은 것은? (단, 1개 층의 바닥면적이 200[m²] 이하인 경우는 제외한다) `20-1 기사` `17-2 기사`

> 특정소방대상물의 어느 층에 있어서도 그 층에 설치된 호스릴포방수구 또는 포소화전방수구(호스릴포방수구 또는 포소화전방수구가 5개 이상 설치된 경우에는 5개)를 동시에 사용할 경우 각 이동식 포노즐 선단의 포수용액 방사압력이 (㉠) MPa 이상이고 (㉡) ℓ/min 이상(1개층의 바닥면적이 200m² 이하인 경우에는 230 ℓ/min 이상)의 포수용액을 수평거리 15m 이상으로 방사할 수 있도록 할 것

① ㉠ 0.25, ㉡ 230
② ㉠ 0.25, ㉡ 300
③ ㉠ 0.35, ㉡ 230
④ ㉠ 0.35, ㉡ 300

정답 ④

해설 특정소방대상물의 어느 층에 있어서도 그 층에 설치된 호스릴포방수구 또는 포소화전방수구(호스릴포방수구 또는 포소화전방수구가 5개 이상 설치된 경우에는 5개)를 동시에 사용할 경우 각 이동식 포노즐 선단의 포수용액 방사압력이 (㉠0.35) MPa 이상이고 (㉡300) ℓ/min 이상(1개층의 바닥면적이 200m² 이하인 경우에는 230 ℓ/min 이상)의 포수용액을 수평거리 15m 이상으로 방사할 수 있도록 할 것

16 포소화설비의 자동식 기동장치에서 폐쇄형스프링클러헤드를 사용하는 경우의 설치기준에 대한 설명이다. ㉠~㉢의 내용으로 옳은 것은?

> ○ 표시온도가 (㉠) ℃ 미만인 것을 사용하고, 1개의 스프링클러헤드의 경계면적은 (㉡) ㎡ 이하로 할 것
> ○ 부착면의 높이는 바닥으로부터 (㉢) m 이하로 하고, 화재를 유효하게 감지할 수 있도록 할 것

① ㉠ 68, ㉡ 20, ㉢ 5
② ㉠ 68, ㉡ 30, ㉢ 7
③ ㉠ 79, ㉡ 20, ㉢ 5
④ ㉠ 79, ㉡ 30, ㉢ 7

정답 ③

해설
- 표시온도가 (㉠ 79) ℃ 미만인 것을 사용하고, 1개의 스프링클러헤드의 경계면적은 (㉡ 20)㎡ 이하로 할 것
- 부착면의 높이는 바닥으로부터 (㉢ 5) m 이하로 하고, 화재를 유효하게 감지할 수 있도록 할 것

17 포헤드를 정방형으로 설치 시 헤드와 벽과의 최대 이격거리는 약 몇 m 인가?

① 1.48
② 1.62
③ 1.76
④ 1.91

정답 ①

해설 $S = 2R\cos 45° = 2 \times 2.1 \times \cos 45° = 2.9698 [m]$

벽과 헤드의 이격거리는 $\frac{S}{2}$ 이므로 $\frac{2.9698}{2} = 1.48 [m]$

18 포 소화약제의 저장량 설치기준 중 포헤드방식 및 압축공기포소화설비에 있어서 하나의 방사구역 안에 설치된 포헤드를 동시에 개방하여 표준방사량으로 몇 분간 방사할 수 있는 양 이상으로 하여야 하는가?

① 10
② 20
③ 30
④ 60

정답 ①

해설
- 압축공기포소화설비
  1. 방수량 : 설계 사양에 따라 방호구역에 최소 10분간 방사
  2. 설계방출밀도(L/min·㎡)
     ㉠ 일반가연물, 탄화수소류는 1.63[L/min·㎡]이상
     ㉡ 특수가연물, 알코올류와 케톤류는 2.3[L/min·㎡]이상

19 포소화설비의기술기준상 전역방출방식 고발포용고정포방출구의 설치기준으로 옳은 것은? (단, 해당 방호구역에서 외부로 새는 양 이상의 포수용액을 유효하게 추가하여 방출하는 설비가 있는 경우는 제외한다.)   20-2 기사

① 개구부에 자동폐쇄장치를 설치할 것
② 바닥면적 600m²마다 1개 이상으로 할 것
③ 방호대상물의 최고부분보다 낮은 위치에 설치할 것
④ 특정소방대상물 및 포의 팽창비에 따른 종별에 관계없이 해당 방호구역의 관포체적 1m³에 대한 1분당 포수용액 방출량은 1L 이상으로 할 것

정답 ①
해설 (보기②) 바닥면적 600m²마다 1개 이상으로 할 것→500m²마다 1개 이상으로 할 것
(보기③) 방호대상물의 최고부분보다 낮은 위치에 설치할 것→최고부분보다 높은 위치에 설치할 것
(보기④) 특정소방대상물 및 포의 팽창비에 따른 종별에 관계없이 해당 방호구역의 관포체적 1m³에 대한 1분당 포수용액 방출량은 1L 이상으로 할 것 → 기준이나 조건에 따라 상이함
- **고발포용 고정포방출구 설치기준**
  ① 개구부 자동폐쇄장치 설치
  ② 고정포방출구 설치 개수 : 1개/500[m²]
  ③ 방호대상물의 최고부분보다 높은 위치에 설치할 것

20 포소화설비의 자동식 기동장치의 설치기준 중 다음 ( ) 안에 알맞은 것은? (단, 화재감지기를 사용하는 경우이며, 자동화재탐지설비의 수신기가 설치된 장소에 상시 사람이 근무하고 있고, 화재 시 즉시 해당 조작부를 작동시킬 수 있는 경우는 제외한다.)   22-1 기사 17-2 기사

화재감지기 회로에는 다음의 기준에 따른 발신기를 설치할 것. 특정소방대상물의 층마다 설치하되, 해당특정소방대상물의 각 부분으로부터 수평거리가 (㉠)[m] 이하가 되도록 할 것. 다만, 복도 또는 별도로 구획된 실로서 보행거리가 (㉡)[m] 이상일 경우에는 추가로 설치하여야 한다.

① ㉠ 25, ㉡ 30   ② ㉠ 25, ㉡ 40
③ ㉠ 15, ㉡ 30   ④ ㉠ 15, ㉡ 40

정답 ②
해설 화재감지기 회로에는 다음의 기준에 따른 발신기를 설치할 것. 특정소방대상물의 층마다 설치하되, 해당 특정소방대상물의 각 부분으로부터 수평거리가 (㉠25)[m] 이하가 되도록 할 것. 다만, 복도 또는 별도로 구획된 실로서 보행거리가 (㉡40)[m] 이상일 경우에는 추가로 설치하여야 한다.

II 소방기계시설의 구조 및 원리

쉽고 빠르게 합격하는 소방설비(산업)기사 필기시험 대비

PART 03 가스계 소화설비

CHAPTER 01 이산화탄소소화설비의 화재안전기술기준 [NFTC 106]
CHAPTER 02 할론소화설비의 화재안전기술기준 [NFTC 107]
CHAPTER 03 할로겐화합물 및 불활성기체 소화약제 소화설비 [NFSC 107A]
CHAPTER 04 분말소화설비의 화재안전기술기준 [NFTC 108]

CHAPTER 01 이산화탄소소화설비의 화재안전기술기준 [NFTC 106]
[시행 2022. 12. 1.] [2022. 12. 1 제정]

01 개요

이산화탄소소화설비는 화재에 대해 질식 및 냉각효과에 의한 소화를 목적으로 이산화탄소를 고압용기에 저장해 두었다가 화재시 수동조작 및 자동기동에 의해 배관을 통하여 화점에 이산화단소가스를 분사하여 소화하는 설비이다.

1. "전역방출방식"이란 소화약제 공급장치에 배관 및 분사헤드 등을 설치하여 밀폐 방호구역 전체에 소화약제를 방출하는 방식을 말한다.
2. "국소방출방식"이란 소화약제 공급장치에 배관 및 분사헤드를 등을 설치하여 직접 화점에 소화약제를 방출하는 방식을 말한다.
3. "호스릴방식"이란 소화수 또는 소화약제 저장용기 등에 연결된 호스릴을 이용하여 사람이 직접 화점에 소화수 또는 소화약제를 방출하는 방식을 말한다.
4. "충전비"란 소화약제 저장용기의 내부 용적과 소화약제의 중량과의 비(용적/중량)를 말한다.
5. "심부화재"란 목재 또는 섬유류와 같은 고체가연물에서 발생하는 화재형태로서 가연물 내부에서 연소하는 화재를 말한다.
6. "표면화재"란 가연성물질의 표면에서 연소하는 화재를 말한다.
7. "교차회로방식"이란 하나의 방호구역 내에 2 이상의 화재감지기회로를 설치하고 인접한 2 이상의 화재감지기에 화재가 감지되는 때에 소화설비가 작동하는 방식을 말한다
8. "방화문"이란 규정에 따른 60분+ 방화문, 60분 방화문 또는 30분 방화문을 말한다.
9. "방호구역"이란 소화설비의 소화범위 내에 포함된 영역을 말한다.
10. "선택밸브"란 2 이상의 방호구역 또는 방호대상물이 있어 소화수 또는 소화약제를 해당하는 방호구역 또는 방호대상물에 선택적으로 방출되도록 제어하는 밸브를 말한다.
11. "설계농도"란 방호대상물 또는 방호구역의 소화약제 저장량을 산출하기 위한 농도로서 소화농도에 안전율을 고려하여 설정한 농도를 말한다.
12. "소화농도"란 규정된 실험 조건의 화재를 소화하는데 필요한 소화약제의 농도(형식승인대상의 소화약제는 형식승인된 소화농도)를 말한다.
13. "호스릴"이란 원형의 소방호스를 원형의 수납장치에 감아 정리한 것을 밀한다.

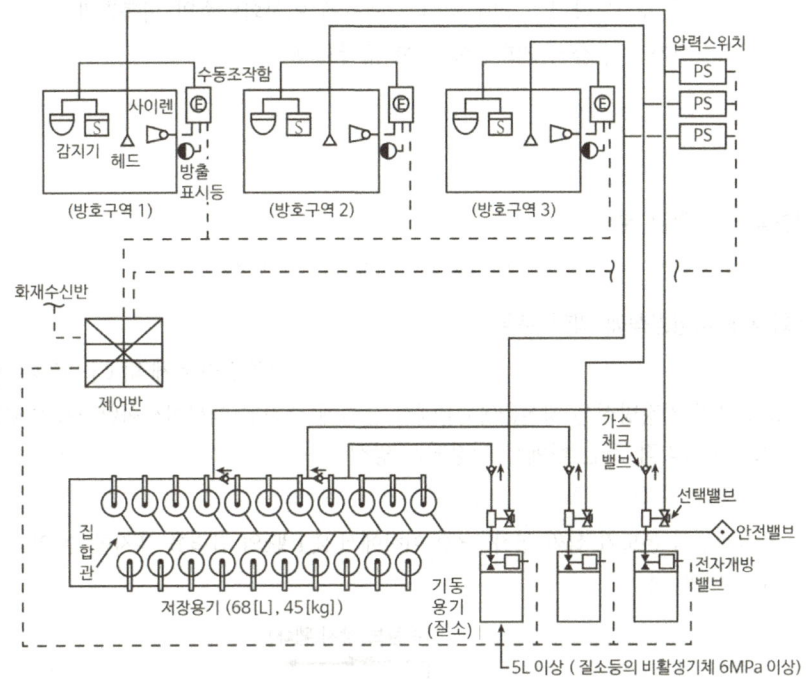

※ 구성요소 : CO_2 저장용기, 기동장치, 제어반, 선택밸브, 배관, 분사헤드, 화재감지기, 음향경보장치, 자동폐쇄장치, 비상전원 등

02 CO_2 소화약제 특징

(1) CO_2 소화약제의 장·단점

① 장점
  ㉠ 화재 진화 후 깨끗하다.
  ㉡ 심부화재에 적합하다.
  ㉢ 증거 보존이 양호하여 화재원인 조사가 쉽다.
  ㉣ 비전도성이므로 전기화재에 유효하다.
  ㉤ 피연소물에 피해가 적다.

② 단점
  ㉠ 설비가 고압이므로 특별한 주의가 요구된다.
  ㉡ CO_2 방사 시 동상 우려가 있다.
  ㉢ 인체에 질식의 우려가 있다.
  ㉣ CO_2 방사 시 소음이 크다.

(2) CO_2 소화약제의 소화효과

① 산소의 농도를 21[%]를 15[%]로 낮추어 이산화탄소에 의한 질식효과

② 증기비중이 공기보다 1.529배 무겁기 때문에 이산화탄소의 피복효과
③ 이산화탄소가스 방출시 기화열에 의한 냉각효과

03 CO_2 소화설비의 분류(가스계 공통)

(1) 방출방식에 의한 분류

① 전역방출방식   ② 국소방출방식   ③ 호스릴 방식

(2) 소화약제 저장방식에 의한 분류

① 고압용기 저장방식(고압식) → 충전비 1.5 ~ 1.9 (충전비 = 체적[ℓ]÷중량[kg])

고압용기 저장방식은 상온(20[℃])에서 용기에 충전된 액화이산화탄소를 6[MPa]의 압력을 갖도록 물리적 조건 하에서 저장되는 방식

② 저압용기 저장방식(저압식) → 충전비 1.1 ~ 1.4

용기내부의 온도가 섭씨 영하 18℃ 이하에서 2.1 MPa의 압력을 유지할 수 있는 자동냉동장치를 설치할 것

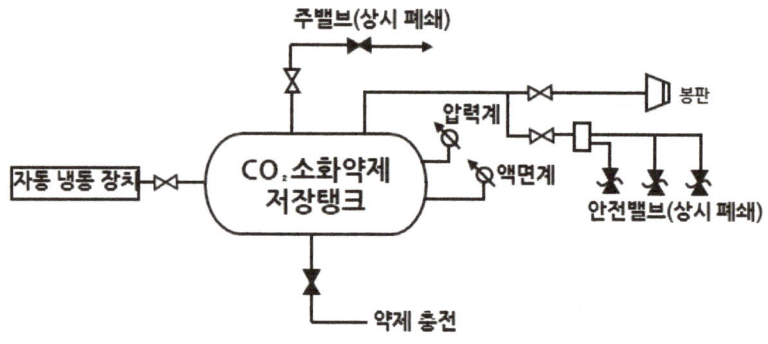

[저압용기 저장방식 계통도]

(3) 기동방식에 의한 분류(가스계 공통)

① 수동기동방식

② 자동식기동방식 : 전기식, 기계식, 가스압력식

- 가스압력식 : 기동용기에 설치되어 있는 솔레노이드밸브의 작동에 의하여 기동용기의 용기밸브가 개방되고 가스가 기동관을 통하여 약제저장용기밸브를 개방하는 방식이다.

04 CO_2 소화설비의 구성

(1) 저장용기

① 설치장소(가스계 공통)

㉠ 방호구역 외의 장소에 설치할 것. 다만, 방호구역 내에 설치할 경우에는 피난 및 조작이 용이하도록 피난구 부근에 설치해야 한다.

ⓛ 온도가 40℃ 이하이고, 온도변화가 적은 곳에 설치할 것
ⓒ 직사광선 및 빗물이 침투할 우려가 없는 곳에 설치할 것
ⓔ 방화문으로 방화구획 된 실에 설치할 것
ⓜ 용기의 설치장소에는 해당 용기가 설치된 곳임을 표시하는 표지를 할 것
ⓗ 용기간의 간격은 점검에 지장이 없도록 3㎝ 이상의 간격을 유지할 것
ⓢ 저장용기와 집합관을 연결하는 연결배관에는 체크밸브를 설치할 것. 다만, 저장용기가 하나의 방호구역만을 담당하는 경우에는 그렇지 않다.

② 설치기준
ⓛ 저장용기의 충전비는 고압식은 1.5 이상 1.9 이하, 저압식은 1.1 이상 1.4 이하로 할 것
ⓒ 저압식 저장용기에는 내압시험압력의 0.64배부터 0.8배의 압력에서 작동하는 안전밸브와 내압시험압력의 0.8배부터 내압시험압력에서 작동하는 봉판을 설치할 것
ⓔ 저압식 저장용기에는 액면계 및 압력계와 2.3 ㎫ 이상 1.9 ㎫ 이하의 압력에서 작동하는 압력경보장치를 설치할 것
ⓜ 저압식 저장용기에는 용기 내부의 온도가 섭씨 영하 18℃ 이하에서 2.1 ㎫의 압력을 유지할 수 있는 자동냉동장치를 설치할 것
ⓗ 저장용기는 고압식은 25 ㎫ 이상, 저압식은 3.5 ㎫ 이상의 내압시험압력에 합격한 것으로 할 것

③ 소화약제 저장량
이산화탄소 소화약제 저장량은 다음의 기준에 따른 양으로 한다. 이 경우 동일한 특정소방대상물 또는 그 부분에 2 이상의 방호구역이나 방호대상물이 있는 경우에는 각 방호구역 또는 방호대상물에 대하여 다음 각 기준에 따라 산출한 저장량 중 최대의 것으로 할 수 있다.
ⓛ 전역방출방식에 있어서 가연성액체 또는 가연성가스 등 표면화재 방호대상물의 경우에는 다음의 기준에 따른다.
ⓐ 방호구역의 체적(불연재료나 내열성의 재료로 밀폐된 구조물이 있는 경우에는 그 체적을 감한 체적) 1 ㎥에 대하여 다음 표에 따른 양. 다만, 다음 표에 따라 산출한 양이 동표에 따른 저장량의 최저한도의 양 미만이 될 경우에는 그 최저한도의 양으로 한다.

[방호구역 체적에 따른 소화약제 및 최저한도의 양]

체적	방호구역의 체적 1[㎥]에 대한 소화약제의 양	최저 한도량	개구부 가산량 [Kg/㎡]
45[㎥] 미만	1[Kg]	45[Kg]	5[Kg]
45[㎥] 이상 150[㎥] 미만	0.9[Kg]		5[Kg]
150[㎥] 이상 1,450[㎥] 미만	0.8[Kg]	135[Kg]	5[Kg]
1,450[㎥] 이상	0.75[Kg]	1,125[Kg]	5[Kg]

ⓑ 아래 표에 따른 설계농도가 34 % 이상인 방호대상물의 소화약제량은 체적에 따른 소화약제의 기준에 따라 산출한 기본 소화약제량에 보정계수를 곱하여 산출한다.

[가연성 액체 또는 가연성가스의 소화에 필요한 설계농도]

방호대상물	설계농도
수소	75
아세틸렌	66
일산화탄소	64
산화에틸렌	53
에틸렌	49
에탄	40
석탄가스, 천연가스	37
사이크로 프로판	37
이소부탄	36
프로판	36
부탄	34
메탄	34

[설계농도에 따른 보정계수]

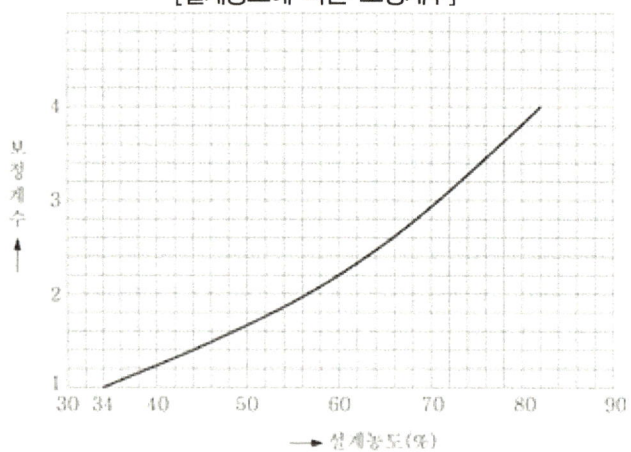

ⓒ 방호구역의 개구부에 자동폐쇄장치를 설치하지 아니한 경우에는 위의 기준에 따라 산출한 양에 개구부면적 1 ㎡당 5 kg을 가산해야 한다. 이 경우 개구부의 면적은 방호구역 전체 표면적의 3 % 이하로 해야 한다.

ⓛ 전역방출방식에 있어서 종이·목재·석탄·섬유류·합성수지류 등 심부화재 방호대상물의 경우에는 다음의 기준에 따른다

ⓐ 방호구역의 체적(불연재료나 내열성의 재료로 밀폐된 구조물이 있는 경우에는 그 체적을 감한 체적) 1 ㎥에 대하여 다음 표에 따른 양 이상으로 해야 한다.

[방호대상물 및 방호구역 체적에 따른 소화약제의 양과 설계농도]

방호대상물	방호구역 1[m³]에 대한 소화약제의 양	설계농도 [%]	개구부 가산량 [Kg/m²] (자동폐쇄장치 미설치시)
유압기기를 제외한 전기설비, 케이블실	1.3[Kg]	50	10[Kg]
체적 55[m³] 미만의 전기설비	1.6[Kg]	50	10[Kg]
서고, 전자제품창고, 목재가공품 창고, 박물관	2.0[Kg]	65	10[Kg]
고무류, 면화류 창고, 모피창고, 석탄창고 집진설비	2.7[Kg]	75	10[Kg]

ⓑ 방호구역의 개구부에 자동폐쇄장치를 설치하지 아니한 경우에는 위의 기준에 따라 산출한 양에 개구부 면적 1 m²당 10 kg을 가산해야 한다. 이 경우 개구부의 면적은 방호구역 전체 표면적의 3 % 이하로 해야 한다.

ⓒ 국소방출방식

국소방출방식은 다음의 기준에 따라 산출한 양에 고압식은 1.4, 저압식은 1.1을 각각 곱하여 계산하여 나온 양 이상으로 할 것

ⓐ 윗면이 개방된 용기에 저장하는 경우와 화재시 연소면이 한정되고 가연물이 비산할 우려가 없는 경우에는 방호대상물의 표면적 1[m²]에 대하여 13[kg]

ⓑ ⓐ외의 경우에는 방호공간(방호대상물의 각 부분으로부터 0.6 m의 거리에 따라 둘러싸인 공간을 말한다. 이하 같다)의 체적 1 m³에 대하여 다음의 식에 따라 산출한 양

- $Q = 8 - 6\dfrac{a}{A}$ [kg/m³]

여기서,
- Q : 방호공간 1[m³]에 대한 이산화탄소 소화약제의 양[kg/m³]
- a : 방호대상물 주위에 설치된 벽의 면적의 합계[m²]
- A : 방호공간의 벽면적(벽이 없는 경우에는 벽이 있는 것으로 가정한 당해 부분의 면적)의 합계[m²]

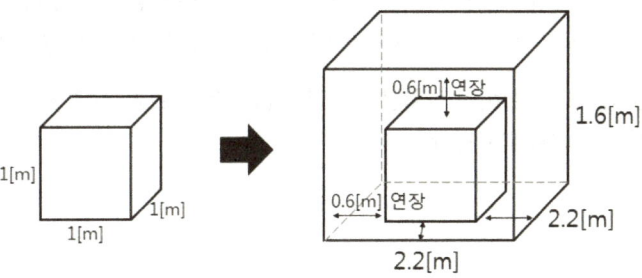

[가상공간 산정방법]

* 약제량$(kg) = (V[m^3] \times (8 - 6\dfrac{a}{A})[kg/m^3] \times \dfrac{\text{고압식}1.4}{\text{저압식}1.1})$

$V = 0.6[m]$ 연장하여 만든 가상공간 체적 $[m^3]$

ⓓ 호스릴이산화탄소소화설비는 하나의 노즐에 대하여 90 kg 이상으로 할 것

(2) 기동장치

① 수동식 기동장치 설치기준 (이 경우 수동식 기동장치의 부근에는 소화약제의 방출을 지연시킬 수 있는 방출지연스위치(자동복귀형 스위치로서 수동식 기동장치의 타이머를 순간 정치시키는 기능의 스위치를 말한다)를 설치)

  ㉠ 전역방출방식은 방호구역마다, 국소방출방식은 방호대상물마다 설치할 것
  ㉡ 해당 방호구역의 출입구 부근 등 조작을 하는 자가 쉽게 피난할 수 있는 장소에 설치한 것
  ㉢ 기동장치의 조작부는 바닥으로부터 높이 0.8m 이상 1.5m 이하의 위치에 설치하고, 보호판 등에 따른 보호장치를 설치할 것
  ㉣ 기동장치 인근의 보기 쉬운 곳에 "이산화탄소소화설비 수동식 기동장치"라는 표지를 할 것
  ㉤ 전기를 사용하는 기동장치에는 전원표시등을 설치할 것
  ㉥ 기동장치의 방출용스위치는 음향경보장치와 연동하여 조작될 수 있는 것으로 할 것

② 자동식 기동장치 설치기준(자동화재탐지설비의 감지기의 작동과 연동하는 것)

  ㉠ 자동식 기동장치에는 수동으로도 기동할 수 있는 구조로 할 것
  ㉡ 전기식 기동장치로서 7병 이상의 저장용기를 동시에 개방하는 설비는 2병 이상의 저장용기에 전자 개방밸브를 부착할 것
  ㉢ 가스압력식 기동장치
    ⓐ 기동용가스용기 및 해당 용기에 사용하는 밸브는 25 MPa 이상의 압력에 견딜 수 있는 것으로 할 것
    ⓑ 기동용가스용기에는 내압시험압력의 0.8배부터 내압시험압력 이하에서 작동하는 안전장치를 설치할 것
    ⓒ 기동용가스용기의 체적은 5 L 이상으로 하고, 해당 용기에 저장하는 질소 등의 비활성기체는 6.0 MPa 이상(21 ℃ 기준)의 압력으로 충전할 것
    ⓓ 질소 등의 비활성기체 기동용가스용기에는 충전 여부를 확인할 수 있는 압력게이지를 설치할 것
    ⓔ 충전여부를 확인할 수 있는 압력게이지를 설치, 저장용기를 쉽게 개방 구조로 할 것
  ㉣ 기계식 기동장치는 저장용기를 쉽게 개방할 수 있는 구조로 할 것

(3) 이산화탄소소화설비가 설치된 부분의 출입구 등의 보기 쉬운 곳에 소화약제의 방출을 표시하는 표시등을 설치해야 한다.

(4) 배관

① 설치기준

  ㉠ 배관은 전용으로 할 것
  ㉡ 강관을 사용하는 경우의 배관은 압력배관용탄소강관(KS D 3562) 중 스케줄 80(저압식은 스케줄 40) 이상의 것 또는 이와 동등 이상의 강도를 가진 것으로 아연도금 등으로 방식 처리된 것을 사용할 것. 다만, 배관의 호칭구경이 20 mm 이하인 경우에는 스케줄 40 이상인 것을 사용할 수 있다.

ⓒ 동관을 사용하는 경우의 배관은 이음이 없는 동 및 동합금관(KS D 5301)으로서 고압식은 16.5 MPa 이상, 저압식은 3.75 MPa 이상의 압력에 견딜 수 있는 것을 사용할 것

ⓔ 고압식의 경우 개폐밸브 또는 선택밸브의 2차측 배관부속은 호칭압력 2.0 MPa 이상의 것을 사용해야 하며, 1차 측 배관부속은 호칭압력 4.0 MPa 이상의 것을 사용해야 하고, 저압식의 경우에는 2.0 MPa의 압력에 견딜 수 있는 배관부속을 사용할 것

② 배관의 구경 : CO_2 소요량이 다음 기준시간 이내에 방사
  ㉠ 전역방출방식(가연성액체 또는 가연성가스 등 표면화재) : 1분
  ㉡ 전역방출방식(종이, 목재, 석탄, 섬유류, 합성수지류 등 심부화재 방호대상물의 경우) : 7분(설계농도가 2분 이내에 30[%]에 도달)
  ㉢ 국소방출방식의 경우에는 30초

③ 소화약제의 저장용기와 선택밸브 사이의 집합배관에는 수동잠금밸브를 설치하되 선택밸브 직전에 설치할 것. 다만, 선택밸브가 없는 설비의 경우에는 저장용기실 내에 설치하되 조작 및 점검이 쉬운 위치에 설치해야 한다.

(5) 선택밸브
① 방호구역 또는 방호대상물마다 설치할 것
② 각 선택밸브에는 해당 방호구역 또는 방호대상물을 표시할 것

(6) 분사헤드
① 설치기준
  ㉠ 전역방출방식
    ⓐ 방출된 소화약제가 방호구역의 전역에 균일하고 신속하게 확산할 수 있도록 할 것
    ⓑ 분사헤드의 방출압력이 2.1 MPa(저압식은 1.05 MPa) 이상의 것으로 할 것
    ⓒ 방사시간은 표면화재 1분, 심부화재 7분 이내 방사
  ㉡ 국소방출방식(방사압력은 전역방출방식과 동일)
    ⓐ 소화약제의 방출에 따라 가연물이 비산하지 않는 장소에 설치할 것
    ⓑ 방사시간 : 30초 이내 방사

② 설치제외 기준
  ㉠ 방재실·제어실등 사람이 상시 근무하는 장소
  ㉡ 니트로셀룰로스·셀룰로이드제품 등 자기연소성물질을 저장·취급하는 장소
  ㉢ 나트륨·칼륨·칼슘 등 활성금속물질을 저장·취급하는 장소
  ㉣ 전시장 등의 관람을 위하여 다수인이 출입·통행하는 통로 및 전시실 등

(7) 음향경보장치(싸이렌)
① 수동식 기동장치를 설치한 것은 그 기동장치의 조작과정에서, 자동식 기동장치를 설치한 것은 화재감지기와 연동하여 자동으로 경보를 발하는 것으로 할 것
② 소화약제의 방출개시 후 1분 이상 경보를 계속할 수 있는 것으로 할 것
③ 방호구역 또는 방호대상물이 있는 구획 안에 있는 자에게 유효하게 경보할 수 있는 것으로 할 것

(8) 자동폐쇄장치

전역방출방식의 이산화탄소소화설비를 설치한 특정소방대상물 또는 그 부분에 대하여는 다음 각 호의 기준에 따라 자동폐쇄장치를 설치하여야 한다.

① 환기장치 등을 설치한 것은 소화약제가 방출되기 전에 해당 환기장치 등이 정지될 수 있도록 할 것
② 개구부가 있거나 천장으로부터 1 m 이상의 아래 부분 또는 바닥으로부터 해당 층의 높이의 3분의 2 이내의 부분에 통기구가 있어 소화약제의 유출에 따라 소화효과를 감소시킬 우려가 있는 것은 소화약제가 방출되기 전에 해당 개구부 및 통기구를 폐쇄할 수 있도록 할 것
③ 자동폐쇄장치는 방호구역 또는 방호대상물이 있는 구획의 밖에서 복구할 수 있는 구조로 하고, 그 위치를 표시하는 표지를 할 것

(9) 배출설비
: 지하층, 무창층 및 밀폐된 거실 등에 이산화탄소소화설비를 설치한 경우에는 방출된 소화약제를 배출하기 위한 배출설비를 갖추어야 한다.

(10) 과압배출구
: 이산화탄소소화설비가 설치된 방호구역에는 소화약제가 방출 시 과압으로 인한 구조물 등의 손상을 방지하기 위하여 과압배출구를 설치해야 한다.

(11) 안전시설 등

① 이산화탄소소화설비가 설치된 장소에는 다음의 기준에 따른 안전시설을 설치해야 한다.
② 소화약제 방출 시 방호구역 내와 부근에 가스 방출 시 영향을 미칠 수 있는 장소에 시각경보장치를 설치하여 소화약제가 방출되었음을 알도록 할 것
③ 방호구역의 출입구 부근 잘 보이는 장소에 약제방출에 따른 위험경고표지를 부착할 것

참고

※ 화재 시 현저하게 연기가 찰 우려가 없는 장소로서 다음 각 호의 어느 하나에 해당하는 장소(차고 또는 주차의 용도로 사용되는 부분 제외)에는 호스릴이산화탄소소화설비를 설치할 수 있다. [모든 가스계 동일]
  1. 지상 1층 및 피난층에 있는 부분으로서 지상에서 수동 또는 원격조작에 따라 개방할 수 있는 개구부의 유효면적의 합계가 바닥면적의 15% 이상이 되는 부분
  2. 전기설비가 설치되어 있는 부분 또는 다량의 화기를 사용하는 부분(해당 설비의 주위 5m 이내의 부분을 포함한다)의 바닥면적이 해당 설비가 설치되어 있는 구획의 바닥면적의 5분의 1 미만이 되는 부분

※ 호스릴 이산화탄소 소화설비 설치기준
1. 방호대상물의 각 부분으로부터 하나의 호스접결구까지의 수평거리가 15m 이하가 되도록 할 것
2. 노즐은 20℃에서 하나의 노즐마다 60kg/min 이상의 소화약제를 방사할 수 있는 것으로 할 것
3. 소화약제 저장용기는 호스릴을 설치하는 장소마다 설치할 것

4. 소화약제 저장용기의 개방밸브는 호스의 설치장소에서 수동으로 개폐할 수 있는 것으로 할 것
5. 소화약제 저장용기의 가장 가까운 곳의 보기 쉬운곳에 표시등을 설치하고, 호스릴이산화탄소소화설비가 있다는 뜻을 표시한 표지를 할 것

CHAPTER 01 이산화탄소소화설비의 화재안전기술기준 [NFTC 106]

01 이산화탄소소화설비 및 할론소화설비의 국소방출방식에 대한 설명으로 옳은 것은? `21-4 기사`
① 소화약제 공급장치에 배관 및 분사헤드를 등을 설치하여 직접 화점에 소화약제를 방출하는 방식을 말한다.
② 소화약제 공급장치에 배관 및 분사헤드 등을 설치하여 밀폐 방호구역 전체에 소화약제를 방출하는 방식을 말한다.
③ 소화수 또는 소화약제 저장용기 등에 연결된 호스릴을 이용하여 사람이 직접 화점에 소화수 또는 소화약제를 방출하는 방식을 말한다.
④ 소화약제 용기 노즐 등을 운반기구에 적재하고 방호대상물에 직접 소화약제를 방출하는 방식이다.

정답 ①
해설 "국소방출방식"이란 소화약제 공급장치에 배관 및 분사헤드를 등을 설치하여 직접 화점에 소화약제를 방출하는 방식을 말한다.

02 이산화탄소 소화약제의 저장용기에 관한 일반적인 설명으로 옳지 않은 것은? `19-2 기사`
① 방호구역내의 장소에 설치하되 피난구 부근을 피하여 설치할 것
② 온도가 40[℃] 이하이고, 온도변화가 적은 곳에 설치할 것
③ 직사광선 및 빗물이 침투할 우려가 없는 곳에 설치할 것
④ 용기간의 간격은 점검에 지장이 없도록 3[cm] 이상의 간격을 유지할 것

정답 ①
해설 ● 저장용기 설치장소
1. 방호구역외의 장소에 설치할 것. 다만, 방호구역내에 설치할 경우에는 피난 및 조작이 용이하도록 피난구부근에 설치하여야 한다.
2. 온도가 40℃ 이하이고, 온도변화가 적은 곳에 설치할 것
3. 직사광선 및 빗물이 침투할 우려가 없는 곳에 설치할 것
4. 방화문으로 구획된 실에 설치할 것
5. 용기의 설치장소에는 해당 용기가 설치된 곳임을 표시하는 표지를 할 것
6. 용기간의 간격은 점검에 지장이 없도록 3㎝ 이상의 간격을 유지할 것
7. 저장용기와 집합관을 연결하는 연결배관에는 체크밸브를 설치할 것. 다만, 저장용기가 하나의 방호구역만을 담당하는 경우에는 그러하지 아니하다.

03 이산화탄소 소화약제의 저장용기 설치기준 중 옳은 것은? `19-1 기사` `18-2 기사`
① 저장용기의 충전비는 고압식은 1.9 이상 2.3 이하, 저압식은 1.5 이상 1.9 이하로 할 것
② 저압식 저장용기에는 액면계 및 압력계와 2.1 MPa 이상 1.7 MPa 이하의 압력에서 작동하는 압력경보장치를 설치할 것
③ 저장용기는 고압식은 25 MPa 이상, 저압식은 3.5 MPa 이상의 내압시험압력에 합격한 것으로 할 것
④ 저압식 저장용기에는 내압시험압력의 1.8배의 압력에서 작동하는 안전밸브와 내압시험압력의 0.8배부터 내압시험압력까지의 범위에서 작동하는 봉판을 설치할 것

> **정답** ③
> **해설** (보기①) 저장용기의 충전비는 <u>고압식은 1.5 이상 1.9 이하, 저압식은 1.1 이상 1.4 이하로 할 것</u>
> (보기②) 저압식 저장용기에는 <u>액면계 및 압력계와 2.3 MPa 이상 1.9 MPa 이하의 압력에서 작동하는 압력경보장치를 설치할 것</u>
> (보기④) 저압식 저장용기에는 <u>내압시험압력의 0.64배 내지 0.8배의 압력에서 작동하는 안전밸브</u>와 내압 시험압력의 0.8배부터 내압시험압력까지의 범위에서 작동하는 봉판을 설치할 것

04 이산화탄소 소화약제 저압식 저장용기의 충전비로 옳은 것은? `18-2 기사`
① 0.9이상 1.1이하
② 1.1이상 1.4이하
③ 1.4이상 1.7이하
④ 1.5이상 1.9이하

> **정답** ②
> **해설** • 고압식 : 1.5 이상 1.9 이하
> • 저압식 : <u>1.1 이상 1.4 이하</u>

05 이산화탄소소화설비의 기술기준상 저압식 이산화탄소 소화약제 저장용기에 설치하는 안전밸브의 작동압력은 내압시험압력의 몇 배에서 작동해야 하는가? `20-2 기사`
① 0.24 ~ 0.4
② 0.44 ~ 0.6
③ 0.64 ~ 0.8
④ 0.84 ~ 1

> **정답** ③
> **해설** • 저압식 저장용기 안전장치
> ① <u>내압시험압력의 0.64배부터 0.8배까지의 압력에서 작동</u> : 안전밸브
> ② 내압시험압력의 0.8배부터 내압시험압력에서 작동 : 봉판

06 체적 100m³의 면화류 창고에 전역방출 방식의 이산화탄소 소화설비를 설치하는 경우에 소화약제는 몇 kg 이상 저장하여야 하는가? (단, 방호구역의 개구부에 자동폐쇄장치가 부착되어 있다.)

19-4 기사

① 12
② 27
③ 120
④ 270

정답 ④

해설

방호대상물	방호구역 1[m³]에 대한 소화약제의 양	설계 농도 [%]	개구부 가산량 [Kg/m²] (자동폐쇄장치 미설치시)
유압기기를 제외한 전기설비, 케이블실	1.3[Kg]	50	10[Kg]
체적 55[m³] 미만의 전기설비	1.6[Kg]	50	10[Kg]
서고, 전자제품창고, 목재가공품 창고, 박물관	2.0[Kg]	65	10[Kg]
고무류, 면화류 창고, 모피창고, 석탄창고, 집진설비	2.7[Kg]	75	10[Kg]

- $100[m^3] \times 2.7[kg/m^3] = 270[kg]$

07 이산화탄소소화설비의 기술기준에 따라 케이블실에 전역방출방식으로 이산화탄소소화설비를 설치하고자 한다. 방호구역 체적은 750㎥, 개구부의 면적은 3㎡이고, 개구부에는 자동폐쇄장치가 설치되어 있지 않다. 이때 필요한 소화약제의 양은 최소 몇 kg 이상인가?

22-2 기사

① 930
② 1005
③ 1230
④ 1530

정답 ②

해설 $(750[m^3] \times 1.3[kg/m^3]) + (3[m^2] \times 10[kg/m^2]) = 1005[kg]$

08 이산화탄소소화설비의 기술기준에 따른 이산화탄소소화설비 기동장치의 설치기준으로 맞는 것은?

20-1 기사 17-2 기사

① 가스압력식 기동장치 기동용가스용기의 용적은 3L 이상으로 한다.
② 수동식 기동장치는 전역방출방식에 있어서 방호대상물마다 설치한다.
③ 수동식 기동장치의 부근에는 소화약제의 방출을 지연시킬 수 있는 비상스위치를 설치해야 한다.
④ 전기식 기동장치로서 5병의 저장용기를 동시에 개방하는 설비는 2병 이상의 저장용기에 전자개방밸브를 부착해야 한다.

정답 ③

해설 (보기①) 가스압력식 기동장치 기동용가스용기의 용적은 5L 이상으로 한다.

(보기②) 수동식 기동장치는 전역방출방식에 있어서 <u>방호구역마다 설치</u>한다.
(보기④) 전기식 기동장치로서 <u>7병의 저장용기를 동시에 개방하는 설비는 2병 이상의 저장용기에 전자 개방밸브를 부착</u>해야 한다.

09 이산화탄소소화설비의 기동장치에 대한 기준으로 **틀린** 것은? `19-4 기사`

① 자동식 기동장치에는 수동으로도 기동할 수 있는 구조이어야 한다.
② 가스압력식 기동장치에서 기동용가스용기 및 해당용기에 사용하는 밸브는 20 MPa이상의 압력에견딜 수 있어야 한다.
③ 수동식 기동장치의 조작부는 바닥으로부터 높이 0.8m 이상 1.5m 이하의 위치에 설치한다.
④ 전기식 기동장치로서 7병 이상의 저장용기를 동시에 개방하는 설비는 2병 이상의 저장용기에 전자 개방밸브를 부착해야 한다.

정답 ②

해설 (보기②) 가스압력식 기동장치에서 기동용가스용기 및 해당용기에 사용하는 밸브는 20 MPa이상의 압력에견딜 수 있어야 한다. → 25MPa의 압력에 견딜 수 있어야 한다.
- 가스압력식 기동장치
  ⓐ 밸브 내압 : 25MPa 이상
  ⓑ 기동용기 안전장치 : 내압시험압력의 0.8배부터 내압시험압력 이하에서 작동
  ⓒ 기동용 가스용기 용적 : 5L 이상
  ⓓ 질소 등 비활성기체 충전 압력 : 6.0MPa 이상(21℃ 기준)
  ⓔ 충전여부를 확인할 수 있는 압력게이지를 설치, 저장용기를 쉽게 개방 구조로 할 것

10 이산화탄소소화설비의 기술기준상 수동식 기동장치의 실치기준에 적합하지 **않은** 것은? `21-2 기사`

① 전역방출방식에 있어서는 방호대상물마다 설치
② 전기를 사용하는 기동장치에는 전원표시등을 설치할 것
③ 기동장치의 조작부는 바닥으로부터 높이 0.8m 이상 1.5m 이하의 위치에 설치하고, 보호판 등에 따른 보호장치를 설치할 것
④ 기동장치의 방출용 스위치는 음향경보장치와 연동하여 조작될 수 있는 것으로 할 것

정답 ①

해설 • 수동식 기동장치 설치기준
1. 전역방출방식은 방호구역마다, 국소방출방식은 방호대상물마다 설치할 것
2. 해당방호구역의 출입구부분 등 조작을 하는 자가 쉽게 피난할 수 있는 장소에 설치할 것
3. 기동장치의 조작부는 바닥으로부터 높이 0.8m 이상 1.5m 이하의 위치에 설치하고, 보호판 등에 따른 보호장치를 설치할 것
4. 기동장치에는 그 가까운 곳의 보기 쉬운 곳에 "이산화탄소소화설비 기동장치"라고 표시한 표지를 할 것
5. 전기를 사용하는 기동장치에는 전원표시등을 설치할 것
6. 기동장치의 방출용 스위치는 음향경보장치와 연동하여 조작될 수 있는 것으로 할 것

11 이산화탄소소화설비의 화재안전기준상 전역방출방식의 이산화탄소소화설비의 분사헤드 방사압력은 저압식인 경우 최소 몇 MPa 이상이어야 하는가?　20-2 기사

① 0.5　　　　　　　　　　② 1.05
③ 1.4　　　　　　　　　　④ 2.0

정답 ②
해설 • 분사헤드 설치기준
　　ⓐ 방사된 소화약제가 방호구역의 전역에 균일하게 신속히 확산할 수 있도록 할 것
　　ⓑ 방사압력 : 고압 2.1MPa, 저압 1.05MPa 이상

12 이산화탄소소화설비의 화재안전기준상 배관의 설치 기준 중 다음 (　) 안에 알맞은 것은?　21-1 기사　18-1 기사

> 고압식의 경우 개폐밸브 또는 선택밸브의 2차측 배관부속은 호칭압력 2MPa 이상의 것을 사용하여야 하며, 1차측 배관부속은 호칭압력 (㉠)MPa 이상의 것을 사용하여야 하고, 저압식의 경우에는 (㉡)MPa의 압력에 견딜 수 있는 배관부속을 사용할 것

① ㉠ 3.0, ㉡ 2.0　　　　② ㉠ 4.0, ㉡ 2.0
③ ㉠ 3.0, ㉡ 2.5　　　　④ ㉠ 4.0, ㉡ 2.5

정답 ②
해설 • 배관 부속 내압(개폐밸브 또는 선택밸브)
　　ⓐ 고압식 : 1차측 배관부속 4[MPa], 2차측 배관부속 2[MPa]
　　ⓑ 저압식 : 1차측, 2차측 배관부속 2[MPa]

13 호스릴 이산화탄소소화설비의 노즐은 20℃에서 하나의 노즐마다 몇 kg/min 이상의 소화약제를 방사할 수 있는 것이어야 하는가?　18-1 기사

① 40　　　　　　　　　　② 50
③ 60　　　　　　　　　　④ 80

정답 ③
해설 • 호스릴 이산화탄소 소화설비 설치기준
　　1. 방호대상물의 각 부분으로부터 하나의 호스접결구까지의 수평거리가 15m 이하가 되도록 할 것
　　2. 노즐은 20℃에서 하나의 노즐마다 60kg/min 이상의 소화약제를 방사할 수 있는 것으로 할 것
　　3. 소화약제 저장용기는 호스릴을 설치하는 장소마다 설치할 것
　　4. 소화약제 저장용기의 개방밸브는 호스의 설치장소에서 수동으로 개폐할 수 있는 것으로 할 것
　　5. 소화약제 저장용기의 가장 가까운 곳의 보기 쉬운곳에 표시등을 설치하고, 호스릴이산화탄소소화설비가 있다는 뜻을 표시한 표지를 할 것

CHAPTER 02 할론소화설비의 화재안전기술기준 [NFTC 107]
[시행 2023. 2. 10.] [2023. 2. 10. 일부개정]

01 개요

이 설비는 할론소화약제를 사용하여 가연물과 산소의 화학반응을 억제하고 냉각작용과 희석작용으로 소화하는 설비이다. 할론소화설비는 불소(F), 염소(Cl), 브롬(Br)과 같은 할로겐계 원소 중 하나 또는 몇 개의 원자를 함유하고 있으며, 화학적으로 대단히 안정된 우수한 소화성능을 가지고 있다. [2010년 이후 더 이상 생산 및 사용 금지]

02 할론약제의 종류

약제명\구성	C(탄소)	F(불소)	Cl(염소)	Br(브롬)	화학식
HALON 1301	1	3	0	1	CF_3Br
HALON 2402	2	4	0	2	$C_2F_4Br_2$
HALON 1211	1	2	1	1	CF_2ClBr

03 할론 소화설비의 분류

(1) **방출방식에 의한 분류** : 전역방출방식, 국소방출방식, 호스릴 방식

(2) **소화약제의 저장방식에 의한 분류** : 고압용기 저장방식, 저압용기 저장방식

(3) **작동방식에 따른 분류** : 전기식, 기계식, 가스압력식

04 할론 소화설비의 구성

(1) 저장용기

① 설치장소(이산화탄소와 동일)

㉠ 방호구역 외의 장소에 설치할 것. 다만, 방호구역 내에 설치할 경우에는 피난 및 조작이 용이하도록 피난구 부근에 설치해야 한다.

㉡ 온도가 40℃ 이하이고, 온도변화가 적은 곳에 설치할 것

㉢ 직사광선 및 빗물이 침투할 우려가 없는 곳에 설치할 것

㉣ 방화문으로 구획된 실에 설치할 것

㉤ 용기의 설치장소에는 해당 용기가 설치된 곳임을 표시하는 표지를 할 것

ⓑ 용기간의 간격은 점검에 지장이 없도록 3cm 이상의 간격을 유지할 것
ⓐ 저장용기와 집합관을 연결하는 연결배관에는 체크밸브를 설치할 것. 다만, 저장용기가 하나의 방호구역만을 담당하는 경우에는 그러하지 아니하다.

② 설치기준
　㉠ 할론 소화약제의 저장용기 설치기준
　　(참고 : 이산화탄소와 달리 자체증기압이 낮아 별도의 축압용 가압용 가스 필요)
　　　ⓐ 축압식 저장용기(20[℃]) : 질소 축압
　　　　㉮ 할론 1211 : 1.1[MPa] 또는 2.5[MPa]
　　　　㉯ 할론 1301 : 2.5[MPa] 또는 4.2[MPa]
　　　ⓑ 저장용기의 충전비
　　　　㉮ 할론 2402 : 가압식 0.51 이상 0.67 미만, 축압식 0.67 이상 2.75 이하
　　　　㉯ 할론 1211 : 0.7 이상 1.4 이하
　　　　㉰ 할론 1301 : 0.9 이상 1.6 이하
　　　ⓒ 동일 집합관에 접속되는 용기의 소화약제 충전량은 동일 충전비로 함
　㉡ 가압용 가스용기 : 질소가스 충전 압력은 21[℃]에서 2.5[MPa](저압) 또는 4.2[MPa](고압)
　㉢ 할론소화약제 저장용기의 개방밸브는 전기식·가스압력식 또는 기계식에 따라 자동으로 개방되고 수동으로도 개방되는 것으로서 안전장치가 부착된 것
　㉣ 압력조정장치 : 가압식 저장용기에는 2[MPa] 이하의 압력으로 조정할 수 있는 압력조정장치를 설치
　㉤ 하나의 방호구역을 담당하는 소화약제 저장용기의 소화약제량의 체적합계보다 그 소화약제 방출 시 방출경로가 되는 배관(집합관을 포함한다)의 내용적의 비율이 1.5배 이상일 경우에는 해당 방호구역에 대한 설비는 별도 독립방식으로 해야 한다.

③ 약제 저장량(특정소방대상물 또는 그 부분에 2 이상의 방호구역 또는 방호대상물이 있는 경우에는 각 방호구역 또는 방호대상물에 대하여 다음 각 기준에 따라 산출한 저장량 중 최대의 것으로 할 수 있다.)
　㉠ 전역방출방식
　　　ⓐ 방호구역의 체적(불연재료나 내열성의 재료로 밀폐된 구조물이 있는 경우에는 그 체적을 제외한다) 1m³에 대하여 다음 표에 따른 양

[소방대상물 및 소화약제 종류에 따른 소화약제의 양]

소방대상물 또는 그 부분		소화약제의 종별	방호구역의 체적 1[㎥]당 소화약제의 양	개구부 가산량 (면적 1[㎡]당 소화약제 양)
차고·주차장·전기실·통신기기실·전산실 기타 이와 유사한 전기설비가 설치되어 있는 부분		할론 1301	0.32[kg] 이상 0.64[kg] 이하	2.4[kg]
특수가연물 저장·취급하는 부분	가연성고체류·가연성액체	할론 2402	0.40[kg] 이상 1.1[kg] 이하	3.0[kg]
		할론 1211	0.36[kg] 이상 0.71[kg] 이하	2.7[kg]
		할론1301	0.32[kg] 이상 0.64[kg] 이하	2.4[kg]
	면화류·나무껍질 및 대팻밥·넝마 및 종이부스러기·사류·볏짚류·목재가공품 및 나무부스러기를 저장·취급하는 것	할론 1211	0.60[kg] 이상 0.71[kg] 이하	4.5[kg]
		할론 1301	0.52[kg] 이상 0.64[kg] 이하	3.9[kg]
	합성수지를 저장·취급하는 것	할론 1211	0.36[kg] 이상 0.71[kg] 이하	2.7[kg]
		할론 1301	0.32[kg] 이상 0.64[kg] 이하	2.4[kg]

ⓒ 국소방출방식

다음의 기준에 의해 산출한 양에 할론 2402 및 할론 1211은 1.1을, 할론 1301에 있어서는 1.25를 각각 곱하여 얻은 양 이상으로 할 것

ⓐ 윗면이 개방된 용기에 저장하는 경우와 화재 시 연소면이 1면에 한정되고 가연물이 비산할 우려가 없는 경우에는 다음 표에 따른 양

[개방용기 및 가연물의 비산 우려가 없는 경우의 소화약제 종류에 따른 소화약제의 양]

소화약제의 종별	방호대상물의 표면적 1[㎡]에 대한 소화약제의 양
할론 2402	8.8 [kg]
할론 1211	7.6 [kg]
할론 1301	6.8 [kg]

ⓑ ⓐ목 이외의 경우에는 방호공간(방호대상물의 각 부분으로부터 0.6[m]의 거리에 의하여 둘러싸인 공간)의 체적 1[㎥]에 대하여 다음의 식에 따라 산출한 양

- $Q = X - Y \dfrac{a}{A}$

여기에서, · Q : 방호공간의 체적 1[㎥]에 대한 할론 소화약제의 양[kg/㎥]
· a : 방호대상물의 주위에 설치된 벽 면적 합계[㎡]

- A : 방호공간 벽면적(벽이 없는 경우에는 벽이 있는 것으로 가정한 당해 부분의 면적)의 합계[m²]
- X 및 Y : 다음 표의 수치

소화약제의 종별	X 의 수치	Y 의 수치
할론 2402	5.2	3.9
할론 1211	4.4	3.3
할론 1301	4.0	3.0

ⓒ 호스릴방식의 할론소화설비는 하나의 노즐에 대하여 다음 표에 따른 양 이상으로 할 것

[호스릴할론소화설비의 소화약제 종류에 따른 소화약제의 양]

소화약제의 종별	소화약제의 양
할론 2402 또는 1211	50[kg]
할론 1301	45[kg]

(2) 가스압력식 기동장치

① 기동용가스용기 및 해당 용기에 사용하는 밸브는 25 MPa 이상의 압력에 견딜 수 있는 것으로 할 것
② 기동용가스용기에는 내압시험압력의 0.8배부터 내압시험압력 이하에서 작동하는 안전장치를 설치할 것
③ 기동용가스용기의 체적은 5 L 이상으로 하고, 해당 용기에 저장하는 질소 등의 비활성기체는 6.0 MPa 이상(21℃ 기준)의 압력으로 충전할 것. 다만, 기동용가스용기의 체적을 1 L 이상으로 하고, 해당 용기에 저장하는 이산화탄소의 양은 0.6 kg 이상으로 하며, 충전비는 1.5 이상 1.9 이하의 기동용가스용기로 할 수 있다.

(3) 배관

① 배관은 전용으로 할 것
② 강관 : 압력배관용탄소강관(KS D 3562)중 스케줄 40 이상의 것 또는 이와 동등 이상의 강도를 가진 것으로서 아연도금 등에 따라 방식 처리된 것을 사용할 것
③ 동관
  ㉠ 고압식 : 이음이 없는 동 및 동합금관으로서 16.5[MPa]이상
  ㉡ 저압식 : 이음이 없는 동 및 동합금관으로서 3.75[MPa] 이상
④ 배관부속 및 밸브류는 강관 또는 동관과 동등 이상의 강도 및 내식성이 있는 것으로 할 것

(4) 분사헤드

① 전역방출방식
  ㉠ 방사된 소화약제가 방호구역의 전역에 신속하고 균일하게 확산할 수 있도록 할 것
  ㉡ 할론 2402를 방출하는 분사헤드는 당해 소화약제가 무상으로 분무되는 것으로 할 것
  ㉢ 분사헤드의 방사압력과 방사시간은 아래 표에 의할 것

구 분	분사헤드 방사압력	방사시간
할론 2402	0.1[MPa] 이상	10초 이내
할론 1211	0.2[MPa] 이상	10초 이내
할론 1301	0.9[MPa] 이상	10초 이내

② 국소방출방식
  ㉠ 소화약제의 방사에 의하여 가연물이 비산하지 아니하는 장소에 설치할 것
  ㉡ 할론 2402를 방사하는 분사헤드는 당해 소화약제가 무상으로 분무되는 것으로 할 것
  ㉢ 분사헤드의 방사압력과 방사시간은 아래 표에 의할 것

구 분	분사헤드 방사압력	방사시간
전역방출과 동일		

> **참고** 호스릴방식의 할론소화설비 설치기준
>
> 가. 방호대상물의 각 부분으로부터 하나의 호스접결구까지의 수평거리가 20 m 이하가 되도록 할 것
> 나. 소화약제 저장용기의 개방밸브는 호스릴의 설치장소에서 수동으로 개폐할 수 있는 것으로 할 것
> 다. 소화약제 저장용기는 호스릴을 설치하는 장소마다 설치할 것
> 라. 호스릴방식의 할론소화설비의 노즐은 20 ℃에서 하나의 노즐마다 1분당 다음 표에 따른 소화약제를 방출할 수 있는 것으로 할 것
>
> | 소화약제의 종별 | 1분당 방출하는 소화약제의 양 |
> |---|---|
> | 할론 2402 | 45[kg] |
> | 할론 1211 | 40[kg] |
> | 할론 1301 | 35[kg] |
>
> 마. 소화약제 저장용기의 가장 가까운 곳의 보기 쉬운 곳에 적색의 표시등을 설치하고, 호스릴방식의 할론소화설비가 있다는 뜻을 표시한 표지를 할 것

> **참고** 할론소화설비 화재표시반 설치기준
>
> 가. 각 방호구역마다 음향경보장치의 조작 및 감지기의 작동을 명시하는 표시등과 이와 연동하여 작동하는 벨·부저 등의 경보기를 설치할 것. 이 경우 음향경보장치의 조작 및 감지기의 작동을 명시하는 표시등을 겸용할 수 있다.
> 나. 수동식 기동장치는 그 방출용스위치의 작동을 명시하는 표시등을 설치할 것
> 다. 소화약제의 방출을 명시하는 표시등을 설치할 것
> 라. 자동식 기동장치는 자동·수동의 절환을 명시하는 표시등을 설치할 것

CHAPTER 02 할론소화설비의 화재안전기술기준 [NFTC 107]

01 할론소화설비의 기술기준상 축압식 할론소화약제 저장용기에 사용되는 축압용가스로서 적합한 것은?

① 질 소
② 산 소
③ 이산화탄소
④ 불활성 가스

정답 ①
해설 할론소화설비의 축압용 가스로는 질소를 사용한다.

02 할론소화설비의 기술기준에 따른 할론 1301 소화약제의 저장용기에 대한 설명으로 틀린 것은?

① 저장용기의 충전비는 0.9 이상 1.6 이하로 할 것
② 동일 집합관에 접속되는 용기의 충전비는 같도록 할 것
③ 저장용기의 개방밸브는 안전장치가 부착된 것으로 하며 수동으로 개방되지 않도록 할 것
④ 축압식 용기의 경우에는 20℃에서 2.5MPa 또는 4.2MPa의 압력이 되도록 질소가스로 축압할 것

정답 ③
해설 할론소화약제 저장용기의 개방밸브는 전기식·가스압력식 또는 기계식에 따라 자동으로 개방되고 수동으로도 개방되는 것으로서 안전장치가 부착된 것으로 하여야 한다.

03 할론소화설비에서 국소방출방식의 경우 할론소화약제의 양을 산출하는 식은 다음과 같다. 여기서 A는 무엇을 의미하는가? (단, 가연물이 비산할 우려가 있는 경우로 가정한다.)

$$Q = X - Y\frac{a}{A}$$

① 방호공간의 벽면적의 합계
② 창문이나 문의 틈새면적의 합계
③ 개구부 면적의 합계
④ 방호대상물 주위에 설치된 벽의 면적의 합계

[정답] ①

[해설] $Q = X - Y\dfrac{a}{A}$

여기서, • Q : 방호공간의 체적 1[m³]에 대한 할로겐화합물 소화약제의 양[kg/m³]
• a : 방호대상물의 주위에 설치된 벽 면적 합계[m²]
• A : 방호공간 벽면적(벽이 없는 경우에는 벽이 있는 것으로 가정한 당해 부분의 면적)의 합계[m²]
• X 및 Y : 다음 표의 수치

소화약제의 종별	X 의 수치	Y 의 수치
할론 2402	5.2	3.9
할론 1211	4.4	3.3
할론 1301	4.0	3.0

04 국소방출방식의 할론소화설비의 분사헤드 설치기준 중 다음 (   ) 안에 알맞은 것은?
[18-4 기사]

> 분사헤드의 방사압력은 할론 2402를 방사하는 것은 (㉠)MPa 이상, 할론 2402를 방출하는 분사헤드는 해당 소화약제가 (㉡)으로 분무되는 것으로 하여야 하며, 기준저장량의 소화약제를 (㉢)초 이내에 방사할 수 있는 것으로 할 것

① ㉠ 0.1, ㉡ 무상, ㉢ 10   ② ㉠ 0.2, ㉡ 적상, ㉢ 10
③ ㉠ 0.1, ㉡ 무상, ㉢ 30   ④ ㉠ 0.2, ㉡ 적상, ㉢ 30

[정답] ①

[해설] 할론소화설비의 분사헤드의 방사압력은 할론 2402를 방사하는 것은 (㉠0.1)MPa 이상, 할론 2402를 방출하는 분사헤드는 해당 소화약제가 (㉡무상)으로 분무되는 것으로 하여야 하며, 기준저장량의 소화약제를 (㉢10)초 이내에 방사할 수 있는 것으로 할 것

05 할론 소화약제 저장용기의 설치기준 중 다음 (   ) 안에 알맞은 것은?
[22-1 기사] [17-1 기사]

> 축압식 저장용기의 압력은 온도 20℃에서 할론 1301을 저장하는 것은 (㉠)[MPa] 또는 (㉡)[MPa]이 되도록 질소가스로 축압할 것

① ㉠ 2.5, ㉡ 4.2   ② ㉠ 2.0, ㉡ 3.5
③ ㉠ 1.5, ㉡ 3.0   ④ ㉠ 1.1, ㉡ 2.5

[정답] ①

[해설] 할론 소화약제 축압식 저장용기의 압력은 온도 20℃에서 할론 1301을 저장하는 것은 (㉠ 2.5)[MPa] 또는 (㉡4.2)[MPa]이 되도록 질소가스로 축압할 것

06 할론소화설비의 기술기준상 화재표시반의 설치 기준이 <u>아닌</u> 것은? `21-2 기사`
① 소화약제 방출지연스위치를 설치할 것
② 소화약제의 방출을 명시하는 표시등을 설치할 것.
③ 수동식 기동장치는 그 방출용 스위치의 작동을 명시하는 표시등을 설치할 것
④ 자동식 기동장치는 자동·수동의 절환을 명시하는 표시등을 설치할 것

> **정답** ①
> **해설** 방출지연스위치는 수동식 기동장치 부근에 설치한다.
> - 화재표시반은 제어반에서의 신호를 수신하여 작동하는 기능을 가진 것으로 하되, 다음 각 목의 기준에 따라 설치할 것
>   가. 각 방호구역마다 음향경보장치의 조작 및 감지기의 작동을 명시하는 표시등과 이와 연동하여 작동하는 벨·부저 등의 경보기를 설치할 것. 이 경우 음향경보장치의 조작 및 감지기의 작동을 명시하는 표시등을 겸용할 수 있다.
>   나. 수동식 기동장치는 그 방출용스위치의 작동을 명시하는 표시등을 설치할 것
>   다. 소화약제의 방출을 명시하는 표시등을 설치할 것
>   라. 자동식 기동장치는 자동·수동의 절환을 명시하는 표시등을 설치할 것

07 할론소화설비의 기술기준상 할론 1211을 국소방출방식으로 방사할 때 분사헤드의 방사압력 기준은 몇 MPa 이상인가? `21-4 기사`
① 0.1　　　　　　　　　② 0.2
③ 0.9　　　　　　　　　④ 1.05

> **정답** ②
> **해설**
>
> | 구 분 | 분사헤드 방사압력 | 방사시간 |
> |---|---|---|
> | 할론 2402 | 0.1[MPa] 이상 | 10초 이내 |
> | 할론 1211 | 0.2[MPa] 이상 | 10초 이내 |
> | 할론 1301 | 0.9[MPa] 이상 | 10초 이내 |

08 할론소화설비의 화재안전기기준상 자동차차고나 주차장에 할론 1301 소화약제로 전역방출방식의 소화설비를 설치한 경우 방호구역의 체적 1㎥당 얼마의 소화약제가 필요한가? `22-1 기사`
① 0.32kg 이상 0.64kg 이하
② 0.36kg 이상 0.71kg 이하
③ 0.40kg 이상 1.10kg 이하
④ 0.60kg 이상 0.71kg 이하

> **정답** ①
> **해설** 0.32kg 이상 0.64kg 이하가 필요하다.

09 할론소화설비의 기술기준에 따른 할론소화설비의 수동식 기동장치의 설치기준으로 **틀린** 것은?

22-2 기사

① 국소방출방식은 방호대상물마다 설치할 것
② 기동장치의 방출용스위치는 음향경보장치와 개별적으로 조작될 수 있는 것으로 할 것
③ 전기를 사용하는 기동장치에는 전원표시등을 설치할 것
④ 조작부는 바닥으로부터 높이 0.8m 이상 1.5m 이하의 위치에 설치할 것

> **정답** ②
> **해설** 기동장치의 방출용스위치는 음향경보장치와 개별적으로 조작될 수 있는 것으로 할 것
> → 개별적으로 조작이 아닌 연동이 되어야 한다.

CHAPTER 03

할로겐화합물 및 불활성기체소화설비의 화재안전기술기준 [NFSC 107A]
[시행 2023. 8. 9.] [2023. 8. 9. 일부개정]

01 개요 및 용어의 정의

(1) "할로겐화합물 및 불활성기체소화약제"란 할로겐화합물(할론 1301, 할론 2402, 할론 1211 제외) 및 불활성기체로서 전기적으로 비전도성이며 휘발성이 있거나 증발 후 잔여물을 남기지 않는 소화약제를 말한다.

(2) "할로겐화합물소화약제"란 불소, 염소, 브롬 또는 요오드 중 하나 이상의 원소를 포함하고 있는 유기화합물을 기본성분으로 하는 소화약제를 말한다.

(3) "불활성기체소화약제"란 헬륨, 네온, 아르곤 또는 질소가스 중 하나 이상의 원소를 기본성분으로 하는 소화약제를 말한다.

(4) "최대허용 설계농도"란 사람이 상주하는 곳에 적용하는 소화약제의 설계농도로서, 인체의 안전에 영향을 미치지 않는 농도를 말한다.

■ 할로겐화합물 및 불활성기체 소화약제의 종류

소화약제	화학식	약제명	최대허용설계농도(%)	상품명
퍼플루오로부탄	C_4F_{10}	FC-3-1-10	40	CEA-410
하이드로클로로플루오로카본혼화제	HCFC-22(82%) HCFC-124(9.5%) HCFC-123(4.75%) $C_{10}H_{16}$(3.75%)	HCFC BLEND A	10	NAF S-Ⅲ
클로로테트라플루오르에탄	$CHClFCF_3$	HCFC-124	1.0	FE-241
펜타플루오로에탄	CHF_2CF_3	HFC-125	11.5	FE-25
헵타플로오로프로판	CF_3CHFCF_3	HFC-227ea	10.5	FM-200
트리프루오로메탄	CHF_3	HFC-23	30	FE-13
헥사플루오로프로판	$CF_3CH_2CF_3$	HFC-236fa	12.5	
트리플루오로이오다이드	CF_3I	FIC-13I1	0.3	
불연성·불활성기체혼합가스	Ar	IG-01	43	
불연성·불활성기체혼합가스	N_2	IG-100	43	
불연성·불활성기체혼합가스	N_2(52%), Ar(40%), CO_2(8%)	IG-541	43	Inergen
불연성·불활성기체혼합가스	N_2(50%), Ar(50%)	IG-55	43	
도데카플루오로-2-메틸펜탄-3-원	$CF_3CF_2C(O)CF(CF_3)_2$	FK-5-1-12	10	

> **참고** 할로겐화합물 및 불활성기체 소화약제의 종류
> (1) 할로카본계(9종)
>   ① FC 계열   : FC-3-1-10
>   ② HFC 계열   : HFC-23, HFC-125, HFC-227ea(FM 200), HFC-236fa
>   ③ HCFC 계열 : HCFC BLEND A(NAF S-Ⅲ), HCFC-124
>   ④ 기 타   : FIC-13I1, FK-5-1-12(NOVEC-1230)
> (2) 불활성가스계(4종)
>   IG-100, IG-01, IG-541, IG-55

(5) 설치 제외 장소
  ① 사람이 상주하는 곳으로서 최대허용설계농도를 초과하는 장소
  ② 위험물안전 기본법 시행령 별표 1의 제3류 및 제5류 위험물을 사용하는 장소. 다만, 소화성능이 인정되는 위험물은 제외한다.

02 할로겐화합물 및 불활성기체 소화설비의 구성

(1) 저장용기

① 설치장소
  ㉠ 방호구역 외의 장소에 설치할 것. 다만, 방호구역 내에 설치할 경우에는 피난 및 조작이 용이하도록 피난구 부근에 설치해야 한다.
  ㉡ 온도가 55℃ 이하이고 온도의 변화가 작은 곳에 설치할 것 (타 가스계 40℃ 이하)
  ㉢ 직사광선 및 빗물이 침투할 우려가 없는 곳에 설치할 것
  ㉣ 저장용기를 방호구역 외에 설치한 경우에는 방화문으로 구획된 실에 설치할 것
  ㉤ 용기의 설치장소에는 해당 용기가 설치된 곳임을 표시하는 표지를 할 것
  ㉥ 용기간의 간격은 점검에 지장이 없도록 3cm 이상의 간격을 유지할 것
  ㉦ 저장용기와 집합관을 연결하는 연결배관에는 체크밸브를 설치할 것. 다만, 저장용기가 하나의 방호구역만을 담당하는 경우에는 그러하지 아니하다.

② 저장용기 설치기준
  ㉠ 저장용기 표시사항 : 약제명ㆍ저장용기의 자체중량과 총중량ㆍ충전일시ㆍ충전압력 및 약제의 체적
  ㉡ 저장용기의 약제량 손실이 5 %를 초과하거나 압력손실이 10 %를 초과할 경우에는 재충전하거나 저장용기를 교체할 것. 다만, 불활성기체 소화약제 저장용기의 경우에는 압력손실이 5 %를 초과할 경우 재충전하거나 저장용기를 교체해야 한다.
  ㉢ 하나의 방호구역을 담당하는 저장용기의 소화약제의 체적 합계보다 소화약제의 방출 시 방출경로가 되는 배관(집합관을 포함한다)의 내용적의 비율이 할로겐화합물 및 불활성기체소화약제 제조업체(이하 "제조업체"라 한다)의 설계기준에서 정한 값 이상일 경우에는 해당 방호구역에 대한 설비는 별도 독립방식으로 해야 한다.

③ 약제량의 산정
  ㉠ 소화약제의 저장량은 다음 각호의 기준에 따른다.
    ⓐ 할로겐화합물소화약제는 다음 식에 따라 산출한 양 이상으로 할 것
    - $W = \dfrac{V}{S} \times \left(\dfrac{C}{100-C}\right)$
      - W : 소화약제의 무게[kg]
      - V : 방호구역의 체적[m³]
      - S : 소화약제별 선형상수($K_1 + K_2 \times t$)[m³/kg]
      - C : 체적에 따른 소화약제의 설계농도[%]
      - t : 방호구역의 최소예상온도[℃]

소화약제	K₁	K₂
FC-2-1-8	0.11712	0.00047
FC-3-1-10	0.094104	0.00034455
HCFC Blend A	0.2413	0.00088
HCFC-124	0.1575	0.0006
HCFC-125	0.1825	0.0007
HCFC-227ea	0.1269	0.0005
HFC-23	0.3164	0.0012
HFC-236FA	0.1413	0.0006
FIC-13I1	0.1138	0.0005
FK-5-1-12	0.0664	0.0002741

    ⓑ 불활성기체소화약제는 다음 공식에 따라 산출한 양 이상으로 할 것
    - $X = 2.303 \times \dfrac{V_S}{S} \times \log\left(\dfrac{100}{100-C}\right)$
      - X : 공간체적당 더해진 소화약제의 부피[m³/m³]
      - S : 소화약제별 선형상수($K_1 + K_2 \times t$)[m³/kg]
      - C : 체적에 따른 소화약제의 설계농도[%]
      - V_S : 20[℃]에서 소화약제의 비체적[m³/kg]
      - t : 방호구역의 최소예상온도[℃]

소화약제	K₁	K₂
IG-01	0.5685	0.00208
IG-100	0.7997	0.00293
IG-541	0.65799	0.00239
IG-55	0.6598	0.00242

    ⓒ 체적에 따른 소화약제의 설계농도(%)는 상온에서 제조업체의 설계기준에서 정한 실험수치를 적용한다. 이 경우 설계농도는 소화농도(%)에 안전계수(A·C급 화재 1.2, B급 화재 1.3)를 곱한 값으로 할 것

ⓛ 제 1항의 기준에 의해 산출한 소화약제량은 사람이 상주하는 곳에서는 최대허용설계농도를 초과할 수 없다.
ⓒ 방호구역이 둘 이상인 장소의 약제량 산정은 가장 큰 방호구역에 대하여 산출된 약제량 이상이 되도록 할 것. (독립배관 방식일 경우는 예외)

(2) 기동장치

① 수동식 기동장치

할로겐화합물 및 불활성기체소화설비의 수동식 기동장치는 다음의 기준에 따라 설치해야 한다. 이 경우 수동식 기동장치의 부근에는 소화약제의 방출을 지연시킬 수 있는 방출지연스위치(자동복귀형 스위치로서 수동식 기동장치의 타이머를 순간 정지시키는 기능의 스위치를 말한다)를 설치해야 한다.

㉠ 방호구역마다 설치
㉡ 당해 방호구역의 출입구 부근 등 조작을 하는 자가 쉽게 피난할 수 장소에 설치할 것
㉢ 기동장치의 조작부는 바닥으로부터 0.8[m] 이상 1.5[m] 이하의 위치에 설치하고, 보호판 등에 따른 보호장치를 설치할 것
㉣ 기동장치에는 가깝고 보기 쉬운 곳에 "할로겐화합물 및 불활성기체 소화설비 기동장치"라는 표지를 할 것
㉤ 전기를 사용하는 기동장치에는 전원표시등을 설치할 것
㉥ 기동장치의 방출용스위치는 음향경보장치와 연동하여 조작될 수 있는 것으로 할 것
㉦ 50 N 이하의 힘을 가하여 기동할 수 있는 구조로 할 것

② 자동식 기동장치

자동식 기동장치는 자동화재탐지설비의 감지기의 작동과 연동하는 것으로서 다음 각목의 기준에 따라 설치할 것

㉠ 자동식 기동장치에는 수동으로도 기동할 수 있는 구조로 할 것
㉡ 전기식 기동장치로서 7병 이상의 저장용기를 동시에 개방하는 설비는 2병 이상의 저장용기에 전자 개방밸브를 부착할 것
㉢ 가스압력식 기동장치 설치기준

ⓐ 기동용가스용기 및 해당 용기에 사용하는 밸브는 25 MPa 이상의 압력에 견딜 수 있는 것으로 할 것
ⓑ 기동용가스용기에는 내압시험압력의 0.8배부터 내압시험압력 이하에서 작동하는 안전장치를 설치할 것
ⓒ 기동용가스용기의 체적은 5 L 이상으로 하고, 해당 용기에 저장하는 질소 등의 비활성기체는 6.0 MPa 이상(21℃ 기준)의 압력으로 충전할 것. 다만, 기동용가스용기의 체적을 1 L 이상으로 하고, 해당 용기에 저장하는 이산화탄소의 양은 0.6 kg 이상으로 하며, 충전비는 1.5 이상 1.9 이하의 기동용가스용기로 할 수 있다.
ⓓ 질소 등의 비활성기체 기동용가스용기에는 충전 여부를 확인할 수 있는 압력게이지를 설치할 것

③ 할로겐화합물 및 불활성기체 소화설비가 설치된 구역의 출입구에는 소화약제가 방출되고 있음을 나타내는 표시등을 설치할 것

(3) 배관

① 할로겐화합물 및 불활성기체 소화설비의 배관은 다음 각 호의 기준에 따라 설치하여야 한다.
　㉠ 배관은 전용으로 할 것
　㉡ 배관·배관부속 및 밸브류는 저장용기의 방출내압을 견딜 수 있어야 하며 다음 각목의 기준에 적합할 것. 이 경우 설계내압은 규정에서 정한 최소 사용설계압력 이상으로 하여야 한다.
　　ⓐ 강관을 사용하는 경우의 배관은 압력배관용탄소강관(KS D 3562) 또는 이와 동등 이상의 강도를 가진 것으로서 아연도금 등에 따라 방식처리된 것을 사용할 것
　　ⓑ 동관을 사용하는 경우의 배관은 이음이 없는 동 및 동합금관(KS D 5301)의 것을 사용할 것
　　ⓒ 배관의 두께는 다음의 계산식에서 구한 값(t) 이상일 것 다만, 분사헤드 설치부는 제외한다.

> **참고** 관의 두께(t) = $\dfrac{PD}{2SE} + A$
> - P : 최대허용압력(kPa)
> - D : 배관의 바깥지름(mm)
> - SE : 최대허용응력(kPa)
>   　(배관재질 인장강도의 1/4값과 항복점의 2/3값 중 적은 값×배관이음효율×1.2)
> - A : 나사이음, 홈이음 등의 허용값(㎜)(헤드설치부분은 제외한다)
>   　·나사이음 : 나사의 높이, ·절단홈이음 : 홈의 깊이, ·용접이음 : 0
>
> **참고** 배관이음효율
> - 이음매 없는 배관 : 1.0
> - 전기저항 용접배관 : 0.85
> - 가열맞대기 용접배관 : 0.60

② 배관의 구경

배관의 구경은 해당 방호구역에 할로겐화합물소화약제는 10초 이내에, 불활성기체소화약제는 A·C급 화재 2분, B급 화재 1분 이내에 방호구역 각 부분에 최소설계농도의 95 % 이상에 해당하는 약제량이 방출되도록 해야 한다.

(4) 분사헤드

① 분사헤드의 설치 높이는 방호구역의 바닥으로부터 최소 0.2 m 이상 최대 3.7 m 이하로 해야 하며 천장높이가 3.7 m를 초과할 경우에는 추가로 다른 열의 분사헤드를 설치할 것. 다만, 분사헤드의 성능인정 범위 내에서 설치하는 경우에는 그렇지 않다.
② 분사헤드의 개수는 방호구역에 구경기준에 따른 방출시간이 충족되도록 설치할 것
③ 분사헤드에는 부식방지조치를 해야 하며 오리피스의 크기, 제조일자, 제조업체가 표시되도록 할 것

④ 분사헤드의 오리피스의 면적은 분사헤드가 연결되는 배관구경 면적의 70 % 이하가 되도록 할 것

CHAPTER 03 할로겐화합물 및 불활성기체소화설비의 화재안전기술기준 [NFSC 107A]

01 할로겐화합물 및 불활성기체 소화약제 소화설비 중 약제의 저장 용기 내에서 저장상태가 기체상태의 압축가스인 소화약제는? `17-2 기사`

① IG 541
② HCFC BLEND A
③ HFC-227ea
④ HFC-23

정답 ①
해설
- 할로겐화합물 소화약제 소화설비 : 액체상태로 저장
- **불활성기체 소화약제 소화설비(IG)** : 기체상태로 저장

02 할로겐화합물 및 불활성기체소화설비의 기술기준상 저장용기 설치기준으로 **틀린** 것은? `21-1 기사`

① 온도가 40℃ 이하이고 온도의 변화가 작은 곳에 설치할 것
② 용기간의 간격은 점검에 지장이 없도록 3cm 이상의 간격을 유지할 것
③ 직사광선 및 빗물이 침투할 우려가 없는 곳에 설치할 것
④ 저장용기를 방호구역 외에 설치한 경우에는 방화문으로 구획된 실에 설치할 것

정답 ①
해설 (보기①) 온도가 40℃ 이하이고 온도의 변화가 작은 곳에 설치할 것 → 55℃ 이하로 한다.
- 할로겐화합물 및 불활성기체 소화설비 저장용기 설치기준
  ① 방호구역외의 장소에 설치할 것. 다만, 방호구역 내에 설치할 경우에는 피난 및 조작이 용이하도록 피난구 부근에 설치하여야 한다.
  ② <u>온도가 55℃ 이하이고 온도의 변화가 작은 곳에 설치할 것 (타 가스계 40℃ 이하)</u>
  ③ 직사광선 및 빗물이 침투할 우려가 없는 곳에 설치할 것
  ④ 저장용기를 방호구역 외에 설치한 경우에는 방화문으로 구획된 실에 설치할 것
  ⑤ 용기의 설치장소에는 해당 용기가 설치된 곳임을 표시하는 표지를 할 것
  ⑥ 용기간의 간격은 점검에 지장이 없도록 3cm 이상의 간격을 유지할 것
  ⑦ 저장용기와 집합관을 연결하는 연결배관에는 체크밸브를 설치할 것. 다만, 저장용기가 하나의 방호구역만을 담당하는 경우에는 그러하지 아니하다.

03 할로겐화합물 및 불활성기체 소화약제 저장용기의 설치장소 기준 중 다음 ( ) 안에 알맞은 것은?

[17-4 기사]

> 할로겐화합물 및 불활성기체 소화약제의 저장용기는 온도가 ( )℃ 이하이고 온도의 변화가 작은 곳에 설치할 것

① 40
② 55
③ 60
④ 75

정답 ②
해설 할로겐화합물 및 불활성기체 소화약제의 저장용기는 온도가 (55)℃ 이하이고 온도의 변화가 작은 곳에 설치할 것

04 할로겐화합물 및 불활성기체소화설비의 기술기준에 따른 할로겐화합물 및 불활성기체소화설비의 수동식 기동장치의 설치기준에 대한 설명으로 틀린 것은?

[20-4 기사]

① 50kg 이상의 힘을 가하여 기동할 수 있는 구조로 할 것
② 전기를 사용하는 기동장치에는 전원표시등을 설치할 것
③ 기동장치의 방출용스위치는 음향경보장치와 연동하여 조작될 수 있는 것으로 할 것
④ 해당 방호구역의 출입구부근 등 조작을 하는 자가 쉽게 피난할 수 있는 장소에 설치할 것

정답 ①
해설 (보기①) 50kg 이상의 힘을 가하여 기동할 수 있는 구조로 할 것 → 50[N] 이하의 힘으로 한다.
- 수동식 기동장치 설치기준
  ① 방호구역마다 설치
  ② 당해 방호구역의 출입구 부근 등 조작을 하는 자가 쉽게 피난할 수 장소에 설치할 것
  ③ 기동장치의 조작부는 바닥으로부터 0.8[m] 이상 1.5[m] 이하의 위치에 설치하고, 보호판 등에 따른 보호장치를 설치할 것
  ④ 기동장치에는 가깝고 보기 쉬운 곳에 "할로겐화합물 및 불활성기체 소화설비 기동장치"라는 표지를 할 것
  ⑤ 전기를 사용하는 기동장치에는 전원표시등을 설치할 것
  ⑥ 기동장치의 방출용스위치는 음향경보장치와 연동하여 조작될 수 있는 것으로 할 것
  ⑦ 50[N] 이하의 힘을 가하여 기동할 수 있는 구조로 설치

05 할로겐화합물 및 불활성 기체소화설비를 설치할 수 없는 장소의 기준 중 옳은 것은? (단, 소화성능이 인정되는 위험물은 제외한다.) `18-4 기사`

① 제1류위험물 및 제2류위험물 사용
② 제2류위험물 및 제4류위험물 사용
③ 제3류위험물 및 제5류위험물 사용
④ 제4류위험물 및 제6류위험물 사용

정답 ③
해설 • 할로겐화합물 및 불활성기체 소화 설비 제외 장소
  ① 사람이 상주하는 곳으로서 최대허용설계농도를 초과하는 장소
  ② 위험물안전 기본법 시행령 별표 1의 제3류 및 제5류 위험물을 사용하는 장소. 다만, 소화성능이 인정되는 위험물은 제외한다.

06 할로겐화합물 및 불활성기체 소화설비를 설치한 특정소방 대상물 또는 그 부분에 대한 자동폐쇄장치의 설치기준 중 다음 (   ) 안에 알맞은 것은? `17-4 기사`

> 개구부가 있거나 천장으로부터 (㉠)[m] 이상의 아래 부분 또는 바닥으로부터 해당층의 높이의 (㉡) 이내의 부분에 통기구가 있어 소화약제의 유출에 따라 소화효과를 감소시킬 우려가 있는 것은 소화약제가 방사되기 전에 당해 개구부 및 통기구를 폐쇄할 수 있도록 할 것

① ㉠ 1, ㉡ 3분의 2
② ㉠ 2, ㉡ 3분의 2
③ ㉠ 1, ㉡ 2분의 1
④ ㉠ 2, ㉡ 2분의 1

정답 ①
해설 개구부가 있거나 천장으로부터 (㉠1)m 이상의 아래부분 또는 바닥으로부터 해당층의 높이의 (㉡ 3분의 2)이내의 부분에 통기구가 있어 이산화탄소의 유출에 따라 소화효과를 감소시킬 우려가 있는 것은 이산화탄소가 방사되기 전에 해당 개구부 및 통기구를 폐쇄할 수 있도록 할 것

07 할로겐화합물 및 불활성기체 소화설비의 분사헤드에 대한 설치기준 중 다음 (   ) 안에 알맞은 것은?(단, 분사헤드의 성능인증 범위 내에서 설치하는 경우는 제외한다.) `17-1 기사`

> 분사헤드의 설치높이는 방호구역의 바닥으로부터 최소 (㉠)[m] 이상 최대 (㉡)[m] 이하로 하여야 한다.

① ㉠ 0.2, ㉡ 3.7
② ㉠ 0.8, ㉡ 1.5
③ ㉠ 1.5, ㉡ 2.0
④ ㉠ 2.0, ㉡ 2.5

정답 ①
해설 분사헤드의 설치높이는 방호구역의 바닥으로부터 최소 (㉠0.2)[m] 이상 최대 (㉡3.7)[m] 이하로 하여야 한다.

08 다음은 할로겐화합물 및 불활성기체 소화설비의 수동 기동장치 점검 내용으로 옳지 않은 것은?

19-2 기사

① 방호구역마다 설치되어 있는지 점검한다.
② 방출지연용 비상스위치가 설치되어 있는지 점검한다.
③ 화재감지기와 연동되어있는지 점검한다.
④ 조작부는 바닥으로부터 0.8[m] 이상 1.5[m] 이하의 위치에 설치되어 있는지 점검한다.

정답 ③

해설 ● 수동식 기동장치 점검 내용
　① 기동장치 부근에 방출지연스위치 설치 여부
　② 방호구역별 또는 방호대상별 기동장치 설치 여부
　③ 기동장치 설치 적정(출입구 부근 등, 높이, 보호장치, 표지, 전원표시등) 여부
　④ 방출용 스위치 음향경보장치 연동 여부

CHAPTER 04 분말소화설비의 화재안전기술기준 [NFTC 108]

01 개요

분말소화설비는 분말약제탱크에 소화약제를 충전하고 약제를 외부로 밀어내도록 하는 약제추진용 질소가스의 힘에 의해 분말탱크에 충전되어 있는 소화약제를 분말헤드를 통해 방호대상물에 방사하여 소화하는 설비로 소화약제와 가압가스의 충전상태에 따라서 축압식과 가압식으로 구분되며, 표면화재 및 연소면이 급격히 확대되는 인화성액체의 화재에 적합하다.

02 주요 구성 요소

약제탱크, 기동장치, 제어반, 가압용 가스용기, 압력조정기, 정압작동장치, 선택밸브배관, 분사헤드, 화재감지기, 음향경보장치, 자동폐쇄장치 등

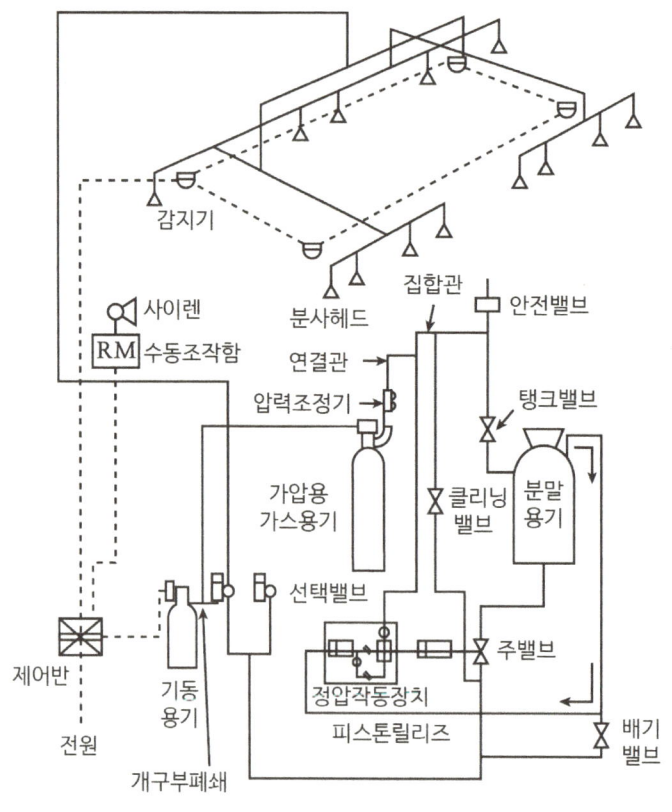

[분말소화설비 계통도]

03 분말소화약제 종류 및 성상

(1) 분말소화약제 종류 및 성상

종류	제1종	제2종	제3종	제4종
주성분	중탄산나트륨 (= 탄산수소나트륨)	중탄산칼륨 (= 탄산수소칼륨)	제1인산암모늄	중탄산칼륨 + 요소 (탄산수소칼륨 + 요소)
분자식	$NaHCO_3$	$KHCO_3$	$NH_4H_2PO_4$	$KHCO_3 + (NH_2)_2CO$
착색	백색	보라색/담자색	담홍색	회색
적응화재	B급, C급	B급, C급	A급, B급, C급	B급, C급
내용적	0.8ℓ	1ℓ	1ℓ	1.25ℓ
특징	• 비누화반응 • 식용유 화재 적응성	1종 보다 소화력우수	• 주차장화재 적합 • 메타인산(HPO_3) 의 방진작용 • 탈수, 탈탄작용 • 가장 많이 사용	소화성능 가장우수 국내제조안됨

[참고] 차고 또는 주차장에 설치하는 분말소화설비의 소화약제는 제3종분말(인산염)로 하여야한다.

■ **용어의 정의**

(1) "제1종 분말"이란 탄산수소나트륨을 주성분으로 한 분말소화약제를 말한다.
(2) "제2종 분말"이란 탄산수소칼륨을 주성분으로 한 분말소화약제를 말한다.
(3) "제3종 분말"이란 인산염을 주성분으로 한 분말소화약제를 말한다.
(4) "제4종 분말"이란 탄산수소칼륨과 요소가 화합된 분말소화약제를 말한다.

04 분말소화설비의 분류

(1) **전역방출방식**

(2) **국소방출방식**

(3) **호스릴방식**

05 분말소화설비의 구성

(1) **저장용기**

① 설치장소(이산화탄소 동일)

㉠ 방호구역외의 장소에 설치할 것. 다만, 방호구역내에 설치할 경우에는 피난 및 조작이 용이하도록 피난구 부근에 설치하여야 한다.

㉡ 온도가 40[℃] 이하이고, 온도의 변화가 적은 곳에 설치할 것.

㉢ 직사광선 및 빗물이 침투할 우려가 없는 장소에 설치할 것.

② 방화문으로 구획된 실에 설치할 것.
⑩ 용기의 설치장소에는 당해 용기가 설치된 곳임을 표시하는 표지를 할 것.
⑪ 용기간의 간격은 점검에 지장이 없도록 3[cm] 이상의 간격을 유지할 것.
⑦ 저장용기와 집합관을 연결하는 배관에는 체크밸브를 설치할 것. 다만, 저장용기가 하나의 방호구역만을 담당하는 경우에는 그러하지 아니하다.

② 설치기준
  ㉠ 저장용기의 내용적

소화약제의 종별	소화약제의 양[kg]당 저장용기의 내용적
탄산수소나트륨을 주성분으로 한 분말(제1종 분말)	0.80[ℓ]
탄산수소칼륨을 주성분으로 한 분말(제2종 분말)	1.00[ℓ]
인산염을 주성분으로 한 분말(제3종 분말)	1.00[ℓ]
탄산수소칼륨과 요소가 화합된 분말(제4종 분말)	1.25[ℓ]

  ㉡ 안전밸브
    ⓐ 가압식 : 최고 사용압력의 1.8배 이하 작동
    ⓑ 축압식 : 내압시험압력의 0.8배 이하 작동
  ㉢ 저장용기에는 저장용기의 내부압력이 설정압력으로 되었을 때 주밸브를 개방하는 정압작동장치를 설치할 것
  ㉣ 저장용기의 충전비는 0.8 이상으로 할 것
  ㉤ 저장용기 및 배관에는 잔류 소화약제를 처리할 수 있는 청소장치를 설치할 것
  ㉥ 축압식 저장용기에는 사용압력 범위를 표시한 지시압력계를 설치할 것

(2) 가압용가스용기
① 분말소화약제의 가스용기는 분말소화약제의 저장용기에 접속하여 설치해야 한다.
② 분말소화약제의 가압용가스 용기를 3병 이상 설치한 경우에는 2개 이상의 용기에 전자개방밸브를 부착해야 한다.
③ 분말소화약제의 가압용가스 용기에는 2.5 MPa 이하의 압력에서 조정이 가능한 압력조정기를 설치해야 한다.
④ 가압용가스 또는 축압용가스는 다음의 기준에 따라 설치해야 한다.
  ㉠ 가압용가스 또는 축압용가스는 질소가스 또는 이산화탄소로 할 것
  ㉡ 가압용가스에 질소가스를 사용하는 것의 질소가스는 소화약제 1 kg마다 40 L(35 ℃에서 1기압의 압력상태로 환산한 것) 이상, 이산화탄소를 사용하는 것의 이산화탄소는 소화약제 1 kg에 대하여 20 g에 배관의 청소에 필요한 양을 가산한 양 이상으로 할 것
  ㉢ 축압용가스에 질소가스를 사용하는 것의 질소가스는 소화약제 1 kg에 대하여 10 L(35 ℃에서 1기압의 압력상태로 환산한 것) 이상, 이산화탄소를 사용하는 것의 이산화탄소는 소화약제 1 kg에 대하여 20 g에 배관의 청소에 필요한 양을 가산한 양 이상으로 할 것

가스 종류	가스량
질소(가압용)	소화약제량[kg] × 40[ℓ](35[℃], 0[MPa]에서 환산)
질소(축압용)	소화약제량[kg] × 10[ℓ](35[℃], 0[MPa]에서 환산)
이산화탄소(가압용 및 축압용)	소화약제량[kg] × (20[g] + 배관청소에 필요한 양)

   ㉣ 저장용기 및 배관의 청소에 필요한 양의 가스는 별도의 용기에 저장할 것

(3) 소화약제 저장량 : 분말소화설비에 사용하는 소화약제는 제1종분말·제2종분말·제3종분말 또는 제4종분말로 해야 한다. 다만, 차고 또는 주차장에 설치하는 분말소화설비의 소화약제는 제3종분말로 해야 한다.

① 전역방출방식 : 동일한 특정소방대상물 또는 그 부분에 2 이상의 방호구역 또는 방호대상물이 있는 경우에는 각 방호구역 또는 방호대상물에 대하여 다음 각 기준에 따라 산출한 저장량 중 최대의 것으로 할 수 있다.

소화약제 종별	자동폐쇄장치 설치 소화약제의 양[kg]/ 방호구역의 체적[m³]	자동폐새장치 미설치 소화약제 가산양[kg]/ 개구부[m²]
제1종 분말	0.6	4.5
제2·3종 분말	0.36	2.7
제4종 분말	0.24	1.8

② 국소방출방식

   ㉠ 국소방출방식은 다음의 식에 따라 산출한 양에 1.1을 곱하여 얻은 양 이상으로 할 것

   • $Q = X - Y\dfrac{a}{A}$

   여기서, • Q : 방호공간(방호대상물의 각 부분으로부터 0.6m의 거리에 따라 둘러싸인 공간을 말한다. 이하같다) 1m³에 대한 분말소화약제의 양
   • a : 방호대상물 주변에 설치된 벽면적이 합계[m²]
   • A : 방호공간 벽면적 합계[m²]
     (벽이 없는 경우에는 있는 것으로 가정한 당해 부분의 면적)
   • X 및 Y는 다음 표의 수치(방호공간 1[m³]당 약제량[kg])

소화약제의 종별	X의 수치	Y의 수치
제1종 분말	5.2	3.9
제2·3종 분말	3.2	2.4
제4종 분말	2.0	1.5

   ㉡ 호스릴방출방식

      ⓐ 호스릴 약제 저장량[kg]

소화약제의 종별	소화약제의 양[kg]
제1종 분말	50
제2·3종 분말	30
제4종 분말	20

ⓑ 호스릴 1분당 방출량[kg/min]

소화약제의 종별	1분당 방사하는 소화약제의 양[kg]
제1종 분말	45
제2·3종 분말	27
제4종 분말	18

(4) 청소장치

분말소화설비의 소화약제는 건조한 분말로서 방출작동 완료 후 배관 속에 소화제가 남게 됨으로서 이것을 방치하여 두면 습기를 흡수하여 굳어버리게 되고 사용이 불가능하게 된다. 배관 속에 남은 분말을 그냥 방치하게 되면 실제의 화재시 작동되지 않을 뿐만 아니라, 굳어버린 약제를 제거하려면 배관 전체를 분해하여 청소하지 않으면 안된다. 그러므로 이와 같은 것을 방지하기 위하여 작동완료 후 즉시 소화제 저장탱크의 잔압을 배출함과 동시에 배관내의 소화제를 배출시켜야 한다.

(5) 압력조정기

압력조정기에서 가압용 가스용기의 고압의 질소가스를 2.5[MPa] 이하로 감압시켜 소화약제 저장탱크에 보내는 역할

(6) 배관

① 배관은 전용

② 강관을 사용하는 경우의 배관은 아연도금에 따른 배관용탄소강관(KS D 3507)이나 이와 동등 이상의 강도·내식성 및 내열성을 가진 것으로 할 것. 다만, 축압식분말소화설비에 사용하는 것 중 20 ℃에서 압력이 2.5 MPa 이상 4.2 MPa 이하인 것은 압력배관용탄소강관(KS D 3562) 중 이음이 없는 스케줄 40 이상의 것 또는 이와 동등 이상의 강도를 가진 것으로서 아연도금으로 방식 처리된 것을 사용해야 한다.

③ 동관을 사용하는 경우의 배관은 고정압력 또는 최고사용압력의 1.5배 이상의 압력에 견딜 수 있는 것을 사용할 것

④ 밸브류는 개폐위치 또는 개폐방향을 표시한 것으로 할 것

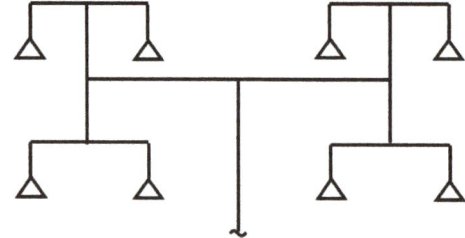

[분말 토너먼트 배관 방식]

(7) 분사헤드

① 전역방출방식

㉠ 방사된 소화약제가 방호구역의 전역에 균일하고 신속하게 확산

ⓒ 소화약제 저장량을 30초 이내에 방사
② 국소방출방식
　　　㉠ 약제 방사에 의하여 가연물이 비산하지 않는 장소에 설치
　　　ⓒ 소화약제 저장량을 30초 이내에 방사
③ 호스릴방식
　　　㉠ 방호대상물 각 부분에서 하나의 호스 접결구까지의 수평거리가 15[m] 이하가 되도록 하여야 한다.
　　　ⓒ 저장용기 개방밸브는 호스릴 설치장소에서 수동으로 개폐할 수 있게 설치하여야 한다.
　　　ⓒ 소화약제 저장용기는 호스릴 설치장소마다 설치하여야 한다.
　　　㉣ 저장용기에는 그 가까운 곳의 보기 쉬운 곳에 적색의 표시등을 설치하고, 이동식 분말소화설비가 있다는 뜻을 표시한 표지를 할 것

CHAPTER 04 분말소화설비의 화재안전기술기준 [NFTC 108]

01 분말소화설비의 기술기준상 수동식 기동장치의 부근에 설치하는 방출지연스위치에 대한 설명으로 옳은 것은?   21-2 기사 18-1 기사

① 자동복귀형 스위치로서 수동식 기동장치의 타이머를 순간정지 시키는 기능의 스위치를 말한다.
② 자동복귀형 스위치로서 수동식 기동장치가 수신기를 순간정지 시키는 기능의 스위치를 말한다.
③ 수동복귀형 스위치로서 수동식 기동장치의 타이머를 순간정지 시키는 기능의 스위치를 말한다.
④ 수동복귀형 스위치로서 수동식 기동장치가 수신기를 순간정지 시키는 기능의 스위치를 말한다.

정답 ①
해설 가스계 소화설비의 수동식 기동장치의 부근에는 소화약제의 방출을 지연시킬 수 있는 방출지연스위치(자동복귀형 스위치로서 수동식 기동장치의 타이머를 순간정지시키는 기능의 스위치를 말한다)를 설치한다.

02 분말소화설비의 기술기준상 차고 또는 주차장에 설치하는 분말소화설비의 소화약제는?   22-1 기사 20-1 기사 17-4 기사

① 인산염을 주성분으로 한 분말
② 탄산수소칼륨을 주성분으로 한 분말
③ 탄산수소칼륨과 요소가 화합된 분말
④ 탄산수소나트륨을 주성분으로 한 분말

정답 ①
해설 차고 또는 주차장에 설치하는 분말소화설비의 소화약제는 제3종분말(인산염)로 하여야 한다.

03 분말소화설비의 분말소화약제 1kg당 저장용기의 내용적 기준으로 틀린 것은?   19-4 기사

① 제1종 분말 : 0.8L
② 제2종 분말 : 1.0L
③ 제3종 분말 : 1.0L
④ 제4종 분말 : 1.8L

[정답] ④
[해설] • 분말 저장용기의 내용적

소화약제의 종별	소화약제의 양[kg]당 저장용기의 내용적
탄산수소나트륨을 주성분으로 한 분말(제1종 분말)	0.80[ℓ]
탄산수소칼륨을 주성분으로 한 분말(제2종 분말)	1.00[ℓ]
인산염을 주성분으로 한 분말(제3종 분말)	1.00[ℓ]
탄산수소칼륨과 요소가 화합된 분말(제4종 분말)	1.25[ℓ]

04 주차장에 분말소화약제 120kg을 저장하려고 한다. 이때 필요한 저장용기의 최소 내용적(L)은? `19-1 기사`

① 96   ② 120
③ 150   ④ 180

[정답] ②
[해설] • 분말 저장용기의 내용적 : 120 × 1 = 120[kg]

소화약제의 종별	소화약제의 양[kg]당 저장용기의 내용적
탄산수소나트륨을 주성분으로 한 분말(제1종 분말)	0.80[ℓ]
탄산수소칼륨을 주성분으로 한 분말(제2종 분말)	1.00[ℓ]
인산염을 주성분으로 한 분말(제3종 분말)	1.00[ℓ]
탄산수소칼륨과 요소가 화합된 분말(제4종 분말)	1.25[ℓ]

05 전역방출방식 분말 소화설비에서 방호구역의 개구부에 자동폐쇄장치를 설치하지 아니한 경우, 개구부의 면적 1m²에 대한 분말소화약제의 가산량으로 잘못 연결된 것은? `19-4 기사`

① 제1종 분말 - 4.5kg   ② 제2종 분말 - 2.7kg
③ 제3종 분말 - 2.5kg   ④ 제4종 분말 - 1.8kg

[정답] ③
[해설]

소화약제 종별	자동폐쇄장치 설치	자동폐쇄장치 미설치
	소화약제의 양[kg]/방호구역의 체적[m³]	소화약제 가산양[kg]/개구부[m²]
제1종 분말	0.6	4.5
제2·3종 분말	0.36	2.7
제4종 분말	0.24	1.8

06 분말소화약제 저장용기의 설치기준으로 틀린 것은? `18-4 기사` `17-2 기사`

① 설치장소의 온도가 40℃ 이하이고, 온도변화가 적은 곳에 설치할 것
② 용기간의 간격은 점검에 지장이 없도록 5㎝ 이상의 간격을 유지할 것
③ 저장용기의 충전비는 0.8 이상으로 할 것
④ 저장용기에는 가압식은 최고사용압력의 1.8배 이하, 축압식은 용기의 내압시험압력의 0.8배 이하의 압력에서 작동하는 안전밸브를 설치 할 것

정답 ②

해설 • 분말소화약제 저장용기 설치기준
① 방호구역외의 장소에 설치할 것. 다만, 방호구역내에 설치할 경우에는 피난 및 조작이 용이하도록 피난구 부근에 설치하여야 한다.
② 온도가 40[℃] 이하이고, 온도의 변화가 적은 곳에 설치할 것.
③ 직사광선 및 빗물이 침투할 우려가 없는 장소에 설치할 것.
④ 방화문으로 구획된 실에 설치할 것.
⑤ 용기의 설치장소에는 당해 용기가 설치된 곳임을 표시하는 표지를 할 것.
⑥ <u>용기간의 간격은 점검에 지장이 없도록 3[cm] 이상의 간격을 유지할 것.</u>
⑦ 저장용기와 집합관을 연결하는 배관에는 체크밸브를 설치할 것. 다만, 저장용기가 하나의 방호구역만을 담당하는 경우에는 그러하지 아니하다.

07 분말소화설비의 기술기준에 따라 분말소화설비의 자동식 기동장치의 설치기준으로 틀린 것은? (단, 자동식 기동장치는 자동화재탐지설비의 감지기의 작동과 연동하는 것이다.) `21-4 기사`

① 기동용 가스용기의 충전비는 1.5 이상 1.9 이하의 기동용 가스용기로 할 수 있다.
② 자동식 기동장치에는 수동으로도 기동할 수 있는 구조로 할 것
③ 전기식 기동장치로서 3병 이상의 저장용기를 동시에 개방하는 설비는 2병 이상의 저장용기에 전자개방밸브를 부착할 것
④ 기동용 가스용기에는 내압시험압력의 0.8배 내지 내압시험압력 이하에서 작동하는 안전장치를 설치할 것

정답 ③

해설 • 분말소화설비의 자동식 기동장치는 자동화재탐지설비의 감지기의 작동과 연동하는 것으로서 다음 각 호의 기준에 따라 설치하여야 한다.
① 자동식 기동장치에는 수동으로도 기동할 수 있는 구조로 할 것
② <u>전기식 기동장치로서 7병 이상의 저장용기를 동시에 개방하는 설비는 2병 이상의 저장용기에 전자개방밸브를 부착할 것</u>

08 분말소화설비의 기술기준에 따라 분말소화약제 저장용기의 설치기준으로 맞는 것은? 20-4 기사
① 저장용기의 충전비는 0.5 이상으로 할 것
② 제1종 분말(탄산수소나트륨을 주성분으로 한 분말)의 경우 소화약제 1kg당 저장용기의 내용적은 1.25ℓ 일 것
③ 저장용기에는 저장용기의 내부압력이 설정압력으로 되었을 때 주밸브를 개방하는 정압작동 장치를 설치할 것
④ 저장용기에는 가압식은 최고사용압력 2배 이하, 축압식은 용기의 내압시험압력의 1배 이하의 압력에서 작동하는 안전밸브를 설치할 것

정답 ③
해설 (보기①) 저장용기의 충전비는 0.8 이상으로 할 것
(보기②) 제1종 분말(탄산수소나트륨을 주성분으로 한 분말)의 경우 소화약제 1kg당 저장용기의 내용적은 0.8ℓ 일 것
(보기④) 저장용기에는 가압식은 최고사용압력 1.8배 이하, 축압식은 용기의 내압시험압력의 0.8배 이하의 압력에서 작동하는 안전밸브를 설치할 것

09 다음 ( )안에 들어가는 기기로 옳은 것은? 19-2 기사

○ 분말소화약제의 가압용가스 용기를 3병 이상 설치한 경우에는 2개 이상의 용기에 (ⓐ)를 부착하여야 한다.
○ 분말소화약제의 가압용가스 용기에는 2.5 MPa 이하의 압력에서 조정이 가능한 (ⓑ)를 설치하여야 한다.

① ⓐ 전자개방밸브, ⓑ 압력조정기
② ⓐ 전자개방밸브, ⓑ 정압작동장치
③ ⓐ 압력조정기, ⓑ 전자개방밸브
④ ⓐ 압력조정기, ⓑ 정압개방밸브

정답 ①
해설 • 가압용가스용기
① 분말소화약제의 가스용기는 분말소화약제의 저장용기에 접속하여 설치하여야 한다.
② 분말소화약제의 가압용가스 용기를 3병 이상 설치한 경우에는 2개 이상의 용기에 ⓐ전자개방밸브를 부착하여야 한다.
③ 분말소화약제의 가압용가스 용기에는 2.5 MPa 이하의 압력에서 조정이 가능한 ⓑ압력조정기를 설치하여야 한다.

10 자동화재탐지설비의 감지기의 작동과 연동하는 분말소화설비 자동식 기동장치의 설치기준 중 다음 (   ) 안에 알맞은 것은? `22-2 기사` `18-4 기사`

> ○ 전기식 기동장치로서 (㉠)병 이상의 저장용기를 동시에 개방하는 설비는 2병 이상의 저장용기에 전자개방밸브를 부착할 것
> ○ 가스압력식 기동장치의 기동용 가스용기 및 해당 용기에 사용하는 밸브는 (㉡) MPa 이상의 압력에 견딜 수 있는 것으로 할 것

① ㉠ 3, ㉡ 2.5
② ㉠ 7, ㉡ 2.5
③ ㉠ 3, ㉡ 25
④ ㉠ 7, ㉡ 25

정답 ④
해설
- 전기식 기동장치로서 (㉠7)병 이상의 저장용기를 동시에 개방하는 설비는 2병 이상의 저장용기에 전자개방밸브를 부착할 것
- 가스압력식 기동장치의 기동용 가스용기 및 해당 용기에 사용하는 밸브는 (㉡25) MPa 이상의 압력에 견딜 수 있는 것으로 할 것

11 분말소화설비의 기술기준상 다음 (   )안에 알맞은 것은? `21-2 기사` `20-1 기사`

> 분말소화약제의 가압용가스 용기에는 (   )의 압력에서 조정이 가능한 압력조정기를 설치하여야 한다.

① 2.5 MPa 이하
② 2.5 MPa 이상
③ 25 MPa 이하
④ 25 MPa 이상

정답 ①
해설
- **가압용 가스용기 설치기준**
  ① 분말소화약제 저장용기에 접속하여 설치하여야 한다.
  ② 가압용 가스용기를 3본(병) 이상 경우에는 2개 이상의 용기에 전자개방밸브를 부착
  ③ 가압용 가스용기에는 2.5[MPa] 이하의 압력에서 조정이 가능한 압력조정기를 설치
  ④ 가압용 또는 축압용 가스는 질소가스(N) 또는 이산화탄소(CO) 사용

가스 종류	가스량
질소(가압용)	소화약제량[kg] × 40[ℓ](35[℃], 0[MPa]에서 환산)
질소(축압용)	소화약제량[kg] × 10[ℓ](35[℃], 0[MPa]에서 환산)
이산화탄소(가압용 및 축압용)	소화약제량[kg] × (20[g] + 배관청소에 필요한 양)

  ⑤ 배관의 청소에 필요한 양의 가스는 별도의 용기에 저장할 것

12 전역방출방식의 분말소화설비에 있어서 방호구역의 용적이 500m³일 때 적합한 분사헤드의 수는? (단, 제1종 분말이며, 체적 1m³당 소화약제의 양은 0.60kg이며, 분사헤드 1개의 분당 표준방사량은 18kg이다.)

　　① 17개　　　　　　　　② 30개
　　③ 34개　　　　　　　　④ 134개

정답 ③

해설
- 필요약제량 : 500[m³]×0.6[kg/m³]=300[kg]
- 1분당 약제량 : $\dfrac{300[kg]}{0.5[min]} = 600[kg/min]$
- 필요한 분사헤드 수 : $\dfrac{600[kg/min]}{18[kg/min \cdot 개]} = 34개$

13 분말소화설비의 기술기준상 제1종 분말을 사용한 전역방출방식 분말소화설비에서 방호구역의 체적 1m³에 대한 소화약제의 양은 몇 kg인가?

　　① 0.24　　　　　　　　② 0.36
　　③ 0.60　　　　　　　　④ 0.72

정답 ③

해설
- 방호구역의 소화약제양[kg/m³]

소화약제 종별	자동폐쇄장치 설치	자동폐쇄장치 미설치
	소화약제의 양[kg]/방호구역의 체적[m³]	소화약제 가산양[kg]/개구부[m²]
제1종 분말	0.6	4.5
제2·3종 분말	0.36	2.7
제4종 분말	0.24	1.8

14 분말소화설비의 기술기준에 따른 분말소화설비의 배관과 선택밸브의 설치기준에 대한 내용으로 틀린 것은?

① 배관은 겸용으로 설치할 것
② 선택밸브는 방호구역 또는 방호대상물마다 설치할 것
③ 동관은 고정압력 또는 최고사용압력의 1.5배 이상의 압력에 견딜 수 있는 것을 사용할 것
④ 강관은 아연도금에 따른 배관용탄소강관이나 이와 동등 이상의 강도·내식성 및 내열성을 가진 것을 사용할 것

정답 ①

해설 가스계 소화설비의 모든 배관은 전용으로 설치한다.

15 분말소화설비의 기술기준상 분말소화설비의 가압용가스로 질소가스를 사용하는 경우 질소가는 소화약제 1kg마다 최소 몇 L 이상이어야 하는가? (단, 질소가스의 양은 35℃에서 1기압의 압력상태로 환산한 것이다.) `20-2 기사`

① 10
② 20
③ 30
④ 40

정답 ④

해설

가스 종류	가스량
질소(가압용)	소화약제량[kg] × 40[ℓ](35[℃], 0[MPa]에서 환산)
질소(축압용)	소화약제량[kg] × 10[ℓ](35[℃], 0[MPa]에서 환산)
이산화탄소(가압용 및 축압용)	소화약제량[kg] × (20[g] + 배관청소에 필요한 양)

16 분말소화설비의 가압용 가스용기에 대한 설명으로 <u>틀린</u> 것은? `19-1 기사`

① 가압용가스 용기를 3병 이상 설치한 경우에는 2개 이상의 용기에 전자개방밸브를 부착할 것
② 가압용가스 용기에는 2.5 MPa 이하의 압력에서 조정이 가능한 압력조정기를 설치할 것
③ 가압용가스에 질소가스를 사용하는 것의 질소가스는 소화약제 1kg 마다 20 L(35℃에서 1기압의 압력상태로 환산한 것) 이상으로 할 것
④ 축압용가스에 질소가스를 사용하는 것의 질소가스는 소화약제 1kg 마다 10 L(35℃에서 1기압의 압력상태로 환산한 것) 이상으로 할 것

정답 ③

해설

가스 종류	가스량
질소(가압용)	소화약제량[kg] × 40[ℓ](35[℃], 0[MPa]에서 환산)
질소(축압용)	소화약제량[kg] × 10[ℓ](35[℃], 0[MPa]에서 환산)
이산화탄소(가압용 및 축압용)	소화약제량[kg] × (20[g] + 배관청소에 필요한 양)

17 분말소화약제의 가압용 가스용기의 설치기준 중 <u>틀린</u> 것은? `22-2 기사` `18-1 기사`

① 분말 소화약제의 저장용기에 접속하여 설치하여야 한다.
② 가압용가스는 질소가스 또는 이산화탄소로 하여야 한다.
③ 가압용 가스용기를 3병 이상 설치한 경우에 있어서는 2개 이상의 용기에 전자개방밸브를 부착하여야 한다.
④ 가압용 가스용기에는 2.5 MPa 이상의 압력에서 압력 조정이 가능한 압력조정기를 설치하여야 한다.

정답 ④

해설 가압용 가스용기에는 <u>2.5 MPa 이하의 압력에서 압력 조정이 가능한 압력조정기</u>를 설치하여야 한다.

18 분말소화약제의 가압용가스 또는 축압용 가스의 설치기준 중 **틀린** 것은? `22-1 기사` `17-4 기사`

① 가압용가스에 이산화탄소를 사용하는 것의 이산화탄소는 소화약제 1kg에 대하여 20g에 배관의 청소에 필요한 양을 가산한 양 이상으로 할 것
② 가압용가스에 질소가스를 사용하는 것의 질소가스는 소화약제 1kg마다 40L (35℃에서 1기압의 압력상태로 환산한 것) 이상으로 할 것
③ 축압용 가스에 이산화탄소를 사용하는 것의 이산화탄소는 소화약제 1kg에 대하여 20g에 배관의 청소에 필요한 양을 가산한 양 이상으로 할 것
④ 축압용 가스에 질소가스를 사용하는 것의 질소가스는 소화약제 1kg에 대하여 40L(35℃에서 1기압의 압력상태로 환산한 것) 이상으로 할 것

정답 ④

해설

가스 종류	가스량
질소(가압용)	소화약제량[kg] × 40[ℓ](35[℃], 0[MPa]에서 환산)
질소(축압용)	소화약제량[kg] × 10[ℓ](35[℃], 0[MPa]에서 환산)
이산화탄소(가압용 및 축압용)	소화약제량[kg] × (20[g] + 배관청소에 필요한 양)

19 분말소화설비의 기술기준상 배관에 관한 기준으로 **틀린** 것은? `21-1 기사`

① 배관은 전용으로 할것
② 배관은 모두 스케줄 40 이상으로 할 것
③ 동관을 사용하는 경우의 배관은 고정압력 또는 최고사용압력의 1.5배 이상의 압력에 견딜 수 있는 것을 사용할 것
④ 밸브류는 개폐위치 또는 개폐방향을 표시한 것으로 할 것

정답 ②

해설 축압식만 스케줄 40이상으로 한다.
● 배관
  ① 배관은 전용
  ② 강관 : 아연도금에 의한 배관용 탄소강관이나 이와 동등 이상의 강도, 내식성 및 내열성을 갖추어야 함
  ③ 축압식 강관 : 20[℃]에서 압력 2.5[MPa] 이상 4.2[MPa] 이하인 것에 있어서는 압력배관용 탄소강관 (KS D 3562) 중 이음이 없는 스케줄 40 이상의 것
  ④ 동관 : 고정압력 또는 최고사용압력의 1.5배 이상의 압력에 견딜 수 있는 것

20 분말소화설비의 화재안전기준상 분말소화설비의 배관으로 동관을 사용하는 경우에는 최고사용압력의 최소 몇 배 이상의 압력에 견딜 수 있는 것을 사용하여야 하는가? `20-2 기사`

① 1
② 1.5
③ 2
④ 2.5

정답 ②
해설 분말소화설비의 동관은 고정압력 또는 최고사용압력의 1.5배 이상의 압력에 견딜 수 있는 것으로 한다.

21 화재 시 연기가 찰 우려가 없는 장소로서 호스릴분말소화설비를 설치할 수 있는 기준 중 다음 ( )안에 알맞은 것은? `19-2 기사` `18-2 기사`

> ○ 지상 1층 및 피난층에 있는 부분으로서 지상에서 수동 또는 원격조작에 따라 개방할 수 있는 개구부의 유효면적의 합계가 바닥면적의 (㉠)% 이상이 되는 부분
> ○ 전기설비가 설치되어 있는 부분 또는 다량의 화기를 사용하는 부분의 바닥면적이 해당 설비가 설치되어 있는 구획의 바닥면적의 (㉡) 미만이 되는 부분

① ㉠ 15, ㉡ 1/5
② ㉠ 15, ㉡ 1/2
③ ㉠ 20, ㉡ 1/5
④ ㉠ 20, ㉡ 1/2

정답 ①
해설 • 화재 시 현저하게 연기가 찰 우려가 없는 장소로서 다음 각 호의 어느 하나에 해당하는 장소에는 호스릴분말소화설비를 설치할 수 있다.
① 지상 1층 및 피난층에 있는 부분으로서 지상에서 수동 또는 원격조작에 따라 개방할 수 있는 개구부의 유효면적의 합계가 바닥면적의 ㉠15% 이상이 되는 부분
② 전기설비가 설치되어 있는 부분 또는 다량의 화기를 사용하는 부분(해당 설비의 주위 5m 이내의 부분을 포함한다)의 바닥면적이 해당 설비가 설치되어 있는 구획의 바닥면적의 ㉡5분의 1 미만이 되는 부분

22 국소방출방식의 분말소화설비 분사헤드는 기준저장량의 소화약제를 몇 초 이내에 방사할 수 있는 것이어야 하는가? `17-2 기사`

① 60
② 30
③ 20
④ 10

정답 ②
해설 • 국소방출방식 분말소화설비
① 약제 방사에 의하여 가연물이 비산하지 않는 장소에 설치
② 소화약제 저장량을 30초 이내에 방사

23 분말소화설비의 저장용기에 설치된 밸브 중 잔압 방출 시 개방·폐쇄 상태로 옳은 것은?

17-1 기사

① 가스도입밸브 - 폐쇄
② 주밸브(방출밸브) - 개방
③ 배기밸브 - 폐쇄
④ 클리닝밸브 - 개방

정답 ①
해설 잔압방출시 배기밸브만 개방이 되며 나머지 밸브들은 폐쇄가 되어야 한다.

소방기계시설의 구조 및 원리

쉽고 빠르게 합격하는 소방설비(산업)기사 필기시험 대비

PART 04
피난기구

CHAPTER 01 피난기구의 화재안전기술기준 [NFTC 301]

CHAPTER 01 피난기구의 화재안전기술기준 [NFTC 301]
[시행 2022. 12. 1.] [2022. 12. 1. 제정]

01 피난기구의 종류

피난사다리 · 구조대 · 완강기 · 미끄럼대 · 피난교 · 피난용트랩 · 간이완강기 · 공기안전매트 · 다수인 피난장비 · 승강식피난기

02 용어의 정의

(1) "완강기"란 사용자의 몸무게에 따라 자동적으로 내려올 수 있는 기구 중 사용자가 교대하여 연속적으로 사용할 수 있는 것을 말한다.

(2) "간이완강기"란 사용자의 몸무게에 따라 자동적으로 내려올 수 있는 기구 중 사용자가 연속적으로 사용할 수 없는 것을 말한다.

(3) "공기안전매트"란 화재 발생 시 사람이 건축물 내에서 외부로 긴급히 뛰어내릴 때 충격을 흡수하여 안전하게 지상에 도달할 수 있도록 포지에 공기 등을 주입하는 구조로 되어 있는 것을 말한다.

(4) "구조대"란 포지 등을 사용하여 자루 형태로 만든 것으로서 화재 시 사용자가 그 내부에 들어가서 내려옴으로써 대피할 수 있는 것을 말한다.

(5) "승강식 피난기"란 사용자의 몸무게에 의하여 자동으로 하강하고 내려서면 스스로 상승하여 연속적으로 사용할 수 있는 무동력 승강식 기기를 말한다.

(6) "하향식 피난구용 내림식사다리"란 하향식 피난구 해치에 격납하여 보관하고 사용 시에는 사다리 등이 소방대상물과 접촉되지 않는 내림식 사다리를 말한다.

(7) "피난사다리"란 화재 시 긴급대피를 위해 사용하는 사다리를 말한다.

(8) "다수인피난장비"란 화재 시 2인 이상의 피난자가 동시에 해당 층에서 지상 또는 피난층으로 하강하는 피난기구를 말한다.

(9) "미끄럼대"란 사용자가 미끄럼식으로 신속하게 지상 또는 피난층으로 이동할 수 있는 피난기구를 말한다.

(10) "피난교"란 인접 건축물 또는 피난층과 연결된 다리 형태의 피난기구를 말한다.

(11) "피난용트랩"이란 화재 층과 직상 층을 연결하는 계단형태의 피난기구를 말한다.

03 적응 및 설치개수 등

(1) 피난기구는 표에 따라 특정소방대상물의 설치장소별로 그에 적응하는 종류의 것으로 설치해야 한다.

[설치장소별 피난기구의 적응성]

설치장소별 구분	1층	2층	3층	4층 이상 10층 이하
노유자 시설	• 미끄럼대 • 구조대 • 피난교 • 다수인피난장비 • 승강식피난기	• 미끄럼대 • 구조대 • 피난교 • 다수인피난장비 • 승강식피난기	• 미끄럼대 • 구조대 • 피난교 • 다수인피난장비 • 승강식피난기	• 구조대[1)] • 피난교 • 다수인피난장비 • 승강식피난기
의료시설·근린생활시설중 입원실이 있는 의원·접골원·조산원			• 미끄럼대 • 구조대 • 피난교 • 피난용트랩 • 다수인피난장비 • 승강식피난기	• 구조대 • 피난교 • 피난용트랩 • 다수인피난장비 • 승강식피난기
다중이용업소로서 영업장의 위치가 4층 이하인 다중이용업소		• 미끄럼대 • 피난사다리 • 구조대 • 완강기 • 다수인피난장비 • 승강식피난기	• 미끄럼대 • 피난사다리 • 구조대 • 완강기 • 다수인피난장비 • 승강식피난기	• 미끄럼대 • 피난사다리 • 구조대 • 완강기 • 다수인피난장비 • 승강식피난기
그 밖의 것			• 미끄럼대 • 피난사다리 • 구조대 • 완강기 • 피난교 • 피난용트랩 • 간이완강기 • 공기안전매트 • 다수인피난장비 • 승강식피난기	• 피난사다리 • 구조대 • 완강기 • 피난교 • 간이완강기[2)] • 공기안전매트[3)] • 다수인피난장비 • 승강식피난기

[비고]
1) 구조대의 적응성은 장애인 관련 시설로서 주된 사용자 중 스스로 피난이 불가한 자가 있는 경우 추가로 설치하는 경우에 한한다.
2)3) 간이완강기의 적응성은 숙박시설의 3층에 있는 객실에 공기 안전매트의 적응성은 공동주택에 추가로 설치하는 경우에 한한다.

(2) 피난기구 설치 개수(층마다 설치)

층의 용도	바닥면적
숙박시설 노유자시설 및 의료시설	500㎡ 마다
위락시설 문화집회 및 운동시설 판매시설 복합용도	800㎡마다
계단실형 아파트	각 세대
그 밖 용도	1,000㎡마다

[추가설치]
1. 설치한 피난기구 외에 숙박시설(휴양콘도미니엄을 제외한다)의 경우에는 추가로 객실마다 완강기 또는 2 이상의 간이완강기를 설치할 것
2. 설치한 피난기구 외에 공동주택(「공동주택관리법」제2조제1항제2호 가목부터 라목까지 중 어느 하나에 해당하는 공동주택에 한한다)의 경우에는 하나의 관리주체가 관리하는 공동주택 구역마다 공기안전매트 1개 이상을 추가로 설치할 것. 다만, 옥상으로 피난이 가능하거나 인접세대로 피난할 수 있는 구조인 경우에는 추가로 설치하지 않을 수 있다.
3. 설치한 피난기구 외에 4층 이상의 층에 설치된 노유자시설 중 장애인 관련 시설로서 주된 사용자 중 스스로 피난이 불가한 자가 있는 경우에는 층마다 구조대를 1개 이상 추가로 설치할 것

(3) 피난기구 설치기준

① 피난기구는 계단·피난구 기타 피난시설로부터 적당한 거리에 있는 안전한 구조로 된 피난 또는 소화 활동상 유효한 개구부(가로 0.5 m 이상 세로 1 m 이상인 것을 말한다. 이 경우 개구부 하단이 바닥에서 1.2 m 이상이면 발판 등을 설치하여야 하고, 밀폐된 창문은 쉽게 파괴할 수 있는 파괴장치를 비치해야 한다)에 고정하여 설치하거나 필요한 때에 신속하고 유효하게 설치할 수 있는 상태에 둘 것

② 피난기구를 설치하는 개구부는 서로 동일직선상이 아닌 위치에 있을 것. 다만, 피난교·피난용트랩·간이완강기·아파트에 설치되는 피난기구(다수인 피난장비는 제외한다) 기타 피난상 지장이 없는 것에 있어서는 그렇지 않다.

③ 피난기구는 특정소방대상물의 기둥·바닥·보 기타 구조상 견고한 부분에 볼트조임·매입·용접 기타의 방법으로 견고하게 부착할 것

④ 4층 이상의 층에 피난사다리(하향식 피난구용 내림식사다리는 제외한다)를 설치하는 경우에는 금속성 고정사다리를 설치하고, 당해 고정사다리에는 쉽게 피난할 수 있는 구조의 노대를 설치할 것

⑤ 완강기는 강하 시 로프가 건축물 또는 구조물 등과 접촉하여 손상되지 않도록 하고, 로프의 길이는 부착위치에서 지면 또는 기타 피난상 유효한 착지 면까지의 길이로 할 것

⑥ 미끄럼대는 안전한 강하속도를 유지하도록 하고, 전락방지를 위한 안전조치를 할 것

⑦ 구조대의 길이는 피난 상 지장이 없고 안정한 강하속도를 유지할 수 있는 길이로 할 것

⑧ 다수인 피난장비는 다음의 기준에 적합하게 설치할 것
  ㉠ 피난에 용이하고 안전하게 하강할 수 있는 장소에 적재 하중을 충분히 견딜 수 있도록 「건축물의 구조기준 등에 관한 규칙」제3조에서 정하는 구조안전의 확인을 받아 견고하게 설치할 것
  ㉡ 다수인피난장비 보관실(이하 "보관실"이라 한다)은 건물 외측보다 돌출되지 아니하고, 빗물·먼지 등으로부터 장비를 보호할 수 있는 구조일 것
  ㉢ 사용 시에 보관실 외측 문이 먼저 열리고 탑승기가 외측으로 자동으로 전개될 것
  ㉣ 하강 시에 탑승기가 건물 외벽이나 돌출물에 충돌하지 않도록 설치할 것
  ㉤ 상·하층에 설치할 경우에는 탑승기의 하강경로가 중첩되지 않도록 할 것
  ㉥ 하강 시에는 안전하고 일정한 속도를 유지하도록 하고 전복, 흔들림, 경로이탈 방지를 위한 안전조치를 할 것
  ㉦ 보관실의 문에는 오작동 방지조치를 하고, 문 개방 시에는 해당 특정소방대상물에 설치된 경보설비와 연동하여 유효한 경보음을 발하도록 할 것
  ㉧ 피난층에는 해당 층에 설치된 피난기구가 착지에 지장이 없도록 충분한 공간을 확보할 것

(4) 승강식피난기 및 하향식 피난구용 내림식사다리는 다음 각 목에 적합하게 설치할 것
  ① 승강식 피난기 및 하향식 피난구용 내림식사다리는 설치경로가 설치 층에서 피난층까지 연계될 수 있는 구조로 설치할 것. 다만, 건축물의 구조 및 설치 여건 상 불가피한 경우에는 그렇지 않다.
  ② 대피실의 면적은 2㎡(2세대 이상일 경우에는 3㎡) 이상으로 하고, 「건축법 시행령」제46조 제4항 각 호의 규정에 적합하여야 하며 하강구(개구부) 규격은 직경 60㎝ 이상일 것. 다만, 외기와 개방된 장소에는 그렇지 않다.
  ③ 하강구 내측에는 기구의 연결 금속구 등이 없어야 하며 전개된 피난기구는 하강구 수평투영면적 공간 내의 범위를 침범하지 않는 구조이어야 할 것. 다만, 직경 60㎝ 크기의 범위를 벗어난 경우이거나, 직하층의 바닥 면으로부터 높이 50㎝ 이하의 범위는 제외한다.
  ④ 대피실의 출입문은 60분+ 방화문 또는 60분 방화문으로 설치하고, 피난방향에서 식별할 수 있는 위치에 "대피실" 표지판을 부착할 것. 다만, 외기와 개방된 장소에는 그렇지 않다.
  ⑤ 착지점과 하강구는 상호 수평거리 15㎝이상의 간격을 둘 것
  ⑥ 대피실 내에는 비상조명등을 설치 할 것
  ⑦ 대피실에는 층의 위치표시와 피난기구 사용설명서 및 주의사항 표지판을 부착 할 것
  ⑧ 대피실 출입문이 개방되거나, 피난기구 작동 시 해당층 및 직하층 거실에 설치된 표시등 및 경보장치가 작동되고, 감시 제어반에서는 피난기구의 작동을 확인할 수 있어야 할 것
  ⑨ 사용 시 기울거나 흔들리지 않도록 설치할 것

04 피난기구의 설치 제외

(1) 피난구조설비의 설치면제 요건의 규정에 따라 다음의 어느 하나에 해당하는 특정소방대상물 또는 그 부분에는 피난기구를 설치하지 않을 수 있다. 다만, 숙박시설(휴양콘도미니엄을 제외한다)에 설치되는 완강기 및 간이완강기의 경우에는 그렇지 않다.

① 다음의 기준에 적합한 층
  ㉠ 주요구조부가 내화구조로 되어 있어야 할 것
  ㉡ 실내의 면하는 부분의 마감이 불연재료·준불연재료 또는 난연재료로 되어 있고 방화구획이 「건축법 시행령」 제46조의 규정에 적합하게 구획되어 있어야 할 것
  ㉢ 거실의 각 부분으로부터 직접 복도로 쉽게 통할 수 있어야 할 것
  ㉣ 복도에 2 이상의 피난계단 또는 특별피난계단이 「건축법 시행령」 제35조에 적합하게 설치되어 있어야 할 것
  ㉤ 복도의 어느 부분에서도 2 이상의 방향으로 각각 다른 계단에 도달할 수 있어야 할 것

② 다음의 기준에 적합한 특정소방대상물 중 그 옥상의 직하층 또는 최상층(문화 및 집회시설, 운동시설 또는 판매시설을 제외한다)
  ㉠ 주요구조부가 내화구조로 되어 있어야 할 것
  ㉡ 옥상의 면적이 1,500 ㎡ 이상이어야 할 것
  ㉢ 옥상으로 쉽게 통할 수 있는 창 또는 출입구가 설치되어 있어야 할 것
  ㉣ 옥상이 소방사다리차가 쉽게 통행할 수 있는 도로(폭 6 m 이상의 것을 말한다. 이하 같다) 또는 공지(공원 또는 광장 등을 말한다. 이하 같다) 에 면하여 설치되어 있거나 옥상으로부터 피난층 또는 지상으로 통하는 2 이상의 피난계단 또는 특별피난계단이 「건축법 시행령」 제35조의 규정에 적합하게 설치되어 있어야 할 것

③ 주요구조부가 내화구조이고 지하층을 제외한 층수가 4층 이하이며 소방사다리차가 쉽게 통행할 수 있는 도로 또는 공지에 면하는 부분에 영 제2조제1호 각 목의 기준에 적합한 개구부가 2 이상 설치되어 있는 층(문화집회 및 운동시설·판매시설 및 영업시설 또는 노유자시설의 용도로 사용되는 층으로서 그 층의 바닥면적이 1,000 ㎡ 이상인 것을 제외한다)

④ 갓복도식 아파트 또는 「건축법 시행령」 제46조제5항에 해당하는 구조 또는 시설을 설치하여 인접(수평 또는 수직)세대로 피난할 수 있는 아파트

⑤ 주요구조부가 내화구조로서 거실의 각 부분으로 직접 복도로 피난할 수 있는 학교(강의실 용도로 사용되는 층에 한한다)

⑥ 무인공장 또는 자동창고로서 사람의 출입이 금지된 장소(관리를 위하여 일시적으로 출입하는 장소를 포함한다)

⑦ 건축물의 옥상부분으로서 거실에 해당하지 아니하고 「건축법 시행령」 제119조제1항제9호에 해당하여 층수로 산정된 층으로 사람이 근무하거나 거주하지 않는 장소

05 피난기구 설치의 감소

(1) 피난기구를 설치하여야 할 특정소방대상물중 다음의 기준에 적합한 층에는 설치하는 피난기구의 2분의 1을 감소할 수 있다. 이 경우 설치하여야 할 피난기구의 수에 있어서 소수점 이하의 수는 1로 한다.
  ① 주요구조부가 내화구조로 되어 있을 것
  ② 직통계단인 피난계단 또는 특별피난계단이 2 이상 설치되어 있을 것

(2) 피난기구를 설치해야 할 소방대상물 중 주요구조부가 내화구조이고 다음의 기준에 적합한 건널 복도가 설치되어 있는 층에는 피난기구의 수에서 해당 건널 복도의 수의 2배의 수를 뺀 수로 한다.
  ① 내화구조 또는 철골조로 되어 있을 것
  ② 건널 복도 양단의 출입구에 자동폐쇄장치를 한 60분+ 방화문 또는 60분 방화문(방화셔터를 제외한다)이 설치되어 있을 것
  ③ 피난·통행 또는 운반의 전용 용도일 것

06 형식승인 및 제품검사 기술기준

(1) 완강기

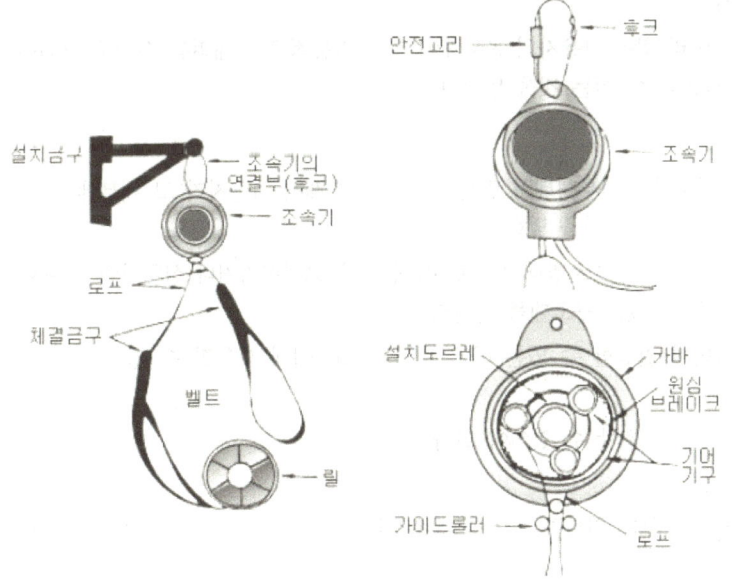

① 구성요소 : 속도조절기·속도조절기의 연결부·로프·연결금속구 및 벨트
② 조속기 적합기준
  ㉠ 견고하고 내구성이 있어야 한다.
  ㉡ 평상시에 분해 청소 등을 하지 아니하여도 작동할 수 있어야 한다.

ⓒ 강하시 발생하는 열에 의하여 기능에 이상이 생기지 아니하여야 한다.
ⓔ 속도조절기는 사용 중에 분해·손상·변형되지 아니하여야 하며, 속도조절기의 이탈이 생기지 아니하도록 덮개를 하여야 한다.
ⓜ 강하시 로프가 손상되지 아니하여야 한다.
ⓑ 속도조절기의 풀리(pulley) 등으로부터 로프가 노출되지 아니하는 구조이어야 한다.
③ 완강기 최대사용하중
  ㉠ 최대사용하중은 1500 N 이상의 하중이어야 한다.
  ㉡ 최대사용자수(1회에 강하할 수 있는 사용자의 최대수를 말한다. 이하 같다)는 최대사용하중을 1 500 N으로 나누어서 얻은 값(1미만의 수는 계산하지 아니한다)으로 한다.
④ 강도
  ㉠ 완강기 및 간이완강기의 강도(벨트의 강도를 제외한다)는 최대사용자수에 3 900 N을 곱하여 얻은 값의 정하중을 가하는 시험에서 다음 각목에 적합하여야 한다.
    ⓐ 속도조절기, 속도조절기의 연결부 및 연결금속구는 분해·파손 또는 현저한 변형이 생기지 아니하여야 한다.
    ⓑ 로프는 파단 또는 현저한 변형이 생기지 아니하여야 한다.
  ㉡ 벨트의 강도는 늘어뜨린 방향으로 1개에 대하여 6 500 N의 인장하중을 가하는 시험에서 끊어지거나 현저한 변형이 생기지 아니하여야 한다.

(2) 간이완강기

"간이 완강기"라 함은 사용자의 몸무게에 따라 자동적으로 내려올 수 있는 기구중 사용자가 연속적으로 사용할 수 없는 것을 말한다.

(3) 구조대

포지 등을 사용하여 자루형태로 만든 것으로서 화재시 사용자가 그 내부에 들어가서 내려옴으로써 대피할 수 있는 것을 말한다.

① 경사강하식 구조대 : 소방대상물에 비스듬하게 고정시키거나 설치하여 사용자가 미끄럼식으로 내려올 수 있는 구조대를 말한다.
  ㉠ 연속하여 활강할 수 있는 구조로 안전하고 쉽게 사용할 수 있어야 한다.
  ㉡ 입구틀 및 고정틀의 입구는 지름 60 센티미터(㎝) 이상의 구체(공처럼 둥근 형태나 물체, 球體)가 통과 할 수 있어야 한다.
  ㉢ 포지는 사용시에 수직방향으로 현저히 늘어나지 아니하여야 한다.
  ㉣ 포지, 지지틀, 취부틀 그밖의 부속장치 등은 견고하게 부착되어야 한다.
  ㉤ 경사구조대 본체는 강하방향으로 봉합부가 설치되지 않아야 한다.
  ㉥ 경사구조대 본체의 활강부는 낙하방지를 위해 포를 이중 구조로 하거나 또는 망목의 변의 길이가 8 ㎝ 이하인 망을 설치하여야 한다. 다만, 구조상 낙하방지의 성능을 가지고 있는 경사구조대의 경우에는 그러하지 아니하다.
  ㉦ 본체의 포지는 하부지지장치에 인장력이 균등하게 걸리도록 부착하여야 하며 하부지지장치는 쉽게 조작할 수 있어야 한다.

ⓑ 손잡이는 출구부근에 좌우 각3개 이상 균일한 간격으로 견고하게 부착하여야 한다.
ⓒ 경사구조대 본체의 끝부분에는 길이 4 미터(m) 이상, 지름 4 밀리미터(㎜) 이상의 유도선을 부착하여야 하며, 유도선끝에는 중량 3 뉴턴(N) 이상의 모래주머니 등을 설치하여야 한다.
ⓓ 땅에 닿을 때 충격을 받는 부분에는 완충장치로서 받침포 등을 부착하여야 한다.

② 수직강하식 구조대 : 소방대상물 또는 기타 장비 등에 수직으로 설치하여 사용하는 구조대를 말한다.
  ㉠ 수직구조대는 안전하고 쉽게 사용할 수 있는 구조이어야 한다.
  ㉡ 수직구조대의 포지는 외부포지와 내부포지로 구성하되, 외부포지와 내부포지의 사이에 충분한 공기층을 두어야 한다. 다만, 건물내부의 별실에 설치하는 것은 외부포지를 설치하지 아니할 수 있다.
  ㉢ 입구틀 및 고정틀의 입구는 지름 60 ㎝ 이상의 구체가 통과할 수 있는 것이어야 한다.
  ㉣ 수직구조대는 연속하여 강하할 수 있는 구조이어야 한다.
  ㉤ 포지는 사용시 수직방향으로 현저하게 늘어나지 않아야 한다.
  ㉥ 포지, 지지틀, 취부틀 그밖의 부속장치 등은 견고하게 부착되어야 한다.

(4) 피난사다리

① 고정식 사다리 → 4층 이상의 층에 설치(금속성)
  ㉠ 수납식
  ㉡ 접는식
  ㉢ 신축식
② 올림식 사다리
③ 내림식 사다리
④ 피난사다리의 일반사항
  ㉠ 안전하고 확실하며 쉽게 사용할 수 있는 구조이어야 한다.
  ㉡ 피난사다리는 2개 이상의 종봉(내림식사다리에 있어서는 이에 상당하는 와이어로프·체인 그 밖의 금속제의 봉 또는 관을 말한다. 이하 같다) 및 횡봉으로 구성되어야 한다. 다만, 고정식사다리인 경우에는 종봉의 수를 1개로 할 수 있다.
  ㉢ 피난사다리(종봉이 1개인 고정식사다리는 제외한다)의 종봉의 간격은 최외각 종봉 사이의 안치수가 30 ㎝ 이상이어야 한다.
  ㉣ 피난사다리의 횡봉은 지름 14 ㎜ 이상 35 ㎜ 이하의 원형인 단면이거나 또는 이와 비슷한 손으로 잡을 수 있는 형태의 단면이 있는 것이어야 한다.
  ㉤ 피난사다리의 횡봉은 종봉에 동일한 간격으로 부착한 것이어야 하며, 그 간격은 25 ㎝ 이상 35 ㎝ 이하이어야 한다.
  ㉥ 피난사다리 횡봉의 디딤면은 미끄러지지 아니하는 구조이어야 한다.

> **인명구조기구의 화재안전기준 [NFSC 302]**
>
> [별표1] 특정소방대상물의 용도 및 장소별로 설치하여야 할 인명구조기구
>
> | 특정소방대상물 | 인명구조기구의 종류 | 설치 수량 |
> |---|---|---|
> | ○ 지하층을 포함하는 층수가 7층 이상인 관광호텔 및 5층 이상인 병원 | ○ 방열복(방화복)
○ 공기호흡기
○ 인공소생기 | ○ 각 2개 이상 비치할 것. 다만, 병원의 경우에는 인공소생기를 설치하지 않을 수 있다. |
> | ○ 문화 및 집회시설 중 수용인원 100명 이상의 영화상영관
○ 판매시설 중 대규모 점포
○ 운수시설 중 지하역사
○ 지하가 중 지하상가 | ○ 공기호흡기 | ○ 층마다 2개 이상 비치할 것. 다만, 각 층마다 갖추어 두어야 할 공기호흡기 중 일부를 직원이 상주하는 인근 사무실에 갖추어 둘 수 있다. |
> | ○ 물분무등소화설비 중 이산화탄소소화설비를 설치하여야 하는 특정소방대상물 | ○ 공기호흡기 | ○ 이산화탄소소화설비가 설치된 장소의 출입구 외부 인근에 1대 이상 비치할 것 |

CHAPTER 01 피난기구의 화재안전기술기준 [NFTC 301]

01 피난기구의 기술기준상 노유자 시설의 4층 이상 10층 이하에서 적응성이 있는 피난기구가 <u>아닌</u> 것은? `21-2 기사` `19-1 기사`

① 피난교 ② 다수인피난장비
③ 승강식피난기 ④ 미끄럼대

정답 ④

해설

설치 장소별 구분 \ 층별	1층	2층	3층	4층 이상 10층 이하
노유자 시설	• 미끄럼대 • 구조대 • 피난교 • 다수인피난장비 • 승강식피난기	• 미끄럼대 • 구조대 • 피난교 • 다수인피난장비 • 승강식피난기	• 미끄럼대 • 구조대 • 피난교 • 다수인피난장비 • 승강식피난기	• 구조대[1] • 피난교 • 다수인피난장비 • 승강식피난기

02 노유자시설의 3층에 적응성을 가진 피난기구가 <u>아닌</u> 것은? `17-2 기사`

① 미끄럼대 ② 피난교
③ 구조대 ④ 간이완강기

정답 ④
해설 간이완강기는 적응성이 없다.

03 피난기구의 기술기준상 의료시설에 구조대를 설치해야할 층이 <u>아닌</u> 것은? `22-2 기사` `21-1 기사`

① 2 ② 3
③ 4 ④ 5

정답 ①
해설 의료시설에 설치하는 구조대는 3층, 4층~10층 이하에 적응성이 있다.

04 피난기구의 기술기준에 따라 숙박시설·노유자시설 및 의료시설로 사용되는 층에 있어서는 그 층의 바닥면적이 몇 m² 마다 피난기구를 1개 이상 설치해야하는가? `20-4 기사`

① 300
② 500
③ 800
④ 1000

정답 ②
해설 • 피난기구 설치 개수(층마다 설치)

층의 용도	바닥면적
숙박시설 노유자시설 및 의료시설	500㎡ 마다
위락시설 문화집회 및 운동시설 판매시설 복합용도	800㎡ 마다
계단실형 아파트	각 세대
그 밖 용도	1,000㎡ 마다

05 완강기의 형식승인 및 제품검사의 기술기준상 완강기 및 간이완강기의 구성으로 적합한 것은? `20-2 기사`

① 속도조절기, 속도조절기의 연결부, 하부지지장치, 연결금속구, 벨트
② 속도조절기, 속도조절기의 연결부, 로우프, 연결금속구, 벨트
③ 속도조절기, 가로봉 및 세로봉, 로우프, 연결금속구, 벨트
④ 속도조절기, 가로봉 및 세로봉, 로우프, 하부지지장치, 벨트

정답 ②
해설 완강기의 구성요소는 속도조절기·속도조절기의 연결부·로우프·연결금속구 및 벨트로 구성한다.

06 구조대의 형식승인 및 제품검사의 기술기준에 따른 경사하강식구조대의 구조에 대한 설명으로 틀린 것은? `22-1 기사` `20-4 기사` `17-4 기사`

① 구조대 본체는 강하방향으로 봉합부가 설치되어야 한다.
② 연속하여 활강할 수 있는 구조로 안전하고 쉽게 사용할 수 있어야 한다.
③ 땅에 닿을 때 충격을 받는 부분에는 완충장치로서 받침포 등을 부착하여야 한다.
④ 입구틀 및 취부틀의 입구는 지름 60㎝ 이상의 구체가 통과할 수 있어야 한다.

> **정답** ①
> **해설** ● **경사강하식 구조대**
> ① 연속하여 활강할 수 있는 구조로 안전하고 쉽게 사용할 수 있어야 한다.
> ② 입구틀 및 취부틀의 입구는 지름 60 cm 이상의 구체가 통과 할 수 있어야 한다.
> ③ 포지는 사용시에 수직방향으로 현저하게 늘어나지 아니하여야 한다.
> ④ 포지, 지지틀, 취부틀 그밖의 부속장치 등은 견고하게 부착되어야 한다.
> ⑤ 구조대 본체는 강하방향으로 봉합부가 설치되지 아니하여야 한다.
> ⑥ 땅에 닿을 때 충격을 받는 부분에는 완충장치로서 받침포 등을 부착하여야 한다.

07 구조대의 형식승인 및 제품검사의 기술기준상 수직강하식 구조대의 구조 기준 중 틀린 것은?

[20-2 기사]

① 구조대는 연속하여 강하할 수 있는 구조이어야 한다.
② 구조대는 안전하고 쉽게 사용할 수 있는 구조이어야 한다.
③ 입구틀 및 취부틀의 입구는 지름 40cm 이하의 구체가 통과할 수 있는 것이어야 한다.
④ 구조대의 포지는 외부포지와 내부포지로 구성하되, 외부포지와 내부포지의 사이에 충분한 공기층을 두어야 한다.

> **정답** ③
> **해설** 구조대는 입구틀 및 취부틀의 입구는 지름 60 cm 이상의 구체가 통과 할 수 있어야 한다.

08 수직강하식 구조대가 구조적으로 갖추어야 할 조건으로 옳지 않은 것은? (단, 건물내부의 별실에 설치하는 경우는 제외한다.)

[19-1 기사]

① 구조대의 포지는 외부포지와 내부포지로 구성한다.
② 포지는 사용 시 충격을 흡수하도록 수직방향으로 현저하게 늘어나야 한다.
③ 구조대는 연속하여 강하할 수 있는 구조이어야 한다.
④ 입구틀 및 취부틀의 입구는 지름 60cm 이상의 구체가 통과할 수 있어야 한다.

> **정답** ②
> **해설** ● **수직강하식 구조대의 기준**
> ① 구조대는 안전하고 쉽게 사용할 수 있는 구조이어야 한다.
> ② 구조대의 포지는 외부포지와 내부포지로 구성하되, 외부포지와 내부포지의 사이에 충분한 공기층을 두어야 한다. 다만, 건물내부의 별실에 설치하는 것은 외부포지를 설치하지 아니할 수 있다.
> ③ 입구틀 및 취부틀의 입구는 지름 60 cm 이상의 구체가 통과할 수 있는 것이어야 한다.
> ④ 구조대는 연속하여 강하할 수 있는 구조이어야 한다.
> ⑤ 포지는 사용시 수직방향으로 현저하게 늘어나지 아니하여야 한다.
> ⑥ 포지, 지지틀, 취부틀 그밖의 부속장치 등은 견고하게 부착되어야 한다.

09 다음 중 피난사다리 하부 지지점에 미끄럼 방지장치를 설치하여야 하는 것은?   19-2 기사
① 내림식 사다리
② 올림식 사다리
③ 수납식 사다리
④ 신축식 사다리

정답 ②
해설 • 올림식 사다리 구조
① 상부지지점(끝 부분으로부터 60 cm 이내의 임의의 부분으로 한다)에 미끄러지거나 넘어지지 아니하도록 하기 위하여 안전장치를 설치하여야 한다.
② 하부지지점에는 미끄러짐을 막는 장치를 설치하여야 한다.
③ 신축하는 구조인 것은 사용할 때 자동적으로 작동하는 축제방지장치를 설치하여야 한다.
④ 접어지는 구조인 것은 사용할 때 자동적으로 작동하는 접힘방지장치를 설치하여야 한다.

10 피난사다리의 형식승인 및 제품검사의 기술기준상 피난사다리의 일반구조 기준으로 옳은 것은?   22-1 기사

① 피난사다리는 2개 이상의 횡봉으로 구성되어야 한다. 다만, 고정식사다리인 경우에는 횡봉의 수를 1개로 할 수 있다.
② 피난사다리(종봉이 1개인 고정식사다리는 제외)의 종봉의 간격은 최외각 종봉 사이의 안치수가 15cm 이상이어야 한다.
③ 피난사다리의 횡봉은 지름 15mm 이상 25mm 이하의 원형인 단면이거나 또는 이와 비슷한 손으로 잡을 수 있는 형태의 단면이 있는 것이어야 한다.
④ 피난사다리의 횡봉은 종봉에 동일한 간격으로 부착한 것이어야 하며, 그 간격은 25cm 이상 35cm 이하이어야 한다.

정답 ④
해설 (보기①) 피난사다리는 2개 이상의 종봉 및 횡봉으로 구성되어야 한다. 다만, 고정식 사다리인 경우에는 종봉의 수를 1개로 한다.
(보기②) 피난사다리(종봉이 1개인 고정식사다리는 제외)의 종봉의 간격은 최외각 종봉 사이의 안치수가 30cm 이상이어야 한다.
(보기③) 피난사다리의 횡봉은 지름 14mm 이상 35mm 이하의 원형인 단면이거나 또는 이와 비슷한 손으로 잡을 수 있는 형태의 단면이 있는 것이어야 한다.

11 완강기의 형식승인 및 제품검사의 기술기준상 완강기의 최대사용하중은 최소 몇 N 이상의 하중이어야 하는가?   20-1 기사 17-1 기사
① 800
② 1,000
③ 1,200
④ 1,500

정답 ④
해설 완강기의 최대사용하중은 1500N 이상으로 한다.

12 주요 구조부가 내화구조이고 건널 복도가 설치된 층의 피난기구 수의 설치 감소 방법으로 적합한 것은? `19-4 기사`
① 피난기구를 설치하지 아니할 수 있다.
② 피난기구의 수에서 1/2을 감소한 수로 한다.
③ 원래의 수에서 건널 복도 수를 더한 수로 한다.
④ 피난기구의 수에서 해당 건널 복도의 수의 2배의 수를 뺀 수로 한다.

정답 ④
해설 피난기구를 설치하여야 할 소방대상물 중 주요구조부가 내화구조이고 다음 각호의 기준에 적합한 건널복도가 설치되어 있는 층에는 피난기구의 수에서 당해 건널복도의 수의 2배의 수를 뺀 수로 한다.
① 내화구조 또는 철골구조로 되어 있을 것
② 건널복도 양단의 출입구에 자동폐쇄장치를 한 갑종방화문(방화셔터를 제외)이 설치되어 있을 것
③ 피난·통행 또는 운반의 전용 용도일 것

13 지상으로부터 높이 30m가 되는 창문에서 구조대용 유도 로프의 모래주머니를 자연낙하 시킨 경우 지상에 도달할 때까지 걸리는 시간(초)은? `19-4 기사`
① 2.5
② 5
③ 7.5
④ 10

정답 ①
해설 $y = \dfrac{1}{2}gt^2$ (y : 높이[m], g : 중력가속도[m/s²], t : 시간[s])
$30 = \dfrac{1}{2} \times 9.8 \times t^2$, $t = 2.5[s]$

14 다수인 피난장비 설치기준 중 틀린 것은? `18-4 기사`
① 사용 시에 보관실 외측 문이 먼저 열리고 탑승기가 외측으로 자동으로 전개될 것
② 보관실의 문은 상시 개방상태를 유지하도록 할 것
③ 하강 시에 탑승기가 건물 외벽이나 돌출물에 충돌하지 않도록 설치할 것
④ 피난층에는 해당 층에 설치된 피난기구가 착지에 지장이 없도록 충분한 공간을 확보할 것

정답 ②

해설 • 다수인 피난장비 설치기준
① 피난에 용이하고 안전하게 하강할 수 있는 장소에 적재 하중을 충분히 견딜 수 있도록 「건축물의 구조기준 등에 관한 규칙」제3조에서 정하는 구조안전의 확인을 받아 견고하게 설치할 것
② 다수인피난장비 보관실(이하 "보관실"이라 한다)은 건물 외측보다 돌출되지 아니하고, 빗물·먼지 등으로부터 장비를 보호할 수 있는 구조 일 것
③ 사용 시에 보관실 외측 문이 먼저 열리고 탑승기가 외측으로 자동으로 전개될 것
④ 하강 시에 탑승기가 건물 외벽이나 돌출물에 충돌하지 않도록 설치할 것
⑤ 상·하층에 설치할 경우에는 탑승기의 하강경로가 중첩되지 않도록 할 것
⑥ 하강 시에는 안전하고 일정한 속도를 유지하도록 하고 전복, 흔들림, 경로이탈 방지를 위한 안전조치를 할 것
⑦ 보관실의 문에는 오작동 방지조치를 하고, 문 개방 시에는 당해 소방대상물에 설치된 경보설비와 연동하여 유효한 경보음을 발하도록 할 것
⑧ 피난층에는 해당 층에 설치된 피난기구가 착지에 지장이 없도록 충분한 공간을 확보할 것
⑨ 한국소방산업기술원 또는 법 제46조제1항에 따라 성능시험기관으로 지정받은 기관에서 그 성능을 검증받은 것으로 설치할 것

15 피난기구 설치 기준으로 옳지 <u>않은</u> 것은? [19-2 기사]

① 피난기구는 소방대상물의 기둥·바닥·보, 기타 구조상 견고한 부분에 볼트조임·매입·용접, 기타의 방법으로 견고하게 부착할 것
② 2층 이상의 층에 피난사다리(하향식 피난구용 내임식사다리는 제외한다.)를 설치하는 경우에는 금속성 고정사다리를 설치하고, 피난에 방해되지 않도록 노대는 설치되지 않아야 할 것
③ 승강식피난기 및 하향식 피난구용 내림식사다리는 설치경로가 설치층에서 피난층까지 연계될 수 있는 구조로 설치할 것. 다만, 건축물의 구조 및 설치 여건 상 불가피한 경우에는 그러하지 아니한다.
④ 승강식피난기 및 하향식 피난구용 내림식사다리의 하강식 내측에는 기구의 연결 금속구 등이 없어야 하며 전개된 피난기구는 하강수 수평투영면적 공간 내의 범위를 침범하지 않는 구조이어야 할 것. 단, 직경 60[cm] 크기의 범위를 벗어난 경우이거나, 직하층의 바닥 면으로부터 높이 50[cm] 이하의 범위는 제외한다.

정답 ②

해설 <u>4층 이상의 층에</u> 피난사다리(하향식 피난구용 내림식사다리는 제외한다)를 설치하는 경우에는 금속성 고정사다리를 설치하고, 당해 고정사다리에는 쉽게 피난할 수 있는 구조의 노대를 설치할 것

16 피난기구의 화재안전기준에 따른 피난기구의 설치 및 유지에 관한 사항 중 **틀린** 것은? `22-2 기사`
① 피난기구를 설치하는 개구부는 서로 동일직선상의 위치에 있을 것
② 설치장소에는 피난기구의 위치를 표시하는 발광식 또는 축광식표지와 그 사용방법을 표시한 표지를 부착할 것
③ 피난기구는 소방대상물의 기둥·바닥·보 기타 구조상 견고한 부분에 볼트조임·매입·용접 기타의 방법으로 견고 하게 부착할 것
④ 피난기구는 계단·피난구 기타 피난시설로부터 적당한 거리에 있는 안전한 구조로 된 피난 또는 소화활동상 유효한 개구부에 고정하여 설치할 것

정답 ①
해설 피난기구를 설치하는 개구부는 서로 동일직선상의 위치에 있으면 안된다.

17 완강기의 최대사용자수 기준 중 다음 (   ) 안에 알맞은 것은? `18-2 기사`

최대사용자수(1회에 강하할 수 있는 사용자의 최대수)는 최대사용하중을 (   )N으로 나누어서 얻은 값으로 한다.

① 250　　　　　　　　　　② 500
③ 750　　　　　　　　　　④ 1500

정답 ④
해설 완강기는 최대사용자수(1회에 강하할 수 있는 사용자의 최대수)는 최대사용하중을 1500N으로 나누어서 얻은 값으로 한다.

18 다음과 같은 소방대상물의 부분에 완강기를 설치할 경우 부착 금속구의 부착위치로서 가장 적합한 위치는? `18-2 기사`

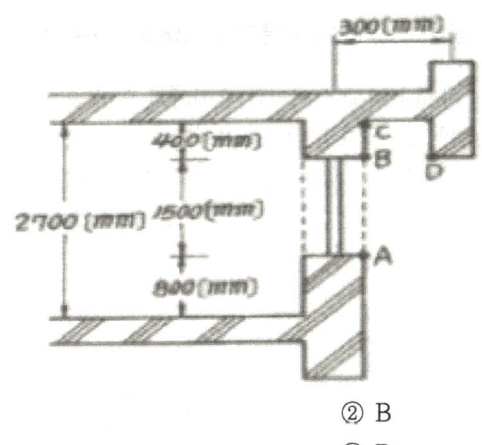

① A　　　　　　　　　　② B
③ C　　　　　　　　　　④ D

정답 ④
해설 완강기는 D부분에 설치한다.

19 완강기와 간이완강기를 소방대상물에 고정 설치해 줄 수 있는 지지대의 강도시험 기준 중 ( ) 안에 알맞은 것은?

17-4 기사

> 지지대는 연직방향으로 최대사용자수에 ( )[N]을 곱한 하중을 가하는 경우 파괴·균열 및 현저한 변형이 없어야 한다.

① 250
② 750
③ 1500
④ 5000

정답 ④
해설 • **지지대 강도시험** : 지지대는 연직방향으로 최대사용자수에 5,000 N을 곱한 하중을 가하는 경우 파괴·균열 및 현저한 변형이 없어야 한다.

20 고정식 사다리의 구조에 따른 분류로 틀린 것은?

18-1 기사

① 굽히는식
② 수납식
③ 접는식
④ 신축식

정답 ①
해설 고정식 사다리의 종류에는 수납식, 접는식, 신축식이 있다.

21 내림식사다리의 구조기준 중 다음 ( ) 안에 공통으로 들어갈 내용은?

17-2 기사

> 사용 시 소방대상물로부터 ( )[cm] 이상의 거리를 유지하기 위한 유효한 돌자를 횡봉의 위치마다 설치하여야 한다. 다만, 그 돌자를 설치하지 아니하여도 사용 시 소방대상물에서 ( )[cm] 이상의 거리를 유지할 수 있는 것은 그러하지 아니하다.

① 15
② 10
③ 7
④ 5

정답 ②
해설 사용 시 소방대상물로부터 (10)[cm] 이상의 거리를 유지하기 위한 유효한 돌자를 횡봉의 위치마다 설치하여야 한다. 다만, 그 돌자를 설치하지 아니하여도 사용 시 소방대상물에서 (10)[cm] 이상의 거리를 유지할 수 있는 것은 그러하지 아니하다.

22 다음 중 피난기구의 기술기준에 따라 피난기구를 설치하지 아니하여도 되는 소방대상물로 **틀린** 것은?

① 발코니 등을 통하여 인접세대로 피난할 수 있는 구조로 되어 있는 계단실형 아파트
② 주요구조부가 내화구조로서 거실의 각 부분으로 직접 복도로 피난할 수 있는 학교(강의실 용도로 사용되는 층에 한함)
③ 무인공장 또는 자동창고로서 사람의 출입이 금지된 장소
④ 문화집회 및 운동시설·판매시설 및 영업시설 또는 노유자시설의 용도로 사용되는 층으로서 그 층의 바닥면적이 1000m²이상인 것

정답 ④

해설 ● 피난기구의 설치제외
① 주요구조부가 내화구조이고 지하층을 제외한 층수가 4층 이하이며 소방사다리차가 쉽게 통행할 수 있는 도로 또는 공지에 면하는 부분에 개구부가 2 이상 설치되어 있는 층 (관람집회 및 운동시설·판매시설·노유자시설 또는 전시시설의 용도로 사용되는 층으로서 그 층의 바닥면적이 1,000[m²] 이상인 것을 제외한다.)
② 편복도형아파트 또는 발코니를 통하여 인접세대로 피난할 수 있는 구조로 되어 있는 계단실형 아파트
③ 주요구조부가 내화구조로서 거실의 각 부분으로 직접 복도로 피난할 수 있는 학교 (강의실 용도로 사용되는 층에 한한다)
④ 무인공장 또는 자동창고로서 사람의 출입이 금지된 장소 (관리를 위하여 일시적으로 출입하는 장소를 포함)

23 인명구조기구의 기술기준상 특정소방대상물의 용도 및 장소별로 설치하여야 할 인명구조기구 종류의 기준 중 다음 (　) 안에 알맞은 것은?

특정소방대상물	인명구조기구의 종류
물분무등소화설비 중 (　)를 설치하여야 하는 특정소방대상물	공기호흡기

① 분말소화설비
② 할론소화설비
③ 이산화탄소소화설비
④ 할로겐화합물 및 불활성기체소화설비

정답 ③

해설

특정소방대상물	인명구조기구의 종류	설치 수량
○ 물분무등소화설비 중 이산화탄소소화설비를 설치하여야 하는 특정소방대상물	○ 공기호흡기	○ 이산화탄소소화설비가 설치된 장소의 출입구 외부 인근에 1대 이상 비치할 것

24 피난기구를 설치하여야 할 소방대상물 중 피난기구의 2분의 1을 감소할 수 있는 조건이 <u>아닌</u> 것은?

① 주요구조부가 내화구조로 되어 있다.
② 특별피난계단이 2 이상 설치되어 있다.
③ 소방구조용(비상용) 엘리베이터가 설치되어 있다.
④ 직통계단인 피난계단이 2 이상 설치되어 있다.

정답 ③

해설 • 피난기구 설치의 감소
피난기구를 설치하여야 할 소방대상물 중 다음 각호의 기준에 적합한 층에는 피난기구의 1/2을 감소할 수 있다. 이 경우 설치하여야할 피난기구의 수에 있어서 소수점 이하의 수는 1로 한다.
① 주요구조부가 내화구조로 되어 있을 것
② 직통계단인 피난계단 또는 특별피난계단이 2 이상 설치되어 있을 것

25 인명구조기구의 종류가 <u>아닌</u> 것은?

① 방열복
② 구조대
③ 공기호흡기
④ 인공소생기

정답 ②

해설 인명구조기구의 종류에는 <u>방화복, 방열복, 공기호흡기, 인공소생기</u>가 해당하며 구조대는 피난기구의 종류이다.

26 인명구조기구의 기술기준에 따라 특정소방대상물의 용도 및 장소별로 설치해야 할 인명구조기구의 기준으로 <u>틀린</u> 것은?

① 지하가 중 지하상가는 인공소생기를 층마다 2개 이상 비치할 것
② 판매시설 중 대규모 점포는 공기호흡기를 층마다 2개 이상 비치할 것
③ 지하층을 포함하는 층수가 7층 이상인 관광호텔은 방열복(또는 방화복), 공기호흡기, 인공소생기를 각 2개 이상 비치할 것
④ 물분무등소화설비 중 이산화탄소 소화설비를 설치해야 하는 특정소방대상물은 공기호흡기를 이산화탄소 소화설비가 설치된 장소의 출입구 외부 인근에 1대 이상 비치할 것

정답 ①

해설 지하상가에는 인공소생기를 설치하지 않는다.
[별표1] 특정소방대상물의 용도 및 장소별로 설치하여야 할 인명구조기구

특정소방대상물	인명구조기구의 종류	설치 수량
○ 지하층을 포함하는 층수가 7층 이상인 관광호텔 및 5층 이상인 병원	○ 방열복(방화복) ○ 공기호흡기 ○ 인공소생기	○ 각 2개 이상 비치할 것. 다만, 병원의 경우에는 인공소생기를 설치하지 않을 수 있다.
○ 문화 및 집회시설 중 수용인원 100명 이상의 영화상영관 ○ 판매시설 중 대규모 점포 ○ 운수시설 중 지하역사 ○ 지하가 중 지하상가	공기호흡기	○ 층마다 2개 이상 비치할 것. 다만, 각 층마다 갖추어 두어야 할 공기호흡기 중 일부를 직원이 상주하는 인근 사무실에 갖추어 둘 수 있다.
○ 물분무등소화설비 중 이산화탄소소화설비를 설치하여야 하는 특정소방대상물	○ 공기호흡기	○ 이산화탄소소화설비가 설치된 장소의 출입구 외부 인근에 1대 이상 비치할 것

II 소방기계시설의 구조 및 원리

쉽고 빠르게 합격하는 소방설비(산업)기사 필기시험 대비

PART 05

소화활동설비

CHAPTER 01 제연설비의 화재안전기술기준 [NFTC 501]
CHAPTER 02 특별피난계단의 계단실 및 부속실제연설비의 화재안전기술기준 [NFTC 501A]
CHAPTER 03 연결송수관설비의 화재안전기술기준 [NFTC 502]
CHAPTER 04 연결살수설비의 화재안전기술기준 [NFTC 503]

CHAPTER 01 제연설비의 화재안전기술기준 [NFTC 501]
[시행 2022. 12. 1.] [2022. 12. 1 제정]

01 개요 및 용어의 정의

화재에 의한 사상자 중 연기에 의한 것이 큰 비중을 차지하고 있다. 때문에 화재시에 있어서는 연기의 처리방법이 여러 가지로 논의되고 있다. 방연계획은 그 자체의 단독으로 존재하는 것이 아니고, 소화활동이나 피난계획과 관련하여 종합적인 방재계획으로 계획되어야 한다.

(1) "제연구역"이란 제연경계(제연경계가 면한 천장 또는 반자를 포함한다)에 의해 구획된 건물 내의 공간을 말한다.

(2) "제연경계"란 연기를 예상제연구역 내에 가두거나 이동을 억제하기 위한 보 또는 제연경계벽 등을 말한다.

(3) "제연경계벽"이란 제연경계가 되는 가동형 또는 고정형의 벽을 말한다.

(4) "제연경계의 폭"이란 제연경계가 면한 천장 또는 반자로부터 그 제연경계의 수직하단 끝부분까지의 거리를 말한다.

(5) "수직거리"란 제연경계의 하단 끝으로부터 그 수직한 하부 바닥면까지의 거리를 말한다.

(6) "예상제연구역"이란 화재 시 연기의 제어가 요구되는 제연구역을 말한다.

(7) "공동예상제연구역"이란 2개 이상의 예상제연구역을 동시에 제연하는 구역을 말한다.

(8) "보행중심선"이란 통로 폭의 한 가운데 지점을 연장한 선을 말한다.

(9) "유입풍도"란 예상제연구역으로 공기를 유입하도록 하는 풍도를 말한다.

(10) "배출풍도"란 예상 제연구역의 공기를 외부로 배출하도록 하는 풍도를 말한다.

02 제연방식

(1) **자연제연방식**
① 화재에 의해서 발생한 열기류의 부력 또는 외부의 바람의 흡출(吸出)효과에 의해, 실의 상부에 설치된 창 또는 전용의 배연구로부터 연기를 옥외로 배출하는 방식
② 고층빌딩 등에서는 건물의 층간 구획이 이루어지지 않은 상태에서 저층부의 창을 열면, 굴뚝현상(stack effect)을 일으킬 우려

(2) **스모크타워제연방식**
화재시 온도상승에 의하여 생긴 실내공기의 부력이나 지붕 상부에 설치된 루프모니터 등이 외부의 바람에 의하여 회전하면서 생긴 흡입력을 이용하여 제연하는 방식 (고층빌딩에 적합하다.)

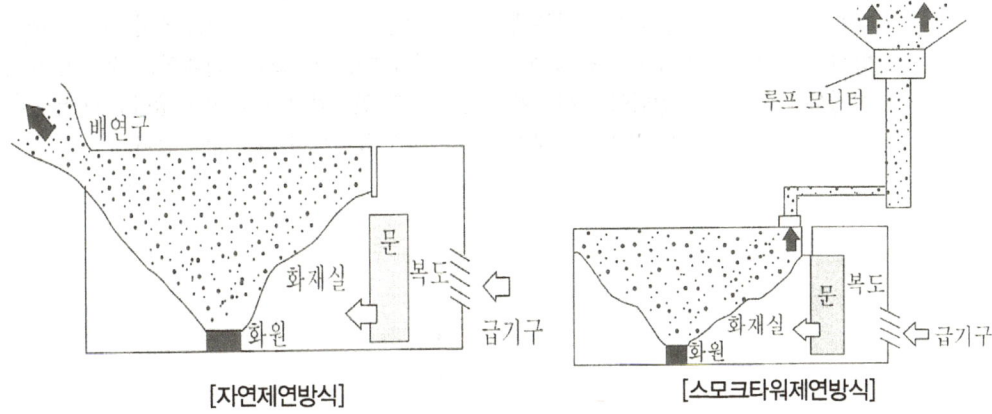

[자연제연방식]　　　　　　　　　　[스모크타워제연방식]

(3) 기계제연방식

① 제1종 기계제연방식

화재실에 대해서 기계 제연을 행하는 동시에, 복도나 계단실을 통해서 기계력에 의한 급기를 행하는 방식이다. 이 방식은 화재실로부터의 누연을 방지하고 계단전실 등 중요한 피난로의 확보를 위해서는 유효하지만, 급기와 배연 모두 기계력에 의존하기 때문에 장치가 복잡하고 풍량의 밸런스에 주의하여야 한다.

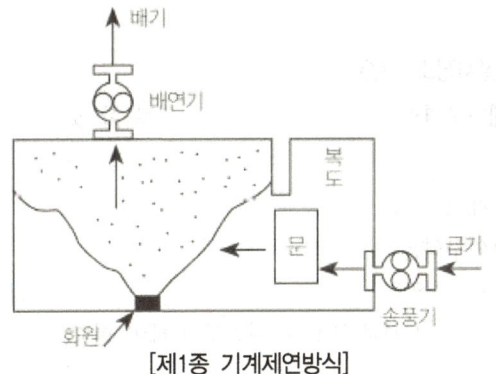

[제1종 기계제연방식]

② 제2종 기계제연방식

복도, 계단전실, 계단실 등 피난통로로서 중요한 부분에 대해서 신선한 공기를 송풍기로 급기하고, 그 부분의 압력을 화재실보다 상대적으로 높여서 연기의 침입을 방지하는 방식이다. 이 방식의 문제점은 과잉급기가 되면 화재를 조장할 우려가 있고, 열기나 연기류가 복도로 역류하여 위험한 상태를 일으키므로 일반적으로 적용되지 않는다.

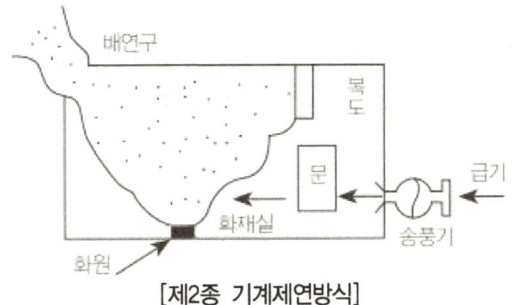

[제2종 기계제연방식]

③ 제3종 기계제연방식

화재로 발생한 연기를 화재실 상부에 설치된 배풍기(배연기)로 연기를 건물 외부로 배출하는 방식이다. 화재구역의 내압을 낮게 하여 연기를 다른 지역으로 확대되는 것을 방지한다는 점에서 가장 우수한 방법이나 시간이 지남에 따라 연기의 양이 많이 발생하면 배연기의 배풍량 부족으로 어려움이 많으며, 배연구역이 크면 유지관리비가 많이 든다.

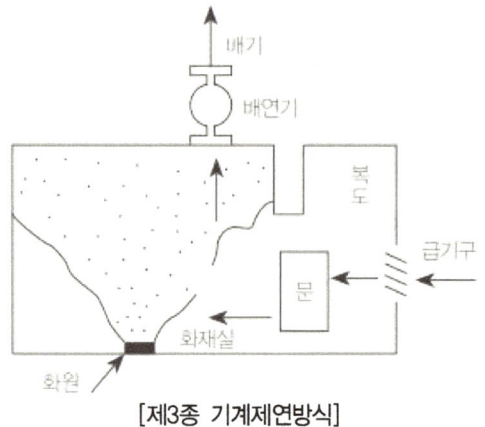

[제3종 기계제연방식]

03 제연구역

(1) 제연설비의 설치장소 기준

① 하나의 제연구역의 면적은 1,000[m²] 이내로 할 것.
② 거실과 통로(복도를 포함한다. 이하 같다)는 각각 제연구획 할 것.
③ 통로상의 제연구역은 보행중심선의 길이가 60[m]를 초과하지 아니할 것.
④ 하나의 제연구역은 직경 60[m] 원 내에 들어갈 수 있을 것.
⑤ 하나의 제연구역은 2 이상의 층에 미치지 않도록 할 것. 다만, 층의 구분이 불분명한 부분은 그 부분을 다른 부분과 별도로 제연구획 해야 한다.

(2) 제연구역의 구획 : 보·제연경계벽(이하 "제연경계"라 한다) 및 벽(화재 시 자동으로 구획되는 가동벽·방화셔터·방화문을 포함한다. 이하 같다)으로 하되, 다음의 기준에 적합해야 한다.

① 재질은 내화재료, 불연재료 또는 제연경계벽으로 성능을 인정받은 것으로서 화재 시 쉽게 변형·파괴되지 아니하고 연기가 누설되지 않는 기밀성 있는 재료로 할 것
② 제연경계는 제연경계의 폭이 0.6 m 이상이고, 수직거리는 2 m 이내이어야 한다. 다만, 구조상 불가피한 경우는 2 m를 초과할 수 있다.
③ 제연경계벽은 배연 시 기류에 따라 그 하단이 쉽게 흔들리지 않고, 가동식의 경우에는 급속히 하강하여 인명에 위해를 주지 않는 구조일 것

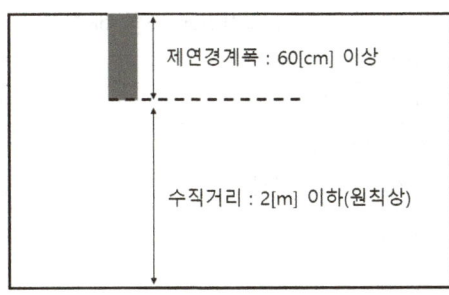

04 제연방식

(1) 예상제연구역에 대하여는 화재 시 연기배출(이하 "배출"이라 한다)과 동시에 공기유입이 될 수 있게 하고, 배출구역이 거실일 경우에는 통로에 동시에 공기가 유입될 수 있도록 해야 한다.

(2) (1)에도 불구하고 통로와 인접하고 있는 거실의 바닥면적이 50 ㎡ 미만으로 구획(제연경계에 따른 구획은 제외한다. 다만, 거실과 통로와의 구획은 그렇지 않다)되고 그 거실에 통로가 인접하여 있는 경우에는 화재 시 그 거실에서 직접 배출하지 아니하고 인접한 통로의 배출로 갈음할 수 있다. 다만, 그 거실이 다른 거실의 피난을 위한 경유거실인 경우에는 그 거실에서 직접 배출해야 한다.

(3) 통로의 주요구조부가 내화구조이며 마감이 불연재료 또는 난연재료로 처리되고 통로 내부에 가연성 물질이 없는 경우에 그 통로는 예상제연구역으로 간주하지 않을 수 있다. 다만, 화재 시 연기의 유입이 우려되는 통로는 그렇지 않다.

05 배출량 및 배출방식

(1) 예상제연구역의 거실 바닥면적이 $400[㎡]$ 미만인 경우(제연경계에 따른 구획을 제외한다. 다만, 거실과 통로와의 구획은 그렇지 않다)

① 거실의 바닥면적이 $400\ ㎡$ 미만으로 구획(제연경계에 따른 구획은 제외한다. 다만, 거실과 통로와의 구획은 그렇지 않다)된 예상제연구역에 대한 배출량은 다음의 기준에 따른다.

$$Q = A[㎡] \times 1[CMM/㎡] \times 60[min/hr]$$

② 바닥면적 $1\ ㎡$당 $1\ ㎥/min$ 이상으로 하되, 예상제연구역에 대한 최소 배출량은 $5,000\ ㎥/hr$ 이상으로 할 것

(2) 바닥면적 $400\ ㎡$ 이상인 거실의 예상제연구역의 배출량은 다음의 기준에 적합해야 한다.

① 예상제연구역이 직경 40 m인 원의 범위 안에 있을 경우 배출량은 $40,000\ ㎥/h$ 이상으로 할 것. 다만, 예상제연구역이 제연경계로 구획된 경우에는 그 수직거리에 따라 배출량은 다음 표에 따른다.

[수직거리에 따른 배출량]

수직 거리	배출량
2[m] 이하	40,000[㎥/hr] 이상
2[m] 초과 2.5[m] 이하	45,000[㎥/hr] 이상
2.5[m] 초과 3[m] 이하	50,000[㎥/hr] 이상
3[m] 초과	60,000[㎥/hr] 이상

② 예상제연구역이 직경 40 m인 원의 범위를 초과할 경우 배출량은 45,000 ㎥/h 이상으로 할 것. 다만, 예상제연구역이 제연경계로 구획된 경우에는 그 수직거리에 따라 배출량은 다음 표에 따른다.

[수직거리에 따른 배출량]

수직 거리	배출량
2[m] 이하	45,000[㎥/hr] 이상
2[m] 초과 2.5[m] 이하	50,000[㎥/hr] 이상
2.5[m] 초과 3[m] 이하	55,000[㎥/hr] 이상
3[m] 초과	65,000[㎥/hr] 이상

(3) 예상제연구역이 통로인 경우의 배출량은 45,000 ㎥/h 이상으로 할 것. 다만, 예상제연구역이 제연경계로 구획된 경우에는 그 수직거리에 따라 배출량은 (2)-②에 있는 표에 따른다.

(4) 배출은 각 예상제연구역별로 위 표에 따른 배출량 이상을 배출하되, 2 이상의 예상제연구역이 설치된 특정소방대상물에서 배출을 각 예상제연구역별로 구분하지 아니하고 공동예상제연구역을 동시에 배출하고자 할 때의 배출량은 다음의 기준에 따라야 한다. 다만, 거실과 통로는 공동예상제연구역으로 할 수 없다.

① 공동예상제연구역 안에 설치된 예상제연구역이 각각 벽으로 구획된 경우(제연구역의 구획 중 출입구만을 제연경계로 구획한 경우를 포함한다)에는 각 예상제연구역의 배출량을 합한 것 이상으로 할 것. 다만, 예상제연구역의 바닥면적이 400㎡ 미만인 경우 배출량은 바닥면적 1㎡ 당 1㎥/min 이상으로 하고 공동예상구역 전체배출량은 5,000㎥/hr 이상으로 할 것

② 공동예상제연구역 안에 설치된 예상제연구역이 각각 제연경계로 구획된 경우(예상제연구역의 구획 중 일부가 제연경계로 구획된 경우를 포함하나, 출입구 부분만을 제연경계로 구획한 경우를 제외한다)에 배출량은 각 예상제연구역의 배출량 중 최대의 것으로 할 것. 이 경우 공동제연예상구역이 거실일 때에는 그 바닥면적이 1,000㎡ 이하이며, 직경 40 m 원 안에 들어가야 하고, 공동제연예상구역이 통로일 때에는 보행중심선의 길이를 40 m 이하로 해야 한다.

(5) 수직거리가 구획 부분에 따라 다른 경우는 수직거리가 긴 것을 기준으로 한다.

06 배출구

(1) 예상제연구역의 배출구 설치

① 바닥면적이 400[㎡] 미만인 예상제연구역(통로인 예상제연구역 제외) 배출구 설치기준

㉠ 예상제연구역이 벽으로 구획되어 있는 경우의 배출구는 천장 또는 반자와 바닥 사이의 중간 윗부분에 설치할 것

㉡ 예상제연구역 중 어느 한부분이 제연경계로 구획되어 있는 경우에는 천장·반자 또는 이에 가까운 벽의 부분에 설치할 것. 다만, 배출구를 벽에 설치하는 경우에는 배출구의 하단이 해당 예상제연구역에서 제연경계의 폭이 가장 짧은 제연경계의 하단보다 높이 되도록 해야 한다.

② 예상제연구역과 바닥면적이 400[㎡] 이상인 통로 외에 예상제연구역 배출구 설치기준

㉠ 예상제연구역이 벽으로 구획되어 있는 경우의 배출구는 천장·반자 또는 이에 가까운 벽의 부분에 설치할 것. 다만, 배출구를 벽에 설치하는 경우에는 배출구의 하단과 바닥간의 최단거리가 2[m] 이상이어야 한다.

㉡ 예상제연구역 중 어느 한부분이 제연경계로 구획되어 있을 경우에는 천장·반자 또는 이에 가까운 벽의 부분(제연경계를 포함한다)에 설치할 것. 다만, 배출구를 벽 또는 제연경계에 설치하는 경우에는 배출구의 하단이 해당 예상제연구역에서 제연경계의 폭이 가장 짧은 제연경계의 하단보다 높이 되도록 설치해야 한다.

(2) 예상제연구역의 각 부분으로부터 하나의 배출구까지 수평거리는 10[m] 이내가 되도록 하여야 한다.

07 공기유입방식 및 유입구

(1) 예상제연구역에 대한 공기유입은 유입풍도를 경유한 강제유입 또는 자연유입방식으로 하거나, 인접한 제연구역 또는 통로에 유입되는 공기(가압의 결과를 일으키는 경우를 포함한다. 이하 같다)가 해당구역으로 유입되는 방식으로 할 수 있다.

(2) 예상제연구역에 설치되는 공기유입구는 다음의 기준에 적합해야 한다.

① 바닥면적 400 ㎡ 미만의 거실인 예상제연구역(제연경계에 따른 구획을 제외한다. 다만, 거실과 통로와의 구획은 그렇지 않다)에 대해서는 공기유입구와 배출구간의 직선거리는 5 m 이상 또는 구획된 실의 장변의 2분의 1 이상으로 할 것. 다만, 공연장·집회장·위락시설의 용도로 사용되는 부분의 바닥면적이 200 ㎡를 초과하는 경우의 공기유입구는 ②의 기준에 따른다.

② 바닥면적 400 ㎡ 이상의 거실인 예상제연구역(제연경계에 따른 구획을 제외한다. 다만, 거실과 통로와의 구획은 그렇지 않다)에 대해서는 바닥으로부터 1.5 m 이하의 높이에 설치하고 그 주변은 공기의 유입에 장애가 없도록 할 것

③ ①과 ②에 해당하는 것 외의 예상제연구역(통로인 예상제연구역을 포함한다)에 대한 유입구는 다음의 기준에 따를 것. 다만, 제연경계로 인접하는 구역의 유입공기가 당해 예상제연구역으로 유입되게 한 때에는 그렇지 않다.

㉠ 유입구를 벽에 설치할 경우에는 (2)-② 의 기준에 따를 것

㉡ 유입구를 벽 외의 장소에 설치할 경우에는 유입구 상단이 천장 또는 반자와 바닥 사이의 중간 아랫부분보다 낮게 되도록 하고, 수직거리가 가장 짧은 제연경계 하단보다 낮게 되도록 설치할 것

(3) 공동예상제연구역에 설치되는 공기 유입구는 다음의 기준에 적합하게 설치해야 한다.
　① 공동예상제연구역 안에 설치된 각 예상제연구역이 벽으로 구획되어 있을 때에는 각 예상제연구역의 바닥면적에 따라 (2)-① 및 (2)-② 에 따라 설치할 것
　② 공동예상제연구역 안에 설치된 각 예상제연구역의 일부 또는 전부가 제연경계로 구획되어 있을 때에는 공동예상제연구역 안의 1개 이상의 장소에 (2)-③ 에 따라 설치할 것

(4) 인접한 제연구역 또는 통로로부터 유입되는 공기를 해당 예상제연구역에 대한 공기유입으로 하는 경우에는 그 인접한 제연구역 또는 통로의 유입구가 제연경계 하단보다 높은 경우에는 그 인접한 제연구역 또는 통로의 화재 시 그 유입구는 다음의 어느 하나에 적합해야 한다.
　① 각 유입구는 자동폐쇄 될 것
　② 해당 구역 내에 설치된 유입풍도가 해당 제연구획부분을 지나는 곳에 설치된 댐퍼는 자동폐쇄될 것

(5) 예상제연구역에 공기가 유입되는 순간의 풍속은 5 m/s 이하가 되도록 하고, 유입구의 구조는 유입공기를 상향으로 분출하지 않도록 설치해야 한다. 다만, 유입구가 바닥에 설치되는 경우에는 상향으로 분출이 가능하며 이때의 풍속은 1m/s 이하가 되도록 해야 한다.

(6) 예상제연구역에 대한 공기유입구의 크기는 해당 예상제연구역 배출량 1 ㎥/min에 대하여 35 ㎠ 이상으로 해야 한다.

(7) 예상제연구역에 대한 공기유입량은 배출량의 배출에 지장이 없는 양으로 해야 한다.

08 배출기 배출풍도

(1) 배출기 설치기준
　① 배출기의 배출 능력은 배출량 이상이 되도록 할 것
　② 배출기와 배출풍도의 접속부분에 사용하는 캔버스는 내열성(석면재료는 제외한다)이 있는 것으로 할 것
　③ 배출기의 전동기부분과 배풍기 부분은 분리하여 설치해야 하며, 배풍기 부분은 유효한 내열처리를 할 것

(2) 배출풍도 기준
　① 배출풍도는 아연도금강판 또는 이와 동등 이상의 내식성·내열성이 있는 것으로 하며, 「건축법 시행령에 따른 불연재료(석면재료를 제외한다)인 단열재로 풍도 외부에 유효한 단열 처리를 하고, 강판의 두께는 배출풍도의 크기에 따라 다음 표에 따른 기준 이상으로 할 것

[배출풍도의 크기에 따른 강판의 두께]

풍도단면의 긴변 또는 직경의 크기	450mm 이하	450mm초과 750mm이하	750mm초과 1,500mm이하	1,500mm초과 2,250mm이하	2,250mm 초과
강판두께	0.5mm	0.6mm	0.8mm	1.0mm	1.2mm

　② 배출기의 흡입측 풍도안의 풍속은 15 m/s 이하로 하고 배출측 풍속은 20 m/s 이하로 할 것

09 유입풍도 등

(1) 유입풍도는 아연도금강판 또는 이와 동등 이상의 내식성·내열성이 있는 것으로 하며, 풍도 안의 풍속은 20 ㎧ 이하로 하고 풍도의 강판 두께는 아래 표에 따라 설치해야 한다.

[배출풍도의 크기에 따른 강판의 두께]

풍도단면의 긴변 또는 직경의 크기	450mm 이하	450mm초과 750mm이하	750mm초과 1,500mm이하	1,500mm초과 2,250mm이하	2,250mm 초과
강판두께	0.5mm	0.6mm	0.8mm	1.0mm	1.2mm

(2) 옥외에 면하는 배출구 및 공기유입구는 비 또는 눈 등이 들어가지 아니하도록 하고, 배출된 연기가 공기유입구로 순환유입 되지 않도록 해야 한다.

10 제연설비설치제외

제연설비를 설치해야 할 특정소방대상물 중 화장실·목욕실·주차장·발코니를 설치한 숙박시설(가족호텔 및 휴양콘도미니엄에 한한다)의 객실과 사람이 상주하지 않는 기계실·전기실·공조실·50 ㎡ 미만의 창고 등으로 사용되는 부분에 대하여는 배출구·공기유입구의 설치 및 배출량 산정에서 이를 제외 할 수 있다.

CHAPTER 01 제연설비의 화재안전기술기준 [NFTC 501]

01 제연설비의 화재안전기준상 제연설비의 설치장소 기준 중 하나의 제연구역의 면적은 최대 몇 m² 이내로 하여야 하는가? `20-2 기사`

① 700　　　　　　　　② 1000
③ 1300　　　　　　　　④ 1500

정답 ②
해설 • 제연설비의 설치장소 기준
　① 하나의 제연구역의 면적은 1,000[m²] 이내로 할 것.
　② 거실과 통로(복도를 포함한다)는 각각 제연구획을 할 것.
　③ 통로상의 제연구역은 보행중심선의 길이가 60[m]를 초과하지 아니할 것.
　④ 하나의 제연구역은 직경 60[m] 원 내에 들어갈 수 있을 것.
　⑤ 하나의 제연구역은 2개층에 미치지 아니하도록 할 것. 다만, 층의 구분이 불분명한 부분은 그 부분을 다른 부분과 별도로 제연 구획하여야 한다.

02 제연설비의 설치장소에 따른 제연구역의 구획 기준으로 틀린 것은? `22-2 기사` `19-4 기사` `17-1 기사`

① 거실과 통로는 상호 제연구획 할 것
② 하나의 제연구역의 면적은 600m²이내로 할 것
③ 하나의 제연구역은 직경 60m 원내에 들어갈 수 있을 것
④ 하나의 제연구역은 2개 이상 층에 미치지 아니하도록 할 것

정답 ②
해설 • 제연설비의 설치장소 기준
　① 하나의 제연구역의 면적은 1,000[m²] 이내로 할 것.
　② 거실과 통로(복도를 포함한다)는 각각 제연구획을 할 것.
　③ 통로상의 제연구역은 보행중심선의 길이가 60[m]를 초과하지 아니할 것.
　④ 하나의 제연구역은 직경 60[m] 원 내에 들어갈 수 있을 것.
　⑤ 하나의 제연구역은 2개층에 미치지 아니하도록 할 것. 다만, 층의 구분이 불분명한 부분은 그 부분을 다른 부분과 별도로 제연 구획하여야 한다.

03 제연설비의 배출량 기준 중 다음 ( ) 안에 알맞은 것은? `18-1 기사`

> 거실의 바닥면적이 400[㎡] 미만으로 구획된 예상제연구역에 대한 배출량은 바닥면적 1 [㎡]당 (㉠) [㎥/min] 이상으로 하되, 예상제연구역 전체에 대한 최저 배출량은 (㉡) [㎥/hr] 이상으로 하여야 한다.

① ㉠ 0.5, ㉡ 10000
② ㉠ 1, ㉡ 5000
③ ㉠ 1.5, ㉡ 15000
④ ㉠ 2, ㉡ 5000

정답 ②
해설 거실의 바닥면적이 400[㎡] 미만으로 구획된 예상제연구역에 대한 배출량은 바닥면적 1[㎡]당 (㉠1)[㎥/min] 이상으로 하되, 예상제연구역 전체에 대한 최저 배출량은 (㉡ 5000)[㎥/hr] 이상으로 하여야 한다.

04 거실 제연설비 설계 중 배출량 선정에 있어서 고려하지 않아도 되는 사항은? `19-2 기사`
① 예상제연구역의 수직거리
② 예상제연구역의 바닥면적
③ 제연설비의 배출방식
④ 자동식 소화설비 및 피난설비의 설치 유무

정답 ④
해설 배출량 산정은 예상제연구역의 수직거리, 바닥면적, 배출방식에 따라 달라진다.

05 제연설비의 기술기준상 배출구 설치 시 예상제연구역의 각 부분으로부터 하나의 배출구까지의 수평거리는 최대 몇 m 이내가 되어야 하는가? `20-2 기사` `19-2 기사`
① 5
② 10
③ 15
④ 20

정답 ②
해설 예상제연구역의 각 부분으로부터 하나의 배출구까지 수평거리는 10[m] 이내가 되도록 하여야 한다.

06 예상제연구역 바닥면적 400m² 미만 거실의 공기유입구와 배출구간의 직선거리 기준으로 옳은 것은? (단, 제연경계에 의한 구획을 제외한다.)　　19-1 기사

① 2m 이상 확보되어야 한다.
② 3m 이상 확보되어야 한다.
③ 5m 이상 확보되어야 한다.
④ 10m 이상 확보되어야 한다.

정답 ③
해설 바닥면적 400[m²] 미만인 거실인 예상제연구역(제연경계에 의한 구획을 제외한다. 다만, 거실과 통로와의 구획은 그러하지 아니하다)에 대하여서는 바닥 외의 장소에 설치하고 공기유입구와 배출구 간의 직선거리 5[m] 이상으로 할 것

07 제연설비의 기술기준상 유입풍도 및 배출풍도에 관한 설명으로 맞는 것은?　　20-1 기사

① 유입풍도 안의 풍속은 25m/s 이하로 한다.
② 배출풍도는 석면재료와 같은 내열성의 단열재로 유효한 단열 처리를 한다.
③ 배출풍도와 유입풍도의 아연도금강판 최소 두께는 0.45mm 이상으로 하여야 한다.
④ 배출기 흡입측 풍도 안의 풍속은 15m/s 이하로 하고 배출측 풍속은 20m/s 이하로 한다.

정답 ④
해설 (보기①) 유입풍도 안의 풍속은 20m/s 이하로 한다.
(보기②) 배출풍도는 아연도금강판 또는 이와 동등 이상의 내식성·내열성이 있는 것으로 하며, 내열성(석면재료를 제외한다)의 단열재로 유효한 단열 처리를 한다.
(보기③) 배출풍도와 유입풍도의 아연도금강판 최소 두께는 0.5mm 이상으로 하여야 한다.

08 제연설비의 기술기준상 제연풍도의 설치 기준으로 틀린 것은?　　21-1 기사

① 배출기의 전동기 부분과 배풍기 부분은 분리하여 설치할 것
② 배출기와 배출풍도의 접속 부분에 사용하는 캔버스는 내열성이 있는 것으로 할 것
③ 배출기의 흡입측 풍도 안의 풍속은 20m/s 이하로 할 것
④ 유입풍도 안의 풍속은 20m/s 이하로 할 것

정답 ③
해설 • 배출기 풍속
배출기의 흡입측 풍도 안의 풍속은 15[m/sec] 이하로 하고 배출측 풍속은 20[m/sec] 이하로 할 것

09 제연설비의 기술기준에 따른 배출풍도의 설치기준 중 다음 ( ) 안에 알맞은 것은? 22-2 기사

> 배출기의 흡입측 풍도 안의 풍속은 (㉠)m/s 이하로 하고 배출측 풍속은 (㉡)m/s 이하로 할 것

① ㉠ 15, ㉡ 10
② ㉠ 10, ㉡ 15
③ ㉠ 20, ㉡ 15
④ ㉠ 15, ㉡ 20

정답 ④
해설 • 배출기 풍속
배출기의 흡입측 풍도 안의 풍속은 15[m/sec] 이하로 하고 배출측 풍속은 20[m/sec] 이하로 할 것

CHAPTER 02 특별피난계단의 계단실 및 부속실 제연설비의 화재안전기술기준 [NFTC 501A]
[시행 2022. 12. 1.] [2022. 12. 1. 제정]

01 용어의 정의

(1) "제연구역"이란 제연 하고자 하는 계단실, 부속실 또는 비상용승강기의 승강장을 말한다.

(2) "방연풍속"이란 옥내로부터 제연구역 내로 연기의 유입을 유효하게 방지할 수 있는 풍속을 말한다.

(3) "급기량"이란 제연구역에 공급해야 할 공기의 양을 말한다.

(4) "누설량"이란 틈새를 통하여 제연구역으로부터 흘러나가는 공기량을 말한다.

(5) "보충량"이란 방연풍속을 유지하기 위하여 제연구역에 보충해야 할 공기량을 말한다.

(6) "플랩댐퍼"란 제연구역의 압력이 설정압력범위를 초과하는 경우 제연구역의 압력을 배출하여 설정압력 범위를 유지하게 하는 과압방지장치를 말한다.

(7) "유입공기"란 제연구역으로부터 옥내로 유입하는 공기로서 차압에 따라 누설하는 것과 출입문의 개방에 따라 유입하는 것 등을 말한다.

(8) "거실제연설비"란 「제연설비의 화재안전기술기준(NFTC 501)」에 따른 옥내의 제연설비를 말한다.

(9) "자동차압급기댐퍼"란 제연구역과 옥내 사이의 차압을 압력센서 등으로 감지하여 제연구역에 공급되는 풍량의 조절로 제연구역의 차압 유지를 자동으로 제어할 수 있는 댐퍼를 말한다.

(10) "자동폐쇄장치"란 제연구역의 출입문 등에 설치하는 것으로서 화재 시 화재감지기의 작동과 연동하여 출입문을 자동으로 닫게 하는 장치를 말한다.

(11) "과압방지장치"란 제연구역의 압력이 설정압력을 초과하는 경우 자동으로 압력을 조절하여 과압을 방지하는 장치를 말한다.

(12) "굴뚝효과"란 건물 내부와 외부 또는 두 내부 공간 상하간의 온도 차이에 의한 밀도 차이로 발생하는 건물 내부의 수직 기류를 말한다.

(13) "기밀상태"란 일정한 공간에 있는 유체가 누설되지 않는 밀폐 상태를 말한다.

(14) "누설틈새면적"이란 가압 또는 감압된 공간과 인접한 사이에 공기의 흐름이 가능한 틈새의 면적을 말한다.

(15) "송풍기"란 공기의 흐름을 발생시키는 기기를 말한다.

(16) "수직풍도"란 건축물의 층간에 수직으로 설치된 풍도를 말한다.

(17) "외기취입구"란 옥외로부터 옥내로 외기를 취입하는 개구부를 말한다.

(18) "제어반"이란 각종 기기의 작동 여부 확인과 자동 또는 수동 기동 등이 가능한 장치를 말한다.

(19) "차압측정공"이란 제연구역과 비 제연구역과의 압력 차를 측정하기 위해 제연구역과 비제연구역 사이의 출입문 등에 설치된 공기가 흐를 수 있는 관통형 통로를 말한다.

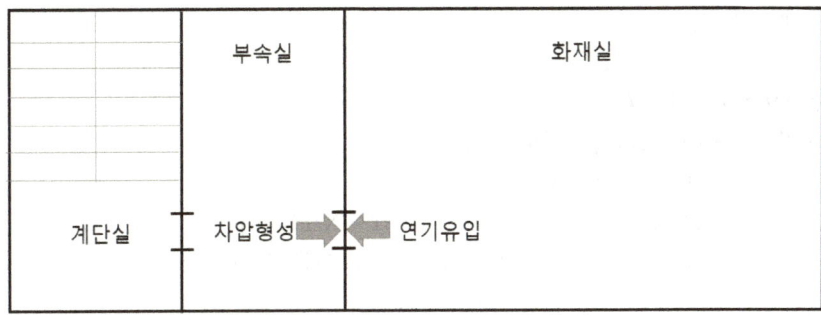

02 제연구역의 선정

(1) 계단실 및 그 부속실을 동시에 제연하는 것
(2) 부속실만을 단독으로 제연하는 것
(3) 계단실 단독 제연하는 것
(4) 비상용승강기 승강장 단독 제연하는 것

03 차압등

(1) 제연구역과 옥내와의 사이에 유지해야 하는 최소차압은 40 Pa(옥내에 스프링클러설비가 설치된 경우에는 12.5 Pa) 이상으로 해야 한다.
(2) 제연설비가 가동되었을 경우 출입문의 개방에 필요한 힘은 110 N 이하로 해야 한다.
(3) 출입문이 일시적으로 개방되는 경우 개방되지 않은 제연구역과 옥내와의 차압은 2.3.1의 기준에도 불구하고 기준에 따른 차압의 70 % 이상이어야 한다.
(4) 계단실과 부속실을 동시에 제연하는 경우 부속실의 기압은 계단실과 같게 하거나 계단실의 기압보다 낮게 할 경우에는 부속실과 계단실의 압력 차이는 5 Pa 이하가 되도록 해야 한다.

04 급기량 : 급기량은 다음의 양을 합한 양 이상이 되어야 한다.

(1) 기준에 따른 차압을 유지하기 위하여 제연구역에 공급해야 할 공기량. 이 경우 제연구역에 설치된 출입문(창문을 포함한다. 이하 "출입문등"이라 한다)의 누설량과 같아야 한다.
(2) 보충량

05 누설량

누설량은 제연구역의 누설량을 합한 양으로 한다. 이 경우 출입문이 2개소 이상인 경우에는 각 출입문의 누설틈새면적을 합한 것으로 한다.

※ 누설량 계산방법

- $Q = 0.827 \times A \times P^{\frac{1}{N}}$

  여기서, ・Q : 급기 풍량 [㎥/sec]
  ・A : 틈새면적[㎡]
  ・P : 문을 경계로 한 실내의 기압차[N/㎡=Pa]
  ・N : 누설 면적 상수(일반출입문=2, 창문=1.6)

① 병렬상태인 경우의 틈새면적[㎡]

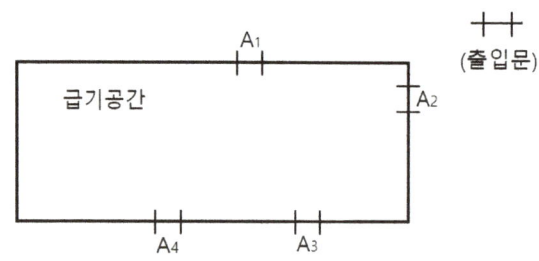

$A_T = A_1 + A_2 + A_3 + A_4$

여기서 A_T : 총 틈새 면적[㎡]

A_1, A_2, A_3, A_4 : 각 누설 경로의 문 틈새 면적[㎡]

② 직렬상태인 경우의 틈새면적[㎡]

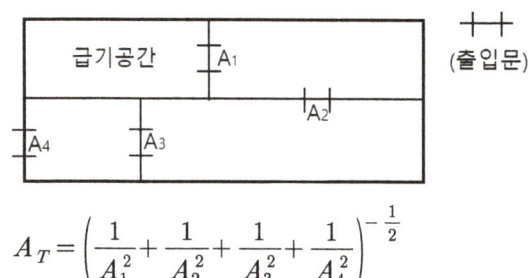

$A_T = \left(\dfrac{1}{A_1^2} + \dfrac{1}{A_2^2} + \dfrac{1}{A_3^2} + \dfrac{1}{A_4^2} \right)^{-\frac{1}{2}}$

06 보충량

보충량은 부속실(또는 승강장)의 수가 20 이하는 1개층 이상, 20을 초과하는 경우에는 2개층 이상의 보충량으로 한다.

07 방연풍속

제연 구역		방연풍속
계단실 및 그 부속실을 동시에 제연하는 것 또는 계단실만 단독으로 제연하는 것		0.5㎧ 이상
부속실만 단독으로 제연하는 것 또는 비상용승강기의 승강장만 단독으로 제연하는 것	부속실 또는 승강장이 면하는 옥내가 거실인 경우	0.7㎧ 이상
	부속실 또는 승강장이 면하는 옥내가 복도로서 그 구조가 방화구조(내화시간이 30분 이상인 구조를 포함)인 것	0.5㎧ 이상

08 과압방지조치

제연구역에 과압의 우려가 있는 경우에는 과압방지를 위하여 해당 제연구역에 자동차압급기댐퍼 또는 과압방지장치를 다음의 기준에 따라 설치해야 한다.

(1) 과압방지장치는 제연구역의 압력을 자동으로 조절하는 성능이 있는 것으로 할 것

(2) 플랩댐퍼는 소방청장이 고시하는 「플랩댐퍼의 성능인증 및 제품검사의 기술기준」에 적합한 것으로 설치할 것

(3) 플랩댐퍼에 사용하는 철판은 두께 1.5 ㎜ 이상의 열간압연연강판(KS D 3501) 또는 이와 동등 이상의 내식성 및 내열성이 있는 것으로 할 것

09 유입공기의 배출

(1) 유입공기는 화재층의 제연구역과 면하는 옥내로부터 옥외로 배출되도록 하여야 한다. 다만, 직통계단식 공동주택의 경우에는 그러하지 아니하다.

(2) 유입공기의 배출은 다음 각 호의 어느 하나의 기준에 따른 배출방식으로 하여야 한다.

  ① 수직풍도에 따른 배출 : 옥상으로 직통하는 전용의 배출용 수직풍도를 설치하여 배출하는 것으로서 다음 각 목의 어느 하나에 해당하는 것

    ㉠ 자연배출식 : 굴뚝효과에 따라 배출하는 것

    ㉡ 기계배출식 : 수직풍도의 상부에 전용의 배출용 송풍기를 설치하여 강제로 배출하는 것. 다만, 지하층만을 제연하는 경우 배출용 송풍기의 설치 위치는 배출된 공기로 인하여 피난 및 소화활동에 지장을 주지 아니하는 곳에 설치할 수 있다.

  ② 배출구에 따른 배출 : 건물의 옥내와 면하는 외벽마다 옥외와 통하는 배출구를 설치하여 배출하는 것

  ③ 제연설비에 따른 배출 : 거실제연설비가 설치되어 있고 당해 옥내로부터 옥외로 배출하여야 하는 유입공기의 양을 거실제연설비의 배출량에 합하여 배출하는 경우 유입공기의 배출은 당해 거실제연설비에 따른 배출로 갈음할 수 있다.

10 수직풍도에 따른 배출

수직풍도에 따른 배출은 다음 각 호의 기준에 적합하여야 한다.

(1) 수직풍도는 내화구조

(2) 수직풍도의 내부면은 두께 0.5㎜ 이상 강판 (내식성·내열성이 있는 것으로 마감)

(3) 수직풍도의 관통부에는 다음 기준에 적합한 댐퍼(배출댐퍼)를 설치

  ① 배출댐퍼는 두께 1.5㎜ 이상의 강판(비내식성 재료의 경우에는 부식방지 조치)

  ② 평상시 닫힌 구조로 기밀상태를 유지

  ③ 개폐여부를 당해 장치 및 제어반에서 확인할 수 있는 감지기능을 내장

④ 구동부의 작동상태와 닫혀 있을 때의 기밀상태를 수시로 점검할 수 있는 구조일 것
⑤ 댐퍼의 점검 및 정비가 가능한 이·탈착구조로 할 것
⑥ 화재층의 옥내에 설치된 화재감지기의 동작에 따라 당해층의 댐퍼가 개방될 것. 다만, 스프링클러설비의 설치에 따라 화재감지기를 설치하지 아니하는 경우에는 제연구역 출입문 직근의 옥내에 전용의 연기감지기를 설치하고 당해 연기감지기 또는 당해층의 스프링클러헤드 중 어느 것이 작동하더라도 당해층의 댐퍼가 개방되도록 하여야 한다.
⑦ 개방 시의 실제개구부(개구율을 감안한 것)의 크기는 수직풍도의 내부단면적과 같도록 할 것
⑧ 댐퍼는 풍도내의 공기흐름에 지장을 주지 않도록 수직풍도의 내부로 돌출하지 않게 설치할 것

(4) 수직풍도의 내부단면적은 다음의 기준에 적합할 것

① 자연배출식의 경우 다음 식에 따라 산출하는 수치 이상으로 할 것. 다만, 수직풍도의 길이가 100m를 초과하는 경우에는 산출수치의 1.2배 이상의 수치를 기준으로 하여야 한다.

- $A_P = \dfrac{Q_N}{2}$

  - A_P : 수직풍도의 내부단면적 (㎡)
  - Q_N : 수직풍도가 담당하는 1개층의 제연구역의 출입문(옥내와 면하는 출입문) 1개의 면적(㎡)과 방연풍속(㎧)를 곱한 값(㎥/s)

② 송풍기를 이용한 기계배출식의 경우 풍속 15㎧ 이하로 할 것

(5) 기계배출식에 따라 배출하는 경우 배출용 송풍기는 다음 각 목의 기준에 적합할 것

① 열기류에 노출되는 송풍기 및 그 부품들은 250℃의 온도에서 1시간 이상 가동상태를 유지할 것
② 송풍기의 풍량은 제4호가목의 기준에 따른 QN에 여유량을 더한 양을 기준으로 할 것
③ 송풍기는 옥내의 화재감지기의 동작에 따라 연동하도록 할 것

(6) 수직풍도의 상부의 말단(기계배출식의 송풍기도 포함)은 빗물이 흘러들지 아니하는 구조로 하고, 옥외의 풍압에 따라 배출성능이 감소하지 아니하도록 유효한 조치를 할 것

11 배출구에 따른 배출

(1) 배출구에는 다음 각 목의 기준에 적합한 장치(이하 "개폐기"라 한다)를 설치할 것

① 빗물과 이물질이 유입하지 아니하는 구조로 할 것
② 옥 외쪽으로만 열리도록 하고 옥외의 풍압에 따라 자동으로 닫히도록 할 것
③ 그 밖의 설치기준은 제14조제3호가목 내지 사목의 기준을 준용할 것

(2) 개폐기의 개구면적은 다음식에 따라 산출한 수치 이상으로 할 것

- $A_0 = Q_N / 2.5$

  - A_0 : 개폐기의 개구면적(㎡)
  - Q_N : 수직풍도가 담당하는 1개 층의 제연구역의 출입문(옥내와 면하는 출입문을 말한다) 1개의 면적(㎡)과 방연풍속(㎧)를 곱한 값(㎥/s)

12 급기구

급기용 수직풍도와 직접 면하는 벽체 또는 천장(당해 수직풍도와 천장급기구 사이의 풍도를 포함한다)에 고정하되, 급기되는 기류 흐름이 출입문으로 인하여 차단되거나 방해받지 않도록 옥내와 면하는 출입문으로부터 가능한 먼 위치에 설치할 것

CHAPTER 02 특별피난계단의 계단실 및 부속실 제연설비의 화재안전기술기준 [NFTC 501A]

01 특별피난계단의 계단실 및 부속실 제연설비의 기술기준상 차압 등에 관한 기준 중 다음 괄호 안에 알맞은 것은?

> 제연설비가 가동되었을 경우 출입문의 개방에 필요한 힘은 ( )N 이하로 하여야 한다.

① 12.5
② 40
③ 70
④ 110

정답 ④

해설 ● 차압등
① 제연구역과 옥내와의 사이에 유지하여야 하는 최소차압은 40Pa 이상(옥내에 스프링클러설비가 설치된 경우에는 12.5Pa)
② 제연설비가 가동되었을 경우 출입문의 개방에 필요한 힘은 110N 이하
③ 출입문이 일시적으로 개방되는 경우 개방되지 아니하는 제연구역과 옥내와의 차압은 기준차압의 70% 미만이 되어서는 아니된다.
④ 계단실과 부속실을 동시에 제연하는 경우 부속실의 기압은 계단실과 같게 하거나 계단실의 기압보다 낮게 할 경우에는 부속실과 계단실의 압력차이는 5Pa 이하가 되도록 하여야 한다.

02 특별피난계단의 계단실 및 부속실 제연설비의 기술기준에 대한 내용으로 **틀린** 것은?

① 제연구역과 옥내와의 사이엔 유지하여야 하는 최소 차압은 40Pa 이상으로 하여야 한다.
② 제연설비가 가동되었을 경우 출입문의 개방에 필요한 힘은 110N 이상으로 하여야 한다.
③ 계단실과 부속실을 동시에 제연하는 경우 부속실의 기압은 계단실과 같게 하거나 부속실과 계단실의 압력차이가 5Pa 이하가 되도록 하여야 한다.
④ 계단실 및 그 부속실을 동시에 제연하거나 또는 계단실만 단독으로 제연할 때의 방연풍속은 0.5m/s 이상이어야 한다.

정답 ②

해설 ● 제연설비의 차압등
① 제연구역과 옥내와의 사이에 유지하여야 하는 최소차압은 40Pa 이상(옥내에 스프링클러설비가 설치된 경우에는 12.5Pa)
② 제연설비가 가동되었을 경우 출입문의 개방에 필요한 힘은 110N 이하
③ 출입문이 일시적으로 개방되는 경우 개방되지 아니하는 제연구역과 옥내와의 차압은 기준차압의 70% 미만이 되어서는 아니된다.
④ 계단실과 부속실을 동시에 제연하는 경우 부속실의 기압은 계단실과 같게 하거나 계단실의 기압보다 낮게 할 경우에는 부속실과 계단실의 압력차이는 5Pa 이하가 되도록 하여야 한다.

03 특별피난계단의 계단실 및 부속실 제연설비의기술기준상 수직풍도에 따른 배출기준 중 각층의 옥내와 면하는 수직풍도의 관통부에 설치하여야 하는 배출댐퍼 설치기준으로 **틀린** 것은?

① 화재층의 옥내에 설치된 화재감지기의 동작에 따라 당해층의 댐퍼가 개방될 것
② 풍도의 배출댐퍼는 이·탈착구조가 되지 않도록 설치할 것
③ 개폐여부를 당해 장치 및 제어반에서 확인할 수 있는 감지기능을 내장하고 있을 것
④ 배출댐퍼는 두께 1.5mm 이상의 강판 또는 이와 동등 이상의 성능이 있는 것으로 설치하여야 하며 비 내식성 재료의 경우에는 부식방지 조치를 할 것

> **정답** ②
> **해설** • 수직풍도의 관통부에는 다음 기준에 적합한 댐퍼(배출댐퍼)를 설치
> ㉠ 배출댐퍼는 두께 1.5mm 이상의 강판(비내식성 재료의 경우에는 부식방지 조치)
> ㉡ 평상시 닫힌 구조로 기밀상태를 유지
> ㉢ 개폐여부를 당해 장치 및 제어반에서 확인할 수 있는 감지기능을 내장
> ㉣ 구동부의 작동상태와 닫혀 있을 때의 기밀상태를 수시로 점검할 수 있는 구조일 것
> ㉤ 댐퍼의 점검 및 정비가 가능한 이·탈착구조로 할 것
> ㉥ 화재층의 옥내에 설치된 화재감지기의 동작에 따라 당해층의 댐퍼가 개방될 것.

04 특별피난계단의 계단실 및 부속실 제연설비의 비상전원은 제연설비를 유효하게 최소 몇 분 이상 작동할 수 있도록 하여야 하는가? (단, 층수가 30층 이상 49층 이하인 경우이다.)

① 20   ② 30
③ 40   ④ 60

> **정답** ③
> **해설** • 비상전원의 용량
> ① 1층~29층 : 20분
> ② 30층~49층 : 40분
> ③ 50층 이상 : 60분

CHAPTER 03 연결송수관설비의 화재안전기술기준 [NFTC 502]
[시행 2022. 12. 1.] [2022. 12. 1. 제정]

01 개요

"연결송수관설비"란 건축물의 옥외에 설치된 송수구에 소방차로부터 가압수를 송수하고 소방관이 건축물 내에 설치된 방수기구함에 비치된 호스를 방수구에 연결하여 화재를 진압하는 소화활동설비를 말한다.

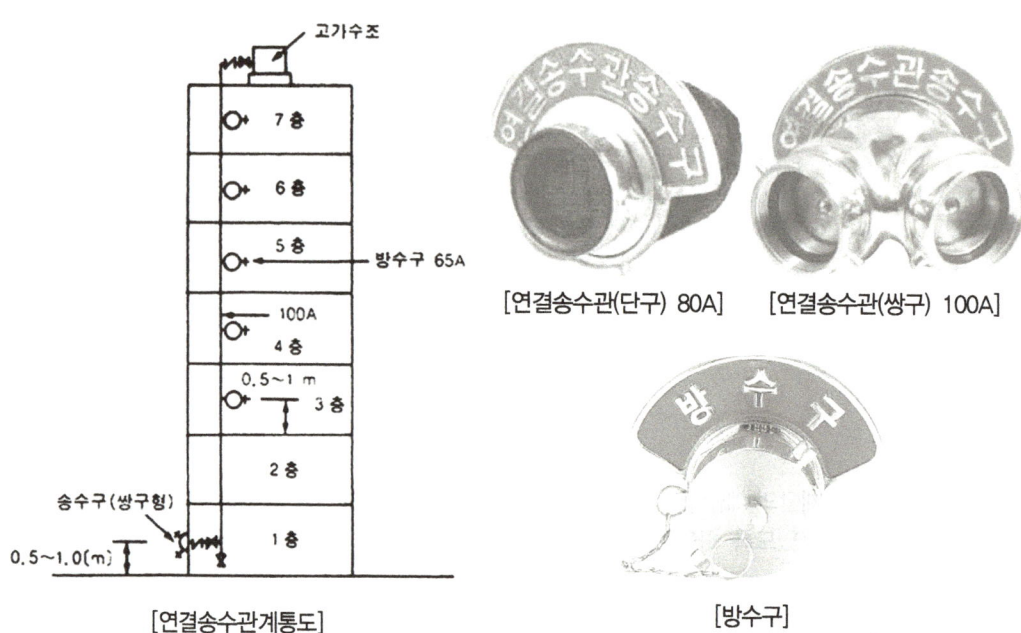

[연결송수관계통도] [연결송수관(단구) 80A] [연결송수관(쌍구) 100A] [방수구]

02 주요 구성요소

(1) **송수구** : 소화설비에 소화용수를 보급하기 위하여 건물 외벽 또는 구조물의 외벽에 설치하는 관을 말한다.

(2) **방수구** : 소화설비로부터 소화용수를 방수하기 위하여 건물내벽 또는 구조물의 외벽에 설치하는 관을 말한다.

(3) **배관, 자동배수밸브, 체크밸브, 개폐밸브**

03 송수구

연결송수관설비의 송수구는 다음의 기준에 따라 설치해야 한다.

(1) 소방차가 쉽게 접근할 수 있고 잘 보이는 장소에 설치할 것

(2) 지면으로부터 높이가 0.5m 이상 1m 이하의 위치에 설치할 것
(3) 송수구는 화재층으로부터 지면으로 떨어지는 유리창 등이 송수 및 그 밖의 소화작업에 지장을 주지 않는 장소에 설치할 것
(4) 송수구로부터 연결송수관설비의 주배관에 이르는 연결배관에 개폐밸브를 설치한 때에는 그 개폐상태를 쉽게 확인 및 조작할 수 있는 옥외 또는 기계실 등의 장소에 설치할 것. 이 경우 개폐밸브에는 그 밸브의 개폐상태를 감시제어반에서 확인할 수 있도록 급수개폐밸브 작동표시 스위치(이하 "탬퍼스위치"라 한다)를 다음의 기준에 따라 설치해야 한다.
  ① 급수개폐밸브가 잠길 경우 탬퍼 스위치의 동작으로 인하여 감시제어반 또는 수신기에 표시되어야 하며 경보음을 발할 것
  ② 탬퍼 스위치는 감시제어반 또는 수신기에서 동작의 유무확인과 동작시험, 도통시험을 할 수 있을 것
  ③ 탬퍼스위치에 사용되는 전기배선은 내화전선 또는 내열전선으로 설치할 것
(5) 구경 65㎜의 쌍구형으로 할 것
(6) 송수구에는 그 가까운 곳의 보기 쉬운 곳에 송수압력범위를 표시한 표지를 할 것
(7) 송수구는 연결송수관의 수직배관마다 1개 이상을 설치할 것. 다만, 하나의 건축물에 설치된 각 수직배관이 중간에 개폐밸브가 설치되지 아니한 배관으로 상호 연결되어 있는 경우에는 건축물마다 1개씩 설치할 수 있다.
(8) 송수구의 부근에는 자동배수밸브 및 체크밸브를 다음의 기준에 따라 설치할 것. 이 경우 자동배수밸브는 배관안의 물이 잘빠질 수 있는 위치에 설치하되, 배수로 인하여 다른 물건이나 장소에 피해를 주지 않아야 한다.
  ① 습식의 경우에는 송수구·자동배수밸브·체크밸브의 순으로 설치할 것
  ② 건식의 경우에는 송수구·자동배수밸브·체크밸브·자동배수밸브의 순으로 설치할 것
(9) 송수구에는 가까운 곳의 보기 쉬운 곳에 "연결송수관설비송수구"라고 표시한 표지를 설치할 것
(10) 송수구에는 이물질을 막기 위한 마개를 씌울 것

04 배관 등

(1) 주배관의 구경은 100㎜ 이상의 것으로 할 것
(2) 지면으로부터의 높이가 31m 이상인 특정소방대상물 또는 지상 11층 이상인 특정소방대상물에 있어서는 습식설비로 할 것

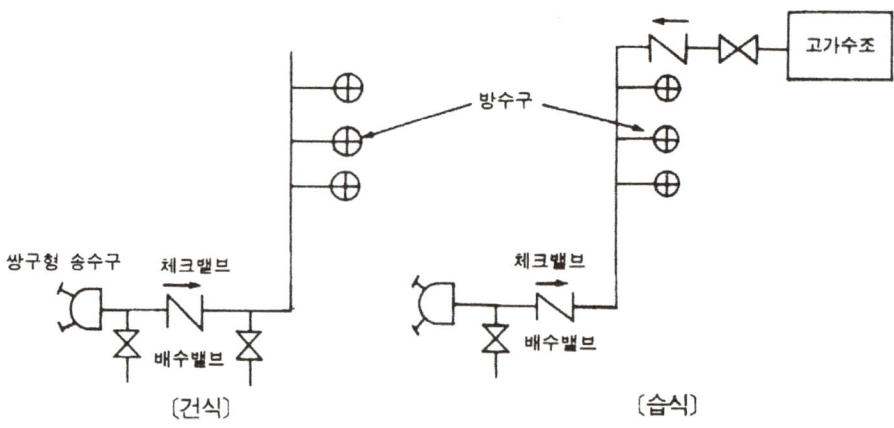

(3) 연결송수관설비의 배관은 주배관의 구경이 100 ㎜ 이상인 옥내소화전설비·스프링클러설비 또는 물분무등소화설비의 배관과 겸용할 수 있다.

(4) 연결송수관설비의 수직배관은 내화구조로 구획된 계단실(부속실을 포함한다) 또는 파이프덕트 등 화재의 우려가 없는 장소에 설치해야 한다. 다만, 학교 또는 공장이거나 배관주위를 1시간 이상의 내화성능이 있는 재료로 보호하는 경우에는 그렇지 않다.

05 방수구

(1) 방수구 설치기준

① 연결송수관설비의 방수구는 그 특정소방대상물의 층마다 설치할 것. 다만, 다음의 어느 하나에 해당하는 층에는 설치하지 않을 수 있다.

㉠ 아파트의 1층 및 2층

㉡ 소방자동차의 접근이 가능하고 소방대원이 소방자동차로부터 각 부분에 쉽게 도달할 수 있는 피난층

㉢ 송수구가 부설된 옥내소화전을 설치한 특정소방대상물(집회장·관람장·백화점·도매시장·소매시장·판매시설·공장·창고시설 또는 지하가를 제외한다)로서 다음의 어느 하나에 해당하는 층

ⓐ 지하층을 제외한 층수가 4층 이하이고 연면적이 6,000㎡ 미만인 특정소방대상물의 지상층

ⓑ 지하층의 층수가 2 이하인 특정소방대상물의 지하층

② 층마다 설치하는 방수구는 다음의 기준에 따를 것

㉠ 아파트 또는 바닥면적이 1,000 ㎡ 미만인 층에 있어서는 계단(계단이 둘 이상 있는 경우에는 그중 1개의 계단을 말한다)으로부터 5m 이내에 설치할 것. 이 경우 부속실이 있는 계단은 부속실의 옥내 출입구로부터 5m 이내에 설치할 수 있다.

㉡ 바닥면적 1,000 ㎡ 이상인 층(아파트를 제외한다)에 있어서는 각 계단(계단의 부속실을 포함하며 계단이 셋 이상 있는 층의 경우에는 그중 두 개의 계단을 말한다)으로부터 5

m 이내에 설치할 것. 이 경우 부속실이 있는 계단은 부속실의 옥내 출입구로부터 5m 이내에 설치할 수 있다.

ⓒ ㉠㉡에 따라 설치하는 방수구로부터 그 층의 각 부분까지의 거리가 다음의 기준을 초과하는 경우에는 그 기준 이하가 되도록 방수구를 추가하여 설치할 것

ⓐ 지하가(터널은 제외한다) 또는 지하층의 바닥면적의 합계가 3,000 ㎡ 이상인 것은 수평거리 25 m

ⓑ ⓐ에 해당하지 않는 것은 수평거리 50m

③ 11층 이상의 부분에 설치하는 방수구는 쌍구형으로 하여야 한다. 다만, 다음에 해당하는 층에는 단구형으로 설치할 수 있다.

㉠ 아파트의 용도로 사용되는 층

㉡ 스프링클러설비가 유효하게 설치되어 있고, 방수구가 2개소 이상 설치된 층

④ 방수구의 호스 접결구는 바닥으로부터 높이 0.5[m] 이상 1[m] 이하의 위치에 설치할 것

⑤ 방수구는 연결송수관설비의 전용방수구 또는 옥내소화전방수구로서 구경 65 ㎜의 것으로 설치할 것

⑥ 방수구는 개폐기능을 가진 것으로 설치해야 하며, 평상시 닫힌 상태를 유지할 것

06 방수 기구함

(1) 연결송수관설비의 방수기구함은 다음의 기준에 따라 설치해야 한다.

① 방수기구함은 피난층과 가장 가까운 층을 기준으로 3개층마다 설치하되, 그 층의 방수구마다 보행거리 5 m 이내에 설치할 것

② 방수기구함에는 길이 15 m의 호스와 방사형 관창을 다음의 기준에 따라 비치할 것

㉠ 호스는 방수구에 연결하였을 때 그 방수구가 담당하는 구역의 각 부분에 유효하게 물이 뿌려질 수 있는 개수 이상을 비치할 것. 이 경우 쌍구형 방수구는 단구형 방수구의 2배 이상의 개수를 설치해야 한다.

㉡ 방사형 관창은 단구형 방수구의 경우에는 1개, 쌍구형 방수구의 경우에는 2개 이상 비치할 것

07 가압송수장치(Booster Pump : 중계펌프)

(1) 지표면에서 최상층 방수구의 높이가 70 m 이상의 특정소방대상물에는 다음의 기준에 따라 연결송수관설비의 가압송수장치를 설치해야 한다.

(2) 설치기준

① 펌프의 토출량은 2,400 L/min(계단식 아파트의 경우에는 1,200 L/min) 이상이 되는 것으로 할 것. 다만, 해당 층에 설치된 방수구가 3개를 초과(방수구가 5개 이상인 경우에는 5개)하는 것에 있어서는 1개마다 800 L/min(계단식 아파트의 경우에는 400 L/min)를 가산한 양이 되는 것으로 할 것

② 펌프의 양정은 최상층에 설치된 노즐선단의 압력이 0.35[MPa] 이상의 압력이 되도록 할 것
③ 가압송수장치는 방수구가 개방될 때 자동으로 기동되거나 수동스위치의 조작에 따라 기동되도록 할 것. 이 경우 수동스위치는 2개 이상을 설치하되, 그중 1개는 다음의 기준에 따라 송수구의 부근에 설치해야 한다.
　㉠ 송수구로부터 5m이내의 보기 쉬운 장소에 바닥으로부터 높이 0.8m 이상 1.5m 이하로 설치할 것
　㉡ 1.5㎜ 이상의 강판함에 수납하여 설치하고 "연결송수관설비 수동스위치"라고 표시한 표지를 부착할 것. 이경우 문짝은 불연재료로 설치할 수 있다.

CHAPTER 03 연결송수관설비의 화재안전기술기준 [NFTC 502]

01 연결송수관설비의 화재안전기준에 따라 송수구가 부설된 옥내소화전을 설치한 특정소방대상물로서 연결송수관설비의 방수구를 설치하지 아니할 수 있는 층의 기준 중 다음 (   ) 안에 알맞은 것은? (단, 집회장·관람장·백화점·도매시장·소매시장·판매시설·공장·창고시설 또는 지하가를 제외한다.) `21-4 기사` `18-4 기사`

- 지하층을 제외한 층수가 (㉠)층 이하이고 연면적이 (㉡)㎡ 미만인 특정소방대상물의 지상층
- 지하층의 층수가 (㉢) 이하인 특정소방대상물의 지하층

① ㉠ 3, ㉡ 5000, ㉢ 3
② ㉠ 4, ㉡ 6000, ㉢ 2
③ ㉠ 5, ㉡ 3000, ㉢ 3
④ ㉠ 6, ㉡ 4000, ㉢ 2

정답 ②

해설 ● 방수구 면제할 수 있는 층 기준
송수구가 부설된 옥내소화전을 설치한 특정소방대상물(집회장·관람장·백화점·도매시장·소매시장·판매시설·공장·창고시설 또는 지하가를 제외한다)로서 다음의 어느 하나에 해당하는 층
① 지하층을 제외한 층수가 (㉠ 4층) 이하이고 연면적이 (㉡ 6,000)㎡ 미만인 특정소방대상물의 지상층
② 지하층의 층수가 (㉢ 2) 이하인 특정소방대상물의 지하

02 연결송수관설비의 가압송수장치의 설치기준으로 틀린 것은? (단, 지표면에서 최상층 방수구의 높이가 70m 이상의 특정소방대상물이다.) `17-2 기사`

① 펌프의 양정은 최상층에 설치된 노즐선단의 압력이 0.35MPa 이상의 압력이 되도록 할 것
② 계단식 아파트의 경우 펌프의 토출량은 1200L/min 이상이 되는 것으로 할 것
③ 계단식 아파트의 경우 해당 층에 설치된 방수구가 3개를 초과하는 것은 1개마다 400L/min을 가산한 양이 펌프의 토출량이 되는 것으로 할 것
④ 내연기관을 사용하는 경우(층수가 30층 이상 49층 이하) 내연기관의 연료량은 20분 이상 운전할 수 있는 용량일 것

정답 ④

해설 내연기관을 사용하는 경우(층수가 30층 이상 49층 이하) 내연기관의 연료량은 40분 이상 운전할 수 있는 용량일 것

CHAPTER 04 연결살수설비의 화재안전기술기준 [NFTC 503]
[시행 2022. 12. 1.] [2022. 12. 1. 제정]

01 개요

지하가나 건축물의 지하층 등 화재가 발생하였을 때 연기가 충만하여 소방관이 진입할 수 없어 소화활동이 매우 곤란하리고 예상되는 부분에 살수헤드를 설치하여 소방대상물의 외부에서 소방펌프차에 의해 송수하면 화재부분을 살수소화하는 설비이다.

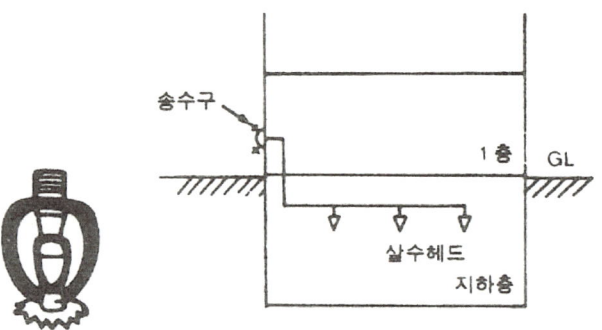

[연결살수설비 계통도]

02 주요 구성요소

송수구, 배관, 밸브, 살수헤드

03 송수구 등

(1) 연결살수설비의 송수구는 다음의 기준에 따라 설치하여야 한다.
   ① 소방차가 쉽게 접근할 수 있고 노출된 장소에 설치할 것
   ② 가연성가스의 저장·취급시설에 설치하는 연결살수설비의 송수구는 그 방호대상물로부터 20 m 이상의 거리를 두거나 방호대상물에 면하는 부분이 높이 1.5 m 이상 폭 2.5 m 이상의 철근콘크리트 벽으로 가려진 장소에 설치해야 한다.
   ③ 송수구는 구경 65 mm의 쌍구형으로 설치할 것. 다만, 하나의 송수구역에 부착하는 살수헤드의 수가 10개 이하인 것은 단구형인 것으로 할 수 있다.
   ④ 개방형헤드를 사용하는 송수구의 호스접결구는 각 송수구역마다 설치할 것. 다만, 송수구역을 선택할 수 있는 선택밸브가 설치되어 있고 각 송수구역의 주요구조부가 내화구조로 되어 있는 경우에는 그렇지 않다.
   ⑤ 소방관의 호스연결 등 소화작업에 용이하도록 지면으로부터 높이가 0.5 m 이상 1 m 이하의 위치에 설치할 것

⑥ 송수구로부터 주배관에 이르는 연결배관에는 개폐밸브를 설치하지 않을 것. 다만, 스프링클러설비·물분무소화설비·포소화설비 또는 연결송수관설비의 배관과 겸용하는 경우에는 그렇지 않다.
⑦ 송수구의 부근에는 "연결살수설비 송수구"라고 표시한 표지와 송수구역 일람표를 설치할 것. 다만, (2)에 따른 선택밸브를 설치한 경우에는 그렇지 않다.
⑧ 송수구에는 이물질을 막기 위한 마개를 씌울 것

(2) 연결살수설비의 선택밸브는 다음의 기준에 따라 설치해야 한다. 다만, 송수구를 송수구역마다 설치한 때에는 그렇지 않다.
① 화재 시 연소의 우려가 없는 장소로서 조작 및 점검이 쉬운 위치에 설치할 것
② 자동개방밸브에 따른 선택밸브를 사용하는 경우에는 송수구역에 방수하지 않고 자동밸브의 작동시험이 가능하도록 할 것
③ 선택밸브의 부근에는 송수구역 일람표를 설치할 것

(3) 송수구의 가까운 부분에 자동배수밸브와 체크밸브를 다음의 기준에 따라 설치해야 한다.
① 폐쇄형헤드를 사용하는 설비의 경우에는 송수구·자동배수밸브·체크밸브의 순서로 설치할 것
② 개방형헤드를 사용하는 설비의 경우에는 송수구·자동배수밸브의 순서로 설치할 것
③ 자동배수밸브는 배관 안의 물이 잘 빠질 수 있는 위치에 설치하되, 배수로 인하여 다른 물건 또는 장소에 피해를 주지 않을 것
④ 개방형헤드를 사용하는 연결살수설비에 있어서 하나의 송수구역에 설치하는 살수헤드의 수는 10개 이하가 되도록 해야 한다.

04 배관 등

(1) 연결살수설비의 배관의 구경은 다음의 기준에 따라 설치해야 한다.
① 연결살수설비 전용헤드를 사용하는 경우에는 다음 표에 따른 구경 이상으로 할 것

[연결살수설비 전용헤드 수별 급수관의 구경]

하나의 배관에 부착하는 살수헤드의 개수	1개	2개	3개	4개 또는 5개	6개 이상 10개 이하
배관의 구경[mm]	32	40	50	65	80

(2) 스프링클러헤드를 사용하는 경우에는 「스프링클러설비의 화재안전기술기준(NFTC 103)」을 따른다.
(3) 폐쇄형헤드를 사용하는 연결살수설비의 배관은 다음의 기준에 따라 설치해야 한다.
① 주배관은 다음의 어느 하나에 해당하는 배관 또는 수조에 접속해야 한다. 이 경우 접속부분에는 체크밸브를 설치하되 점검하기 쉽게 해야 한다.
㉠ 옥내소화전설비의 주배관(옥내소화전설비가 설치된 경우에 한정한다)
㉡ 수도배관(연결살수설비가 설치된 건축물 안에 설치된 수도배관 중 구경이 가장 큰 배관을 말한다)

ⓒ 옥상에 설치된 수조(다른 설비의 수조를 포함한다)

(4) 시험배관을 다음의 기준에 따라 설치해야 한다.
① 송수구에서 가장 먼 거리에 위치한 가지배관의 끝으로부터 연결하여 설치할 것
② 시험장치 배관의 구경은 25 ㎜ 이상으로 하고, 그 끝에는 물받이 통 및 배수관을 설치하여 시험 중 방사된 물이 바닥으로 흘러내리지 않도록 할 것. 다만, 목욕실·화장실 또는 그 밖의 배수처리가 쉬운 장소의 경우에는 물받이 통 또는 배수관을 설치하지 않을 수 있다.

(5) 개방형헤드를 사용하는 연결살수설비의 수평주행배관은 헤드를 향하여 상향으로 100분의 1 이상의 기울기로 설치하고 주배관 중 낮은 부분에는 자동배수밸브를 기준에 따라 설치해야 한다.

(6) 가지배관 또는 교차배관을 설치하는 경우에는 가지배관의 배열은 토너먼트(Tournament)방식이 아니어야 하며, 가지배관은 교차배관 또는 주배관에서 분기되는 지점을 기점으로 한쪽 가지배관에 설치되는 헤드의 개수는 8개 이하로 해야 한다.

(7) 습식 연결살수설비의 배관은 동결방지조치를 하거나 동결의 우려가 없는 장소에 설치해야 한다. 다만, 보온재를 사용할 경우에는 난연재료 성능 이상인 것으로 해야 한다.

(8) 급수배관에 설치되어 급수를 차단할 수 있는 개폐밸브는 개폐표시형으로 해야 한다. 이 경우 펌프의 흡입측배관에는 버터플라이밸브(볼형식인 것을 제외한다) 외의 개폐표시형밸브를 설치해야 한다.

(9) 교차배관의 위치 청소구 및 가지배관 헤드설치기준, 행거 기준 스프링클러 기준과 동일

05 헤드

(1) 연결살수설비의 헤드는 연결살수설비 전용헤드 또는 스프링클러헤드로 설치해야 한다.

(2) 건축물에 설치하는 연결살수설비의 헤드는 다음의 기준에 따라 설치해야 한다.
① 천장 또는 반자의 실내에 면하는 부분에 설치할 것
② 천장 또는 반자의 각 부분으로부터 하나의 살수헤드까지의 수평거리가 연결살수설비 전용헤드의 경우에는 3.7 m 이하, 스프링클러헤드의 경우는 2.3 m 이하로 할 것. 다만, 살수헤드의 부착면과 바닥과의 높이가 2.1 m 이하인 부분은 살수헤드의 살수분포에 따른 거리로 할 수 있다.

가연성 가스의 저장, 취급시설의 연결살수설비의 헤드 설치기준

가연성 가스의 저장·취급시설에 설치하는 연결살수설비의 헤드는 다음의 기준에 따라 설치해야 한다. 다만, 지하에 설치된 가연성가스의 저장·취급시설로서 지상에 노출된 부분이 없는 경우에는 그렇지 않다.

① 연결살수설비 전용의 개방형헤드를 설치할 것

[살수헤드]

② 가스저장탱크·가스홀더 및 가스발생기의 주위에 설치하되, 헤드 상호 간의 거리는 3.7m 이하로 할 것
③ 헤드의 살수범위는 가스저장탱크·가스홀더 및 가스발생기의 몸체의 중간 윗부분의 모든 부분이 포함되도록 해야 하고 살수 된 물이 흘러내리면서 살수범위에 포함되지 않은 부분에도 모두 적셔질 수 있도록 할 것

헤드의 설치제외

① 상점(영 별표 2 제5호와 제6호의 판매시설과 운수시설을 말하며, 바닥면적이 150 ㎡ 이상인 지하층에 설치된 것을 제외한다)으로서 주요구조부가 내화구조 또는 방화구조로 되어 있고 바닥면적이 500 ㎡ 미만으로 방화구획되어 있는 특정소방대상물 또는 그 부분
② 기타 스프링클러 기준 동일

CHAPTER 04 연결살수설비의 화재안전기술기준 [NFTC 503]

01 연결살수설비의 기술기준상 배관의 설치기준 중 하나의 배관에 부착하는 살수헤드의 개수가 3개인 경우 배관의 구경은 최소 몇 mm 이상으로 설치해야 하는가? (단, 연결살수설비 전용 헤드를 사용하는 경우이다.) `21-2 기사` `17-1 기사`

① 40
② 50
③ 65
④ 80

정답 ②

해설
- 연결살수설비 전용 헤드

하나의 배관에 부착하는 살수헤드의 개수	1개	2개	3개	4개 또는 5개	6개 이상 10개 이하
배관의 구경[mm]	32	40	50	65	80

02 연결살수설비의 기술기준에 따른 건축물에 설치하는 연결살수설비의 헤드에 대한 기준 중 다음 ( ) 안에 알맞은 것은? `20-1 기사` `18-2 기사`

> 천장 또는 반자의 각 부분으로부터 하나의 살수헤드까지의 수평거리가 연결살수설비 전용헤드의 경우은 (㉠)m 이하, 스프링클러헤드의 경우는 (㉡)m 이하로 할 것. 다만, 살수헤드의 부착면과 바닥과의 높이가 (㉢)m 이하인 부분은 살수헤드의 살수분포에 따른 거리로 할 수 있다.

① ㉠ 3.7, ㉡ 2.3, ㉢ 2.1
② ㉠ 3.7, ㉡ 2.3, ㉢ 2.3
③ ㉠ 2.3, ㉡ 3.7, ㉢ 2.3
④ ㉠ 2.3, ㉡ 3.7, ㉢ 2.1

정답 ①

해설 천장 또는 반자의 각 부분으로부터 하나의 살수헤드까지의 수평거리가 연결살수설비 전용헤드의 경우은 (㉠3.7)m 이하, 스프링클러헤드의 경우는 (㉡2.3)m 이하로 할 것. 다만, 살수헤드의 부착면과 바닥과의 높이가 (㉢2.1)m 이하인 부분은 살수헤드의 살수분포에 따른 거리로 할 수 있다.

03 연결살수설비의 배관에 관한 설치기준 중 옳은 것은? 〈17-2 기사〉

① 개방형헤드를 사용하는 연결살수설비의 수평주행배관은 헤드를 향하여 상향으로 100분의 5 이상의 기울기로 설치한다.
② 가지배관 또는 교차배관을 설치하는 경우에는 가지배관의 배열은 토너멘트 방식이어야 한다.
③ 교차배관에는 가지배관과 가지배관사이마다 1개 이상의 행가를 설치하되, 가지배관 사이의 거리가 4.5m를 초과하는 경우에는 4.5m 이내마다 1개 이상 설치한다.
④ 가지배관은 교차배관 또는 주배관에서 분기되는 지점을 기점으로 한 쪽 가지배관에 설치되는 헤드의 개수는 6개 이하로 하여야 한다.

정답 ③
해설 (보기①) 개방형헤드를 사용하는 연결살수설비의 수평주행배관은 헤드를 향하여 상향으로 <u>100분의 1 이상의 기울기로 설치한다.</u>
(보기②) 가지배관 또는 교차배관을 설치하는 경우에는 가지배관의 배열은 <u>토너멘트방식이 아니어야 하며</u>, 가지배관은 교차배관 또는 주배관에서 분기되는 지점을 기점으로 한 쪽 가지배관에 설치되는 헤드의 개수는 8개 이하로 하여야 한다.
(보기④) 가지배관은 교차배관 또는 주배관에서 분기되는 지점을 기점으로 <u>한 쪽 가지배관에 설치되는 헤드의 개수는 8개 이하로 하여야 한다.</u>

 소방기계시설의 구조 및 원리

쉽고 빠르게 합격하는 소방설비(산업)기사 필기시험 대비

PART 06
상수도 소화용수설비 및 소화수조 및 저수조

CHAPTER 01 상수도소화용수설비의 화재안전기술기준 [NFTC 401]
CHAPTER 02 소화수조 및 저수조의 화재안전기술기준 [NFTC 402]

CHAPTER 01 상수도소화용수설비의 화재안전기술기준 [NFTC 401]
[시행 2022. 12. 1.] [2022. 12. 1. 제정]

01 개요 및 용어의 정의

규모가 큰 건축물 또는 고층건물에 대하여는 화재발생시 소화용수의 부족으로 소화작업에 차질이 생기는 경우가 종종 있다. 이와 같은 소방용수의 부족을 채워주기 위한 방법으로 소화수조 또는 상수도 소화용수 설비를 설치한다.

(1) "소화전"이란 소방관이 사용하는 설비로서, 수도배관에 접속·설치되어 소화수를 공급하는 설비를 말한다.
(2) "호칭지름"이란 일반적으로 표기하는 배관의 직경을 말한다.
(3) "수평투영면"이란 건축물을 수평으로 투영하였을 경우의 면을 말한다.
(4) "제수변(제어밸브)"이란 배관의 도중에 설치되어 배관 내 물의 흐름을 개폐할 수 있는 밸브를 말한다.

02 설치기준

(1) 상수도소화용수설비는 「수도법」에 따른 기준 외에 다음의 기준에 따라 설치해야 한다.
   ① 호칭지름 75 ㎜ 이상의 수도배관에 호칭지름 100 ㎜ 이상의 소화전을 접속할 것
   ② 소화전은 소방자동차 등의 진입이 쉬운 도로변 또는 공지에 설치할 것
   ③ 소화전은 특정소방대상물의 수평투영면의 각 부분으로부터 140 m 이하가 되도록 설치할 것

CHAPTER 01 상수도소화용수설비의 화재안전기술기준 [NFTC 401]

01 상수도소화용수설비의 기술기준에 따른 설치기준 중 다음 (   ) 안에 알맞은 것은?

22-1 기사 | 21-4 기사 | 19-4 기사 | 17-1 기사

> 호칭지름 (㉠)mm 이상의 수도배관에 호칭지름 (㉡)mm 이상의 소화전을 접속하여야 하며, 소화전은 특정소방대상물의 수평투영면의 각 부분으로부터 (㉢)m 이하가 되도록 설치할 것

① ㉠ 65, ㉡ 80, ㉢ 120
② ㉠ 65, ㉡ 100, ㉢ 140
③ ㉠ 75, ㉡ 80, ㉢ 120
④ ㉠ 75, ㉡ 100, ㉢ 140

정답 ④

해설 ● 상수도 소화용수 설비
① 호칭지름 ㉠75[mm] 이상의 수도배관에 호칭지름 ㉡100[mm] 이상의 소화전을 접속하여야 한다.
② 제1호의 규정에 의한 소화전은 소방자동차 등의 진입이 쉬운 도로변 또는 공지에 설치하여야 한다.
③ 제1호의 규정에 의한 소화전은 소방대상물의 수평투영면의 각 부분으로부터 ㉢140[m] 이하가 되도록 설치하여야 한다.

02 상수도소화용수설비의 기술기준상 소화전은 구경(호칭지름)이 최소 얼마 이상의 수도배관에 접속하여야 하는가?

21-1 기사

① 50mm 이상의 수도배관
② 75mm 이상의 수도배관
③ 85mm 이상의 수도배관
④ 100mm 이상의 수도배관

정답 ②

해설 상수도 소화용수설비에는 호칭지름 75[mm] 이상의 수도배관에 호칭지름 100[mm] 이상의 소화전을 접속하여야 한다.

03 상수도소화용수설비의 기술기준상 소화전은 소방대상물의 수평투영면의 각 부분으로부터 최대 몇 m 이하가 되도록 설치하는가?

22-1 기사 | 21-1 기사 | 20-4 기사

① 75
② 100
③ 125
④ 140

정답 ④

해설 상수도소화용수설비의 소화전은 소방대상물의 수평투영면의 각 부분으로부터 140[m] 이하가 되도록 설치하여야 한다.

04 소화용수설비와 관련하여 다음 설명 중 괄호 안에 들어갈 항목으로 옳게 짝지어진 것은?

19-1 기사

> 상수도소화용수설비를 설치하여야 하는 특정소방대상물은 다음 각 목의 어느 하나와 같다. 다만, 상수도소화용수설비를 설치하여야 하는 특정소방대상물의 대지 경계선으로부터 (ⓐ)m 이내에 지름 (ⓑ)㎜ 이상인 상수도용 배수관이 설치되지 않은 지역의 경우에는 화재안전기준에 따른 소화수조 또는 저수조를 설치하여야 한다.

① ⓐ : 150, ⓑ 75
② ⓐ : 150, ⓑ 100
③ ⓐ : 180, ⓑ 75
④ ⓐ : 180, ⓑ 100

정답 ③

해설 ● 소방시설법 시행령 별표5 [소화용수설비]
상수도소화용수설비를 설치하여야 하는 특정소방대상물은 다음 각 목의 어느 하나와 같다. 다만, 상수도소화용수설비를 설치하여야 하는 특정소방대상물의 대지 경계선으로부터 ⓐ180m 이내에 지름 ⓑ75㎜ 이상인 상수도용 배수관이 설치되지 않은 지역의 경우에는 화재안전기준에 따른 소화수조 또는 저수조를 설치하여야 한다.
① 연면적 5천㎡ 이상인 것. 다만, 위험물 저장 및 처리 시설 중 가스시설, 지하가 중 터널 또는 지하구의 경우에는 그러하지 아니하다.
② 가스시설로서 지상에 노출된 탱크의 저장용량의 합계가 100톤 이상인 것

02 소화수조 및 저수조의 화재안전기술기준 [NFTC 402]
[시행 2022. 12. 1.] [2022. 12. 1. 제정]

01 용어의 정의

(1) "소화수조 또는 저수조"란 수조를 설치하고 여기에 소화에 필요한 물을 항시 채워두는 것으로서, 소화수조는 소화용수의 전용 수조를 말하고, 저수조란 소화용수와 일반 생활용수의 겸용 수조를 말한다.

(2) "채수구"란 소방차의 소방호스와 접결되는 흡입구를 말한다.

(3) "흡수관투입구"란 소방차의 흡수관이 투입될 수 있도록 소화수조 또는 저수조에 설치된 원형 또는 사각형의 투입구를 말한다.

02 기술기준

(1) 소화수조 등

① 소화수조 및 저수조의 채수구 또는 흡수관투입구는 소방차가 2 m 이내의 지점까지 접근할 수 있는 위치에 설치해야 한다.

② 소화수조 또는 저수조의 저수량은 소방대상물의 연면적을 다음 표에 따른 기준면적으로 나누어 얻은 수(소수점 이하의 수는 1로 본다)에 20 m³를 곱한 양 이상이 되도록 해야 한다.

[소방대상물별 기준면적]

소방대상물의 구분	면 적
1. 1층 및 2층의 바닥면적 합계가 15,000[m²] 이상인 소방대상물	7,500[m²]
2. 제1호에 해당되지 아니하는 그 밖의 소방 대상물	12,500[m²]

③ 소화수조 또는 저수조는 다음의 기준에 따라 흡수관투입구 또는 채수구를 설치해야 한다.

ⓐ 지하에 설치하는 소화용수설비의 흡수관투입구는 그 한변이 0.6 m 이상이거나 직경이 0.6 m 이상인 것으로 하고, 소요수량이 80 m³ 미만인 것은 1개 이상, 80 m³ 이상인 것은 2개 이상을 설치해야 하며, "흡수관투입구"라고 표시한 표지를 할 것

ⓑ 소화용수설비에 설치하는 채수구는 다음의 기준에 따라 설치할 것

1. 채수구는 다음 표에 따라 소방용호스 또는 소방용흡수관에 사용하는 구경 65 mm 이상의 나사식 결합금속구를 설치할 것

[소요수량에 따른 채수구의 수]

소요수량	20[m³] 이상 40[m³] 미만	40[m³] 이상 100[m³] 미만	100[m³] 이상
채수구의 수	1개	2개	3개

2. 채수구는 지면으로부터의 높이가 0.5 m 이상 1 m 이하의 위치에 설치하고 "채수구"라고 표시한 표지를 할 것

④ 소화용수설비를 설치해야 할 특정소방대상물에 있어서 유수의 양이 0.8 ㎥/min 이상인 유수를 사용할 수 있는 경우에는 소화수조를 설치하지 않을 수 있다.

03 가압송수장치

(1) 소화수조 또는 저수조가 지표면으로부터의 깊이(수조 내부바닥까지의 길이를 말한다)가 4.5 m 이상인 지하에 있는 경우에는 다음 표에 따라 가압송수장치를 설치해야 한다. 다만, 다음 표에 따른 저수량을 지표면으로부터 4.5 m 이하인 지하에서 확보할 수 있는 경우에는 소화수조 또는 저수조의 지표면으로부터의 깊이에 관계없이 가압송수장치를 설치하지 않을 수 있다.

[소요수량에 따른 가압송수장치의 1분당 양수량]

소요수량	20[㎥] 이상 40[㎥] 미만	40[㎥] 이상 100[㎥] 미만	100[㎥] 이상
가압송수장치의 1분당 양수량	1,100[ℓ] 이상	2,200[ℓ] 이상	3,300[ℓ] 이상

(2) 소화수조가 옥상 또는 옥탑의 부분에 설치된 경우에는 지상에 설치된 채수구에서의 압력이 0.15 ㎫ 이상이 되도록 해야 한다.

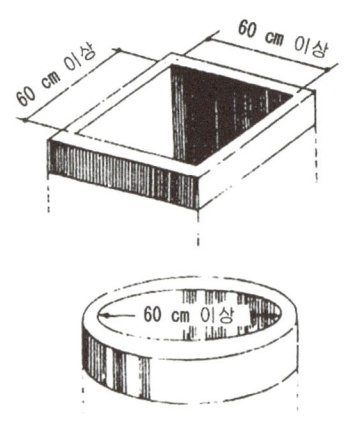

[흡수관 투입구의 크기]

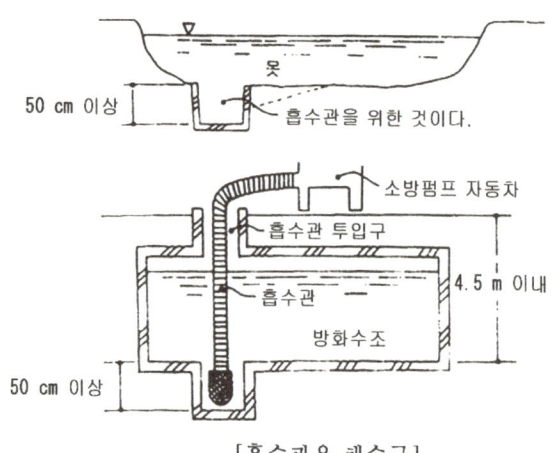

[흡수관용 채수구]

CHAPTER 02 소화수조 및 저수조의 화재안전기술기준 [NFTC 402]

01 소화수조 및 저수조의 화재안전기술기준 상 연면적이 40000m²인 특정소방대상물에 설치하는 소화수조의 최소 저수량은 몇 m³인가? (단, 지상 1층 및 2층의 바닥면적 합계가 15000m² 이상인 경우이다.) `21-2 기사`

① 53.3 ② 60
③ 106.7 ④ 120

정답 ④

해설 $\dfrac{40000}{7500} = 5.33$[정수변경] $= 6 \times 20 = 120$[m³]

● 소화수조의 저수량
소화수조 또는 저수조의 저수량은 소방대상물의 연면적을 다음 표에 의한 기준면적으로 나누어 얻은 수(소수점 이하의 수는 1로 본다)에 20[m³]를 곱한 양 이상이 되도록 하여야 한다.

소방대상물의 구분	면 적
1. 1층 및 2층의 바닥면적 합계가 15,000[m²] 이상인 소방대상물	7,500[m²]
2. 제1호에 해당되지 아니하는 그 밖의 소방 대상물	12,500[m²]

02 연면적이 35000m²인 특정소방대상물에 소화수조를 설치하는 경우 소화수조의 최소 저수량은 약 몇 m³인가? (단, 지상 1층 및 2층의 바닥면적 합계가 15000 m² 이상인 경우이다.) `18-1 기사`

① 40 ② 60
③ 80 ④ 100

정답 ④

해설 $\dfrac{35000}{7500} = 4.66$[정수변경] $= 5 \times 20 = 100$[m³]

● 소화수조의 저수량
소화수조 또는 저수조의 저수량은 소방대상물의 연면적을 다음 표에 의한 기준면적으로 나누어 얻은 수(소수점 이하의 수는 1로 본다)에 20[m³]를 곱한 양 이상이 되도록 하여야 한다.

소방대상물의 구분	면 적
1. 1층 및 2층의 바닥면적 합계가 15,000[m²] 이상인 소방대상물	7,500[m²]
2. 제1호에 해당되지 아니하는 그 밖의 소방 대상물	12,500[m²]

03 소화수조 및 저수조와 기술기준에 따라 소화수조의 채수구는 소방차가 최대 몇 m 이내의 지점까지 접근할 수 있도록 설치하여야 하는가? `20-4 기사`

① 1
② 2
③ 4
④ 5

정답 ②

해설 소화수조는 소방 펌프자동차가 채수구로부터 <u>2[m] 이내의 지점까지</u> 접근할 수 있는 위치에 설치하여야 한다.

● 소화용수량과 채수구의 수

소요수량	20[m³] 이상 40[m³] 미만	40[m³] 이상 100[m³] 미만	100[m³] 이상
채수구의 수	1개	2개	3개

04 소화수조 및 저수조의 기술기준에 따라 소화용수설비에 설치하는 채수구의 수는 소요수량이 40m³ 이상 100m³ 미만인 경우 몇 개를 설치해야 하는가? `20-1 기사` `19-4 기사` `18-2 기사`

① 1
② 2
③ 3
④ 4

정답 ②

해설 ● 소화용수량과 채수구의 수

소요수량	20[m³] 이상 40[m³] 미만	<u>40[m³] 이상 100[m³] 미만</u>	100[m³] 이상
채수구의 수	1개	<u>2개</u>	3개

05 소화용수설비 중 소화수조 및 저수조에 대한 설명으로 **틀린** 것은? `19-2 기사`

① 소화수조, 저수조의 채수구 또는 흡수관투입구는 소방차가 2[m] 이내의 지점까지 접근할 수 있는 위치에 설치할 것
② 지하에 설치하는 소화용수설비의 흡수관투입구는 그 한 변이 0.6[m] 이상인 것으로 할 것
③ 채수구는 지면으로부터의 높이가 0.5[m] 이상 1[m] 이하의 위치에 설치하고 "채수구"라고 표시한 표시를 할 것
④ 소화수조가 옥상 또는 옥탑의 부분에 설치된 경우에는 지상에 설치된 채수구에서의 압력이 0.1[MPa]이상이 되도록 할 것

정답 ④
해설 소화수조가 옥상 또는 옥탑의 부분에 설치된 경우에는 지상에서 설치된 채수구에서의 압력이 0.15[MPa] 이상이 되도록 하여야 한다.

06 소화용수 설비의 소화수조가 옥상 또는 옥탑의 부분에 설치된 경우 지상에 설치된 채수구에서의 압력은 얼마 이상이어야 하는가? 19-1 기사 18-4 기사

① 0.15 MPa
② 0.20 MPa
③ 0.25 MPa
④ 0.35 MPa

정답 ①
해설 소화수조가 옥상 또는 옥탑의 부분에 설치된 경우에는 지상에서 설치된 채수구에서의 압력이 0.15[MPa] 이상이 되도록 하여야 한다.

07 소화용수설비에 설치하는 채수구 설치기준 중 다음 (   ) 안에 알맞은 것은? 22-2 기사 18-4 기사

> 채수구는 지면으로부터의 높이가 (㉠)m 이상 (㉡)m 이하의 위치에 설치하고 "채수구"라고 표시한 표지를 할 것

① ㉠ 0.5, ㉡ 1.0
② ㉠ 0.5, ㉡ 1.5
③ ㉠ 0.8, ㉡ 1.0
④ ㉠ 0.8, ㉡ 1.5

정답 ①
해설 채수구는 지면으로부터의 높이가 (㉠0.5)m 이상 (㉡1.0)m 이하의 위치에 설치하고 "채수구"라고 표시한 표지를 할 것

08 소화수조 및 저수조의 기술기준에 따라 소화용수 설비를 설치하여야 할 특정소방대상물에 있어서 유수의 양이 최소 몇 m³/min 이상인 유수를 사용할 수 있는 경우에 소화수조를 설치하지 아니할 수 있는가? 20-1 기사

① 0.8
② 1
③ 1.5
④ 2

정답 ①
해설 소화용수설비를 설치해야 할 특정소방대상물에 있어서 유수의 양이 0.8 m³/min 이상인 유수를 사용할 수 있는 경우에는 소화수조를 설치하지 않을 수 있다.

소방기계시설의 구조 및 원리

쉽고 빠르게 합격하는 소방설비(산업)기사 필기시험 대비

PART 07

지하구 및 기타 기술기준

CHAPTER 01 지하구의 화재안전기술기준 [NFTC 605]
CHAPTER 02 고체에어로졸 소화설비의 화재안전기술기준 [NFTC 110]
CHAPTER 03 고층건축물의 화재안전기술기준 [NFTC 604]
CHAPTER 04 건설현장의 화재안전기술기준 [NFTC 606]
CHAPTER 05 공동주택의 화재안전성능기준 [NFPC 608]

CHAPTER 01 지하구의 화재안전기술기준 [NFTC 605]
[시행 2022. 12. 1.] [2022. 12. 1. 제정]

01 용어의 정의

(1) "지하구"란 영 [별표2] 제28호에서 규정한 지하구를 말한다.
(2) "제어반"이란 설비, 장치 등의 조작과 확인을 위해 제어용 계기류, 스위치 등을 금속제 외함에 수납한 것을 말한다.
(3) "분전반"이란 분기개폐기·분기과전류차단기 그밖에 배선용기기 및 배선을 금속제 외함에 수납한 것을 말한다.
(4) "방화벽"이란 화재 시 발생한 열, 연기 등의 확산을 방지하기 위하여 설치하는 벽을 말한다.
(5) "분기구"란 전기, 통신, 상하수도, 난방 등의 공급시설의 일부를 분기하기 위하여 지하구의 단면 또는 형태를 변화시키는 부분을 말한다.
(6) "환기구"란 지하구의 온도, 습도의 조절 및 유해가스를 배출하기 위해 설치되는 것으로 자연환기구와 강제환기구로 구분된다.
(7) "작업구"란 지하구의 유지관리를 위하여 자재, 기계기구의 반·출입 및 작업자의 출입을 위하여 만들어진 출입구를 말한다.
(8) "케이블접속부"란 케이블이 지하구 내에 포설되면서 발생하는 직선 접속 부분을 전용의 접속재로 접속한 부분을 말한다.
(9) "특고압 케이블"이란 사용전압이 7,000V를 초과하는 전로에 사용하는 케이블을 말한다.

02 소화기구 및 자동소화장치

(1) 소화기구는 다음 각 호의 기준에 따라 설치하여야 한다.
  ① 소화기의 능력단위(「소화기구 및 자동소화장치의 화재안전기술기준(NFTC 101)」에 따른 수치를 말한다. 이하 같다)는 A급 화재는 개당 3단위 이상, B급 화재는 개당 5단위 이상 및 C급 화재에 적응성이 있는 것으로 할 것
  ② 소화기 한대의 총중량은 사용 및 운반의 편리성을 고려하여 7kg 이하로 할 것
  ③ 소화기는 사람이 출입할 수 있는 출입구(환기구, 작업구를 포함한다) 부근에 5개 이상 설치할 것
  ④ 소화기는 바닥면으로부터 1.5 m 이하의 높이에 설치할 것
  ⑤ 소화기의 상부에 "소화기"라고 표시한 조명식 또는 반사식의 표지판을 부착하여 사용자가 쉽게 알 수 있도록 할 것

(2) 지하구 내 발전실·변전실·송전실·변압기실·배전반실·통신기기실·전산기기실·기타 이와 유사한 시설이 있는 장소 중 바닥면적이 300 ㎡ 미만인 곳에는 유효설치 방호체적 이내의 가스·분말·고체에어로졸·캐비닛형 자동소화장치를 설치해야 한다. 다만, 해당 장소에 물분무등소화설비를 설치한 경우에는 설치하지 않을 수 있다.

(3) 제어반 또는 분전반마다 가스·분말·고체에어로졸 자동소화장치 또는 유효설치 방호체적 이내의 소공간용 소화용구를 설치해야 한다.
(4) 케이블접속부(절연유를 포함한 접속부에 한한다)마다 다음의 어느 하나에 해당하는 자동소화장치를 설치하되 소화성능이 확보될 수 있도록 방호공간을 구획하는 등 유효한 조치를 해야 한다.
   ① 가스·분말·고체에어로졸 자동소화장치
   ② 중앙소방기술심의위원회의 심의를 거쳐 소방청장이 인정하는 자동소화장치

03 연소방지설비

(1) 연소방지설비의 배관은 다음 각 호의 기준에 따라 설치하여야 한다.
   ① 배관용 탄소강관(KS D 3507) 또는 압력배관용 탄소강관(KS D 3562)이나 이와 같은 수준 이상의 강도·내부식성 및 내열성을 가진 것으로 할 것
   ② 급수배관(송수구로부터 연소방지설비 헤드에 급수하는 배관을 말한다. 이하 같다)은 전용으로 할 것
   ③ 배관의 구경은 다음의 기준에 적합한 것이어야 한다.
      ㉠ 연소방지설비전용헤드를 사용하는 경우에는 다음 표에 따른 구경 이상으로 할 것

하나의 배관에 부착하는 살수헤드의 개수	1개	2개	3개	4개 또는 5개	6개 이상
배관의 구경	32	40	50	65	80

   ㉡ 개방형스프링클러헤드를 사용하는 경우에는 「스프링클러설비의 화재안전기술기준(NFTC 103)」에 따를 것
   ④ 교차배관은 가지배관과 수평으로 설치하거나 또는 가지배관 밑에 설치하고, 그 구경은 최소구경이 40 ㎜ 이상이 되도록 할 것
   ⑤ 배관에 설치되는 행거는 다음의 기준에 따라 설치할 것
      ㉠ 가지배관에는 헤드의 설치지점 사이마다 1개 이상의 행거를 설치하되, 헤드간의 거리가 3.5 m를 초과하는 경우에는 3.5 m 이내마다 1개 이상 설치할 것. 이 경우 상향식헤드와 행거 사이에는 8 ㎝ 이상의 간격을 두어야 한다.
      ㉡ 교차배관에는 가지배관과 가지배관 사이마다 1개 이상의 행거를 설치하되, 가지배관 사이의 거리가 4.5 m를 초과하는 경우에는 4.5 m 이내마다 1개 이상 설치할 것
      ㉢ ㉠㉡의 수평주행배관에는 4.5m 이내마다 1개 이상 설치할 것

(2) 연소방지설비의 헤드는 다음의 기준에 따라 설치해야 한다.
   ① 천장 또는 벽면에 설치할 것
   ② 헤드간의 수평거리는 연소방지설비 전용헤드의 경우에는 2 m 이하, 개방형스프링클러헤드의 경우에는 1.5 m 이하로 할 것
   ③ 소방대원의 출입이 가능한 환기구·삭입구마다 지하구의 양쪽방향으로 살수헤드를 설정하되, 한쪽 방향의 살수구역의 길이는 3 m 이상으로 할 것. 다만, 환기구 사이의 간격이 700

m를 초과할 경우에는 700 m 이내마다 살수구역을 설정하되, 지하구의 구조를 고려하여 방화벽을 설치한 경우에는 그렇지 않다.
④ 연소방지설비 전용헤드를 설치할 경우에는 「소화설비용헤드의 성능인증 및 제품검사 기술기준」에 적합한 살수헤드를 설치할 것

(3) 송수구는 다음의 기준에 따라 설치해야 한다.
① 소방차가 쉽게 접근할 수 있는 노출된 장소에 설치하되, 눈에 띄기 쉬운 보도 또는 차도에 설치할 것
② 송수구는 구경 65㎜의 쌍구형으로 할 것
③ 송수구로부터 1m 이내에 살수구역 안내표지를 설치할 것
④ 지면으로부터 높이가 0.5m 이상 1m 이하의 위치에 설치할 것
⑤ 송수구의 가까운 부분에 자동배수밸브(또는 직경 5 ㎜의 배수공)를 설치할 것. 이 경우 자동배수밸브는 배관 안의 물이 잘 빠질 수 있는 위치에 설치하되, 배수로 인하여 다른 물건 또는 장소에 피해를 주지 않아야 한다
⑥ 송수구로부터 주배관에 이르는 연결배관에는 개폐밸브를 설치하지 않을 것
⑦ 송수구에는 이물질을 막기 위한 마개를 씌울 것

CHAPTER 01 지하구의 화재안전기술기준 [NFTC 605]

01 연소방지설비 방수헤드의 설치기준으로 옳은 것은? `21-4 기사` `17-2 기사`
① 방수헤드 간의 수평거리는 연소방지설비 전용헤드의 경우에는 1.5m 이하로 할 것
② 방수헤드간의 수평거리는 스프링클러헤드의 경우에는 2m 이하로 할 것
③ 환기구사이의 간격이 700m를 초과할 경우에는 700m 이내마다 살수구역을 설정할 것
④ 소방대원의 출입이 가능한 환기구·작업구마다 지하구의 양쪽방향으로 살수헤드를 설정하되, 한쪽 방향의 살수구역의 길이는 2m 이상으로 할 것

정답 ③
해설 (법개정으로 보기 수정)
소방대원의 출입이 가능한 환기구·작업구마다 지하구의 양쪽방향으로 살수헤드를 설정하되, 한쪽 방향의 살수구역의 길이는 3m 이상으로 할 것. 다만, 환기구 사이의 간격이 700m를 초과할 경우에는 700m 이내마다 살수구역을 설정하되, 지하구의 구조를 고려하여 방화벽을 설치한 경우에는 그러하지 아니하다.
(보기①) 방수헤드 간의 수평거리는 연소방지설비 전용헤드의 경우에는 2m 이하로 할 것
(보기②) 방수헤드간의 수평거리는 스프링클러헤드의 경우에는 1.5m 이하로 할 것
(보기④) 소방대원의 출입이 가능한 환기구·작업구마다 지하구의 양쪽방향으로 살수헤드를 설정하되, 한쪽 방향의 살수구역의 길이는 3m 이상으로 할 것

02 연소방지설비 방수헤드의 설치기준 중 살수구역은 환기구 사이의 간격이 몇 m를 초과할 경우에 살수구역을 설정하여야 하는가? `20-4 기사` `17-1 기사`
① 500
② 600
③ 700
④ 800

정답 ③
해설 (법개정으로 보기 수정)
소방대원의 출입이 가능한 환기구·작업구마다 지하구의 양쪽방향으로 살수헤드를 설정하되, 한쪽 방향의 살수구역의 길이는 3m 이상으로 할 것. 다만, 환기구 사이의 간격이 700m를 초과할 경우에는 700m 이내마다 살수구역을 설정하되, 지하구의 구조를 고려하여 방화벽을 설치한 경우에는 그러하지 아니하다.

03 연소방지설비 방수헤드의 기술기준 중 다음 ( ) 안에 알맞은 것은? `17-4 기사`

> 방수헤드간의 수평거리는 연소방지설비 전용 헤드의 경우에는 (㉠)[m] 이하, 스프링클러헤드의 경우에는 (㉡)[m] 이하로 할 것

① ㉠ 2, ㉡ 1.5
② ㉠ 1.5, ㉡ 2
③ ㉠ 1.7, ㉡ 2.5
④ ㉠ 2.5, ㉡ 1.7

정답 ①

해설 연소방지설비 방수헤드간의 수평거리는 연소방지설비 전용 헤드의 경우에는 (㉠ 2)[m] 이하, 스프링클러헤드의 경우에는 (㉡ 1.5)[m] 이하로 할 것

04 지하구의 화재안전기준에 따라 연소방지설비전용헤드를 사용할 때 배관의 구경이 65mm인 경우 하나의 배관에 부착하는 살수헤드의 최대 개수로 옳은 것은? 기사 기출

① 2　　　　　② 3
③ 5　　　　　④ 6

정답 ③

해설 연소방지설비전용헤드를 사용하는 경우에는 다음 표에 따른 구경 이상으로 할 것

하나의 배관에 부착하는 살수헤드의 개수	1개	2개	3개	4개 또는 5개	6개 이상
배관의 구경	32	40	50	65	80

05 지하구의 기술기준에 따른 지하구의 통합감시시설 설치기준으로 **틀린** 것은? 22-1 기사

① 소방관서와 지하구의 통제실 간에 화재 등 소방활동과 관련된 정보를 상시 교환할 수 있는 정보통신망을 구축할 것
② 수신기는 방재실과 공동구의 입구 및 연소방지설비 송수구가 설치된 장소(지상)에 설치할 것
③ 정보통신망(무선통신망 포함)은 광케이블 또는 이와 유사한 성능을 가진 선로일 것
④ 수신기는 지하구의 통제실에 설치하되 화재신호, 경보, 발화지점 등 수신기에 표시되는 정보가 기준에 적합한 방식으로 119상황실이 있는 관할 소방관서의 정보통신장치에 표시되도록 할 것

정답 ②

해설 ● **통합감시시설**
① 소방관서와 지하구의 통제실 간에 화재 등 소방활동과 관련된 정보를 상시 교환할 수 있는 정보통신망을 구축할 것
② ①의 정보통신망(무선통신망을 포함한다)은 광케이블 또는 이와 유사한 성능을 가진 선로일 것
③ 수신기는 지하구의 통제실에 설치하되 화재신호, 경보, 발화지점 등 수신기에 표시되는 정보가 기준에 적합한 방식으로 119상황실이 있는 관할 소방관서의 정보통신장치에 표시되도록 할 것

CHAPTER 02 고체에어로졸소화설비의 화재안전기술기준 [NFTC 110]
[시행 2022. 12. 1.] [2022. 12. 1. 제정.]

01 용어의 정의

(1) 이 기준에서 사용하는 용어의 정의는 다음과 같다.

① "고체에어로졸소화설비"란 설계밀도 이상의 고체에어로졸을 방호구역 전체에 균일하게 방출하는 설비로서 분산(Dispersed)방식이 아닌 압축(Condensed)방식을 말한다.

② "고체에어로졸화합물"이란 과산화물질, 가연성물질 등의 혼합물로서 화재를 소화하는 비전도성의 미세입자인 에어로졸을 만드는 고체화합물을 말한다.

③ "고체에어로졸"이란 고체에어로졸화합물의 연소과정에 의해 생성된 직경 10 ㎛ 이하의 고체입자와 기체 상태의 물질로 구성된 혼합물을 말한다.

④ "고체에어로졸발생기"란 고체에어로졸화합물, 냉각장치, 작동장치, 방출구, 저장용기로 구성되어 에어로졸을 발생시키는 장치를 말한다.

⑤ "소화밀도"란 방호공간 내 규정된 시험조건의 화재를 소화하는데 필요한 단위체적(㎥)당 고체에어로졸화합물의 질량(g)을 말한다.

⑥ "안전계수"란 설계밀도를 결정하기 위한 안전율을 말하며 1.3으로 한다.

⑦ "설계밀도"란 소화설계를 위하여 필요한 것으로 소화밀도에 안전계수를 곱하여 얻어지는 값을 말한다.

⑧ "상주장소"란 일반적으로 사람들이 거주하는 장소 또는 공간을 말한다.

⑨ "비상주장소"란 짧은 기간 동안 간헐적으로 사람들이 출입할 수는 있으나 일반적으로 사람들이 거주하지 않는 장소 또는 공간을 말한다.

⑩ "방호체적"이란 벽 등의 건물 구조 요소들로 구획된 방호구역의 체적에서 기둥 등 고정적인 구조물의 체적을 제외한 체적을 말한다.

⑪ "열 안전이격거리"란 고체에어로졸 방출 시 발생하는 온도에 영향을 받을 수 있는 모든 구조・구성요소와 고체에어로졸발생기 사이에 안전확보를 위해 필요한 이격거리를 말한다.

02 기술기준

(1) 일반조건

① 이 기준에 따라 설치되는 고체에어로졸소화설비는 다음의 기준을 충족해야 한다.

㉠ 고체에어로졸은 전기 전도성이 없을 것

㉡ 약제 방출 후 해당 화재의 재발화 방지를 위하여 최소 10분간 소화밀도를 유지할 것

㉢ 고체에어로졸소화설비에 사용되는 주요 구성품은 소방청장이 정하여 고시한 「고체에어로졸자동소화장치의 형식승인 및 제품검사의 기술기준」에 적합한 것일 것

㉣ 고체에어로졸소화설비는 비상주장소에 한하여 설치할 것. 다만, 고체에어로졸소화설비 약제의 성분이 인체에 무해함을 국내・외 국가 공인시험기관에서 인증받고, 과학적으로

입증된 최대허용설계밀도를 초과하지 않는 양으로 설계하는 경우 상주장소에 설치할 수 있다.
ⓜ 고체에어로졸소화설비의 소화성능이 발휘될 수 있도록 방호구역 내부의 밀폐성을 확보할 것
ⓗ 방호구역 출입구 인근에 고체에어로졸 방출 시 주의사항에 관한 내용의 표지를 설치할 것
ⓢ 이 기준에서 규정하지 않은 사항은 형식승인 받은 제조업체의 설계 매뉴얼에 따를 것

(2) 설치제외

① 고체에어로졸소화설비는 다음의 물질을 포함한 화재 또는 장소에는 사용할 수 없다. 다만, 그 사용에 대한 국가 공인시험기관의 인증이 있는 경우에는 그렇지 않다.
  ㉠ 니트로셀룰로오스, 화약 등의 산화성 물질
  ㉡ 리튬, 나트륨, 칼륨, 마그네슘, 티타늄, 지르코늄, 우라늄 및 플루토늄과 같은 자기반응성 금속
  ㉢ 금속 수소화물
  ㉣ 유기 과산화수소, 히드라진 등 자동 열분해를 하는 화학물질
  ㉤ 가연성 증기 또는 분진 등 폭발성 물질이 대기에 존재할 가능성이 있는 장소

(3) 고체에어로졸발생기

① 고체에어로졸발생기는 다음의 기준에 따라 설치한다.
  ㉠ 밀폐성이 보장된 방호구역 내에 설치하거나, 밀폐성능을 인정할 수 있는 별도의 조치를 취할 것
  ㉡ 천장이나 벽면 상부에 설치하되 고체에어로졸 화합물이 균일하게 방출되도록 설치할 것
  ㉢ 직사광선 및 빗물이 침투할 우려가 없는 곳에 설치할 것
  ㉣ 고체에어로졸발생기는 다음 각 기준의 최소 열 안전이격거리를 준수하여 설치할 것
    ⓐ 인체와의 최소 이격거리는 고체에어로졸 방출 시 75 ℃를 초과하는 온도가 인체에 영향을 미치지 않는 거리
    ⓑ 가연물과의 최소 이격거리는 고체에어로졸 방출 시 200 ℃를 초과하는 온도가 가연물에 영향을 미치지 않는 거리
  ㉤ 하나의 방호구역에는 동일 제품군 및 동일한 크기의 고체에어로졸발생기를 설치할 것
  ㉥ 방호구역의 높이는 형식승인 받은 고체에어로졸발생기의 최대 설치높이 이하로 할 것

(4) 고체에어로졸화합물의 양

① 방호구역 내 소화를 위한 고체에어로졸화합물의 최소 질량은 다음의 식 (2.4.1)에 따라 산출한 양 이상으로 산정해야 한다.
  - $m = d \times V$ ⋯ (2.4.1)
  여기에서
  - m : 필수소화약제량(g)
  - d : 설계밀도(g/m^3) = 소화밀도(g/m^3) × 1.3(안전계수)
  - 소화밀도 : 형식승인 받은 제조사의 설계 매뉴얼에 제시된 소화밀도
  - V : 방호체적(m^3)

(5) 기동

① 고체에어로졸소화설비는 화재감지기 및 수동식 기동장치의 작동과 연동하여 기계적 또는 전기적 방식으로 작동해야 한다.

② 고체에어로졸소화설비의 기동 시에는 1분 이내에 고체에어로졸 설계밀도의 95 % 이상을 방호구역에 균일하게 방출해야 한다.

③ 고체에어로졸소화설비의 수동식 기동장치는 다음의 기준에 따라 설치해야 한다.

　㉠ 제어반마다 설치할 것

　㉡ 방호구역의 출입구마다 설치하되 출입구 인근에 사람이 쉽게 조작할 수 있는 위치에 설치할 것

　㉢ 기동장치의 조작부는 바닥으로부터 0.8 m 이상 1.5 m 이하의 위치에 설치할 것

　㉣ 기동장치의 조작부에 보호판 등의 보호장치를 부착할 것

　㉤ 기동장치 인근의 보기 쉬운 곳에 "고체에어로졸소화설비 수동식 기동장치"라고 표시한 표지를 부착할 것

　㉥ 전기를 사용하는 기동장치에는 전원표시등을 설치할 것

　㉦ 방출용 스위치의 작동을 명시하는 표시등을 설치할 것

　㉧ 50 N 이하의 힘으로 방출용 스위치를 기동할 수 있도록 할 것

④ 고체에어로졸의 방출을 지연시키기 위해 방출지연스위치를 다음의 기준에 따라 설치해야 한다.

　㉠ 수동으로 작동하는 방식으로 설치하되 누르고 있는 동안만 지연되도록 할 것

　㉡ 방호구역의 출입구마다 설치하되 피난이 용이한 출입구 인근에 사람이 쉽게 조작할 수 있는 위치에 설치할 것

　㉢ 방출지연스위치 작동 시에는 음향경보를 발할 것

　㉣ 방출지연스위치 작동 중 수동식 기동장치가 작동되면 수동식 기동장치의 기능이 우선될 것

(6) 방호구역의 자동폐쇄장치

① 고체에어로졸소화설비의 방호구역은 고체에어로졸소화설비가 기동할 경우 다음의 기준에 따라 자동적으로 폐쇄되어야 한다.

　㉠ 방호구역 내의 개구부와 통기구는 고체에어로졸이 방출되기 전에 폐쇄되도록 할 것

　㉡ 방호구역 내의 환기장치는 고체에어로졸이 방출되기 전에 정지되도록 할 것

　㉢ 자동폐쇄장치의 복구장치는 제어반 또는 그 직근에 설치하고, 해당 장치를 표시하는 표지를 부착할 것

(7) 과압배출구

① 고체에어로졸소화설비가 설치된 방호구역에는 소화약제 방출 시 과압으로 인한 구조물 등의 손상을 방지하기 위하여 과압배출구를 설치해야 한다.

CHAPTER 03 고층건축물의 화재안전기술기준 [NFTC 604]
[시행 2022. 12. 1.] [2022. 12. 1. 제정.]

01 용어의 정의

(1) 이 기준에서 사용하는 용어의 정의는 나음과 같다.
   ① "고층건축물"이란 「건축법」 제2조제1항제19호 규정에 따른 건축물을 말한다.
   ② "급수배관"이란 수원 또는 옥외송수구로부터 소화설비에 급수하는 배관을 말한다.

(2) 이 기준에서 사용하는 용어는 1.7.1에서 규정한 것을 제외하고는 관계법령 및 개별 기술기준에서 정하는 바에 따른다.

02 기술기준

(1) 옥내소화전설비

① 수원은 그 저수량이 옥내소화전의 설치개수가 가장 많은 층의 설치개수(5개 이상 설치된 경우에는 5개)에 5.2 ㎥(호스릴옥내소화전설비를 포함한다)를 곱한 양 이상이 되도록 해야 한다. 다만, 층수가 50층 이상인 건축물의 경우에는 7.8 ㎥를 곱한 양 이상이 되도록 해야 한다.

② 수원은 ①에 따라 산출된 유효수량 외에 유효수량의 3분의 1 이상을 옥상(옥내소화전설비가 설치된 건축물의 주된 옥상을 말한다. 이하 같다)에 설치해야 한다. 다만, 「옥내소화전설비의 화재안전기술기준(NFTC 102)」에 해당하는 경우에는 그렇지 않다.

③ 전동기 또는 내연기관에 의한 펌프를 이용하는 가압송수장치는 옥내소화전설비 전용으로 설치해야 하며, 주펌프와 동등 이상의 성능이 있는 별도의 펌프로서 내연기관의 기동과 연동하여 작동되거나 비상전원을 연결한 예비펌프를 추가로 설치해야 한다.

④ 내연기관의 연료량은 펌프를 40분(50층 이상인 건축물의 경우에는 60분) 이상 운전할 수 있는 용량일 것

⑤ 급수배관은 전용으로 해야 한다. 다만, 옥내소화전설비의 성능에 지장이 없는 경우에는 연결송수관설비의 배관과 겸용할 수 있다.

⑥ 50층 이상인 건축물의 옥내소화전 주배관 중 수직배관은 2개 이상(주배관 성능을 갖는 동일호칭배관)으로 설치해야 하며, 하나의 수직배관의 파손 등 작동 불능 시에도 다른 수직배관으로부터 소화용수가 공급되도록 구성해야 한다.

⑦ 비상전원은 자가발전설비, 축전지설비(내연기관에 따른 펌프를 사용하는 경우에는 내연기관의 기동 및 제어용 축전지를 말한다) 또는 전기저장장치(외부 전기에너지를 저장해 두었다가 필요한 때 전기를 공급하는 장치. 이하 같다)로서 옥내소화전설비를 유효하게 40분(50층 이상인 건축물의 경우에는 60분) 이상 작동할 수 있어야 한다.

(2) 스프링클러설비

① 수원은 그 저수량이 스프링클러설비 설치장소별 스프링클러헤드의 기준개수에 3.2 ㎥를 곱한 양 이상이 되도록 해야 한다. 다만, 50층 이상인 건축물의 경우에는 4.8 ㎥를 곱한 양

이상이 되도록 해야 한다.
② 수원은 ①에 따라 산출된 유효수량 외에 유효수량의 3분의 1 이상을 옥상(옥내소화전설비가 설치된 건축물의 주된 옥상을 말한다. 이하 같다)에 설치해야 한다. 다만, 「스프링클러설비의 화재안전기술기준(NFTC 103)」에 해당하는 경우에는 그렇지 않다.
③ 전동기 또는 내연기관에 의한 펌프를 이용하는 가압송수장치는 스프링클러설비 전용으로 설치해야 하며, 주펌프와 동등 이상의 성능이 있는 별도의 펌프로서 내연기관의 기동과 연동하여 작동되거나 비상전원을 연결한 예비펌프를 추가로 설치해야 한다.
④ 내연기관의 연료량은 펌프를 40분(50층 이상인 건축물의 경우에는 60분) 이상 운전할 수 있는 용량일 것
⑤ 급수배관은 전용으로 설치해야 한다.
⑥ 50층 이상인 건축물의 스프링클러설비 주배관 중 수직배관은 2개 이상(주배관 성능을 갖는 동일 호칭배관)으로 설치하고, 하나의 수직배관이 파손 등 작동 불능 시에도 다른 수직배관으로부터 소화수가 공급되도록 구성해야 하며, 각각의 수직배관에 유수검지장치를 설치해야 한다.
⑦ 50층 이상인 건축물의 스프링클러 헤드에는 2개 이상의 가지배관으로부터 양방향에서 소화수가 공급되도록 하고, 수리계산에 의한 설계를 해야 한다.
⑧ 스프링클러설비의 음향장치는 「스프링클러설비의 화재안전기술기준(NFTC 103)」에 따라 설치하되, 다음의 기준에 따라 경보를 발할 수 있도록 해야 한다.
　㉠ 2층 이상의 층에서 발화한 때에는 발화층 및 그 직상 4개 층에 경보를 발할 것
　㉡ 1층에서 발화한 때에는 발화층·그 직상 4개 층 및 지하층에 경보를 발할 것
　㉢ 지하층에서 발화한 때에는 발화층·그 직상층 및 기타의 지하층에 경보를 발할 것
⑨ 비상전원은 자가발전설비, 축전지설비(내연기관에 따른 펌프를 사용하는 경우에는 내연기관의 기동 및 제어용 축전지를 말한다) 또는 전기저장장치로서 스프링클러설비를 유효하게 40분 이상 작동할 수 있을 것. 다만, 50층 이상인 건축물의 경우에는 60분 이상 작동할 수 있어야 한다.

(3) 특별피난계단의 계단실 및 부속실 제연설비
① 특별피난계단의 계단실 및 부속실 제연설비는 「특별피난계단의 계단실 및 부속실 제연설비의 화재안전기술기준(NFTC 501A)」에 따라 설치하되, 비상전원은 자가발전설비, 축전지설비, 전기저장장치로 하고 제연설비를 유효하게 40분 이상 작동할 수 있도록 해야 한다. 다만, 50층 이상인 건축물의 경우에는 60분 이상 작동할 수 있어야 한다.

(4) 피난안전구역의 소방시설
① 「초고층 및 지하연계 복합건축물 재난관리에 관한 특별법시행령」제14조제2항에 따른 피난안전구역에 설치하는 소방시설은 표와 같이 설치해야 하며, 이 기준에서 정하지 아니한 것은 개별 기술기준에 따라 설치해야 한다.

[피난안전구역에 설치하는 소방시설의 설치기준]

구분	설치기준
1. 제연설비	피난안전구역과 비 제연구역간의 차압은 50pa(옥내에 스프링클러설비가 설치된 경우에는 12.5Pa) 이상으로 하여야 한다. 다만 피난안전구역의 한쪽 면 이상이 외기에 개방된 구조의 경우에는 설치하지 아니할 수 있다.
2. 피난유도선	피난유도선은 다음 각호의 기준에 따라 설치하여야 한다. 가. 피난안전구역이 설치된 층의 계단실 출입구에서 피난안전구역 주 출입구 또는 비상구까지 설치할 것 나. 계단실에 설치하는 경우 계단 및 계단참에 설치할 것 다. 피난유도 표시부의 너비는 최소 25mm 이상으로 설치할 것 라. 광원점등방식(전류에 의하여 빛을 내는 방식)으로 설치하되, 60분 이상 유효하게 작동할 것
3. 비상조명등	피난안전구역의 비상조명등은 상시 조명이 소등된 상태에서 그 비상조명등이 점등되는 경우 각 부분의 바닥에서 조도는 10lx 이상이 될 수 있도록 설치할 것
4. 휴대용비상조명등	가. 피난안전구역에는 휴대용비상조명등을 다음 각호의 기준에 따라 설치하여야 한다. 　1) 초고층 건축물에 설치된 피난안전구역 : 피난안전구역 위층의 재실자수(「건축물의 피난·방화구조 등의 기준에 관한 규칙」별표 1의2에 따라 산정된 재실자 수를 말한다)의 10분의 1 이상 　2) 지하연계 복합건축물에 설치된 피난안전구역 : 피난안전구역이 설치된 층의 수용인원(영 별표 2에 따라 산정된 수용인원을 말한다)의 10분의 1 이상 나. 건전지 및 충전식 건전지의 용량은 40분 이상 유효하게 사용할 수 있는 것으로 한다. 다만, 피난안전구역이 50층 이상에 설치되어 있을 경우의 용량은 60분 이상으로 할 것
5. 인명구조기구	가. 방열복, 인공소생기를 각 2개 이상 비치할 것 나. 45분이상 사용할 수 있는 성능의 공기호흡기(보조마스크를 포함한다)를 2개이상 비치하여야 한다. 다만, 피난안전구역이 50층 이상에 설치되어 있을 경우에는 동일한 성능의 예비용기를 10개 이상 비치할 것 다. 화재시 쉽게 반출할 수 있는 곳에 비치할 것 라. 인명구조기구가 설치된 장소의 보기 쉬운 곳에 "인명구조기구"라는 표지판 등을 설치할 것

(5) 연결송수관설비

① 연결송수관설비의 배관은 전용으로 한다. 다만, 주배관의 구경이 100 mm 이상인 옥내소화전설비와 겸용할 수 있다.

② 내연기관의 연료량은 펌프를 40분(50층 이상인 건축물의 경우에는 60분) 이상 운전할 수 있는 용량일 것

③ 연결송수관설비의 비상전원은 자가발전설비, 축전지설비(내연기관에 따른 펌프를 사용하는 경우에는 내연기관의 기동 및 제어용 축전지를 말한다), 전기저장장치로서 연결송수관설비를 유효하게 40분 이상 작동할 수 있어야 할 것. 다만, 50층 이상인 건축물의 경우에는 60분 이상 작동할 수 있어야 한다.

CHAPTER 04 건설현장의 화재안전기술기준 [NFTC 606]
[시행 2023. 7. 1.] [국립소방연구원공고 제2023-16호, 2023. 6. 30. 전부개정.]

국립소방연구원(소방정책연구실), 041-559-0592

01 용어의 정의

(1) 이 기준에서 사용하는 용어의 정의는 다음과 같다.
① "임시소방시설"이란 법 제15조제1항에 따른 설치 및 철거가 쉬운 화재대비시설을 말한다.
② "소화기"란 「소화기구 및 자동소화장치의 화재안전기술기준(NFTC 101)」에서 정의하는 소화기를 말한다.
③ "간이소화장치"란 건설현장에서 화재발생 시 신속한 화재 진압이 가능하도록 물을 방수하는 형태의 소화장치를 말한다.
④ "비상경보장치"란 발신기, 경종, 표시등 및 시각경보장치가 결합된 형태의 것으로서 화재위험작업 공간 등에서 수동조작에 의해서 화재경보상황을 알려줄 수 있는 비상벨 장치를 말한다.
⑤ "가스누설경보기"란 건설현장에서 발생하는 가연성가스를 탐지하여 경보하는 장치를 말한다.
⑥ "간이피난유도선"이란 화재발생 시 작업자의 피난을 유도할 수 있는 케이블형태의 장치를 말한다.
⑦ "비상조명등"이란 화재발생 시 안전하고 원활한 피난활동을 할 수 있도록 계단실 내부에 설치되어 자동 점등되는 조명등을 말한다.
⑧ "방화포"란 건설현장 내 용접·용단 등의 작업 시 발생하는 금속성 불티로부터 가연물이 점화되는 것을 방지해주는 차단막을 말한다.

02 기술기준

(1) 소화기의 설치기준
① 소화기의 설치기준은 다음과 같다.
㉠ 소화기의 소화약제는 「소화기구 및 자동소화장치의 화재안전기술기준(NFTC 101)」에 따른 적응성이 있는 것을 설치할 것
㉡ 각 층 계단실마다 계단실 출입구 부근에 능력단위 3단위 이상인 소화기 2개 이상을 설치하고, 영 제18조제1항에 해당하는 작업을 하는 경우 작업종료 시까지 작업지점으로부터 5 m 이내의 쉽게 보이는 장소에 능력단위 3단위 이상인 소화기 2개 이상과 대형소화기 1개 이상을 추가 배치할 것
㉢ "소화기"라고 표시한 축광식 표지를 소화기 설치장소 보기 쉬운 곳에 부착하여야 한다.

(2) 간이소화장치의 설치기준
① 간이소화장치의 설치기준은 다음과 같다.
㉠ 영 제18조제1항에 해당하는 작업을 하는 경우 작업종료 시까지 작업지점으로부터 25 m 이내에 배치하여 즉시 사용이 가능하도록 할 것

(3) 방화포의 설치기준
① 방화포의 설치기준은 다음과 같다.
㉠ 용접·용단 작업 시 11 m 이내에 가연물이 있는 경우 해당 가연물을 방화포로 보호할 것

CHAPTER 05 공동주택의 화재안전성능기준 [NFPC 608]
[시행 2024. 1. 1.] [소방청고시 제2023-40호, 2023. 10. 13. 제정.]

소방청(소방분석제도과), 044-205-7531

01 제1조 목적

이 기준은 「소방시설 설치 및 관리에 관한 법률」제12조제1항에 따라 소방청장에게 위임한 사항 중 공동주택에 설치해야 하는 소방시설 등의 설치 및 관리에 관하여 필요한 사항을 규정함을 목적으로 한다.

02 제2조 적용범위

「소방시설 설치 및 관리에 관한 법률 시행령」(이하 "영"이라 한다) 제11조에 의한 소방시설을 설치해야 할 공동주택 중 아파트등 및 기숙사에 설치하는 소방시설 등은 이 기준에서 정하는 규정에 따라 설비를 설치하고 관리해야 한다.

03 제3조 정의

이 기준에서 사용하는 용어의 정의는 다음과 같다.
1. "공동주택"이란 영 [별표2] 제1호에서 규정한 대상을 말한다.
2. "아파트등"이란 영 [별표2] 제1호 가목에서 규정한 대상을 말한다.
3. "기숙사"란 영 [별표2] 제1호 라목에서 규정한 대상을 말한다.
4. "갓복도식 공동주택"이란 「건축물의 피난·방화구조 등의 기준에 관한 규칙」제9조제4항에서 규정한 대상을 말한다.
5. "주배관"이란 「스프링클러설비의 화재안전성능기준(NFPC 103)」제3조제19호에서 규정한 것을 말한다.
6. "부속실"이란 「특별피난계단의 계단실 및 부속실 제연설비의 화재안전성능기준(NFPC 501A)」제2조에서 규정한 부속실을 말한다.

04 제4조 다른 화재안전성능기준과의 관계

공동주택에 설치하는 소방시설 등의 설치기준 중 이 기준에서 규정하지 아니한 소방시설 등의 설치기준은 개별 화재안전기준에 따라 설치해야 한다.

05 제5조 소화기구 및 자동소화장치

① 소화기는 다음 각 호의 기준에 따라 설치해야 한다.
　1. 바닥면적 100제곱미터 마다 1단위 이상의 능력단위를 기준으로 설치할 것

2. 아파트등의 경우 각 세대 및 공용부(승강장, 복도 등)마다 설치할 것
3. 아파트등의 세대 내에 설치된 보일러실이 방화구획되거나, 스프링클러설비·간이스프링클러설비·물분무등소화설비 중 하나가 설치된 경우에는「소화기구 및 자동소화장치의 화재안전성능기준(NFPC 101)」제4조제1항제3호를 적용하지 않을 수 있다.
4. 아파트등의 경우「소화기구 및 자동소화장치의 화재안전성능기준(NFPC 101)」제5조의 기준에 따른 소화기의 감소 규정을 적용하지 않을 것

② 주거용 주방자동소화장치는 아파트등의 주방에 열원(가스 또는 전기)의 종류에 적합한 것으로 설치하고, 열원을 차단할 수 있는 차단장치를 설치해야 한다.

06 제6조 옥내소화전설비

옥내소화전설비는 다음 각 호의 기준에 따라 설치해야 한다.
1. 호스릴(hose reel) 방식으로 설치할 것
2. 복층형 구조인 경우에는 출입구가 없는 층에 방수구를 설치하지 아니할 수 있다.
3. 감시제어반 전용실은 피난층 또는 지하 1층에 설치할 것. 다만, 상시 사람이 근무하는 장소 또는 관계인이 쉽게 접근할 수 있고 관리가 용이한 장소에 감시제어반 전용실을 설치할 경우에는 지상 2층 또는 지하 2층에 설치할 수 있다.

07 제7조 스프링클러설비

스프링클러설비는 다음 각 호의 기준에 따라 설치해야 한다.
1. 폐쇄형스프링클러헤드를 사용하는 아파트등은 기준개수 10개(스프링클러헤드의 설치개수가 가장 많은 세대에 설치된 스프링클러헤드의 개수가 기준개수보다 작은 경우에는 그 설치개수를 말한다)에 1.6세제곱미터를 곱한 양 이상의 수원이 확보되도록 할 것. 다만, 아파트등의 각 동이 주차장으로 서로 연결된 구조인 경우 해당 주차장 부분의 기준개수는 30개로 할 것
2. 아파트등의 경우 화장실 반자 내부에는「소방용 합성수지배관의 성능인증 및 제품검사의 기술기준」에 적합한 소방용 합성수지배관으로 배관을 설치할 수 있다. 다만, 소방용 합성수지배관 내부에 항상 소화수가 채워진 상태를 유지할 것
3. 하나의 방호구역은 2개 층에 미치지 아니하도록 할 것. 다만, 복층형 구조의 공동주택에는 3개 층 이내로 할 수 있다.
4. 아파트등의 세대 내 스프링클러헤드를 설치하는 경우 천장·반자·천장과 반자사이·덕트·선반등의 각 부분으로부터 하나의 스프링클러헤드까지의 수평거리는 2.6미터 이하로 할 것.
5. 외벽에 설치된 창문에서 0.6미터 이내에 스프링클러헤드를 배치하고, 배치된 헤드의 수평거리 이내에 창문이 모두 포함되도록 할 것. 다만, 다음 각 목의 어느 하나에 해당하는 경우에는 그렇지 않다
   가. 창문에 드렌처설비가 설치된 경우
   나. 창문과 창문 사이의 수직부분이 내화구조로 90센티미터 이상 이격되어 있거나,「발코니 등의

구조변경절차 및 설치기준」제4조제1항부터 제5항까지에서 정하는 구조와 성능의 방화판 또는 방화유리창을 설치한 경우
    다. 발코니가 설치된 부분
6. 거실에는 조기반응형 스프링클러헤드를 설치할 것.
7. 감시제어반 전용실은 피난층 또는 지하 1층에 설치힐 것. 다만, 상시 사람이 근무하는 장소 또는 관계인이 쉽게 접근할 수 있고 관리가 용이한 장소에 감시제어반 전용실을 설치할 경우에는 지상 2층 또는 지하 2층에 설치할 수 있다.
8. 「건축법 시행령」제46조제4항에 따라 설치된 대피공간에는 헤드를 설치하지 않을 수 있다.
9. 「스프링클러설비의 화재안전기술기준(NFTC 103)」 2.7.7.1 및 2.7.7.3의 기준에도 불구하고 세대 내 실외기실 등 소규모 공간에서 해당 공간 여건상 헤드와 장애물 사이에 60센티미터 반경을 확보하지 못하거나 장애물 폭의 3배를 확보하지 못하는 경우에는 살수방해가 최소화되는 위치에 설치할 수 있다.

08 제8조 물분무소화설비

물분무소화설비의 감시제어반 전용실은 피난층 또는 지하 1층에 설치해야 한다. 다만, 상시 사람이 근무하는 장소 또는 관계인이 쉽게 접근할 수 있고 관리가 용이한 장소에 감시제어반 전용실을 설치할 경우에는 지상 2층 또는 지하 2층에 설치할 수 있다.

09 제9조 포소화설비

포소화설비의 감시제어반 전용실은 피난층 또는 지하 1층에 설치해야 한다. 다만, 상시 사람이 근무하는 장소 또는 관계인이 쉽게 접근할 수 있고 관리가 용이한 장소에 감시제어반 전용실을 설치할 경우에는 지상 2층 또는 지하 2층에 설치할 수 있다.

10 제10조 옥외소화전설비

옥외소화전설비는 다음 각 호의 기준에 따라 설치해야 한다.
1. 기동장치는 기동용수압개폐장치 또는 이와 동등 이상의 성능이 있는 것을 설치할 것.
2. 감시제어반 전용실은 피난층 또는 지하 1층에 설치할 것. 다만, 상시 사람이 근무하는 장소 또는 관계인이 쉽게 접근할 수 있고 관리가 용이한 장소에 감시제어반 전용실을 설치할 경우에는 지상 2층 또는 지하 2층에 설치할 수 있다.

11 제13조 피난기구

① 피난기구는 다음 각 호의 기준에 따라 설치해야 한다.
    1. 아파트등의 경우 각 세대마다 설치할 것

2. 피난장애가 발생하지 않도록 하기 위하여 피난기구를 설치하는 개구부는 동일 직선상이 아닌 위치에 있을 것. 다만, 수직 피난방향으로 동일 직선상인 세대별 개구부에 피난기구를 엇갈리게 설치하여 피난장애가 발생하지 않는 경우에는 그렇지 않다.
3. 「공동주택관리법」제2조제1항제2호(마목은 제외함)에 따른 "의무관리대상 공동주택"의 경우에는 하나의 관리주체가 관리하는 공동주택 구역마다 공기안전매트 1개 이상을 추가로 설치할 것. 다만, 옥상으로 피난이 가능하거나 수평 또는 수직 방향의 인접세대로 피난할 수 있는 구조인 경우에는 추가로 설치하지 않을 수 있다.

② 갓복도식 공동주택 또는 「건축법 시행령」제46조제5항에 해당하는 구조 또는 시설을 설치하여 수평 또는 수직 방향의 인접세대로 피난할 수 있는 아파트는 피난기구를 설치하지 않을 수 있다.

③ 승강식 피난기 및 하향식 피난구용 내림식 사다리가 「건축물의 피난·방화구조 등의 기준에 관한 규칙」제14조에 따라 방화구획된 장소(세대 내부)에 설치될 경우에는 해당 방화구획된 장소를 대피실로 간주하고, 대피실의 면적규정과 외기에 접하는 구조로 대피실을 설치하는 규정을 적용하지 않을 수 있다.

12 제16조 특별피난계단의 계단실 및 부속실 제연설비

특별피난계단의 계단실 및 부속실 제연설비는 「특별피난계단의 계단실 및 부속실 제연설비의 화재안전기술기준(NFTC 501A)」2.2.의 기준에 따라 성능확인을 해야 한다. 다만, 부속실을 단독으로 제연하는 경우에는 부속실과 면하는 옥내 출입문만 개방한 상태로 방연풍속을 측정 할 수 있다.

13 제17조 연결송수관설비

① 방수구는 다음 각 호의 기준에 따라 설치해야 한다.
 1. 층마다 설치할 것. 다만, 아파트등의 1층과 2층(또는 피난층과 그 직상층)에는 설치하지 않을 수 있다.
 2. 아파트등의 경우 계단의 출입구(계단의 부속실을 포함하며 계단이 2 이상 있는 경우에는 그 중 1개의 계단을 말한다)로부터 5미터 이내에 방수구를 설치하되, 그 방수구로부터 해당 층의 각 부분까지의 수평거리가 50미터를 초과하는 경우에는 방수구를 추가로 설치할 것
 3. 쌍구형으로 할 것. 다만, 아파트등의 용도로 사용되는 층에는 단구형으로 설치할 수 있다.
 4. 송수구는 동별로 설치하되, 소방차량의 접근 및 통행이 용이하고 잘 보이는 장소에 설치할 것.

② 펌프의 토출량은 분당 2,400리터 이상(계단식 아파트의 경우에는 분당 1,200리터 이상)으로 하고, 방수구 개수가 3개를 초과(방수구가 5개 이상인 경우에는 5개)하는 경우에는 1개 마다 분당 800리터(계단식 아파트의 경우에는 분당 400리터 이상)를 가산해야 한다.

소방기계시설의 구조 및 원리

쉽고 빠르게 합격하는 소방설비(산업)기사 필기시험 대비

PART 08

부록 소방시설 도시기호

분류	명칭	도시기호	분류	명칭	도시기호
배관	일반배관	────	헤드류	스프링클러헤드폐쇄형 상향식(평면도)	
	옥내·외소화전	─ H ─		스프링클러헤드폐쇄형 하향식(평면도)	
	스프링클러	─ SP ─		스프링클러헤드개방형 상향식(평면도)	
	물분무	─ WS ─		스프링클러헤드개방형 하향식(평면도)	
	포소화	─ F ─		스프링클러헤드폐쇄형 상향식(계통도)	
	배수관	─ D ─		스프링클러헤드폐쇄형 하향식(입면도)	
	전선관 입상			스프링클러헤드폐쇄형 상·하향식(입면도)	
	전선관 입하			스프링클러헤드 상향형(입면도)	
	전선관 통과			스프링클러헤드 하향형(입면도)	
관이음쇠	후렌지			분말·탄산가스· 할로겐헤드	
	유니온			연결살수헤드	
	플러그			물분무헤드(평면도)	
	90°엘보			물분무헤드(입면도)	
	45°엘보			드랜쳐헤드(평면도)	
	티			드랜쳐헤드(입면도)	
	크로스			포헤드(평면도)	
	맹후렌지			포헤드(입면도)	
	캡			감지헤드(평면도)	

분류	명칭	도시기호	분류	명칭	도시기호
헤드류	감지헤드(입면도)		밸브류	릴리프밸브(이산화탄소용)	
	청정소화약제방출헤드(평면도)			릴리프밸브(일반)	
	청정소화약제방출헤드(입면도)			동체크밸브	
밸브류	체크밸브			앵글밸브	
	가스체크밸브			FOOT밸브	
	게이트밸브(상시개방)			볼밸브	
	게이트밸브(상시폐쇄)			배수밸브	
	선택밸브			자동배수밸브	
	조작밸브(일반)			여과망	
	조작밸브(전자식)			자동밸브	
	조작밸브(가스식)			감압밸브	
	경보밸브(습식)			공기조절밸브	
	경보밸브(건식)		계기류	압력계	
	프리액션밸브			연성계	
	경보델류지밸브			유량계	
	프리액션밸브수동조작함		소화전	옥내소화전함	
	플렉시블조인트			옥내소화전 방수용기구병설	
	솔레노이드밸브			옥외소화전	
	모터밸브			포말소화전	

분류	명칭	도시기호	분류	명칭	도시기호
소화전	송수구		경보설비기기류	차동식스포트형감지기	
	방수구			보상식스포트형감지기	
스트레이너	Y형			정온식스포트형감지기	
	U형			연기감지기	S
저장탱크류	고가수조 (물올림장치)			감지선	
	압력챔버			공기관	
	포말원액탱크	(수직) (수평)		열전대	
레듀셔	편심레듀셔			열반도체	∞
	원심레듀셔			차동식분포형 감지기의검출기	
혼합장치류	프레져프로포셔너			발신기셋트 단독형	PBL
				발신기셋트 옥내소화전내장형	PBL
	라인프로포셔너			경계구역번호	△
	프레져사이드 프로포셔너			비상용누름버튼	F
	기타	P		비상전화기	ET
펌프류	일반펌프			비상벨	B
	펌프모터(수평)	M		싸이렌	
	펌프모토(수직)	M		모터싸이렌	M
저장용기류	분말약제 저장용기	P.D		전자싸이렌	S
	저장용기			조작장치	E P
				증폭기	AMP

분류	명 칭	도시기호	분류	명 칭	도시기호
경 보 설 비 기 기 류	기동누름버튼	Ⓔ	경보설비 기기류	종단저항	Ω
	이온화식감지기 (스포트형)	S I		수동식제어	□
	광전식연기감지기 (아나로그)	S A	제연설비	천장용배풍기	
	광전식연기감지기 (스포트형)	S P		벽부착용 배풍기	
	감지기간선, HIV1.2mm×4(22C)	— F ⫽⫽⫽ —		배풍기 / 일반배풍기	
	감지기간선, HIV1.2mm×8(22C)	— F ⫽⫽⫽ ⫽⫽⫽ —		배풍기 / 관로배풍기	
	유도등간선 HIV2.0mm×3(22C)	— EX —		댐퍼 / 화재댐퍼	
	경보부저	⒝Z		댐퍼 / 연기댐퍼	
	제어반	✕		댐퍼 / 화재/연기 댐퍼	
	표시반	▦	스위치류	압력스위치	ⓅS
	회로시험기	⊙		탬퍼스위치	TS
	화재경보벨	Ⓑ	방연· 방화문	연기감지기(전용)	S
	시각경보기 (스트로브)	⊠		열감지기(전용)	◯
	수신기	✕		자동폐쇄장치	ⒺR
	부수신기	▦		연동제어기	
	중계기	⊟		배연창기동 모터	Ⓜ
	표시등	◐		배연창수동조작함	8
	피난구유도등	⊗	피뢰침	피뢰부(평면도)	⊙
	통로유도등	→		피뢰부(입면도)	
	표시판	◺		피뢰노선 및 지붕위 도체	—
	보조전원	T R			

분류	명칭	도시기호	분류	명칭	도시기호
제연설비	접지	⏚	기타	비상콘센트	⊙⊙
	접지저항 측정용단자	⊗		비상분전반	◣◥
소화기류	ABC소화기	소		가스계소화설비의 수동조작함	RM
	자동확산 소화기	자		전동기구동	M
	자동식소화기	◀소▶		엔진구동	E
	이산화탄소 소화기	C		배관행거	⌇⋯╲⋯⌇
	할로겐화합물 소화기	△		기압계	⋕
기타	안테나	⊥		배기구	—↑—
	스피커	ⓥ		바닥은폐선	-----
	연기 방연벽	▨		노출배선	——
	화재방화벽	—		소화가스 패키지	PAC
	화재 및 연기방벽	▨			

초판발행	2024년 1월 9일
편　　저	이종오
발 행 인	이상옥
발 행 처	에듀콕스(educox)
출판등록번호	제25100-2018-000073호
주　　소	서울시 관악구 신림로23길 16 일성트루엘 907호
팩　　스	02)6499-2839
이 메 일	educox@hanmail.net

저자와의
협의하에
인지생략

이 책에 실린 내용에 대한 저작권은 에듀콕스(educox)에 있으므로 함부로
복사·복제할 수 없습니다.

정가 30,000원

ISBN 979-11-93666-03-6